生物质发电厂
安全性评价查评依据

国家电网有限公司　编

中国电力出版社
CHINA ELECTRIC POWER PRESS

内 容 提 要

本查评依据借鉴了国家有关法律法规、国家标准、行业和企业有关标准，充分结合了生物质发电企业工作实际，针对安全性评价具体项目，逐项给出法规、制度以及标准解读。适用于生物质电厂从业人员使用。

图书在版编目（CIP）数据

生物质发电厂安全性评价规范查评依据 / 国家电网公司编. —北京：中国电力出版社，2018.8
ISBN 978-7-5198-2255-2

Ⅰ. ①生… Ⅱ. ①国… Ⅲ. ①生物能源–发电厂–安全评价 Ⅳ. ①TM619

中国版本图书馆 CIP 数据核字（2018）第 160636 号

出版发行：中国电力出版社
地　　址：北京市东城区北京站西街 19 号（邮政编码 100005）
网　　址：http://www.cepp.sgcc.com.cn
责任编辑：娄雪芳（010-63412375）　畅　舒
责任校对：黄　蓓　郝军燕
装帧设计：张俊霞
责任印制：石　雷

印　　刷：北京雁林吉兆印刷有限公司
版　　次：2018 年 8 月第一版
印　　次：2018 年 8 月北京第一次印刷
开　　本：787 毫米×1092 毫米　16 开本
印　　张：19.75
字　　数：588 千字
印　　数：0001—1000 册
定　　价：80.00 元

编写人员名单

主　　编　王国春

副 主 编　王传庆　王理金　曹坤茂　杨秀岐　王　楠
王春礼　鲁　顺　赵鹏翔

编写组成员　张　洋　冯林杨　丛　琳　马　蓉　胡从福
万守军　张　平　朱雁军　李梦源　郑雯雯
李畔畔　苏　宁　姚晓昀　郭耀天　仇伟刚
李振东　孙广利　秦令文　来永申　谭　慧
李鑫磊　王风启　张向伟　孙金凤　李　伟
胡宝鼎　徐富成　吕海洋　刘长瑞　要海龙
周建国　孙春鹏　杜红泉　邢仁光　赵宝昊

前言

安全性评价是全面检验企业安全生产管理水平、有针对性制定改进措施、有效控制事故发生的重要措施，长期以来，在电网、发电等行业安全管理中发挥了的重要作用。生物质发电厂高温高压旋转设备密集，涉及的专业复杂，尤其是电厂燃料具有密度小、体积大、燃点低、存储多等特点，发生安全事故社会影响大。公司目前有生物质发电厂近 40 家，分布在全国 14 个省级行政区，总容量达 100 万千瓦，为建立生物质发电厂安全性评价工作机制，规范生物质发电厂安全性评价工作流程，公司组织编制了《国家电网公司生物质发电厂安全性评价规范》，并同步编制形成了《生物质发电厂安全性评价规范查评依据》。

本查评依据的编制借鉴了国家有关法律法规、国家标准、行业和企业有关标准，在遵循公司现行安全管理要求的基础上，充分结合了生物质发电企业工作实际，针对安全性评价具体项目，逐项给出法规、制度以及标准解读，具有很强的实用性。本次修编的安全性评价标准体系结构完整，评价项目全面，评价依据准确，评分方法明确，其发布实施对于公司进一步深化安全性评价工作，健全企业安全生产管理体系，持续提升安全管理水平，具有重要的作用和指导意义。

目录

1 范围

（略，详见生物质电厂安全性评价规范）

2 术语和定义

（略，详见生物质电厂安全性评价规范）

3 一般要求

（略）

4 安全生产管理

4.1 安全生产组织体系及目标

4.1.1 安全生产委员会

4.1.1.1 安委会成立及调整

【依据】《国家电网公司安全工作规定》[国网（安监/2）406—2014]

第二十四条 公司各级单位应设立安全生产委员会，主任由单位行政正职担任，副主任由党组（委）书记和分管副职担任，成员由各职能部门负责人组成。

4.1.1.2 安委会会议

【依据1】《国家电网公司安全工作规定》[国网（安监/2）406—2014]

第五十三条 安全生产委员会议。省公司级单位至少每半年，地市公司级单位、现公司级单位每季度召开一次安全生产委员会议，研究解决安全重大问题，决策部署安全重大事项。

按要求成立安全生产委员会的承、发包工程和委托业务项目，安全生产委员会应在项目开工前成立并召开第一次会议，以后每季度召开一次会议。

【依据2】《国家电网公司安全职责规范》（国网安质〔2014〕1528）

第八条 （七）每年主持召开本单位年度安全工作会议，总结交流经验，布置安全工作；定期主持召开安全生产委员会议和安全生产月度例会，组织研究解决安全工作中出现的重大问题；对涉及人身、电网、设备安全的重大问题，亲自主持专题会议研究分析，提出防范措施，及时解决。督促、检查本单位安全工作，每年亲自参加春（秋）季安全大检查或重要的安全检查，针对发现的安全管理问题和安全事故隐患，及时提出并落实整改措施和治理措施。

4.1.2 监督体系

【依据1】《中华人民共和国安全生产法》（2014）

第二十一条 矿山、金属冶炼、建筑施工、道路运输单位和危险物品的生产、经营、储存单位，应当设置安全生产管理机构或者配备专职安全生产管理人员。

“前款规定以外的其他生产经营单位，从业人员超过一百人的，应当设置安全生产管理机构或者配备专职安全生产管理人员；从业人员在一百人以下的，应当配备专职或者兼职的安全生产管理人员。”

【依据2】《国家电网公司安全工作规定》[国网（安监/2）406—2014]

第五十四条 安全例会。公司各级单位应定期召廾各类安全例会。

（一）年度安全工作会。公司各级单位应在每年初召开一次年度安全工作会，总结本单位上年度安全情况，部署本年度安全工作任务。

（二）月、周、日安全生产例会。省公司级单位、地市公司级单位、县公司级单位应建立安全生产月、周、日例会制度，对安全生产实行“月计划、周安排、日管控”，协调解决安全工作存在的问题，建立安全风险日常管控和协调机制。

（三）安全监督例会。省公司级单位应每半年召开一次安全监督例会，地市公司级单位、县公司级单位应每月召开一次安全网例会。

【依据 3】《国家电网公司安全工作规定》［国网（安监/2）406—2014］

第二十条　安全监督管理机构应满足以下基本要求：

（一）从事安全监督管理工作的人员符合岗位条件，人员数量满足工作需要；

（二）专业搭配合理，岗位职责明确；

（三）配备监督管理工作必需的装备。

第二十一条　安全监督管理机构的职责：

（一）贯彻执行国家和上级单位有关规定及工作部署，组织制定本单位安全监督管理和应急管理方面的规章制度，牵头并督促其他职能部门开展安全性评价、隐患排查治理、安全检查和安全风险管控等工作，积极探索和推广科学、先进的安全管理方式和技术。

（二）监督本单位各级人员安全责任制的落实；监督各项安全规章制度、反事故措施、安全技术劳动保护措施和上级有关安全工作要求的贯彻执行；负责组织基建、生产、发电、供用电、农电、信息等安全的监督、检查和评价；负责组织交通安全、电力设施保护、防汛、消防、防灾减灾的监督检查。

（三）监督涉及电网、设备、信息安全的技术状况，涉及人身安全的防护状况；对监督检查中发现的重大问题和隐患，及时下达安全监督通知书，限期解决，并向主管领导报告。

（四）监督建设项目安全设施“三同时”（与主体工程同时设计、同时施工、同时投入生产和使用）执行情况；组织制定安全工器具、安全防护用品等相关配备标准和管理制度，并监督执行。

（五）参加和协助本单位领导组织安全事故调查，监督“四不放过”（即事故原因未查清不放过、责任人员未处理不放过、整改措施未落实不放过、有关人员未受教育不放过）原则的贯彻落实，完成事故统计、分析、上报工作并提出考核意见；对安全做出贡献者提出给予表扬和奖励的建议或意见。

（六）参与电网规划、工程和技改项目的设计审查、施工队伍资质审查和竣工验收以及安全方面科研成果鉴定等工作。

（七）负责编制安全应急规划并组织实施；负责组织协调公司应急体系建设及公司应急管理日常工作；负责归口管理安全生产事故隐患排查治理工作并进行监督、检查与评价；负责人武、保卫管理；负责指导集体企业安全监察相关管理工作。

4.1.3　安全目标

【依据】《国家电网公司安全工作规定》［国网（安监/2）406—2014］

【依据 1】《国家电网公司安全工作规定》［国网（安监/2）406—2014］第十一条

地市公司级单位直属单位、县供电企业、公司直属单位下属单位子企业（以下简称“县公司级单位”）的安全目标：

（一）不发生五级及以上人身事故；

（二）不发生六级及以上电网、设备事件；

（三）不发生一般及以上火灾事故；

（四）不发生七级及以上信息系统事件；

（五）不发生煤矿一般及以上非伤亡事故；

（六）不发生本单位负同等及以上责任的重大交通事故；

（七）不发生其他对公司和社会造成重大影响的事故（事件）。

【依据 2】《国家电网公司安全职责规范》（国网安质〔2014〕1582）第八条（二）

（二）组织确定本单位年度安全工作目标，实行安全目标分级控制，审定有关安全工作的重大举措。建立安全指标控制和考核体系，形成激励约束机制。

4.2 安全生产责任制

4.2.1 安全生产责任制制定

【依据】《国家电网公司安全工作规定》[国网（安监/2）406—2014]

第十五条 公司各级单位的各部门、各岗位应有明确的安全管理职责，做到责任分担，并实行下级对上级的安全逐级负责制。安全保证体系对业务范围内的安全工作负责，安全监督体系负责安全工作的综合协调和监督管理。

4.2.2 安全生产责任制落实

【依据】《国家电网公司安全工作规定》[国网（安监/2）406—2014]

第十二条 公司各级单位行政正职是本单位的安全第一责任人，对本单位安全工作和安全目标负全面责任。

第十三条 公司各级单位行政正职安全工作的基本职责：

（一）建立、健全本单位安全责任制；

（二）批阅上级有关安全的重要文件并组织落实，及时协调和解决各部门在贯彻落实中出现的问题；

（三）全面了解安全情况，定期听取安全监督管理机构的汇报，主持召开安全生产委员会议和安全生产月度例会，组织研究解决安全工作中出现的重大问题；

（四）保证安全监督管理机构及其人员配备符合要求，支持安全监督管理部门履行职责；

（五）保证安全所需资金的投入，保证反事故措施和安全技术劳动保护措施所需经费，保证安全奖励所需费用；

（六）组织制定本单位安全管理辅助性规章制度和操作规程；

（七）组织制定并实施本单位安全生产教育和培训计划；

（八）组织制定本单位安全事故应急预案；

（九）督促、检查本单位安全工作，及时消除安全事故隐患；

（十）建立安全指标控制和考核体系，形成激励约束机制；

（十一）及时、如实报告安全事故；

（十二）其他有关安全管理规章制度中所明确的职责。

第十四条 公司各单位行政副职对分管工作范围内的安全工作负领导责任，向行政正职负责；总工程师对本单位的安全技术管理工作负领导责任；安全总监协助负责安全监督管理工作。

第十五条 公司各级单位的各部门、各岗位应有明确的安全管理职责，做到责任分担，并实行下级对上级的安全逐级负责制。安全保证体系对业务范围内的安全工作负责，安全监督体系负责安全工作的综合协调和监督管理。

第十六条 公司各级单位实行上级单位对下级单位的安全责任追究制度，包括对责任人和责任单位领导的责任追究。在公司各级单位内部考核上，上级单位为下级单位承担连带责任。

4.3 安全生产规章制度

4.3.1 制度评估及清单发布

【依据】《国家电网公司安全工作规定》[国网（安监/2）406—2014]

第二十九条 省公司级单位应定期公布现行有效的规程制度清单；地市公司级单位、县公司级单位应每年至少一次对安全法律法规、标准规范、规章制度、操作规程的执行情况进行检查评估，公布一次本单位现行有效的现场规程制度清单，并按清单配齐各岗位有关的规程制度。

4.3.2 制度和规程管理

【依据】《国家电网公司安全工作规定》[国网（安监/2）406—2014]

第二十七条 公司各级单位应建立健全保障安全的各项规程制度：

（一）根据上级颁发的制度标准及其他规范性文件和设备厂商的说明书，编制企业各类设备的现场运行规程和补充制度，经专业分管领导批准后按公司有关规定执行。

（二）在公司通用制度范围以外，根据上级颁发的检修规程、技术原则，制定本单位的检修管理补充规程，根据典型技术规程和设备制造说明，编制主、辅设备的检修工艺规程和质量标准，经专业分管领导批准后执行。

（三）根据国务院颁发的《电网调度管理条例》和国家颁发的有关规定以及上级的调控规程或细则，编制本系统的调控规程或细则，经专业分管领导批准后执行。

（四）根据上级颁发的施工管理规定，编制工程项目的施工组织设计和安全施工措施，按规定审批后执行。

第二十八条　公司所属各级单位应及时修订、复查现场规程，现场规程的补充或修订应严格履行审批程序。

（一）当上级颁发新的规程和反事故技术措施、设备系统变动、本单位事故防范措施需要时，应及时对现场规程进行补充或对有关条文进行修订，书面通知有关人员。

（二）每年应对现场规程进行一次复查、修订，并书面通知有关人员；不需修订的，也应出具经复查人、审核人、批准人签名的"可以继续执行"的书面文件，并通知有关人员。

（三）现场规程宜每3～5年进行一次全面修订、审定并印发。

4.4 "两措"管理

4.4.1 计划制订

【依据】《国家电网公司安全工作规定》[国网（安监/2）406—2014]

第三十二条　省公司级单位、地市公司级单位、县公司级单位及他们所属的检修、运行、发电、煤矿企业（单位）每年应编制年度反事故措施计划和安全技术劳动保护措施计划。

电力施工企业应编制年度安全技术措施计划及项目安全施工措施。

第三十三条　年度反事故措施计划应由分管业务的领导组织，以运维检修部门为主，各有关部门参加制定；安全技术劳动保护措施计划应由分管安全工作的领导组织，以安全监督管理部门为主，各有关部门参加制定。

第三十四条　反事故措施计划应根据上级颁发的反事故技术措施、需要治理的事故隐患、需要消除的重大缺陷、提高设备可靠性的技术改进措施以及本单位事故防范对策进行编制。

反事故措施计划应纳入检修、技改计划。

第三十五条　安全技术劳动保护措施计划、安全技术措施计划应根据国家、行业、公司颁发的标准，从改善作业环境和劳动条件、防止伤亡事故、预防职业病、加强安全监督管理等方面进行编制；项目安全施工措施应根据施工项目的具体情况，从作业方法、施工机具、工业卫生、作业环境等方面进行编制。

第三十六条　安全性评价结果、事故隐患排查结果应作为制订反事故措施计划和安全技术劳动保护措施计划的重要依据。

防汛、抗震、防台风、防雨雪冰冻灾害等应急预案所需项目，可作为制订和修订反事故措施计划的依据。

4.4.2 计划执行

【依据】《国家电网公司安全工作规定》[国网（安监/2）406—2014]

第三十七条　省公司级单位、地市公司级单位、县公司级单位及他们所属的检修、运行、发电、煤矿企业（单位）主管部门应优先从成本中据实列支反事故措施计划、安全技术劳动保护措施计划所需资金。电力建设管理有关部门应根据国家、行业、公司的有关规定，优先安排安全技术措施计划所需费用，电力施工企业安全生产费用应优先用于保证工程建设过程达到安全生产标准化要求，所需的支出应按规定规范使用。

第三十九条　省公司级单位、地市公司级单位、县公司级单位及他们所属的检修、运行、发电、煤矿企业（单位）负责人应定期检查反事故措施计划、安全技术劳动保护措施计划的实施情况，并保证反事故措施计划、安全技术劳动保护措施计划的落实；列入计划的反事故措施和安全技术劳动保护措施若需取消或延期，必须由责任部门提前征得分管领导同意。

4.4.3 执行考核

【依据】《国家电网公司安全工作规定》[国网（安监/2）406—2014]

第三十八条　安全监督管理机构负责监督反事故措施计划和安全技术劳动保护措施计划的实施，并建立相应的考核机制，对存在的问题应及时向主管领导汇报。

4.5 两票三制

4.5.1 “两票”管理

【依据】《国家电网公司安全工作规定》[国网（安监/2）406—2014]

第三十条　公司所属各单位应按规定严格执行“两票（工作票、操作票）三制（交接班制、巡回检查制、设备定期试验轮换制）”和班前会、班后会制度，检修、施工作业应严格执行现场勘察制度。

第五十八条　“两票”管理。公司所属各级单位应建立“两票”管理制度，分层次对操作票和工作票进行分析、评价和考核，班组每月一次，基层单位所属的业务支撑和实施机构及其二级机构至少每季度一次，基层单位至少每半年一次。基层单位每年至少进行一次“两票”知识调考。

4.5.2 人员资质管理

【依据】《国家电网公司安全工作规定》[国网（安监/2）406—2014]

第四十七条　地市公司级单位、县公司级单位每年应对工作票签发人、工作负责人、工作许可人进行培训，经考试合格后，书面公布有资格担任工作票签发人、工作负责人、工作许可人的人员名单。

4.5.3 交接班制度、巡回检查制度、设备定期试验及轮换制度

【依据】《国家电网公司安全工作规定》[国网（安监/2）406—2014]

第三十条　公司所属各单位应按规定严格执行“两票（工作票、操作票）三制（交接班制、巡回检查制、设备定期试验轮换制）”和班前会、班后会制度，检修、施工作业应严格执行现场勘察制度。

4.6 安全教育培训

4.6.1 培训计划

【依据】《国家电网公司安全工作规定》[国网（安监/2）406—2014]

第四十八条　地市公司级单位、县公司级单位应按规定建立安全培训机制，制订年度培训计划，定期检查实施情况；保证员工安全培训所需经费；建立员工安全培训管理档案，详细、准确记录企业主要负责人、安全生产管理人员、特种作业人员培训和持证情况、生产人员调换岗位和其岗位面临新工艺、新技术、新设备、新材料时的培训情况以及其他员工安全培训考核情况。

4.6.2 培训档案

【依据】《国家电网公司安全工作规定》[国网（安监/2）406—2014]

第四十八条　地市公司级单位、县公司级单位应按规定建立安全培训机制，制订年度培训计划，定期检查实施情况；保证员工安全培训所需经费；建立员工安全培训管理档案，详细、准确记录企业主要负责人、安全生产管理人员、特种作业人员培训和持证情况、生产人员调换岗位和其岗位面临新工艺、新技术、新设备、新材料时的培训情况以及其他员工安全培训考核情况。

4.6.3 员工培训

4.6.3.1 新入单位人员

【依据】《国家电网公司安全工作规定》[国网（安监/2）406—2014]

第四十条　新入单位的人员（含实习、代培人员），应进行安全教育培训，经《电力安全工作规程》考试合格后方可进入生产现场工作。

第四十一条　新上岗生产人员应当经过下列培训，并经考试合格后上岗：

（一）运维、调控人员（含技术人员）、从事倒闸操作的检修人员，应经过现场规程制度的学习、现场见习和至少 2 个月的跟班实习；

（二）检修、试验人员（含技术人员），应经过检修、试验规程的学习和至少 2 个月的跟班实习；

（三）用电检查、装换表、业扩报装人员，应经过现场规程制度的学习、现场见习和至少 1 个月的跟班实习；

（四）特种作业人员，应经专门培训，并经考试合格取得资格、单位书面批准后，方能参加相应的作业。

4.6.3.2　在岗员工

【依据 1】《国家电网公司安全工作规定》[国网（安监/2）406—2014]

第四十二条　在岗生产人员的培训：

在岗生产人员应定期进行有针对性的现场考问、反事故演习、技术问答、事故预想等现场培训活动；因故间断电气工作连续 3 个月以上者，应重新学习《电力安全工作规程》，并经考试合格后，方可再上岗工作。

（三）生产人员调换岗位或者其岗位需面临新工艺、新技术、新设备、新材料时，应当对其进行专门的安全教育和培训，经考试合格后，方可上岗；

（四）变电站运维人员、电网调控人员，应定期进行仿真系统的培训；

（五）所有生产人员应学会自救互救方法、疏散和现场紧急情况的处理，应熟练掌握触电现场急救方法，所有员工应掌握消防器材的使用方法；

（六）各基层单位应积极推进生产岗位人员安全等级培训、考核、认证工作；

（七）生产岗位班组长应每年进行安全知识、现场安全管理、现场安全风险管控等知识培训，考试合格后方可上岗；

（八）在岗生产人员每年再培训不得少于 8 学时；

（九）离开特种作业岗位 6 个月的作业人员，应重新进行实际操作考试，经确认合格后方可上岗作业。

【依据 2】《安全生产法》（2014 年修订）

第二十五条　生产经营单位应当对从业人员进行安全生产教育和培训，保证从业人员具备必要的安全生产知识，熟悉有关的安全生产规章制度和安全操作规程，掌握本岗位的安全操作技能，了解事故应急处理措施，知悉自身在安全生产方面的权利和义务。

未经安全生产教育和培训合格的从业人员，不得上岗作业。

生产经营单位使用被派遣劳动者的，应当将被派遣劳动者纳入本单位从业人员统一管理，对被派遣劳动者进行岗位安全操作规程和安全操作技能的教育和培训。

劳务派遣单位应当对被派遣劳动者进行必要的安全生产教育和培训。

生产经营单位接收中等职业学校、高等学校学生实习的，应当对实习学生进行相应的安全生产教育和培训，提供必要的劳动防护用品。

学校应当协助生产经营单位对实习学生进行安全生产教育和培训。

生产经营单位应当建立安全生产教育和培训档案，如实记录安全生产教育和培训的时间、内容、参加人员以及考核结果等情况。

第二十六条　生产经营单位采用新工艺、新技术、新材料或者使用新设备，必须了解、掌握其安全技术特性，采取有效的安全防护措施，并对从业人员进行专门的安全生产教育和培训。

4.6.3.3　外来工作人员

【依据】《国家电网公司安全工作规定》[国网（安监/2）406—2014]

第四十三条　外来工作人员必须经过安全知识和安全规程的培训，并经考试合格后方可上岗。

4.6.3.4 企业主要负责人、安全生产管理人员、特种作业人员

【依据 1】《特种作业人员安全技术培训考核管理规定》（国家安全生产监督管理总局令第 30 号）

第四条 特种作业人员应当符合下列条件：

（一）年满 18 周岁，且不超过国家法定退休年龄；

（二）经社区或者县级以上医疗机构体检健康合格，并无妨碍从事相应特种作业的器质性心脏病、癫痫病、美尼尔氏症、眩晕症、癔症、震颤麻痹症、精神病、痴呆症以及其他疾病和生理缺陷；

（三）具有初中及以上文化程度；

（四）具备必要的安全技术知识与技能；

（五）相应特种作业规定的其他条件。

危险化学品特种作业人员除符合前款第一项、第二项、第四项和第五项规定的条件外，应当具备高中或者相当于高中及以上文化程度。

【依据 2】《国家电网公司安全工作规定》[国网（安监/2）406—2014]

第四十四条 企业主要负责人、安全生产管理人员、特种作业人员应由取得相应资质的安全培训机构进行培训，并持证上岗。发生或造成人员死亡事故的，其主要负责人和安全生产管理人员应当重新参加安全培训。对造成人员死亡事故负有直接责任的特种作业人员，应当重新参加安全培训。

4.6.4 安全规章制度考试

【依据】《国家电网公司安全工作规定》[国网（安监/2）406—2014]

第四十五条 安全法律法规、规章制度、规程规范的定期考试：

（一）省公司级单位领导、安全监督管理机构负责人应自觉接受公司和政府有关部门组织的安全法律法规考试；

（二）省公司级单位对本单位运检、营销、农电、建设、调控等部门的负责人和专业技术人员，对所属地市公司级单位的领导、安全监督管理机构负责人，一般每两年进行一次有关安全法律法规和规章制度考试；

（三）地市供电企业对所属的县供电企业负责人，地市公司级单位和县公司级单位对所属的建设部、调控中心、业务支撑和实施机构及其二级机构的负责人、专业技术人员，每年进行一次有关安全法律法规、规章制度、规程规范考试；

（四）地市公司级单位、县公司级单位每年至少组织一次对班组人员的安全规章制度、规程规范考试。

第四十九条 对违反规程制度造成安全事故、严重未遂事故的责任者，除按有关规定处理外，还应责成其学习有关规程制度，并经考试合格后，方可重新上岗。

4.7 安全例行工作

4.7.1 安全例会

【依据 1】《国家电网公司安全职责规范》[国网安质〔2014〕1528 号]

第八条 行政正职的安全职责：

（二）组织确定本单位年度安全工作目标，实行安全目标分级控制，审定有关安全工作的重大举措。建立安全指标控制和考核体系，形成激励约束机制。

（三）亲自批阅上级有关安全的重要文件并组织落实，解决贯彻落实中出现的问题。协调和处理好领导班子成员及各职能管理部门之间在安全工作上的协作配合关系，建立和完善安全生产保证体系和监督体系，并充分发挥作用。

（四）建立健全并落实各级领导人员、各职能部门、业务支撑机构、基层班组和生产人员的安全生产责任制，将安全工作列入绩效考核，促进安全生产责任制的落实。在干部考核、选拔、任用过程中，把安全生产工作业绩作为考察干部的重要内容。

（五）组织制定本单位安全管理辅助性规章制度和操作规程；组织制订并实施本单位安全生产教

育和培训计划，确保本单位从业人员具备与所从事的生产经营活动相应的安全生产知识和管理能力，做到持证上岗。

（六）省公司级单位行政正职直接领导或委托行政副职领导本单位安监部门，地市公司级单位、县公司级单位行政正职直接领导安监部门，定期听取安监部门的汇报，建立能独立有效行使职能的安监部门，健全安全监督体系，配备足够且合格的安全监督人员和装备。建立安全奖励基金并督促规范使用。

（七）每年主持召开本单位年度安全工作会议，总结交流经验，布置安全工作；定期主持召开安全生产委员会议和安全生产月度例会，组织研究解决安全工作中出现的重大问题；对涉及人身、电网、设备安全的重大问题，亲自主持专题会议研究分析，提出防范措施，及时解决。督促、检查本单位安全工作，每年亲自参加春（秋）季安全大检查或重要的安全检查，针对发现的安全管理问题和安全事故隐患，及时提出并落实整改措施和治理措施。

（八）确保安全生产所需资金的足额投入，保证反事故措施和安全技术劳动保护措施计划（简称“两措”计划）经费需求。

（九）建立健全本单位应急管理体系。组织制订（或修订）并督促实施突发事件应急预案，根据预案要求担任相应等级的事件应急处置总指挥。

（十）及时、如实报告安全生产事故。按照“四不放过”原则，组织或配合事故调查处理，对性质严重或典型的事故，应及时掌握事故情况，必要时召开专题事故分析会，提出防范措施。

（十一）定期向职工代表大会报告安全生产工作情况，广泛征求安全生产管理意见或建议，积极接受职代会有关安全方面的合理化建议。

（十二）其他有关安全管理规章制度中所明确的职责。

【依据 2】《国家电网公司安全工作规定》[国网（安监/2）406—2014]

第十三条　公司各级单位行政正职安全工作的基本职责：

（一）建立、健全本单位安全责任制；

（二）批阅上级有关安全的重要文件并组织落实，及时协调和解决各部门在贯彻落实中出现的问题；

（三）全面了解安全情况，定期听取安全监督管理机构的汇报，主持召开安全生产委员会议和安全生产月度例会，组织研究解决安全工作中出现的重大问题；

（四）保证安全监督管理机构及其人员配备符合要求，支持安全监督管理部门履行职责；

（五）保证安全所需资金的投入，保证反事故措施和安全技术劳动保护措施所需经费，保证安全奖励所需费用；

（六）组织制定本单位安全管理辅助性规章制度和操作规程；

（七）组织制订并实施本单位安全生产教育和培训计划；

（八）组织制订本单位安全事故应急预案；

（九）督促、检查本单位安全工作，及时消除安全事故隐患；

（十）建立安全指标控制和考核体系，形成激励约束机制；

（十一）及时、如实报告安全事故；

（十二）其他有关安全管理规章制度中所明确的职责。

第五十四条　安全例会。公司各级单位应定期召开各类安全例会。

（一）年度安全工作会。公司各级单位应在每年年初召开一次年度安全工作会，总结本单位上年度安全情况，部署本年度安全工作任务。

（二）月、周、日安全生产例会。省公司级单位、地市公司级单位、县公司级单位应建立安全生产月、周、日例会制度，对安全生产实行“月计划、周安排、日管控”，协调解决安全工作存在的问题，建立安全风险日常管控和协调机制。

（三）安全监督例会。省公司级单位应每半年召开一次安全监督例会，地市公司级单位、县公司级单位应每月召开一次安全网例会。

4.7.2 班前会、班后会

【依据】《国家电网公司安全工作规定》[国网（安监/2）406—2014]

第五十五条 班前会和班后会。班前会应结合当班运行方式、工作任务，开展安全风险分析，布置风险预控措施，组织交代工作任务、作业风险和安全措施，检查个人安全工器具、个人劳动防护用品和人员精神状况。班后会应总结讲评当班工作和安全情况，表扬遵章守纪，批评忽视安全、违章作业等不良现象，布置下一个工作日任务。班前会和班后会均应做好记录。

4.7.3 安全活动

【依据】《国家电网公司安全工作规定》[国网（安监/2）406—2014]

第五十六条 安全活动。公司各级单位应定期组织开展各项安全活动。

（一）年度安全活动。根据公司年度安全工作安排，组织开展专项安全活动，抓好活动各项任务的分解、细化和落实。

（二）安全生产月活动。根据全国安全生产月活动要求，结合本单位安全工作实际情况，每年开展为期一个月的主题安全月活动。

（三）安全日活动。班组每周或每个轮值进行一次安全日活动，活动内容应联系实际，有针对性，并做好记录。班组上级主管领导每月至少参加一次班组安全日活动并检查活动情况。

4.7.4 安全检查

【依据】《国家电网公司安全工作规定》[国网（安监/2）406—2014]

第五十七条 安全检查。公司各级单位应定期和不定期进行安全检查，组织进行春季、秋季等季节性安全检查，组织开展各类专项安全检查。

安全检查前应编制检查提纲或“安全检查表”，经分管领导审批后执行。对查出的问题要制订整改计划并监督落实。

4.7.5 反违章

4.7.5.1 反违章机制建设

【依据】《国家电网公司安全生产反违章工作管理办法》[国网（安监/3）156—2014]

第八条 各单位应成立反违章工作领导机构，负责制定本单位反违章工作目标、重点措施、奖惩办法和考核规则，组织实施本单位反违章工作，并为反违章工作开展提供人员、资金和装备保障。

4.7.5.2 反违章工作开展

【依据】《国家电网公司安全生产反违章工作管理办法》[国网（安监/3）156—2014]

第十四条 完善安全规章制度。根据国家安全生产法律法规和公司安全生产工作要求、生产实践发展、电网技术进步、管理方式变化、反事故措施等，及时修订补充安全规程规定等规章制度，从组织管理和制度建设上预防违章。

第十五条 健全安全培训机制。分层级、分专业、分工种开展安全规章制度、安全技能知识、安全监督管理等培训，从安全素质和技能培训上提高各级人员辨识违章、纠正违章和防止违章的能力。

第十六条 开展违章自查自纠。充分调动基层班组和一线员工的积极性、主动性，紧密结合生产实际，鼓励员工自主发现违章，自觉纠正违章，相互监督整改违章。

第十七条 执行违章“说清楚”。对查出的每起违章，应做到原因分析清楚，责任落实到人，整改措施到位。在分析违章直接原因的同时，还应深入查找其背后的管理原因，着力做好违章问题的根治。对性质特别恶劣的违章、反复发生的同类性质违章，以及引发安全事件的违章，责任单位要到上级单位“说清楚”。

第十八条 建立违章曝光制度。在网站、公示栏等内部媒体上开辟反违章工作专栏，对事故监察、安全检查、专项监督、违章纠察（稽查）等查出的违章现象，予以曝光，形成反违章舆论监督氛围。

第十九条　开展违章人员教育。对严重违章的人员，应进行教育培训；对多次发生严重违章或违章导致事故发生的人员，应进行待岗教育培训，经考试、考核合格后方可重新上岗。

第二十条　推行违章记分管理。根据违章种类和违章性质等因素，分级制定违章减分和反违章加分规则，并将违章记分纳入个人和单位安全考核以及评选先进的依据。

第二十一条　开展违章统计分析。以月、季、年为周期，统计违章现象，分析违章规律，研究制定防范措施，定期在安委会会议、安全生产分析会、安全监督（安全网）例会上通报有关情况。

第二十二条　深入开展反违章活动。总结反违章活动工作经验，根据国家及公司安全工作部署，深入开展安全生产专项活动，组织开展“无违章企业”“无违章分部”“无违章班组”“无违章员工”等创建活动，大力宣传遵章守纪典型，广泛交流反违章工作经验，形成党政工团齐抓共管氛围。

4.7.5.3　反违章考核

【依据】《国家电网公司安全生产反违章工作管理办法》[国网（安监/3）156—2014]

第三十条　各单位应加强反违章工作监督管理和考核，建立完善反违章工作考核激励约束机制。

第三十一条　对反违章工作成效显著或及时发现纠正违章现象、避免安全事故发生的企业、分部、班组和员工，应按照《国家电网公司员工奖惩规定》和《国家电网公司安全工作奖惩规定》等给予表扬和奖励。

第三十二条　对反违章工作组织不力因违章导致安全事故发生的企业、分部、班组和员工，应按照《国家电网公司员工奖惩规定》和《国家电网公司安全工作奖惩规定》等给予批评和处罚。

第三十三条　违章考核实行“自查、自纠、自处”的原则，本级发现并按规定给予考核的，上级不再进行考核。班组自查自纠、作业现场工作班成员间及时发现并纠正的违章行为可不记分，但应进行记录。

第三十四条　省（自治区、直辖市）电力公司、产业公司、专业公司应将所属单位、分部反违章工作纳入安全生产绩效考核。

4.8　风险管理

4.8.1　风险管理要素

【依据 1】《国家电网公司安全工作规定》[国网（安监/2）406—2014]

第六十二条　公司各级单位应针对电网、设备、管理和生产作业中存在的危及人身、电网、设备安全的隐患、缺陷和问题，有效组织年度方式分析、安全性评价、隐患排查治理、作业风险管控等工作，系统辨识安全风险，落实整改治理措施。

【依据 2】《国家电网安全风险管理工作基本规范》（国家电网安监〔2011〕139 号）

5　风险管理要素

5.1　一般要求

针对电网、设备和生产环境，组织开展风险识别、风险预警、风险控制，建立安全风险管理工作机制。

5.2　风险识别

5.2.1　通过开展安全性评价、隐患排查、年度方式分析、安全检查等工作，系统排查和梳理电网、设备和生产环境中存在的安全隐患和问题并对问题和隐患进行分析评估，以确定风险来源、风险特征、风险等级、风险后果等，建立风险识别和评估机制。

5.2.2　安全性评价依据各专业评价标准，系统梳理识别存在的问题和隐患，并根据问题和隐患的严重程度，确定风险等级（重大问题、一般问题）。

5.2.3　安全检查针对季节性安全生产工作、专项安全活动、企业安全管理工作等方面，检查安全工作要求和措施、安全规章制度的落实情况。

5.3　风险预警

5.3.1　根据风险等级，建立风险预警和跟踪机制，明确预警内容和要求，跟踪相关单位和部门的响应。

5.3.2 风险预警内容应包括风险描述、风险等级、后果分析、整改要求等。

4.8.2 企业综合风险管理

4.8.2.1 隐患排查治理

【依据1】《国家电网公司安全工作规定》[国网（安监/2）406—2014]

第六十五条 隐患排查治理。公司各级单位应按照“全方位覆盖、全过程闭环”的原则，实施隐患“发现、评估、报告、治理、验收、销号”的闭环管理。按照“预评估、评估、核定”步骤定期评估隐患等级，建立隐患信息库，实现“一患一档”管理，保证隐患治理责任、措施、资金、期限、预案“五落实”。建立隐患排查治理定期通报工作机制。

【依据2】《国家电网公司安全隐患排查治理管理办法》[国网（安监/3）481—2014]

第二十三条 对于发现的事故隐患应立即进行评估，按照预评估、评估、核定三个步骤确定其等级。网省公司、地市公司还应开展定期评估，全面核定各级各类事故隐患等级。定期评估周期一般为地市公司每月一次，网省公司至少每季度一次，可结合安委会会议、安全分析会等进行。

第二十四条 地市公司对发现的事故隐患（包括本单位发现的、各项专业检查发现的和上级检查发现的各种事故隐患）进行评估，确定等级，填写“重大（一般）事故隐患排查治理档案表”。

网省公司对主网架结构性缺陷、主设备普遍性问题，以及由于重要枢纽变电站、跨多个地市公司管辖的重要输电线路处于检修或切改状态造成的事故隐患进行评估，确定等级，填写“重大（一般）事故隐患排查治理档案表”。

第二十五条 地市公司评估判断存在重大事故隐患后应按照管理关系以电话、传真、电子邮件等形式立即报告网省公司专业职能部门和安全监察部门。跨区电网出现重大事故隐患，受委托的网省公司应立即报告国家电网公司总部有关职能部门和安全监察部门。

第二十六条 地市公司评估的重大事故隐患应于 24h 内报送网省公司专业职能部门核定。网省公司专业职能部门应于三天之内反馈核定意见。

第二十七条 事故隐患一经确定，事故隐患所在单位应立即采取控制措施，防止事故发生，同时编制治理方案。地市公司负责制定、审批一般事故隐患治理措施或方案。重大事故隐患治理方案由网省公司专业职能部门或网省公司委托地市公司编制，网省公司审查批准。第十七条第四款规定的事故隐患治理方案由网省公司专业职能部门编制，网省公司批准。

重大事故隐患治理方案应包括：事故隐患的现状及其产生原因；事故隐患的危害程度和整改难易程度分析；治理的目标和任务；采取的方法和措施；经费和物资的落实；负责治理的机构和人员；治理的时限和要求；防止隐患进一步发展的安全措施和应急预案。

第二十八条 网省公司、地市公司应根据事故隐患具体情况和急迫程度，及时编制、审批治理方案。一般事故隐患治理方案应在确定隐患后十五天内完成。重大事故隐患治理方案应形成书面材料，并在网省公司核定后三十天内完成编制、审批。

4.8.2.2 安全性评价

【依据】《国家电网公司安全工作规定》[国网（安监/2）406—2014]

第六十四条 安全性评价。公司各级单位应以3～5年为周期，依据各专业评价标准，按照“制订评价计划、开展自评价、组织专家查评、实施整改方案”过程，建立安全性评价闭环动态管理工作机制。

对安全性评价查评发现的问题，应建立定期跟踪和督办工作机制；对暂不能完成整改的重点问题，要制定落实预控措施和应急预案。

4.8.3 作业风险管控

4.8.3.1 管理类作业风险管控

【依据】《生产作业风险管控工作规范》（国家电网安监〔2011〕137号）

3.3.1　管理类风险

管理类风险主要指计划编制、作业组织、现场实施阶段相关领导和管理人员由于管理不到位，致使关键环节、关键节点失控而造成安全事故的风险。主要包括：

（1）作业计划编制因考虑不周全导致发生计划遗漏、重复停电、不均衡、时期不当、计划冗余和电网运行风险等。

（2）作业组织过程中因管理不到位发生任务分配不合理、人员安排不合适、组织协调不力、方案措施不全面、安全教育不力等。

（3）作业现场实施过程中因领导干部和管理人员未按照到岗到位标准深入现场检查、监督、指导和协调等。

4.8.3.2　作业行为风险管控

【依据】《生产作业风险管控工作规范》（国家电网安监〔2011〕137号）

3.3.2　作业行为风险

作业行为风险主要指现场实施阶段由于管理人员、关键岗位人员、具体作业人员违反《电力安全工作规程》等规程规定，行为不规范而造成安全事故的风险。主要包括：

（1）发生触电、高空坠落、物体打击、机械伤害等人员伤害事故风险。

（2）发生恶性电气误操作，一般电气误操作，继电保护及安全自动装置的人员误动、误碰、误（漏）接线，继电保护及安全自动装置的定值计算、调试错误，以及验收传动误操作等人员责任事故风险。

4.9　应急管理

4.9.1　组织机构及职责

【依据】《国家电网公司应急工作管理规定》[国网（安监/2）483—2014]

第六条　公司建立由各级应急领导小组及其办事机构组成的，自上而下的应急领导体系；由安质部归口管理、各职能部门分工负责的应急管理体系；根据突发事件类别和影响程度，成立专项事件应急处置领导机构（临时机构）。形成领导小组决策指挥、办事机构牵头组织、有关部门分工落实、党政工团协助配合、企业上下全员参与的应急组织体系，实现应急管理工作的常态化。

第十一条　各职能部门按照“谁主管、谁负责”原则，贯彻落实公司应急领导小组有关决定事项，负责管理范围内的应急体系建设与运维、相关突发事件预警与应对处置的组织指挥、与政府专业部门的沟通协调等工作。

第十二条　各分部参照总部成立应急领导小组、安全应急办公室和稳定应急办公室，明确应急管理归口部门，视需要临时成立相关事件应急处置指挥机构，形成健全的应急组织体系，按照总、分部一体化要求，常态开展应急管理工作。

第十四条　公司各单位相应成立应急领导小组。组长由本单位行政正职担任。领导小组成员名单及常用通信联系方式上报公司应急领导小组备案。

第十五条　公司各单位应急领导小组主要职责：贯彻落实国家应急管理法律法规、方针政策及标准体系；贯彻落实公司及地方政府和有关部门应急管理规章制度；接受上级应急领导小组和地方政府应急指挥机构的领导；研究本企业重大应急决策和部署；研究建立和完善本企业应急体系；统一领导和指挥本企业应急处置实施工作。

4.9.2　预案体系建设

4.9.2.1　预案编制

【依据】《国家电网公司应急工作管理规定》[国网（安监/2）483—2014]

第二十一条　应急预案体系由总体预案、专项预案、现场处置方案构成，应满足“横向到边、纵向到底、上下对应、内外衔接”的要求。总部、分部、各省（自治区、直辖市）电力公司原则上设总体预案、专项预案，根据需要设现场处置方案。市级供电公司、县级供电企业设总体预案、专项预案、现场处置方案。各直属单位及所属厂矿企业根据工作实际，参照设置相应预案。

第二十二条　应急制度体系是组织应急工作过程和进行应急工作管理的规则与制度的总和，是公司规章制度的重要组成部分，包括应急技术标准，以及其他应急方面规章制度性文件。

4.9.2.2　评审、发布及备案

【依据 1】《国家电网公司应急预案管理办法》[国网（安监/3）484—2014]

第十三条　总体应急预案的评审由本单位应急管理归口部门组织；专项应急预案和现场处置方案的评审由预案编制责任部门负责组织。

第十四条　总体、专项应急预案以及涉及多个部门、单位职责，处置程序复杂、技术要求高的现场处置方案编制完成后，必须组织评审。应急预案修订后，若有重大修改的应重新组织评审。

第十五条　总体应急预案的评审应邀请上级主管单位参加。涉及网厂协调和社会联动的应急预案，参加应急预案评审的人员应包括应急预案涉及的政府部门、能源监管机构和相关单位的专家。

第十六条　应急预案评审采取会议评审形式。评审会议由本单位业务分管领导或其委托人主持，参加人员包括评审专家组成员、评审组织部门及应急预案编写组成员。评审意见应形成书面意见，并由评审组织部门存档。

第十七条　应急预案评审包括形式评审和要素评审。形式评审：是对应急预案的层次结构、内容格式、语言文字和编制程序等方面进行审查，重点审查应急预案的规范性和编制程序。

要素评审：是对应急预案的合法性、完整性、针对性、实用性、科学性、操作性和衔接性等方面进行评审。

第十八条　应急预案经评审、修改，符合要求后，由本单位主要负责人（或分管领导）签署发布。

应急预案发布时，应统一进行编号。编号采用英文字母和数字相结合，应包含编制单位、预案类别和顺序编号等信息。

第十九条　公司所属各级单位应急预案按照以下规定做好公司系统内部备案工作。

（一）备案对象：由应急管理归口部门负责向直接主管上级单位报备；

（二）备案内容：总体、专项应急预案的文本，现场处置方案的目录；

（三）备案形式：正式文件；

（四）备案时间：应急预案发布后 20 个工作日内。

第二十条　受理备案单位的应急管理归口部门应当对预案报备进行审查，符合要求后，予以备案登记。

第二十一条　国网安质部负责按国家有关部门的要求做好总部应急预案的备案工作。公司各级单位应急管理归口部门负责按当地政府有关部门和能源监管机构的要求开展本单位应急预案备案工作，并监督、指导所辖单位做好应急预案备案工作。

【依据 2】《国家电网公司应急预案评审管理办法》[国网（安监/3）485—2014]

第二条　公司各级单位总体应急预案、专项应急预案编制完成后，必须组织评审；涉及多个部门、单位职责、处置程序复杂、技术要求高的现场处置方案应组织进行评审。应急预案修订后，视修订情况决定是否组织评审。

4.9.2.3　实施和修订

【依据】《国家电网公司应急预案管理办法》[国网（安监/3）484—2014]

第三十一条　公司各级单位应每年至少进行一次应急预案适用情况的评估，分析评价其针对性、实效性和操作性，实现应急预案的动态优化，并编制评估报告。

第三十二条　应急预案每三年至少修订一次，有下列情形之一的，应进行修订。

（一）本单位生产规模发生较大变化或进行重大技术改造的；

（二）本单位隶属关系或管理模式发生变化的；

（三）周围环境发生变化、形成重大危险源的；

（四）应急组织指挥体系或者职责发生变化的；

（五）依据的法律、法规和标准发生变化的；

（六）应急处置和演练评估报告提出整改要求的；

（七）政府有关部门提出要求的。

4.9.3 培训和演练

【依据 1】《国家电网公司应急预案管理办法》[国网（安监/3）484—2014]

第二十二条　公司总部各部门、各级单位应当将应急预案培训作为应急管理培训的重要内容，对与应急预案实施密切相关的管理人员和作业人员等组织开展应急预案培训。

第二十三条　公司总部各部门、各级单位应结合本部门、本单位安全生产和应急管理工作组织应急预案演练，以不断检验和完善应急预案，提高应急管理水平和应急处置能力。

第二十四条　公司总部各部门、各级单位应制订年度应急演练和培训计划，并将其列入本部门、本单位年度培训计划。总体应急预案的培训和演练每两年至少组织一次，各专项应急预案的培训和演练每年至少组织一次，各现场处置方案的培训和演练每半年至少组织一次。

第二十五条　应急预案演练分为综合演练和专项演练，可以采取桌面推演、现场实战演练或其他演练方式。

第二十六条　总体应急预案的演练经本单位主要领导批准后由应急管理归口部门负责组织，专项应急预案的演练经本单位分管领导批准后由相关职能部门负责组织，现场处置方案的演练经相关职能部门批准后由相关部门、车间或班组负责组织。

第二十七条　在开展应急预案演练前，应制定演练方案，明确演练目的、范围、步骤和保障措施和评估要求等。应急预案演练方案经批准后实施。

第二十八条　应急演练组织单位应当对演练进行评估，并针对演练过程中发现的问题，对修订预案、应急准备、应急机制、应急措施提出意见和建议，形成应急演练评估报告。

【依据 2】《国家电网公司安全工作规定》[国网（安监/2）406—2014]

第七十二条　公司各级单位应定期组织开展应急演练，每两年至少组织一次综合应急演练或社会应急联合演练，每年至少组织一次专项应急演练。

4.9.4 应急保障

【依据】《国家电网公司应急工作管理规定》[国网（安监/2）483—2014]

第二十五条　应急队伍由应急救援基干分队、应急抢修队伍和应急专家队伍组成。应急救援基干分队负责快速响应实施突发事件应急救援；应急抢修队伍承担公司电网设施大范围损毁修复等任务；应急专家队伍为公司应急管理和突发事件处置提供技术支持和决策咨询。

第二十六条　综合保障能力是指公司在物质、资金等方面，保障应急工作顺利开展的能力。包括各级应急指挥中心、电网备用调度系统、应急电源系统、应急通信系统、特种应急装备、应急物资储备及配送、应急后勤保障、应急资金保障、直升机应急救援等方面内容。

4.10 事故调查处理及安全奖惩

4.10.1 事故调查处理

【依据】《国家电网公司安全工作规定》[国网（安监/2）406—2014]

第七十六条　公司各级单位发生安全事故后，应严格依据国家、行业和公司的有关规定，及时、准确、完整报告事故情况，任何单位和个人对事故不得迟报、漏报、谎报或者瞒报。

事故发生单位应按照相关规定做好事故资料的收集、整理、信息统计和存档工作，并按时向上级相关单位提交事故报告（报表）。

第七十七条　事故调查应当严格执行国家、行业和公司的有关规定和程序，依据事故等级分级组织调查。对于由国家和政府有关部门、公司系统上级单位组织的调查，事故发生单位应积极做好各项配合工作。

第七十八条　事故调查应坚持实事求是、尊重科学的原则，及时、准确地查清事故经过、原因和损失，明确事故性质，认定事故责任，总结事故教训，提出整改措施，并对事故责任者提出处理意见，严格执行“四不放过”。

事故调查和处理的具体办法按照国家、行业和公司的有关规定执行。

第七十九条　任何单位和个人不得阻挠和干涉对事故的报告和调查处理。任何单位和个人对隐瞒事故或阻碍事故调查的行为有权向公司系统各级单位反映。任何单位和个人不得故意破坏事故现场，不得伪造、隐匿或者毁灭相关证据。

4.10.2　安全考核与奖惩

【依据】《国家电网公司安全工作规定》[国网（安监/2）406—2014]

第一百零四条　国家电网公司安全工作实行安全目标管理和以责论处的奖惩制度。安全奖惩坚持精神奖励与物质奖励相结合、惩罚和教育相结合的原则。

第一百零五条　公司各级单位应设立安全奖励基金，对实现安全目标的单位和对安全工作做出突出贡献的个人予以表扬和奖励；至少每年一次以适当的形式表彰、奖励对安全工作做出突出贡献的集体和个人。

第一百零六条　公司各级单位应按照职责管理范围，从规划设计、招标采购、施工验收、生产运行和教育培训等各个环节，对发生安全事故（事件）的单位及责任人进行责任追究和处罚。对造成后果的单位和个人，在评先、评优等方面实行“一票否决制”。

4.11　外包工程安全生产管理

4.11.1　安全资信及安全条件

【依据】《国家电网公司安全工作规定》[国网（安监/2）406—2014]

第九十二条　公司所属各级单位在工程项目和外委业务招标前必须对承包方以下资质和条件进行审查：

（一）企业资质（营业执照、法人资格证书）、业务资质（建设主管部门和电力监管部门颁发的资质证书）和安全资质（安全生产许可证、近3年安全情况证明材料）是否符合工程要求。

（二）企业负责人、项目经理、现场负责人、技术人员、安全员是否持有国家合法部门颁发有效安全证件，作业人员是否有安全培训记录，人员素质是否符合工程要求。

（三）施工机械、工器具、安全用具及安全防护设施是否满足安全作业需求。

（四）具有两级机构的承包方应设有专职安全管理机构；施工队伍超过30人的应配有专职安全员，30人以下的应设有兼职安全员。

4.11.2　合同与安全协议

【依据1】《国家电网公司安全工作规定》[国网（安监/2）406—2014]

第九十一条　公司所属各级单位对外承、发包工程和委托业务应依法签订合同，并同时签订安全协议。合同的形式和内容应统一规范；安全协议中应具体规定发包方和承包方各自应承担的安全责任和评价考核条款，并由本单位安全监督管理机构审查。

【依据2】《国家电网公司业务外包安全监督管理办法》

第十九条　外包项目确定承包单位后，发包单位应与承包位依法签订承包合同及安全协议，安全协议作为承包合同的件，随承包合同同步履行。

第二十条　承包合同和安全协议的格式、内容应符合国家及公司的相关要求，统一规范；安全协议中应具体规定发包单位和承包单位各自应承担的安全责任和评价考核条款，由发包单位安质部门审查。

第二十一条　承包合同应具体明确外包项目内容、实施场所（地点）、外包类型以及承包单位项目负责人、专职安全生产管理人员等基本信息。

第二十二条　建设工程施工类外包的承包合同，应明确承包单位需自行完成的主体工程或关键性工作，禁止承包单位将主体工程或关键性工作违规分包。

第二十三条　劳务外包或劳务分包的承包合同，应明确承包单位需自行完成劳务作业，承包单位不得再次外包。

第二十四条　承包合同及安全协议必须由发包单位与承包单位双方法定代表人或其授权委托人（提供授权委托书）签订。严禁与非法人单位、不能有效代表承包单位的人员签订承包合同。严禁与个人签订承包合同。

第二十五条　承包合同和安全协议书面签订完成前，严禁承包单位提前实施外包项目（含辅助性工作）。

4.11.3　入厂核查验证

【依据】《国家电网公司业务外包安全监督管理办法》

第二十六条　承包合同及安全协议签订后，发包单位应组织承包单位在公司外包安全资信系统中登记所承包项目及其项目管理人员信息。

第二十七条　承包单位登记的信息应与所承揽项目一一对应。承包单位进场管理人员应与承包合同及安全协议上明确人员一致，如不一致，应书面请示发包单位同意后方可更换。

第二十八条　承包单位登记信息由发包单位负责核实，统一在公司外包安全资信系统进行发布，在公司系统共享，供各单位查询、统计、开展承包单位安全承载力分析等工作使用。

第二十九条　发包单位应对承包单位项目负责人、专职安全生产管理人员等进行全面的安全技术交底，共同勘查现场，填写勘察记录，指出危险源和存在的安全风险，明确安全防措施，提供安全作业相关资料信息，并应有完整的记录或资料。

第三十条　发包方应将采取劳务外包或劳务分包项目的劳务人员纳入本单位班组进行安全管理，负责对其进行岗位安操作规程和安全技能培训考试。

第三十一条　对需到生产运行场所施工作业的承包单位相关人员，发包单位应对其进行《电力安全工作规程》考试，合格后经设备运维管理单位认可方可进场开展工作。

第三十二条　进场施工作业前，发包单位应依据承包合同及安全协议，对承包单位进场人员及相关设备进行核查，不足承包合同及安全协议有关条款规定的，不得允许进场。

（一）核查承包单位进场项目负责人、专职安全生产管人员、特种作业人员及其他作业人员的劳动合同、身份信执业资格、持证上岗、人证一致、安全培训考试、工伤保意外伤害保险办理等情况；

（二）核查承包单位进场施工机械、工器具、安全用安全防护设施明细表及其检验合格证明等情况。

4.11.4　过程监督检查

【依据】《国家电网公司业务外包安全监督管理办法》

第三十三条　发包单位、承包单位、监理单位（如有）应根据国家法规制度、承包合同及安全协议，认真履行各自安责任，按照职责分工开展外包项目实施过程安全管控。

第三十四条　发包单位、承包单位、监理单位（如有）人员进入外包项目实施现场，应严格遵守国家、行业和公司制的安全工作规程和安全管理制度。

第三十五条　外包项目所使用的施工机械、工器具、安全用具及安全防护设施应按规定进行保养、检查、检测、保管，确保状态良好、安全可靠，并建立相应的资料档案。

第三十六条　发包单位不得随意压缩外包项目工期。如工期确需调整，应当对安全影响进行论证和评估。论证和评估当提出相应的组织措施和安全保障措施。

第三十七条　发包单位应组织开展外包项目安全检查、隐患排查、风险预警管控等工作，督促承包单位履行安全职责、加强安全管理、落实安全措施，确保外包项目实施处于安全可控状态。

第三十八条　承包单位进场施工作业人员应保持稳定，上岗时应佩戴有本人照片、单位、姓名、工种、有效期等信息“胸卡”。项目负责人、专职安全生产管理人员、特殊工种人员等核心人员变动必须报发包单位批准，并同步更新登记信息。

第三十九条　承包单位应根据国家有关法律法规、公司有关管理规定以及承包合同及安全协议，认真编制施工作业方案，并报监理单位（如有）、发包单位进行审核通过后严格执行。

第四十条　承包单位在施工作业过程中，应根据国家有关法律法规、公司有关管理规定以及承包合同及安全协议，常排查治理安全隐患，开展反违章工作，严肃查纠违章指挥、违章作业、违反劳动纪律行为。

第四十一条　采取劳务外包或劳务分包的项目，所需施工作业安全方案、工作票或安全施工作业票等必须由发包方负责。

第四十二条　采取劳务外包或劳务分包的项目，所需机具设备、工器具由发包方负责配备，并安排有经验、有资质人负责操作施工机械、起重设备等关键设备。

第四十三条　采取劳务外包或劳务分包的项目，劳务人员个人安全防护用品、用具由发包方提供，承包单位对使用维护负责。

第四十四条　采取劳务外包或劳务分包的项目，劳务人员不得独立承担危险性大、专业性强的施工作业，必须在发包有经验人员的带领和监护下进行。

第四十五条　在生产运行场所施工作业，发包单位应事先向承包单位进行专项安全技术交底，组织承包单位制定安全施；管理人员应与施工人员“同进同出”。

第四十六条　在生产运行场所施工作业，应严格执行工作票制度，并实行“双签发”。发包单位和承包单位双方工作票签发人在工作票上分别签名，各自承担相应的安全责任。

第四十七条　发包单位应动态掌握外包项目实施情况，对承包单位在外包项目实施过程中违反本办法、承包合同及安协议规定情况、现场违章行为及责任性隐患，要如实记录公司外包安全资信系统中。

第四十八条　监理单位（如有）应落实安全监理职责，严格审查承包单位编制的施工作业安全方案并监督实施；通过开展安全检查、安全旁站和巡视等，及时发现承包单位施工作现场存在的安全问题并督促整改，情节严重时应下达停工令。

5 劳动安全与作业环境

5.1 劳动安全

5.1.1 电气安全

5.1.1.1 电气安全用具

5.1.1.1.1 绝缘操作杆、绝缘手套、绝缘靴、验电器、绝缘拉杆、绝缘挡板

【依据 1】《带电作业绝缘手套》（GB 17622—2008）

8.3 贮存

产品的贮存条件应满足 GB/T 18037 的规定。

手套应贮存在专用箱内，避免阳光直射；雨雪浸淋，防止挤压和尖锐物体碰撞。

禁止手套与油、酸、碱或其他有害物质接触，并距离热源 1m 以上。贮存环境温度为 10℃～21℃之间。

【依据 2】《带电作业绝缘鞋（靴）通用技术标准》（DL/T 676—2012）

5.1 外观及结构要求

5.1.1 外观要求

绝缘鞋不应存在针孔、裂纹砂眼、气泡、切痕、嵌入导电杂物、明显的压膜痕迹及合模凹陷等有害的、有形的表面缺陷。布面绝缘鞋外观应符合 HG/T 2495 的要求；皮面绝缘鞋外观应符合 QB/T 1002 的要求；胶面绝缘鞋（靴）外观应符合 HG 2401 的要求。

5.1.2 结构要求

绝缘鞋宜用平跟，绝缘靴后跟高度不应超过 30mm，外底应有防滑花纹。

鞋（靴）号应符合 GB/T 3293.1 的规定；鞋（靴）楦应符合 GB/T 3293 的规定。

【依据 3】《国家电网公司电力安全工器具管理规定》[国网（安监/4）289—2014]

第二十八条 各级单位应为班组配置充足、合格的安全工器具，建立统一分类的安全工器具台账和编号方法。使用保管单位应定期开展安全工器具清查盘点，确保做到账、卡、物一致。各级单位可根据实际情况对照确定现场配置标准。

5.1.1.1.2 携带型短路接地线

【依据】《国家电网公司电力安全工器具管理规定》[国网（安监/4）289—2014]

第二十八条 各级单位应为班组配置充足、合格的安全工器具，建立统一分类的安全工器具台账和编号方法。使用保管单位应定期开展安全工器具清查盘点，确保做到账、卡、物一致。

附件 10 安全工器具检查与使用要求

（二）携带型短路接地线

1. 检查要求

（1）接地线的厂家名称或商标、产品的型号或类别、接地线横截面积（mm^2）、生产年份及带电作业用（双三角）符号等标识清晰完整。

（2）接地线的多股软铜线截面不得小于 $25mm^2$，其他要求同个人保安接地线。

（3）接地操作杆同绝缘杆的要求。

（4）线夹完整、无损坏，与操作杆连接牢固，有防止松动、滑动和转动的措施。应操作方便，安装后应有自锁功能。线夹与电力设备及接地体的接触面无毛刺，紧固力应不致损坏设备导线或固定接地点。

2. 使用要求

（1）接地线的截面应满足装设地点短路电流的要求，长度应满足工作现场需要。

（2）经验明确无电压后，应立即装设接地线并三相短路（直流线路两极接地线分别直接接地），利用铁塔接地或与杆塔接地装置电气上直接相连的横担接地时，允许每相分别接地，对于无接地引

下线的杆塔，可采用临时接地体。

（3）装设接地线时，应先接接地端，后接导线端，接地线应接触良好、连接应可靠，拆接地线的顺序与此相反，人体不准碰触未接地的导线。

（4）装、拆接地线均应使用满足安全长度要求的绝缘棒或专用的绝缘绳。

（5）禁止使用其他导线作接地线或短路线，禁止用缠绕的方法进行接地或短路。

（6）设备检修时模拟盘上所挂接地线的数量、位置和接地线编号，应与工作票和操作票所列内容一致，与现场所装设的接地线一致。

5.1.1.1.3 手持电动工具

【依据】《手持式电动工具的管理、使用、检查和维修安全技术规程》（GB 3787—2006）

3.1 工具的管理必须包括：

a）检查工具是否具有国家强制认证标志、产品合格证和使用说明书；

b）监督、检查工具的使用和维修；

c）对工具的使用、保管、维修人员进行安全技术教育和培训；

d）工具必须存放在干燥、无有害气体或腐蚀性物质的场所；

e）使用单位（部门）必须建立工具使用、检查和维修的技术档案。

3.2 按照本标准和工具产品使用说明书的要求及实际使用条件，制定相应的安全操作规程。安全操作规程的内容至少应包括：

a）工具的允许使用范围；

b）工具的正确使用方法和操作程序；

c）工具使用前应着重检查的项目和部位，以及使用中可能出现的危险和相应的防护措施；

d）工具的存放和保养方法；

e）操作者注意事项。

5.2 工具的日常检查至少应包括以下项目：

a）是否有产品认证标志及定期检查合格标志；

b）外壳、手柄有否裂缝或破损；

c）保护接地线（PE）连接是否完好无损；

d）电源线是否完好无损；

e）电源插头是否完整无损；

f）电源开关动作是否正常、灵活，有无缺损、破裂；

g）机械防护装置是否完好；

h）工具转动部分是否转动灵活、轻快，无阻滞现象；

i）电气保护装置是否良好。

5.3 工具使用单位必须有专职人员进行定期检查。

5.3.1 每年至少检查一次。

5.3.2 在湿热和常有温度变化的地区或使用条件恶劣的地方还应相应缩短检查周期。

5.3.3 在梅雨季节前应及时进行检查。

5.3.4 工具的定期检查项目，除5.2的规定外，还必须测量工具的绝缘电阻，绝缘电阻应不小于表1规定的数值。

表1

测量部位	绝缘电阻（兆欧）
Ⅰ类工具带电零件与外壳之间	2
Ⅱ类工具带零件与外壳之间	7
Ⅲ类工具带电零件与外壳之间	1

5.1.1.1.4　潜水泵、其他水泵、砂轮锯等移动电气设备

【依据】《国家电网公司电力安全工作规程》(2008)(火电厂动力部分)

4.4.2　电气工具和用具

4.4.2.1　电气工具和用具应由专人保管，每六个月应由电气试验单位进行定期检查；使用前应检查电线是否完好，有无接地线；坏的或绝缘不良的不准使用；使用时应按有关规定接好剩余电流保护器和接地线；使用中发生故障，应立即找电工修理。

4.4.2.2　不熟悉电气工具和用具使用方法的工作人员不准擅自使用。

4.4.2.3　使用金属外壳的电气工具时应戴绝缘手套。

4.4.2.4　在金属容器（如汽包、凝汽器、槽箱等）内工作时，应使用 24V 以下的电气工具，否则应使用带绝缘外壳的工具，并装设额定动作电流不大于 15mA、动作时间不大于 0.1s 的剩余电流保护器，且应设专人在外不间断的监护。剩余电流保护器、电源连接器和控制箱等应放在容器外面。

4.4.2.5　使用电气工具时，不准提着电气工具的导线或转动部分。在梯子上使用电气工具，应做好防止感电坠落的安全措施。在使用电气工具工作中，因故离开工作场所或暂时停止工作以及遇到临时停电时，应立即切断电源。

4.4.2.6　用压杆压电钻时，压杆应与电钻垂直，如压杆的一端插在固定体中，压杆的固定点应十分牢固。

4.4.2.7　使用手持行灯应注意下列事项：

1）手持行灯电压不准超过 36V。在特别潮湿或周围均属金属导体的地方工作时，如在汽包、凝汽器、加热器、蒸发器、除氧器以及其他金属容器或水箱等内部，行灯的电压不准超过 12V。

2）行灯电源应由携带式或固定式的隔离变压器供给，变压器不准放在汽包、燃烧室及凝汽器等金属容器的内部。

3）携带式行灯变压器的高压侧，应带插头，低压侧带插座，并采用两种不能互相插入的插头。

4）行灯变压器的外壳应有良好的接地线，高压侧宜使用三线插头。

4.4.2.8　电动的工具、机具应接地或接零良好。

4.4.2.9　电气工具和用具的电线不准接触热体，不要放在湿地上，并避免载重车辆和重物压在电线上。

4.4.2.10　移动式电动机械和手持电动工具的单相电源线应使用三芯软橡胶电缆，三相电源线在三相四线制系统中应使用四芯软橡胶电缆，在三相五线制系统中宜使用五芯软橡胶电缆。连接电动机械及电动工具的电气回路应单独设开关或插座，并装设剩余电流保护器，金属外壳应接地；电动工具应做到“一机一闸一保护”。

4.4.2.11　长期停用或新领用的电动工具应用 500V 的绝缘电阻表测量其绝缘电阻，如带电部件与外壳之间的绝缘电阻值达不到 2MΩ，应进行维修处理。对正常使用的电动工具也应对绝缘电阻进行定期测量、检查。

4.4.2.12　电动工具的电气部分经维修后，应进行绝缘电阻测量及绝缘耐压试验，试验电压为 380V，试验时间为 1min。

4.4.2.13　在潮湿或含有酸类的场地上以及在金属容器内使用 24V 及以下电动工具时，应采取可靠的绝缘措施并设专人监护。电动工具的开关应设在监护人伸手可及的地方。

4.4.4　潜水泵

4.4.4.1　潜水泵应重点检查下列项目，且应符合要求：

1）外壳不得有裂缝、破损；

2）保护线连接应正确、牢固可靠；

3）电源线应完整无损；

4）电源插头应完整无损；

5）电源开关动作应正常、灵活；

6）机械防护装置应完好；

7）转动部分应灵活、轻快、无阻滞现象；

8）电气保护装置应良好；

9）校对电源的相位，通电检查空载运转，防止反转。

4.4.4.2 潜水泵工作时，泵的周围30m以内水面不准有人进入。

5.1.1.1.5 电气安全用具使用

【依据】《国家电网公司电力安全工器具管理规定》[国网（安监/4）289—2014]

第二十九条 安全工器具使用总体要求：

（一）使用单位每年至少应组织一次安全工器具使用方法培训，新进员工上岗前应进行安全工器具使用方法培训；新型安全工器具使用前应组织针对性培训。

（二）安全工器具使用前应进行外观、试验时间有效性等检查。

（三）绝缘安全工器具使用前、后应擦拭干净。

（四）对安全工器具的机械、绝缘性能不能确定时，应进行试验，合格后方可使用。

第三十条 安全工器具领用、归还应严格履行交接和登记手续。领用时，保管人和领用人应共同确认安全工器具有效性，确认合格后，方可出库；归还时，保管人和使用人应共同进行清洁整理和检查确认，检查合格的返库存放，不合格或超试验周期的应另外存放，做出“禁用”标识，停止使用。

第三十一条 安全工器具的保管及存放，必须满足国家和行业标准及产品说明书要求。

安全工器具保管及存放要求：

1. 橡胶塑料类安全工器具

橡胶塑料类安全工器具应存放在干燥、通风、避光的环境下，存放时离开地面和墙壁20cm以上，离开发热源1m以上，避免阳光、灯光或其他光源直射，避免雨雪浸淋，防止挤压、折叠和尖锐物体碰撞，严禁与油、酸、碱或其他腐蚀性物品存放在一起。

（1）防护眼镜保管于干净、不易碰撞的地方。

（2）防毒面具应存放在干燥、通风，无酸、碱、溶剂等物质的库房内，严禁重压。防毒面具的滤毒罐（盒）的贮存期为5年（3年），过期产品应经检验合格后方可使用。

（3）空气呼吸器在贮存时应装入包装箱内，避免长时间暴晒，不能与油、酸、碱或其他有害物质共同贮存，严禁重压。

（4）防电弧服贮存前必须洗净、晾干。不得与有腐蚀性物品放在一起，存放处应干燥通风，避免长时间接触地气受潮。防止紫外线长时间照射。长时间保存时，应注意定期晾晒，以免霉变、虫蛀以及滋生细菌。

（5）橡胶和塑料制成的耐酸服存放时应注意避免接触高温，用后清洗晾干，避免暴晒，长期保存应撒上滑石粉以防粘连。合成纤维类耐酸服不宜用热水洗涤、熨烫，避免接触明火。

（6）绝缘手套使用后应擦净、晾干，保持干燥、清洁，最好洒上滑石粉以防粘连。绝缘手套应存放在干燥、阴凉的专用柜内，与其他工具分开放置，其上不得堆压任何物件，以免刺破手套。绝缘手套不允许放在过冷、过热、阳光直射和有酸、碱、药品的地方，以防胶质老化，降低绝缘性能。

（7）橡胶、塑料类等耐酸手套使用后应将表面酸碱液体或污物用清水冲洗、晾干，不得暴晒及烘烤。长期不用可撒涂少量滑石粉，以免发生粘连。

（8）绝缘靴（鞋）应放在干燥通风的仓库中，防止霉变。贮存期限一般为24个月（自生产日期起计算），超过24个月的产品须逐只进行电性能预防性试验，只有符合标准规定的鞋，方可以电绝缘鞋销售或使用。电绝缘胶靴不允许放在过冷、过热、阳光直射和有酸、碱、油品、化学药品的地方。应存放在干燥、阴凉的专用柜内或支架上。

（9）耐酸靴穿用后，应立即用水冲洗，存放阴凉处，撒滑石粉，以防粘连，应避免接触油类、有机溶剂和锐利物。

（10）当绝缘垫（毯）脏污时，可在不超过制造厂家推荐的水温下对其用肥皂进行清洗，再用滑石粉让其干燥。如果绝缘垫粘上了焦油和油漆，应该马上用适当的溶剂对受污染的地方进行擦拭，应避免溶剂使用过量。汽油、石蜡和纯酒精可用来清洗焦油和油漆。绝缘垫（毯）贮存在专用箱内，对潮湿的绝缘垫（毯）应进行干燥处理，但干燥处理的温度不能超过65℃。

（11）防静电鞋和导电鞋应保持清洁。如表面污染尘土、附着油蜡、粘贴绝缘物或因老化形成绝缘层后，对电阻影响很大。刷洗时要用软毛刷、软布蘸酒精或不含酸、碱的中性洗涤剂。

（12）绝缘遮蔽罩使用后应擦拭干净，装入包装袋内，放置于清洁、干燥通风的架子或专用柜内，上面不得堆压任何物件。

2. 环氧树脂类安全工器具

环氧树脂类安全工器具应置于通风良好、清洁干燥、避免阳光直晒和无腐蚀、有害物质的场所保存。

（1）绝缘杆应架在支架上或悬挂起来，且不得贴墙放置。

（2）绝缘隔板应统一编号，存放在室内干燥通风、离地面200mm以上专用的工具架上或柜内。如果表面有轻度擦伤，应涂绝缘漆处理。

（3）接地线不用时将软铜线盘好，存放在干燥室内，宜存放在专用架上，架上的号码与接地线的号码应一致。

（4）核相器应存放在干燥通风的专用支架上或者专用包装盒内。

（5）验电器使用后应存放在防潮盒或绝缘安全工器具存放柜内，置于通风干燥处。

（6）绝缘夹钳应保存在专用的箱子或匣子里以防受潮和磨损。

3. 纤维类安全工器具

纤维类安全工器具应放在干燥、通风、避免阳光直晒、无腐蚀及有害物质的位置，并与热源保持1m以上的距离。

（1）安全带不使用时，应由专人保管。存放时，不应接触高温、明火、强酸、强碱或尖锐物体，不应存放在潮湿的地方。储存时，应对安全带定期进行外观检查，发现异常必须立即更换，检查频次应根据安全带的使用频率确定。

（2）安全绳每次使用后应检查，并定期清洗。

（3）安全网不使用时，应由专人保管，储存在通风、避免阳光直射，干燥环境，不应在热源附近储存，避免接触腐蚀性物质或化学品，如酸、染色剂、有机溶剂、汽油等。

（4）合成纤维带速差式防坠器，如果纤维带浸过泥水、油污等，应使用清水（勿用化学洗涤剂）和软刷对纤维带进行刷洗，清洗后放在阴凉处自然干燥，并存放在干燥少尘环境下。

（5）静电防护服装应保持清洁，保持防静电性能，使用后用软毛刷、软布蘸中性洗涤剂刷洗，不可损伤服料纤维。

（6）屏蔽服装应避免熨烫和过渡折叠，应包装在一个里面衬有丝绸布的塑料袋里，避免导电织物的导电材料在空气中氧化。整箱包装时，避免屏蔽服装受重压。

4. 其他类安全工器具

（1）钢绳索速差式防坠器，如钢丝绳浸过泥水等，应使用涂有少量机油的棉布对钢丝绳进行擦洗，以防锈蚀。

（2）安全围栏（网）应保持完整、清洁无污垢，成捆整齐存放。

（3）标识牌、警告牌等，应外观醒目，无弯折、无锈蚀，摆放整齐。

5.1.1.1.6 电气安全用具的采购

【依据】《国家电网公司电力安全工器具管理规定》[国网（安监/4）289—2014]

第十九条　安全工器具应严格履行物资验收手续，由物资部门负责组织验收，安全监察质量部门和使用单位派人参加。新购置安全工器具到货后，应组织检验，检验方法可采用逐件检查或抽检，抽检比例应根据安全工器具类别、使用经验、供应商信用等情况综合确定。检验合格后，各方在验收单上签字确认。合格者方可入库或交付使用单位，不合格者应予以退货。

5.1.1.2 剩余电流保护装置的使用管理

【依据】《剩余电流动作保护装置安装和运行》（GB 13955—2005）

4.5 必须安装剩余电流保护装置的设备和场所。

4.5.1 末端保护

a）属于Ⅰ类的移动式电气设备及手持式电动工具[1)]；

b）生产用的电气设备；

c）施工工地的电气机械设备；

d）安装在户外的电气装置；

e）临时用电的电气设备；

f）机关、学校、宾馆、饭店、企事业单位和住宅等除壁挂式空调电源插座外的其他电源插座或插座回路；

g）游泳池、喷水池、浴池的电气设备[2)]；

h）安装在水中的供电线路和设备；

i）医院中可能直接接触人体的电气医用设备[3)]；

j）其他需要安装剩余电流保护装置的场所。

1）电气产品按防电击保护绝缘等级可分为0、Ⅰ、Ⅱ、Ⅲ四类。Ⅰ类产品的防电击保护不仅依靠设备的基本绝缘，而且还应包含一个附加的安全预防措施。其方法是将可能触及的可导电的零件与已安装的固定线路中的保护线或 TT 系统的独立接地装置连接起来，以使可触及的可导电零件在基本绝缘损坏的事故中不带有危险电压。

2）指相关规定属于应安装保护装置区域内的电气设备。

3）指 GB 9706.1—2007《医用电气设备　第1部分：通用安全要求》中H类医用设备。

4.5.2 线路保护

低压配电线路根据具体情况采用二级或三级保护时，在总电源端、分支线首端或线路末端（农村集中安装电能表箱、农业生产设备的电源配电箱）安装剩余电流保护装置。

4.6 报警式剩余电流保护装置的应用

对一旦发生剩余电流超过额定值切断电源时，因停电造成重大经济损失及不良社会影响的电气装置或场所，应安装报警式剩余电流保护装置。如：

a）公共场所的应急电源、通道照明；

b）确保公共场所安全的设备；

c）消防设备的电源，如消防电梯、消防水泵、消防通道照明等；

d）防盗报警的电源；

e）其他不允许停电的特殊设备和场所。

为防止人身电击事故，上述场所的负荷末端保护不得采用报警式。

5.1 剩余电流保护装置的技术条件应符合GB 6829、GB 14048.2、GB 14287、GB 16916、GB 16917等有关标准的规定，并通过中国国家强制性产品认证。

5.5 采用分级保护方式时，安装使用前应进行串接模拟分级动作试验，保证其动作特性协调配合。

5.6 根据电气设备的工作环境条件选用剩余电流保护装置：

a）剩余电流保护装置应与使用环境条件相适应；

b）对电源电压偏差较大地区的电气设备应优先选用动作功能与电源电压无关的剩余电流保护装置；

c）在高温或特低温环境中的电气设备应选用非电子型剩余电流保护装置；

d）对于作家用电器保护的剩余电流保护装置必要时可选用满足过电压保护的剩余电流保护装置；

e）安装在易燃、易爆、潮湿或有腐蚀性气体等恶劣环境中的剩余电流保护装置，应根据有关标准选用特殊防护条件的剩余电流保护装置，或采取相应的防护措施。

5.7 剩余电流保护装置动作参数的选择

5.7.1 手持式电动工具、移动电器、家用电器等设备应优先选用额定剩余动作电流不大于 30mA、一般型（无延时）的剩余电流保护装置。

5.7.2 单台电气机械设备，可根据其容量大小选用额定剩余动作电流 30mA 以上、100mA 及以下、一般型（无延时）的剩余电流保护装置。

5.7.3 电气线路或多台电气设备（或多住户）的电源端为防止接地故障电流引起电气火灾，安装的剩余电流保护装置，其动作电流和动作时间应按被保护线路和设备的具体情况及其泄漏电流值确定。必要时应选用动作电流可调和延时动作型的剩余电流保护装置。

5.7.4 在采用分级保护方式时，上下级剩余电流保护装置的动作时间差不得小于 0.2s。上一级剩余电流保护装置的极限不驱动时间应大于下一级剩余电流保护装置的动作时间，且时间差应尽量小。

5.7.5 选用的剩余电流保护装置的额定剩余不动作电流，应不小于被保护电气线路和设备的正常运行时泄漏电流最大值的 2 倍。

5.7.6 除末端保护外，各级剩余电流保护装置应选用低灵敏度延时型的保护装置，且各级保护装置的动作特性应协调配合，实现具有选择性的分级保护。

6.1.4 剩余电流保护装置在不同的系统接地型式中应正确接线。单相、三相三线、三相四线供电系统中的正确接线方式，见表 1。

表 1 剩余电量保护装置接线方式

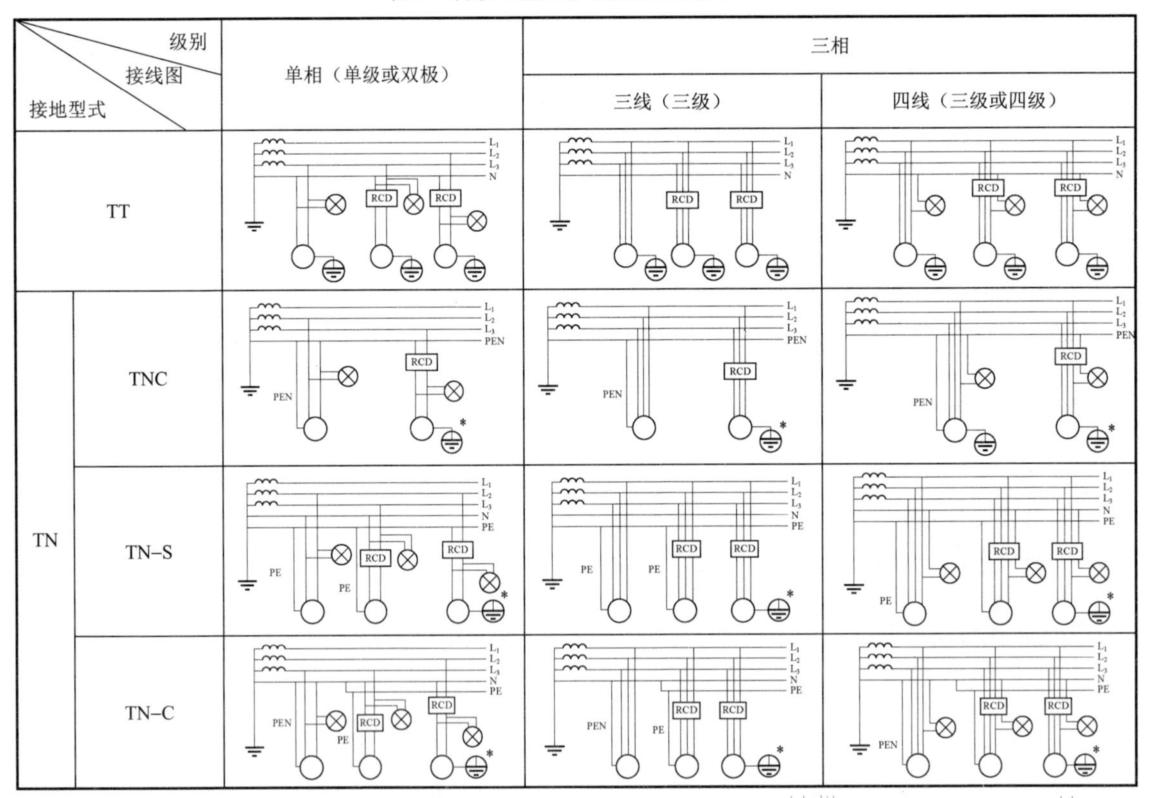

级别 / 接线图 / 接地型式		单相（单级或双极）	三相	
			三线（三级）	四线（三级或四级）
TT				
TN	TNC			
	TN−S			
	TN−C			

注 1：L_1、L_2、L_3 为相线；N 为中性线；PE 为保护线；PEN 为中性线和保护线合一；为单相或三相电气设备；为单相照明设备；RCD 为剩余电流保护装置；为不与系统中性接地点相连的单独接地装置，作保护接地用。

注 2：单相负载或三相负载在不同的接地保护系统中的接线方式图中，左侧设备为未装有剩余电流保护装置，中间和右侧为装用剩余电流保护装置的接线图。

注 3：在 TN−C 系统中使用剩余电流保护装置的电气设备，其外露可接近道题的保护线应该在单独接地装置上而形成局部 TT 系统，如 TN−C 系统接线方式图中的右侧带*的接线方式。

注 4：表中 TN−S 及 TN−C−S 接地形式，单相和三相负荷的接线图中的中坚和右侧接线图为根据现场情况，可任选其一接地方式。

7.1　剩余电流保护装置投入运行后，运行管理单位应建立相应的管理制度，并建立动作记录。

7.2　剩余电流保护装置投入运行后，必须定期操作试验按钮，检查其动作特性是否正常。雷击活动期和用电高峰期应增加试验次数。

5.1.1.3　动力、照明配电箱的使用管理

【依据 1】《低压配电设计规范》（GB 50054—2011）

4.3.7　配电室的门、窗关闭应密合；与室外相通的洞、通风孔应设防止鼠、蛇类等小动物进入网罩，其防护等级不宜低于现行国家标准 GB 4208—2008《外壳防护等级（IP 代码）规定的 IP3X 级。直接与室外露天相通的通风孔尚应采取防止雨/雪飘入的措施。

4.3.8　配电室不宜设在建筑物地下室最底层。设在地下室最底层时，应采取防止水进入配电室内的措施。

【依据 2】《电气装置安装工程　接地装置施工及验收规范》（GB 50169—2016）

3.0.5　需要接地的直流系统接地装置应符合下列要求：

1　能与地构成闭合回路且经常流过电流的接地线应沿绝缘垫板敷设，不应与金属管道、建筑物和设备的构件有金属的连接。

2　在土壤中含有在电解时能产生腐蚀性物质的地方，不宜敷设接地装置，必要时可采取外引式接地装置或改良土壤的措施。

3　直流正极的接地线、接地极不应与自然接地极有金属连接；当无绝缘隔离装置时，相互间的距离不应小于 1m。

5.1.1.4　保护接地及接零

a）现场电气设备接地、接零保护

【依据】《电气装置安装工程接地装置施工及验收规范》（GB 50169—2016）

3.0.4　电气装置的下列金属部分，均必须接地：

1　电气设备的金属底座、框架及外壳和传动装置。

2　携带式或移动式用电器具的金属底座和外壳。

3　箱式变电站的金属箱体。

4　互感器的二次绕组。

5　配电、控制、保护用的屏（柜、箱）及操作台的金属框架和底座。

6　电力电缆的金属护层、接头盒、终端头和金属保拼管及二次电缆的屏蔽层。

7　电缆桥架、支架和井架。

8　变电站（换流站）构、支架。

9　装有架空地结或电气设备的电力线路杆塔。

10　配电装置的金属遮栏。

11　电热设备的金属外壳。

5.1.1.5　接地装置的可靠性

【依据】《系统接地的型式及安全技术要求》（GB 14050—2008）

5　对系统接地的安全技术要求

5.1　基本要求

5.1.1　系统接地为采用自动切断供电这一间接接触防护措施提供了必要的条件。为保证自动切断供电措施的可靠和有效，要求做到：

a）当电气装置中发生了带电部分与外露可导电部分（或保护导体）之间的故障时，所配置的保护电器应能自动切断发生故障部分的供电，并保证不出现这样的情况：一个超过交流 50V（有效值）的预期接触电压会持续存在到足以对人体产生危险的生理效应（在人体一旦触及它时）。

在与系统接地型式有关的某些情况下，不论接触电压大小，切断时间允许放宽到不超过 5s。

注：对于IT系统，在发生第一次故障时，通常不要求自动切断供电，但必须由绝缘监视装置发出警告信号。

b）电气装置中的外露可导电部分，都应通过保护导体或保护中性导体与接地极相连接，以保证故障回路的形成。

凡可被人体同时触及的外露可导电部分，应连接到同一接地系统。

5.1.2　系统中应尽量实施总等电位联结。

建筑物内的总等电位联结导体应与下列可导电部分互相连接：

a）总保护导体（保护线干线）；

b）总接地导体（接地线干线）或者接地端子；

c）建筑物内的公用金属管道和类似金属构件（如自来水管、煤气管等）；

d）建筑结构中的金属部分、集中采暖和空调系统。

来自建筑物外面的可导电体，应在建筑物内尽量在靠近入口之处与等电位联结导体连接。

总等电位联结导体必须符合GB 16895.3—2004中544.1的规定。

5.1.3　在如下情况下应考虑实施辅助等电位联结：

——在局部区域，当自动切断供电的时间不能满足防电击要求；

——在特定场所，需要有更低接触电压要求的防电击措施；

——具有防雷和信息系统抗干扰要求。

辅助等电位联结导体应与区域内的下列可导电部分互相连接：

a）固定设备的所有能同时触及的外露可导电部分；

b）保护导体（包括设备的和插座内的）；

c）电气装置外的可导电部分（如果可行，还应包括钢筋混凝土结构的主钢筋）。

辅助等电位联结导体必须符合GB 16895.3—2004中544.2的规定。

5.1.4　有必要时，分级安装剩余电流保护装置和火灾监控系统，并符合GB 13955规定。

5.1.5　不得在保护导体回路中装设保护电器和开关，但允许设置只有用工具才能断开的连接点。

5.1.6　严禁将煤气管道、金属构件（如金属水管）用作保护导体。

5.1.7　电气装置的外露可导电部分不得用作保护导体的串联过渡接点。

5.1.8　保护导体必须有足够的截面，其最小截面应符合GB 16895.3—2004中543.1的规定。

5.1.9　连接保护导体（或PEN导体）时，必须保证良好的电气连续性。遇有铜导体与铝导体相连接和铝导体与铝导体相连接时，更应采取有效措施（如使用专门连接器）防止发生接触不良等故障。

5.1.1.6　高压电气设备的防护

【依据】《国家电网公司电气安全工作规程》（Q/GDW 1799.1—2013）

5.1.2　高压设备符合下列条件者，可由单人值班或单人操作：

a）室内高压设备的隔离室设有遮栏，遮栏的高度在1.7m以上，安装牢固并加锁者。

b）室内高压断路器（开关）的操动机构（操动机构）用墙或金属板与该断路器（开关）隔离或装有远方操动机构（操动机构）者。

5.2.6　高压室的钥匙至少应有3把，由运维人员负责保管，按值移交。1把专供紧急时使用，1把专供运维人员使用，其他可以借给经批准的巡视高压设备人员和经批准的检修、施工队伍的工作负责人使用，但应登记签名，巡视或当日工作结束后交还。

5.1.2　高处作业安全

5.1.2.1　制度建设

【依据】《建筑施工高处作业安全技术规范》JGJ 80—2016

3.0.13　在施工组织设计或施工技术方案中应按国家、行业相关规定并结合工程特点编制包括临边与洞口作业、攀登与悬空作业、操作平台、交叉作业及安全网搭设的安全防护技术措施等内容的高处作业安全技术措施。

各类安全防护设施，并应建立定期不定期的检查和维护保养制度，发现隐患应及时采取整改措施。

5.1.2.2　安全措施

【依据】《防止电力生产事故的二十五项重点要求》[国能安全（2014）161号]

1.1.2　正确使用安全带，安全带必须系在牢固物件上，防止脱落。在高处作业必须穿防滑鞋、设专人监护。高处作业不具备挂安全带的情况下，应使用防坠器或安全绳。

1.1.3　高处作业应设有合格、牢固的防护栏，防止作业人员失误或坐靠坠落。作业立足点面积要足够，跳板进行满铺及有效固定。

1.1.5　基坑（槽）临边应装设由钢管ϕ48mm×3.5mm（直径×管壁厚）搭设带中杆的防护栏杆，防护栏杆上除警示标示牌外不得拴挂任何物件，以防作业人员行走踏空坠落。作业层脚手架的脚手板应铺设严密、采用定型卡带进行固定。

5.1.2.3　人员管理

【依据】《防止电力生产事故的二十五项重点要求》[国能安全（2014）161号]

1.1.1　高处作业人员必须经县级以上医疗机构体检合格（体格检查至少每两年一次），凡不适宜高空作业的疾病者不得从事高空作业。

5.1.3　起重作业安全

5.1.3.1　制度建设

【依据】《国家电网公司电力建设起重机械安全监督管理办法》[国网（安监/3）482—2014]

第七条　（一）贯彻落实起重机械安全法律法规、标准及公司规章制度，结合实际开展建设项目起重机械安全监督工作。

5.1.3.2　日常检查

【依据】《国家电网公司电力建设起重机械安全监督管理办法》[国网（安监/3）482—2014]

第七条　（二）监督所管理工程的业主、施工、监理项目部按照公司规定开展起重机械安全风险管控、隐患排查治理等工作。（三）督促所管理工程的业主、施工、监理项目部对起重机械安全隐患及管理问题进行闭环管理，落实“五到位”要求。

第九条　项目部起重机械安全监督主要职责：

（一）业主项目部

（1）组织并监督施工、监理项目部按照公司规定开展起重机械安全风险管控、隐患排查治理等工作。

（2）监督施工项目部整改起重机械安全隐患。

（3）组织施工、监理项目部起重机械安全监督工作检查和考核评价。

（二）监理项目部

（1）严格开展起重机械入场、安拆、使用、维护保养和定期检验等安全监督检查、作业旁站、安全检查签证等工作，发现安全隐患，及时下达整改通知书。

（2）督导施工项目部整改起重机械安全隐患。

（三）施工项目部

（1）监督落实起重机械安全法律法规、标准及公司规章制度。

（2）组织并监督开展起重机械安全检查、隐患排查治理工作。

（3）组织并监督开展起重机械安全风险识别、评估、控制工作。

（4）组织并监督整改起重机械安全隐患、落实“五到位”要求。

5.1.3.3　使用管理

【依据】《国家电网公司电力建设起重机械安全监督管理办法》[国网（安监/3）482—2014]

第三十四条　起重机械在投入使用前或者投入使用后30日内，应按照规定到产权单位所在地登记部门办理使用登记，取得使用登记证书。登记标志应置于该起重机械的显著位置。

第三十五条　起重机械使用单位应对其使用的起重机械进行经常性维护保养和定期自行检查，并做出记录。起重机械使用单位应对其使用的起重机械的安全附件、安全保护装置进行定期校验、检修，并做出记录。

5.1.4　有限空间作业管理

5.1.4.1　制度建设

【依据】《工贸企业有限空间作业安全管理与监督暂行规定》安监总局 59 号令

第五条　存在有限空间作业的工贸企业应当建立下列安全生产制度和规程：

（一）有限空间作业安全责任制度；

（二）有限空间作业审批制度；

（三）有限空间作业现场安全管理制度；

（四）有限空间作业现场负责人、监护人员、作业人员、应急救援人员安全培训教育制度；

（五）有限空间作业应急管理制度；

（六）有限空间作业安全操作规程。

第七条　工贸企业应当对本企业的有限空间进行辨识，确定有限空间的数量、位置以及危险有害因素等基本情况，建立有限空间管理台账，并及时更新。

第二十一条　工贸企业应当根据本企业有限空间作业的特点，制定应急预案，并配备相关的呼吸器、防毒面罩、通信设备、安全绳索等应急装备和器材。有限空间作业的现场负责人、监护人员、作业人员和应急救援人员应当掌握相关应急预案内容，定期进行演练，提高应急处置能力。

5.1.4.2　安全措施

【依据 1】《防止电力生产事故的二十五项重点要求》（国能安全〔2014〕161 号）

1.9　防止中毒与窒息伤害事故

1.9.1　在受限空间（如电缆沟、烟道内、管道等）内长时间作业时，必须保持通风良好，防缺氧窒息。在沟道（池）内作业时［如电缆沟、烟道、中水前池、污水池、化粪池、阀门井、排污管道、地沟（坑）、地下室等］，为防止作业人员吸入一氧化碳、硫化氢、二氧化碳、沼气等中毒、窒息，必须做好以下措施。

（1）打开沟道（池、井）的盖板或人孔门，保持良好通风，严禁关闭人孔门或盖板。

（2）进入沟道（池、井）内施工前，应用鼓风机向内进行吹风，保持空气循环，并检查沟道（池、井）内的有害气体含量不超标，氧气浓度保持在 19.5%～21%范围内。

（3）地下维护室至少打开 2 个人孔，每个人孔上放置通风筒或导风板，一个正对来风方向，另一个正对去风方向，确保通风畅通。

（4）井下或池内作业人员必须系好安全带和安全绳，安全绳的一端必须握在监护人手中，当作业人员感到身体不适，必须立即撤离现场。在关闭人孔门或盖板前，必须清点人数，并喊话确认无人。

1.9.2　对容器内的有害气体置换时，吹扫必须彻底，不留残留气体，防止人员中毒。进入容器内作业时，必须先测量容器内部氧气含量，低于规定值不得进入，同时做好逃生措施，并保持通风良好，严禁向容器内输送氧气容器外设专人监护且与容器内人员定时喊话联系。

【依据 2】《国家电网公司电力安全工作规定》（火电厂动力部分）

11.3　容器内的工作

11.3.1　工作人员进入容器、槽箱内部进行检查、清洗和检修工作，应办理工作票手续。作业时应加强通风，但禁止向内部输送氧气。采用气体充压对箱、罐等容器、设备找漏时，应使用压缩空气。压缩空气经可靠的减压控制阀门控制，在措施规定的压力下方可进行充压。对装用过易燃介质的在用容器，充压前必须进行彻底清洗和转换。禁止使用各类气体的气瓶进行充压找漏。

11.3.2　在盛过易燃物品的容器内部或外部进行明火作业时，应按照18.1.17（对于存有残余油脂或可燃液体的容器，应打开盖子，清理干净；对存有残余易燃易爆物品的容器，应先用水蒸气吹洗，或用热碱水冲洗干净，并将其盖口打开，方可焊接。）的规定进行。

11.3.3　若容器或槽箱内存在着有害气体或存在有可能发生有害气体的残留物质，应先进行通风，把有害气体或可能发生有害气体的物质清除后，工作人员方可进内工作。工作人员应轮换工作和休息。

11.3.4　凡在容器、槽箱内进行工作的人员，应根据具体工作性质，事先学习应注意的事项（如使用电气工具的注意事项，气体中毒、窒息急救法等），工作人员不得少于两人，其中一人在外面监护。在可能发生有害气体的情况下，则工作人员不得少于三人，其中二人在外面监护。监护人应站在能看到或听到容器内工作人员的地方，以便随时进行监护。监护人不准同时担任其他工作。

11.3.5　在容器、槽箱内工作，如需站在梯子上工作时，工作人员应使用安全带，且其绳子的一端拴在外面牢固的地方。

11.3.6　在容器内衬胶、涂漆、刷环氧玻璃钢时，应打开人孔门及管道阀门，并进行强力通风。工作场所应备有泡沫灭火器和干砂等消防工具，禁止明火。对这项工作有过敏的人员不准参加。

11.3.7　在关闭容器、槽箱的人孔门以前，工作负责人应清点人员和工具，确认没有人员和工具、材料等遗留在内后，才可关闭。

5.1.4.3　登记管理

【依据】《工贸企业有限空间作业安全生产管理与监督暂行规定》（国家安全生产监督管理总局令第59号）

第二十条　有限空间作业结束后，作业现场负责人、监护人员应当对作业现场进行清理，撤离作业人员。

5.1.4.4　人员监护

【依据】《防止电力生产事故的二十五项重点要求》（国能安全〔2014〕161号）

1.9.2　对容器内的有害气体置换时，吹扫必须彻底，不留残留气体，防止人员中毒。进入容器内作业时，必须先测量容器内部氧气含量，低于规定值不得进入，同时做好逃生措施，并保持通风良好，严禁向容器内输送氧气。容器外设专人监护且与容器内人员定时喊话联系。

5.1.5　特种设备与特种作业人员管理

5.1.5.1　制度建设

【依据1】《特种设备安全法》（主席令第4号）

第三十四条　特种设备使用单位应当建立岗位责任、隐患治理、应急救援等安全管理制度，制定操作规程，保证特种设备安全运行。

【依据2】《特种设备作业人员监督管理办法》（质检总局第140号）

第五条　特种设备生产、使用单位（以下统称用人单位）应当聘（雇）用取得《特种设备作业人员证》的人员从事相关管理和作业工作，并对作业人员进行严格管理。

特种设备作业人员应当持证上岗，按章操作，发现隐患及时处置或者报告。

第二十条　用人单位应当加强对特种设备作业现场和作业人员的管理，履行下列义务：

（一）制订特种设备操作规程和有关安全管理制度；

（二）聘用持证作业人员，并建立特种设备作业人员管理档案；

（三）对作业人员进行安全教育和培训；

（四）确保持证上岗和按章操作；

（五）提供必要的安全作业条件；

（六）其他规定的义务。

用人单位可以指定一名本单位管理人员作为特种设备安全管理负责人，具体负责前款规定的相关工作。

5.1.5.2 使用管理

【依据】《特种设备安全法》（主席令第4号）

第三十三条　特种设备使用单位应当在特种设备投入使用前或者投入使用后三十日内，向负责特种设备安全监督管理的部门办理使用登记，取得使用登记证书。登记标志应当置于该特种设备的显著位置。

第三十五条　特种设备使用单位应当建立特种设备安全技术档案。安全技术档案应当包括以下内容：

（一）特种设备的设计文件、产品质量合格证明、安装及使用维护保养说明、监督检验证明等相关技术资料和文件；

（二）特种设备的定期检验和定期自行检查记录；

（三）特种设备的日常使用状况记录；

（四）特种设备及其附属仪器仪表的维护保养记录；

（五）特种设备的运行故障和事故记录。

第三十九条　特种设备使用单位应当对其使用的特种设备进行经常性维护保养和定期自行检查，并做出记录。

特种设备使用单位应当对其使用的特种设备的安全附件、安全保护装置进行定期校验、检修，并做出记录。

未经定期检验或者检验不合格的特种设备，不得继续使用。

第四十一条　特种设备安全管理人员应当对特种设备使用状况进行经常性检查，发现问题应当立即处理；情况紧急时，可以决定停止使用特种设备并及时报告本单位有关负责人。

特种设备作业人员在作业过程中发现事故隐患或者其他不安全因素，应当立即向特种设备安全管理人员和单位有关负责人报告；特种设备运行不正常时，特种设备作业人员应当按照操作规程采取有效措施保证安全。

5.1.5.3 作业人员管理

【依据】《特种设备作业人员监督管理办法》（质检总局令第140号）

第二十条　用人单位应当加强对特种设备作业现场和作业人员的管理，履行下列义务：

（一）制订特种设备操作规程和有关安全管理制度；

（二）聘用持证作业人员，并建立特种设备作业人员管理档案；

（三）对作业人员进行安全教育和培训；

（四）确保持证上岗和按章操作；

（五）提供必要的安全作业条件；

（六）其他规定的义务。

用人单位可以指定一名本单位管理人员作为特种设备安全管理负责人，具体负责前款规定的相关工作。

5.1.5.4 安装、改造、维修

【依据】《特种设备安全法》（主席令第4号）

第二十三条　特种设备安装、改造、修理的施工单位应当在施工前将拟进行的特种设备安装、改造、修理情况书面告知直辖市或者设区的市级人民政府负责特种设备安全监督管理的部门。

第二十四条　特种设备安装、改造、修理竣工后，安装、改造、修理的施工单位应当在验收后三十日内将相关技术资料和文件移交特种设备使用单位。特种设备使用单位应当将其存入该特种设备的安全技术档案。

5.1.6 焊接与切割安全

5.1.6.1 制度

【依据】《焊接与切割安全》（GB 9448—1999）

11.5.1 安全操作规程

制定操作或维修弧焊设备的作业人员必须了解、掌握并遵守有关安全操作规程及作业标准。此外还必须熟知本标准的有关安全要求。

5.1.6.2 电焊机安全要求

【依据】《焊接与切割安全》（GB 9448—1999）

12.4 电气安全

12.4.1 电压

所有固定式或便携式电阻焊设备的外部焊接控制电路必须工作在规定的电压条件下。

12.4.2 电容

高压贮能电阻焊的电阻焊设备及其控制面板必须配置合适的绝缘及完整的外壳保护。外壳的所有拉门必须配有合适的联锁装置。这种联锁装置应保证当拉门打开时可有效地断开电源并使所有电容短路。除此之外，还可考虑安装某种手动开关或合适的限位装置作为确保所有电容完全放电的补充安全措施。

12.4.3 扣锁和联锁

12.4.3.1 拉电阻焊机的所有拉门；检修面板及靠近地面的控制面板必须保持锁定或联锁状态以防止无关人员接近设备的带电部分。

12.4.3.2 远距离设置的控制面板置于高台或单独房间内的控制面板必须锁定、联锁住或者是用挡板保护并予以标明。当设备停止使用时，面板应关闭。

12.4.4 火花保护

必须提供合适的保护措施防止飞溅的火花产生危险，如安装屏板、佩带防护眼镜。由于电阻焊操作不同，每种方法必须做单独考虑。使用闪光焊设备时，必须提供由耐火材料制成的闪光屏蔽并应采取适当的防火措施。

12.4.5 急停按钮

在具备下述特点的电阻焊设备上，应考虑设置一个或多个安全急停按钮：

a）需要 3s 或 3s 以上时间完成一个停止动作。

b）撤除保护时，具有危险的机械动作。急停按钮的安装和使用不得对人员产生附加的危害。

12.4.6 接地电阻

焊机的接地要求必须符合 GB 15578 标准的有关规定。

5.1.6.3 切割工具安全要求

【依据】《焊接与切割安全》（GB 9448—1999）

10.3 软管及软管接头

用于焊接与切割输送气体的软管，如氧气软管和乙炔软管，其结构、尺寸、工作压力、机械性能、颜色必须符合 GB/T 2550、GB/T 2551 的要求。软管接头则必须满足 GB/T 5107 的要求。

禁止使用泄漏、烧坏、磨损、老化或有其他缺陷的软管。

10.4 减压器

只有经过检验合格的减压器才允许使用。

减压器的使用必须严格遵守 JB 7496 的有关规定。

减压器只能用于设计规定的气体及压力。

减压器的连接螺纹及接头必须保证减压器安在气瓶阀或软管上之后连接良好、无任何泄漏。

减压器在气瓶上应安装合理、牢固。采用螺纹连接时，应拧足五个螺扣以上；采用专门的夹具压紧时，装卡应平整牢固。从气瓶上拆卸减压器之前，必须将气瓶阀关闭并将减压器内的剩余气体释放干净。同时使用两种气体进行焊接或切割时，不同气瓶减压器的出口端都应装上各自的单向阀，以防止气流相互倒灌。

当减压器需要修理时，维修工作必须由经劳动、计量部门考核认可的专业人员完成。

5.1.7　转动机械安全

【依据】《机械安全防护装置固定式活动式和防护装置设计与制造一般要求》（GB/T 8196—2003）

6.4　根据要求进入的性质和频次选择防护装置

根据要求进入的性质和频次选择防护装置的一般原则。

6.4.1　运动传递部件对运动传递部件，如皮带轮、皮带、齿轮、导轨、齿杆、传动轴产生的危险的防护，应采用固定式防护装置或活动式联锁防护装置。

a）光电防护帘；

b）联锁防护装置；

c）电气柜；

d）仅允许部分进入的内部栅栏；

e）压敏垫；

f）双手操纵装置；

g）复位制动器；

h）距离防护装置。

6.4.2　使用期间不要求进入的场合基于简易性和可靠性，宜采用固定式防护装置。

6.4.3　使用期间要求进入的场合

6.4.3.1　仅在机器调整、工艺校正或维修时才要求进入的场合宜采用下列形式的防护装置：

a）如果可预见的进入频次高（例如每班超过一次），或拆卸和更换固定式防护装置很困难，则采用活动式防护装置。活动式防护装置应与联锁装置或带防护锁定的联锁装置组合使用。

b）只有当可预见的进入频次低，且防护装置容易更换，拆卸和更换均可在工作的安全系统下进行时，才能采用固定式防护装置。

6.4.3.2　在工作周期内要求进入的场合宜采用下列类型的防护装置：带有联锁装置或带有防护锁定的联锁装置的活动式防护装置，如果在很短的工作周期内要求进入时，最好采用动力操作的活动式防护装置；特殊条件下采用可控防护装置以满足使用要求。

6.4.3.3　由于操作性质，不能完全禁止进入危险区刀具如锯片需要部分地暴露时，下列防护装置较为合适：

a）自关闭式防护装置。

自关闭防护装置的开口应限制在不大于工件的通道要求的尺寸。它不应使防护装置被锁定在打开位置。这些防护装置可与固定式距离防护装置联合使用。

b）可调式防护装置。

可调的部件应使其开口在与无聊通道相匹配的前提下，被限制得最小，且不使用工具也能方便地调整。

5.1.8　劳动防护

5.1.8.1　安全帽

【依据】《安全帽》（GB 2811—2007）

4.3　特殊技术性能

产品标识中所声明的安全帽具有的特殊性能，仅适用于相应的特殊场所。

4.3.1　防静电性能

表面电阻率不大于 $1\times10^{9}\Omega$。

4.3.2　电绝缘性能

泄漏电流不超过 1.2mA。

4.3.3　侧向刚性

最大变形不超过 40mm，残余变形不超过 15mm，帽壳不得有碎片脱落。

4.3.4　阻燃性能

续燃时间不超过 5s，帽壳不得烧穿。

4.3.5　耐低温性能

经低温（–20℃）预处理后做冲击测试，冲击力值应不超过 4900N；帽壳不得有碎片脱落。

经低温（–20℃）预处理后做穿刺测试，钢锥不得接触头模表面；帽壳不得有碎片脱落。

5　检验

5.1　样品

检验样品应符合产品标识的描述，零件齐全，功能有效。

检验样品的数量应根据检验的要求确定，表 1 规定的各检验项目最小检验数量均为 1 项，非破坏性检验可以同破坏性检验共用样品，不另外增加样品数量。

检验样品应在最终生产工序完成后，在普通大气环境中至少平衡 3d。

表 1

性能类别	检　验　项　目
基本性能	高温（50℃）处理后冲击吸收性能
	低温（–10℃）处理后冲击吸收性能
	沁水处理后冲击吸收性能
	辐照处理后冲击吸收性能
	高温（50℃）处理后耐穿刺性能
	低温（–10℃）处理后耐穿刺性能
	辐照处理后耐穿刺性能
	沁水处理后耐穿刺性能
	外观结构图及尺寸
	下颏带强度检验
	阻燃性能
特殊性能	侧向刚性
	防静电性能
	电绝缘性能
	低温（–20℃）处理后冲击吸收性能
	低温（–20℃）处理后耐穿刺性能
具有耐低温特殊性能的安全帽不做此项	

5.2　检验类别

检验类别分为出厂检验、型式检验、进货检验三类。

5.3　出厂检验

生产企业应逐批进行出厂检验。检查批量以一次生产投料为一批次，最大批量应小于 8 万顶。各项检验样本大小、不合格分类、判定数组见表 2。

表 2　各项检验样本大小、不合格分类、判定数组

检验项目	批量范围	单项检验样本大小	不合格分类	单项判定数组	
				合格判定数组	不合格判定数组
冲击吸收性能、耐穿刺性能、侧向刚性、阻燃性、防静电性能、垂直间距、佩戴高度、标识	<500	3	A	0	1
	501～5000	5		0	1
	5001～50 000	8		0	1
	≥50 001	13		1	2
数组重量、水平间距、帽壳内突出物、下颏带强度、通气孔设置	<500	3	B	1	2
	501～5000	5		1	2
	5001～50 000	8		1	2
	≥50 001	13		2	3
帽舌尺寸、帽檐、帽壳内部尺寸、吸汗带要求、系带的要求	<500	3	C	1	2
	501～5000	5		1	2
	5001～50 000	8		2	3
	≥50 001	13		2	3

5.4　型式检验

5.4.1　有下列情况时需进行型式检验：

5.4.1.1　新产品鉴定；

5.4.1.2　当配方、工艺、结构发生变化时；

5.4.1.3　停产一定周期后恢复生产时；

5.4.1.4　周期检查，每年一次；

5.4.1.5　出厂检验结果与上次型式检验结果有较大差异时。

5.4.2　型式检验样本数量根据检验项目的要求按照表 1 的规定执行。

5.4.3　样本由提出检验的单位或委托第三方从逐批检查合格的产品中随机抽取。判别水平、不合格质量水平、判定数组见表 3。

表 3　判别水平、不合格质量水平、判定数组

判别水平	不合格类别	不合格质量水平	合格判定数	不合格判定数
		RQL	Ac	Re
	A	50	0	1
	B	50	1	2
	C	50	2	3

5.5　进货检验

进货单位按批量对冲击吸收性能、耐穿刺性能、垂直间距、佩戴高度、标识及标识中声明的符合本标准规定的特殊技术性能或相关方约定的项目进行检测，无检验能力的单位应到有资质的第三方实验室进行检验。样本大小按表 4 执行，检验项目必须全部合格。

表 4　样　本　大　小

批量范围	<500	≥500～5000	≥5000～50 000	≥50 000
样本大小	$1Xn$	$2Xn$	$3Xn$	$4Xn$

注：n 为满足表 1 规定检验需求的项数。

5.1.8.2 正压式空气呼吸器

【依据】《电力设备典型消防规程》（DL 5027—2015）

14.4 正压式消防空气呼吸器

14.4.1 设置固定式气体灭火系统的发电厂和变电站等场所应配置正压式消防空气呼吸器，数量宜按每座有气体灭火系统的建筑物各设 2 套，可放置在气体保护区出入口外部、灭火剂储瓶间或同一建筑的有人值班控制室内。

14.4.2 长距离电缆隧道、长距离地下燃料皮带通廊、地下变电站的主要出入口应至少配置 2 套正压式消防空气呼吸器和 4 只防毒面具。水电厂地下厂房、封闭厂房等场所，也应根据实际情况配置正压式消防空气呼吸器。

14.4.3 正压式消防空气呼吸器应放置在专用设备柜内，柜体应为红色并固定设置标志牌。

5.1.9 职业健康

5.1.9.1 管理制度、责任制

【依据 1】《作业场所职业健康监督管理暂行规定》（安监总局令第 23 号）

第十一条 存在职业危害的生产经营单位应当建立、健全下列职业危害防治制度和操作规程：

（一）职业危害防治责任制度；

（二）职业危害告知制度；

（三）职业危害申报制度；

（四）职业健康宣传教育培训制度；

（五）职业危害防护设施维护检修制度；

（六）从业人员防护用品管理制度；

（七）职业危害日常监测管理制度；

（八）从业人员职业健康监护档案管理制度；

（九）岗位职业健康操作规程；

（十）法律、法规、规章规定的其他职业危害防治制度。

【依据 2】《职业病防治法》（主席令第五十二号）

第五条 用人单位应当建立、健全职业病防治责任制，加强对职业病防治的管理，提高职业病防治水平，对本单位产生的职业病危害承担责任。

5.1.9.2 职业健康检查及监护档案

【依据】《职业病防治法》（主席令第五十二号）

第三十六条 对从事接触职业病危害的作业的劳动者，用人单位应当按照国务院安全生产监督管理部门、卫生行政部门的规定组织上岗前、在岗期间和离岗时的职业健康检查，并将检查结果书面告知劳动者。职业健康检查费用由用人单位承担。

用人单位不得安排未经上岗前职业健康检查的劳动者从事接触职业病危害的作业；不得安排有职业禁忌的劳动者从事其所禁忌的作业；对在职业健康检查中发现有与所从事的职业相关的健康损害的劳动者，应当调离原工作岗位，并妥善安置；对未进行离岗前职业健康检查的劳动者不得解除或者终止与其订立的劳动合同。

职业健康检查应当由省级以上人民政府卫生行政部门批准的医疗卫生机构承担。

第三十七条 用人单位应当为劳动者建立职业健康监护档案，并按照规定的期限妥善保存。

职业健康监护档案应当包括劳动者的职业史、职业病危害接触史、职业健康检查结果和职业病诊疗等有关个人健康资料。

劳动者离开用人单位时，有权索取本人职业健康监护档案复印件，用人单位应当如实、无偿提供，并在所提供的复印件上签章。

5.1.9.3 职业病防治

【依据 1】《职业病防治法》（主席令第五十二号）

第二十一条　用人单位应当采取下列职业病防治管理措施：

（一）设置或者指定职业卫生管理机构或者组织，配备专职或者兼职的职业卫生管理人员，负责本单位的职业病防治工作；

（二）制定职业病防治计划和实施方案；

（三）建立、健全职业卫生管理制度和操作规程；

（四）建立、健全职业卫生档案和劳动者健康监护档案；

（五）建立、健全工作场所职业病危害因素监测及评价制度；

（六）建立、健全职业病危害事故应急救援预案。

【依据 2】《电力行业职业健康监护技术规范》（DL/T 325—2010）

4.2.1.2　企业应制订年度职业健康检查计划，编制相关费用预算；建立职业健康监护档案及应急职业病危害事故预案；开展职业健康与职业病防治知识宣教和培训：根据职业健康检查机构出具的报告建议，妥善处理和安置职业禁忌证者、疑似职业病人和职业病人。

4.2.1.4　企业应对存在职业性有害因素的工作场所进行定期或不定期检查，包括职业性有害因素的现场监测、作业人员劳动保护的实施、作业场所职业性有害因素的警示标识、职业病危害事故隐患排查与事故处理、违反劳动保护职工的处罚等，并提出相应的改善劳动环境和作业条件的意见或建议。

【依据 3】《建设工程安全生产管理条例》（国务院令第 393 号）

第三十二条　施工单位应当向作业人员提供安全防护用具和安全防护服装，并书面告知危险岗位的操作规程和违章操作的危害。

作业人员有权对施工现场的作业条件、作业程序和作业方式中存在的安全问题提出批评、检举和控告，有权拒绝违章指挥和强令冒险作业。

在施工中发生危及人身安全的紧急情况时，作业人员有权立即停止作业或者在采取必要的应急措施后撤离危险区域。

5.1.9.4 职业病防护设施、防护用品

【依据】《职业病防治法》（主席令第五十二号）

第二十三条　用人单位必须采用有效的职业病防护设施，并为劳动者提供个人使用的职业病防护用品。

用人单位为劳动者个人提供的职业病防护用品必须符合防治职业病的要求；不符合要求的，不得使用。

5.1.9.5 劳动保护

【依据 1】《劳动保护法》

第十六条　劳动合同是劳动者与用人单位确立劳动关系、明确双方权利和义务的协议。

第五十四条　用人单位必须为劳动者提供符合国家规定的劳动安全卫生条件和必要的劳动防护用品，对从事有职业危害作业的劳动者应当定期进行健康检查。

第七十二条　社会保险基金按照保险类型确定资金来源，逐步实行社会统筹。用人单位和劳动者必须依法参加社会保险，缴纳社会保险费。

【依据 2】《安全生产法》（2014 年修订）

第三十二条　生产经营单位应当在有较大危险因素的生产经营场所和有关设施、设备上，设置明显的安全警示标志。

第四十二条　生产经营单位必须为从业人员提供符合国家标准或者行业标准的劳动防护用品，并监督、教育从业人员按照使用规则佩戴、使用。

第四十八条　生产经营单位必须依法参加工伤保险，为从业人员缴纳保险费。国家鼓励生产经营单位投保安全生产责任保险。

5.1.10　危险化学品

5.1.10.1　管理制度

【依据】《危险化学品安全管理条例》（国务院令第 645 号）

第四条　危险化学品安全管理，应当坚持安全第一、预防为主、综合治理的方针，强化和落实企业的主体责任。

生产、储存、使用、经营、运输危险化学品的单位（以下统称危险化学品单位）的主要负责人对本单位的危险化学品安全管理工作全面负责。

危险化学品单位应当具备法律、行政法规规定和国家标准、行业标准要求的安全条件，建立、健全安全管理规章制度和岗位安全责任制度，对从业人员进行安全教育、法制教育和岗位技术培训。从业人员应当接受教育和培训，考核合格后上岗作业；对有资格要求的岗位，应当配备依法取得相应资格的人员。

第十三条　生产、储存危险化学品的单位，应当对其铺设的危险化学品管道设置明显标志，并对危险化学品管道定期检查、检测。

进行可能危及危险化学品管道安全的施工作业，施工单位应当在开工的 7 日前书面通知管道所属单位，并与管道所属单位共同制定应急预案，采取相应的安全防护措施。管道所属单位应当指派专门人员到现场进行管道安全保护指导。

5.1.10.2　使用存储

【依据】《危险化学品安全管理条例》（国务院令第 645 号）

第二十四条　危险化学品应当储存在专用仓库、专用场地或者专用储存室（以下统称专用仓库）内，并由专人负责管理；剧毒化学品以及储存数量构成重大危险源的其他危险化学品，应当在专用仓库内单独存放，并实行双人收发、双人保管制度。

第七十八条　有下列情形之一的，由安全生产监督管理部门责令改正，可以处 5 万元以下的罚款；拒不改正的，处 5 万元以上 10 万元以下的罚款；情节严重的，责令停产停业整顿：

（一）生产、储存危险化学品的单位未对其铺设的危险化学品管道设置明显的标志，或者未对危险化学品管道定期检查、检测的；

（二）进行可能危及危险化学品管道安全的施工作业，施工单位未按照规定书面通知管道所属单位，或者未与管道所属单位共同制定应急预案、采取相应的安全防护措施，或者管道所属单位未指派专门人员到现场进行管道安全保护指导的；

（三）危险化学品生产企业未提供化学品安全技术说明书，或者未在包装（包括外包装件）上粘贴、拴挂化学品安全标签的；

（四）危险化学品生产企业提供的化学品安全技术说明书与其生产的危险化学品不相符，或者在包装（包括外包装件）粘贴、拴挂的化学品安全标签与包装内危险化学品不相符，或者化学品安全技术说明书、化学品安全标签所载明的内容不符合国家标准要求的；

（五）危险化学品生产企业发现其生产的危险化学品有新的危险特性不立即公告，或者不及时修订其化学品安全技术说明书和化学品安全标签的；

（六）危险化学品经营企业经营没有化学品安全技术说明书和化学品安全标签的危险化学品的；

（七）危险化学品包装物、容器的材质以及包装的形式、规格、方法和单件质量（重量）与所包装的危险化学品的性质和用途不相适应的；

（八）生产、储存危险化学品的单位未在作业场所和安全设施、设备上设置明显的安全警示标志，或者未在作业场所设置通信、报警装置的；

（九）危险化学品专用仓库未设专人负责管理，或者对储存的剧毒化学品以及储存数量构成重大危险源的其他危险化学品未实行双人收发、双人保管制度的；

（十）储存危险化学品的单位未建立危险化学品出入库核查、登记制度的；

（十一）危险化学品专用仓库未设置明显标志的；

（十二）危险化学品生产企业、进口企业不办理危险化学品登记，或者发现其生产、进口的危险化学品有新的危险特性不办理危险化学品登记内容变更手续的。

从事危险化学品仓储经营的港口经营人有前款规定情形的，由港口行政管理部门依照前款规定予以处罚。储存剧毒化学品、易制爆危险化学品的专用仓库未按照国家有关规定设置相应的技术防范设施的，由公安机关依照前款规定予以处罚。

生产、储存剧毒化学品、易制爆危险化学品的单位未设置治安保卫机构、配备专职治安保卫人员的，依照《企业事业单位内部治安保卫条例》的规定处罚。

5.2 作业环境

5.2.1 生产区域照明

【依据】《国家电网公司电力安全工作规程（火电厂动力部分）》（2008版）

4.1.8 生产厂房内外工作场所的常用照明，应该保证足够的亮度。在装有水位计、压力表、真空表、温度表、各种记录仪表等的仪表盘、楼梯、通道以及所有靠近机器转动部分和高温表面等狭窄地方的照明，应光亮充足。在操作盘、重要表计（如水位计等）、主要楼梯、通道等地点，应设有事故照明。此外，还应在工作地点备用相当数量的完整手电筒，以便必要时使用。

5.2.2 安全设施

5.2.2.1 安全标志

【依据】详见《国家电网公司安全设施标准　第3部分：火电厂》（Q/GDW 434.3—2012）表2～表9

5.2.2.2 设备、建（构）筑物标志

【依据】详见《国家电网公司安全设施标准　第3部分：火电厂》（Q/GDW 434.3—2012）表10～表17

5.2.2.3 安全警示线

【依据】详见《国家电网公司安全设施标准　第3部分：火电厂》（Q/GDW 434.3—2012）表18

5.2.2.4 安全防护设施

【依据】详见《国家电网公司安全设施标准　第3部分：火电厂》（Q/GDW 434.3—2012）表19

5.2.3 厂内车道、消防通道、人行道

【依据】《火力发电厂与变电所设计规范》（GB 50299—2006）

4.0.4 消防车道的宽度不应小于4.0m。道路上空遇有管架、栈桥等障碍物时，其净高不应小于4.0m。

5.2.4 生产区域梯台

5.2.4.1 钢斜梯

【依据】《固定式钢斜梯安全技术条件》（GB 4053.2—2009）

4 一般要求

4.1 材料

钢斜梯采用钢材的力学性能应不低于Q235–B，并具有碳含量合格保证。

4.2 钢斜梯倾角

4.2.1 固定式钢斜梯与水平面的倾角应在30°～75°范围内，优选倾角为30°～35°。偶尔性进入的最大倾角宜为42°。经常性双向通行的最大倾角应为38°。

4.2.2 在同一梯段内，踏步高与踏步宽的组合应保持一致。踏步高与踏步宽的组合应符合式（1）的要求：

$$550 \leqslant g+2r \leqslant 700 \quad (1)$$

式中：g——踏步宽，单位为毫米（mm）；r——踏步高，单位为毫米（mm）。

4.2.3 常用的钢斜梯倾角与对应的踏步高 r、踏步宽 g 组合（$g+2r=600$）示例见表 1，其他倾角可按线性插值法确定。

固定式钢斜梯示意如图 1 所示。

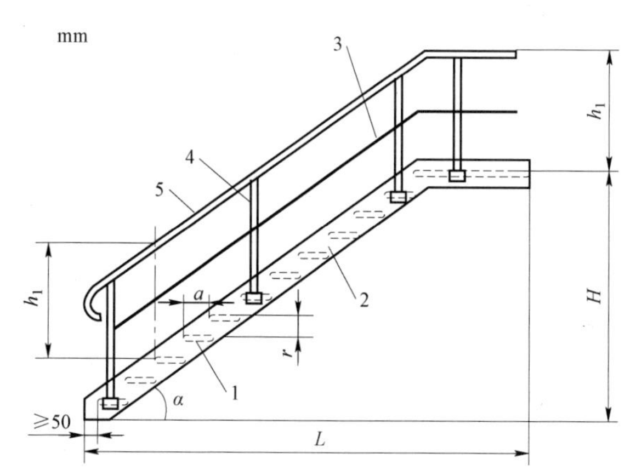

图 1 固定式钢斜梯示意

1—踏板；2—梯梁；3—中间栏杆；4—立柱；5—扶手；H—梯高；L—梯跨；h_1—栏杆高；h_2—扶手高；α—梯子倾角；r—踏板高；g—踏板宽

表 1 踏步高 r、踏步宽 g 组合（$g+2r=600$）

倾角 α（°）	30	35	40	45	50	55	60	65	70	75
r（mm）	160	175	185	200	210	225	235	245	255	265
g（mm）	280	250	230	200	180	150	130	110	90	70

4.2.4 常用钢斜梯倾角和高跨比（H:L）见表 2。

表 2 常用钢斜梯倾角和高跨比

倾角 α（°）	45	51	55	59	73
高跨比（H:L）	1:1	1:0.8	1:0.7	1:0.6	1:0.3

4.3 设计载荷

4.3.1 固定式钢斜梯设计载荷应按实际使用要求确定，但不应小于本部分规定的数值。

4.3.2 固定式钢斜梯应能承受 5 倍预定活载荷标准值，并不应小于施加在任何点的 4.4kN 集中载荷。钢斜梯水平投影面上的均布活载荷标准值不应小于 3.5kN/m^2。

4.3.3 踏步中点集中活载荷应不小于 4.5kN，在梯子内侧宽度上均布载荷不小于 2.2kN/m^2。

4.3.4 斜梯扶手应能承受在除了向上的任何方向施加的不小于 890N 集中载荷，在相邻立柱间的最大挠曲变形应不大于宽度的 1/250，中间栏杆应能承受在中点圆周上施加的不小于 700N 水平集中载荷，最大挠曲变形不大于 75mm。端部或末端立柱应能承受在立柱顶部施加的任何方向上 890N 的集中载荷。以上载荷不进行叠加。

4.4 制造安装

4.4.1 钢斜梯应采用焊接连接，焊接要求应符合 GB 50205 的规定。采用其他方式连接时，连接强度不应低于焊接。安装后的梯子不应有歪斜、扭曲、变形及其他缺陷。

4.4.2 制造安装工艺应确保梯子及其所有构件的表面光滑、无锐边、尖角、毛刺或其他可能对梯子使用者造成伤害或妨碍其通过的外部缺陷。

4.4.3　钢斜梯与附在设备上的平台梁相连接时，连接处宜采用开长圆孔的螺栓连接。

4.5　防锈及防腐蚀

4.5.1　固定式钢斜梯的设计应使其积留湿气最小，以减少梯子的锈蚀和腐蚀。

4.5.2　根据钢斜梯使用场合及环境条件，应对梯子进行合适的防锈及防腐涂装。

4.5.3　钢斜梯安装后，应对其至少涂一层底漆或一层（或多层）漆面或采用等效的防锈防腐涂装。

4.6　接地在室外安装的钢斜梯和连接部分的雷电保护，连接和接地附件应符合 GB 50057 的要求。

5　结构要求

5.1　梯高

5.1.1　梯高宜不大于 5m，大于 5m 时宜设梯间平台（休息平台），分段设梯。

5.1.2　单梯段的梯高应不大于 6m，梯级数宜不大于 16。

5.2　内侧净宽度

5.2.1　斜梯内侧净宽度单向通行的净宽度宜为 600mm，经常性单向通行及偶尔双向通行净宽度宜为 800mm，经常性双向通行净宽度宜为 1000mm。

5.2.2　斜梯内侧净宽度应不小于 450mm，宜不大于 1100mm。

5.3　踏板

5.3.1　踏板的前后深度应不小于 80mm，相邻两踏板的前后方向重叠应不小于 10mm，不大于 35mm。

5.3.2　在同一梯段所有踏板间距应相同。踏板间距宜为 225mm～255mm。

5.3.3　顶部踏板的上表面应与平台平面一致，踏板与平台应无间隙。

5.3.4　踏板应采用防滑材料或至少有不小于 25mm 宽的防滑突缘。应采用厚度不小于 4mm 的花纹钢板，或经防滑处理的普通钢板，或采用 25mm×4mm 扁钢和小角钢组焊成的格板或其他等效的结构。

5.4　梯梁

梯梁应有足够的刚度以使结构横向挠曲变形最小，并由底部踏板的突缘向前突出不小于 50mm。

5.5　梯子通行空间

5.5.1　在斜梯使用者上方，由踏板突缘前端到上方障碍物沿梯梁中心线垂直方向测量距离不小于 1200mm。

5.5.2　在斜梯使用者上方，由踏板突缘前端到上方障碍物的崔志距离应不小于 2000mm。

5.6　扶手

5.6.1　梯宽不大于 1100mm 两侧封闭的斜梯，应至少一侧有扶手，宜设在下梯方向的右侧。

5.6.2　梯宽不大于 1100mm 一侧敞开的斜梯，应至少在敞开一侧装有梯子扶手。

5.6.3　梯宽不大于 1100mm 两边敞开的斜梯，应在两侧均安装梯子扶手。

5.6.4　梯宽大于 1100mm 单不大于 2200mm 的斜梯，无论是否封闭，均应在两侧安装扶手。

5.6.5　梯宽大于 2200mm 的斜梯，除在两侧安装扶手外，在梯子宽度的中线处应设置中间栏杆。

5.6.6　梯子扶手中心线应与梯子的倾角线平行。梯子封闭边扶手的高度由踏板突缘上表面扶手的上表面垂直测量应不小于 860mm，不大于 960mm。

5.6.7　斜梯敞开边的扶手高度应不低于 GB 4053.3 中规定的栏杆高度。

5.6.8　扶手应沿着其整个长度方向上连续可抓握。在扶手外表面与周围其他物体间的距离不小于 60mm。

5.6.9　扶手宜为外径 30mm～50mm，厚壁不小于 2.5mm 的圆形钢材。对于非圆形钢材的扶手，其周长应为 100mm～160mm。非圆形截面外接圆直径应不大于 57mm，所有边缘应为弧形，圆角半径不小于 3mm。

5.6.10　支撑扶手的立柱宜采用截面不小于 40mm×40mm×40mm 角钢或外径为 30mm～50mm 的管材。从第一级踏板开始设置，间距不宜小于 1000mm。中间栏杆采用直径不小于 16mm 圆钢或 30mm×4mm 扁钢，固定在立柱中部。

5.2.4.2　钢直梯

【依据】《固定式钢梯及平台安全要求　第 1 部分：钢直梯》（GB 4053.1—2009）

4.4　制造安装

4.4.1　钢直梯应采用焊接连接，焊接要求应符合 GB 50205 的规定。采用其他方式连接时，连接强度应不低于焊接。安装后的梯子不应有歪斜、扭曲、变形及其他缺陷。

4.4.2　执照安装工艺应确保梯子及其所有部件的表面光滑、无锐边、尖角、毛刺或其他可能对梯子使用者造成伤害或妨碍其通过的外部缺陷。

4.4.3　安装在固定结构上的钢直梯，应下部固定，其上部的支撑与固定结构牢固连接，在梯梁上开设长圆孔，采用螺栓连接。

4.4.4　固定在设备上的钢直梯当温差较大时，相邻支撑中应一对支撑完全固定，另一对支撑在梯梁上开设长圆孔，采用螺栓连接。

4.5　防锈及防腐蚀

4.5.1　固定式钢直梯的设计应使其积留湿气最小，以减少梯子的锈蚀和腐蚀。

4.5.2　根据钢直梯使用场合及环境条件，应对梯子进行合适的防锈及防腐涂装。

4.5.3　在自然环境中使用的梯子，应对其至少涂一层底漆或一层（或多层）漆面；或进行热浸镀锌，或采用等效的金属保护方法。

4.5.4　在持续潮湿条件下使用的梯子，建议进行热浸镀锌，或采用特殊涂层或采用耐腐蚀材料。

5.1.2　当梯梁采用 60mm×10mm 的扁钢，梯子内侧净宽度为 400mm 时，相邻两对支撑的竖向间距不应大于 3000mm。

5.3　梯段高度及保护要求

5.3.1　单段梯高宜不大于 10n，攀登高度大于 10m 时宜采用多段梯，梯段水平交错布置，并设提间平台，平台垂直间距离宜为 6m。单段梯及多段梯的梯高均应不大于 15m。

5.3.2　梯段高度大于 3m 时宜设置安全护笼。单梯段高度不大于 7m，应设置安全护笼。当攀登高度小于 7m，但梯子顶部在地面、地板或屋顶之上高度大于 7m 时，也应设安全护笼。

5.3.3　当护笼用于多段梯时，每个梯段应与相邻的梯段水平交错并有足够的间距（如图 2 所示），设有适当空间的安全进、出引导平台，以保护使用者的安全。

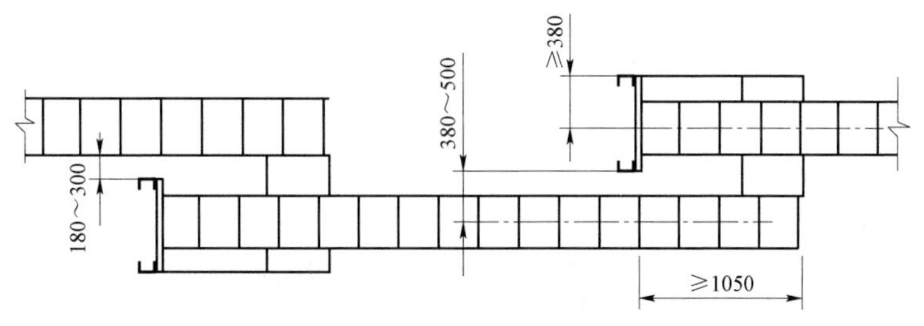

图 2　梯段交错设置示意（单位：mm）

5.5　踏棍

5.5.1　梯子的整个攀登高度上所有的踏棍垂直距离应相等，相邻踏棍垂直距离应为 225mm～300mm，梯子下端的第一级踏棍距基准面距离应不大于 450mm（如图 1 所示）。

5.5.2　圆形踏棍直径应不小于 20mm，若采用其他截面形状的踏棍，其水平方向深度不应小于 20mm。

5.5.3　在正常环境下使用的梯子，踏棍应采用直径不小于 20mm 的圆钢，或等效力学性能的正方形、长方形或其他形状的实心或空心型材。

5.5.4　在非正常环境（如潮湿或腐蚀）下使用的梯子，踏棍应采用直径不小于 25mm 的圆钢，或等效力学性能的正方形、长方形或其他形状的实心或空心型材。

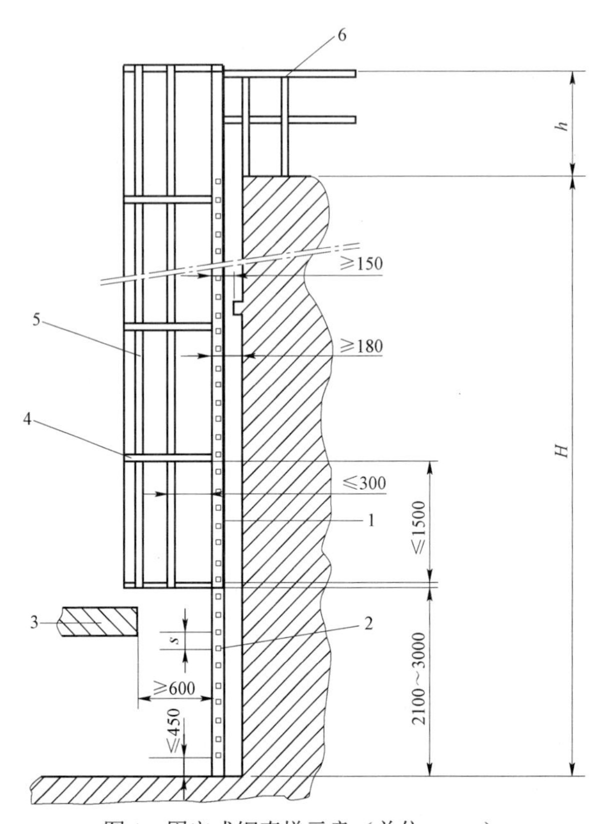

图 1 固定式钢直梯示意（单位：mm）

1—梯梁；2—踏棍；3—非连续障碍；4—护笼笼箍；5—护笼立杆；6—栏杆；

H—梯段高；*h*—栏杆高；*s*—踏棍间距；*H*≤15 000；*h*≥1050；*s*=225～300

注：图中省略了梯子支撑。

5.5.5 踏棍应相互平行且水平设置。

5.5.6 在因环境条件有可预见的打滑风险时，应对踏棍采取附加的防滑措施。

5.2.4.3 钢平台（含步道）

【依据】《固定式钢斜梯安全技术条件 第 3 部分：工业防护栏杆及钢平台》（GB 4053.3—2009）

（同 5.2.4.1 依据 4、4.1～4.6、5、5.1、5.2）

5.2.5 工作现场防护

【依据】国家电网公司电力安全工作规程（火电厂动力部分）（国网安监〔2008〕23 号）

4.1.2 在楼板合结构上打孔或在规定地点以外安装起重滑车或堆放重物等，应事先经过本单位有关技术部门的审核许可。规定放置重物及安装滑车的地点应标以明显的标记（标出界限合荷重限度）。

4.1.3 禁止利用任何管道悬吊重物和起重滑车。

4.1.4 生产厂房内外工作场所的井、坑、孔、洞或沟道，应覆以与地面齐平而坚固的盖板。在检修工作中如需将盖板取下，应设临时围栏。临时的孔、洞，施工结束后，应恢复原状。

4.1.5 所有升降口、大小孔洞、楼梯和平台，应装设不低于 1050mm 高的栏杆和不低于 100mm 高的护板。如在检修期间需将栏杆拆除时，应装设临时遮栏，并在检修结束时将栏杆立即装回。临时遮拦应由上、下两道横杆柱组成。上杆离地高度为 1050mm～1200mm，下杆离地高度为 500mm～600mm，并在栏杆下边设置严密固定的高度不低于 180mm 的挡脚板。坡度大于 1:22 的屋面，临时遮栏应高 1500mm，并加挂安全立网。原有高度 1000mm 的栏杆可不做改动。

4.1.6 所有楼梯、平台、通道、栏杆都应保持完整，铁板应铺设牢固。铁板表面应由纹路以防滑跌。

4.1.7　厂房内设备、材料的堆放应整齐、有序，标识应清楚，不妨碍通行。门口、通道、楼梯合平台等处，不准放置杂物，以免阻碍通行。电缆及管道不应敷设在经常有人通行的地板上，以免妨碍通行。地板上临时放有容易使人绊跌的物件（如钢丝绳等）时，应设置明显的警告标志。地面有灰浆泥污，应及时清除，以防滑跌。

5.2.6　防火防爆

5.2.6.1　消防管理

5.2.6.1.1　消防组织体系及责任

【依据 1】《消防法》（主席令第六号）

第十三条　按照国家工程建设消防技术标准需要进行消防设计的建设工程竣工，依照下列规定进行消防验收、备案：

（一）本法第十一条规定的建设工程，建设单位应当向公安机关消防机构申请消防验收（第十一条国务院公安部门规定的大型的人员密集场所和其他特殊建设工程，建设单位应当将消防设计文件报送公安机关消防机构审核。公安机关消防机构依法对审核的结果负责）。

（二）其他建设工程，建设单位在验收后应当报公安机关消防机构备案，公安机关消防机构应当进行抽查。依法应当进行消防验收的建设工程，未经消防验收或者消防验收不合格的，禁止投入使用；其他建设工程经依法抽查不合格的，应当停止使用。

【依据 2】《电力设备典型消防规程》（DL 5027—2015）

3.1.2　建立消防安全保证和监督体系，督促两个体系各司其职。明确消防工作归口管理职能部门（简称消防管理部门）和消防安全监督部门（简称安监部门），确保消防管理和安监部门的人员配置与其承担的职责相适应。

3.2.4　确定逐级消防安全责任，批准实施消防安全管理制度和保障消防安全的操作规程。

3.2.6　根据消防法规的规定建立专职消防队、志愿消防队。

5.2.6.1.2　消防检查

【依据】《电力设备典型消防规程》（DL 5027—2015）

4.5.2　单位应至少每月进行一次防火检查。防火检查应包括下列内容：

1. 火灾隐患的整改以及防范措施的落实；安全疏散通道、疏散指示标志、应急照明和安全出口；消防车通道、消防水源；用火、用电有无违章情况。

2. 重点工种人员以及其他员工消防知识的掌握；消防安全重点部位的管理情况；易燃易爆危险物品和场所防火防爆措施的落实以及其他重要物资的防火安全情况。

3. 消防控制室值班和消防设施运行、记录情况；防火巡查；消防安全标志的设置和完好、有效情况；电缆封堵、阻火隔断、防火涂层、槽盒是否符合要求。

4. 消防设施日常管理情况，是否放在正常状态，建筑消防设施每年检测；灭火器材配置和管理；动火工作执行动火制度；开展消防安全学习教育和培训情况。

5. 灭火和应急疏散演练情况等需要检查的内容。

6. 发现问题应及时处置。防火检查应当填写检查记录。检查人员和被检查部门负责人应当在检查记录上签名。

4.5.3　应定期进行消防安全监督检查，检查应包括下列内容：

1. 建筑物或者场所依法通过消防验收或者进行消防竣工验收备案。

2. 新建、改建、扩建工程，消防设施与主体设备或项目同时设计、同时施工、同时投入生产或使用，并通过消防验收。

3. 制定消防安全制度、灭火和应急疏散预案，以及制度执行情况。

4. 建筑消防设施定期检测、保养情况，消防设施、器材和消防安全标志。

5. 电器线路、燃气管路定期维护保养、检测。

6. 疏散通道、安全出口、消防车通道、防火分区、防火间距。

7. 组织防火检查，特殊工种人员参加消防安全专门培训，持证上岗情况。

8. 开展每日防火巡查和每月防火检查，记录情况。

9. 定期组织消防安全培训和消防演练。

10. 建立消防档案、确定消防安全重点部位等。

11. 对人员密集场所，还应检查灭火和应急疏散预案中承担灭火和组织疏散任务的人员是否确定。

5.2.6.1.3 消防演练

【依据】《电力设备典型消防规程》（DL 5027—2015）

4.4.3 应当按照灭火和应急疏散预案，至少每半年进行一次演练，及时总结经验，不断完善预案。消防演练时，应当设置明显标识并事先告知演练范围内的人员。

5.2.6.1.4 消防安全宣传教育和培训

【依据】《电力设备典型消防规程》（DL 5027—2015）

4.3.1 应根据本单位特点，建立健全消防安全教育培训制度，明确机构和人员，保障教育培训工作经费。按照下列规定对员工进行消防安全教育培训：

1. 定期开展形式多样的消防安全宣传教育。

2. 对新上岗和进入新岗位的员工进行上岗前消防安全培训，经考试合格方能上岗。

3. 对在岗的员工每年至少进行一次消防安全培训。

5.2.6.1.5 消防设施和器材管理

【依据 1】《国家电网公司消防安全监督检查工作规范（试行）》

第二十条 对单位消防设施维保管理情况的监督检查，应当根据单位实际情况检查下列内容：

（一）是否制订和实施消防设施维护保养制度和保养计划；

（二）是否与具备相应消防设施维保能力和资质的机构签订维护保养合同，委托其对单位消防设施进行维护保养；

（三）维护保养合同中是否明确维保内容、频次、质量要求、服务期限以及维护方和委托方的权利、义务和违约责任；

（四）是否监督维保单位严格按照维护保养方案、计划以及国家标准、行业标准规定的工艺、流程、内容、方法开展检查、维修、保养、测试；

（五）是否监督维保单位对消防设施每季度至少进行一次全面检查测试，出具检查报告并完善建筑消防设施检查记录；

（六）是否按照有关规定定期对灭火器进行维护保养和维修检查并完善记录；

（七）消防设施维护保养记录是否及时、完整、客观、真实。

【依据 2】《电力设备典型消防规程》（DL 5027—2015）

14.3 消防器材配置

14.3.1 各类发电厂和变电站的建（构）筑物、设备应按照其火灾类别及危险等级配置移动式灭火器。

14.3.2 各类发电厂和变电站的灭火器配置规格和数量应按《建筑灭火器配置设计规范》GB 50140 计算确定，实配灭火器的规格和数量不得小于计算值。

14.3.3 一个计算单元内配置的灭火器不得少于 2 具，每个设置点的灭火器不宜多于 5 具。

14.3.4 手提式灭火器充装量大于 3.0kg 时应配有喷射软管，其长度不小于 0.4m，推车式灭火器应配有喷射软管，其长度不小于 4.0m。除二氧化碳灭火器外，贮压式灭火器应设有能指示其内部压力的指示器。

14.3.5 油浸式变压器、油浸式电抗器、油罐区、油泵房、油处理室、特种材料库、柴油发电机、磨煤机、给煤机、送风机、引风机和电除尘等处应设置消防沙箱或沙桶，内装干燥细黄沙。消防沙箱容积为1.0m³，并配置消防铲，每处3把～5把，消防砂桶应装满干燥黄沙。消防沙箱、沙桶和消防铲均应为大红色，沙箱的上部应有白色的“消防沙箱”字样，箱门正中应有白色的“火警119”字样，箱体侧面应标注使用说明。消防沙箱的放置位置应与带电设备保持足够的安全距离。

14.3.6 设置室外消火栓的发电厂和变电站应集中配置足够数量的消防水带、水枪和消火栓扳手，宜放置在厂内消防车库内。当厂内不设消防车库时，也可放置在重点防火区域周围的露天专用消防箱或消防小室内。根据被保护设备的性质合理配置19mm直流或喷雾或多功能水枪，水带宜配置有衬里消防水带。

14.3.7 每只室内消火栓箱内应配置65mm消火栓及隔离阀各1只、25m长DN65有衬里水龙带1根带快装接头、19mm直流或喷雾或多功能水枪1只、自救式消防水喉1套、消防按钮1只。带电设施附近的消火栓应配备带喷雾功能水枪。当室内消火栓栓口处的崮水压力超过0.5MPa时，应加设减压孔板或采用减压稳压型消火栓。

14.3.8 典型工程现场灭火器和黄沙配置可按本规程附录G的规定采用。

【依据3】《火力发电厂设计技术规程》（DL 5000—2000）

20.2.6 在主厂房、贮煤场、油罐区的周围，应设置环状消防给水管网。进环状管网的输水管应不少于两条，当其中一条故障时，其余输水管应仍能通过100%的消防用水总量。环状管道应采用阀门分成若干区段。

20.2.8 采用高压消防给水系统时，如能保证最不利点的消火栓和自动喷水灭火设备的水量和水压，则可不设高位消防水箱。

20.3.8 发电厂水喷雾灭火装置及预作用、湿式、干式喷水灭火装置的设计应符合国家标准GB 50129《水喷雾灭火系统设计规范》及GBJ 84《自动喷水灭火系统设计规范》的有关规定。

【依据4】《火力发电厂与变电所设计规范》（GB 50229—2006）

7.4.1 室内消防给水管道设计应符合下列要求：

1. 室内消火栓超过10个且室外消防用水量大于15L/s时，室内消防给水管道至少应有2条进水管与室外管网连接，并应将室内管道连接成环状管网，与室外管网连接的进水管道，每条应按满足全部用水量设计。

2. 主厂房内应设置水平环状管网，消防竖管应引自水平环状管网成枝状布置。

3. 室内消防给水管道应采用阀门分段，对于单层厂房、库房，当某段损坏时，停止使用的消火栓不应超过5个；对于办公楼、其他厂房、库房，消防给水管道上阀门的布置，当超过3条竖管时，可按关闭2条设计。

4. 消防用水与其他用水合并的室内管道，当其他用水达到最大流量时，应仍能供全部消防用水量。洗刷用水量可不计算在内。合并的管网上应设置水泵接合器，水泵接合器的数量应通过室内消防用水量计算确定。主厂房内独立的消防给水系统可不设水泵接合器。

5. 室内消火栓给水管网与自动喷水灭火系统、水喷雾灭火系统的管网应在报警阀或雨淋阀前分开设置。

7.6.2 一组消防水泵的吸水管不应少于2条；当其中1条损坏时，其余的吸水管应能满足全部用水量。吸水管上应装设检修用阀门。

7.6.4 消防水泵房应有不少于2条出水管与环状管网连接，当其中1条出水管检修时，其余的出水管应能满足全部用水量。试验回水管上应设检查用的放水阀门、水锤消除、安全泄压及压力、流量测量装置。

【依据5】《火力发电厂 生活、消防给水和排水设计技术规定》（DL GJ 24—1991）

2.5.14 消防水泵房应有不少于两条的出水管直接与环状管网连接。当其中一条出水管检修时，其余的出水管应仍能供应全部用水量。

注：出水管上宜设检查用的放水阀门。

5.2.6.1.6　动火作业管理

【依据 1】《电力设备典型消防规程》（DL 5027—2015）

5　动火管理

5.1　动火级别

5.1.1　根据火灾危险性、发生火灾损失、影响等因素将动火级别分为一级动火、二级动火两个级别。

5.1.2　火灾危险性很大，发生火灾造成后果很严重的部位、场所或设备应为一级动火区。

5.1.3　一级动火区以外的防火重点部位、场所或设备及禁火区域应为二级动火区。

5.2　禁止动火条件

5.2.1　油船、油车停靠区域。

5.2.2　压力容器或管道未泄压前。

5.2.3　存放易燃易爆物品的容器未清理干净，或未进行有效置换前。

5.2.4　作业现场附近堆有易燃易爆物品，未作彻底清理或者未采取有效安全措施前。

5.2.5　风力达五级以上的露天动火作业。

5.2.6　附近有与明火作业相抵触的工种在作业。

5.2.7　遇有火险异常情况未查明原因和消除前。

5.2.8　带电设备未停电前。

5.2.9　按国家和政府部门有关规定必须禁止动用明火的。

5.3　动火安全组织措施

5.3.1　动火作业应落实动火安全组织措施，动火安全组织措施应包括动火工作票、工作许可、监护、间断和终结等措施。

5.3.2　在一级动火区进行动火作业必须使用一级动火工作票。在二级动火区进行动火作业必须使用二级动火工作票。

5.3.3　发电单位一级动火工作票可使用附录 A 样张，二级动火工作票可使用附录 B 样张。

附录 A

XX发电公司一级动火工作票

部门（单位）：________　　编号：________

1. 动火工作负责人：________　　班组：________

2. 动火执行人：________　动火执行人操作证编号：________

　动火执行人：________　动火执行人操作证编号：________

3. 动火地点及设备名称：________

4. 动火工作内容（必要时可附页绘图说明）：

5. 动火方式：________

　动火方式可填写熔化焊接、切割、压力焊、钎焊、喷枪、喷灯、钻孔、打磨、锤击、破碎、切削等。

6. 运行部门应采取的安全措施：

7. 动火部门应采取的安全措施：

8. 申请动火时间：　自____年____月____日____时____分

　至____年____月____日____时____分

　动火工作票签发人签名：________

　签发日期：____年____月____日____时____分

9. 审批

　审核人：消防管理部门负责人签名：________

　　安监部门负责人签名：________

　批准人：分管生产的领导或总工程师签名：________

　批准动火时间：　自____年____月____日____时____分

　至____年____月____日____时____分

10. 运行部门应采取的安全措施已全部执行完毕

　运行许可动火时间：____年____月____日____时____分

　运行许可人签名：________

11. 应配备的消防设施和采取的消防措施、安全措施已符合要求。

　可燃性、易爆气体含量或粉尘浓度合格（测定值________）。

　动火执行人签名：________　消防监护人签名：________

　动火工作负责人签名：________　动火部门负责人签名：________

　安监部门负责人签名：________

　分管生产领导或总工程师签名：________

　允许动火时间：____年____月____日____时____分

12. 动火工作终结：动火工作于____年____月____日____时____分结束，材料、工具已清理完毕，现场确无残留火种，参与现场动火工作的有关人员已全部撤离，动火工作已结束。

　动火执行人签名：________　消防监护人签名：________

　动火工作负责人签名：________　运行许可人签名：________

13. 备注：

　（1）对应的检修工作票、工作任务单、事故紧急抢修单编号：________

　（2）其他事项：

附录 B

XX发电公司二级动火工作票

部门（单位）：____________________ 编号：____________________

1. 动火工作负责人：____________________ 班组：____________________

2. 动火执行人：__________ 动火执行人操作证编号：____________________

动火执行人：__________ 动火执行人操作证编号：____________________

3. 动火地点及设备名称：____

____

4. 动火工作内容（必要时可附页绘图说明）：

____

____

5. 动火方式：____

动火方式可填写熔化焊接、切割、压力焊、钎焊、喷枪、喷灯、钻孔、打磨、锤击、破碎、切削等。

6. 运行部门应采取的安全措施：

____

____

7. 动火部门应采取的安全措施：

____

____

8. 申请动火时间：自______年____月____日____时____分

至______年____月____日____时____分

动火工作票签发人签名：____________________

签发日期：______年____月____日____时____分

9. 审批

审核人：安监部人员签名：____________________

批准人：动火部门负责人或技术负责人签名：____________________

批准动火时间：自______年____月____日____时____分

至______年____月____日____时____分

10. 运行部门应采取的安全措施已全部执行完毕

运行许可动火时间：______年____月____日____时____分

运行许可人签名：____________________

11. 应配备的消防设施和采取的消防措施、安全措施已符合要求。

可燃性、易爆气体含量或粉尘浓度合格（测定值____

____）。

动火执行人签名：__________ 消防监护人签名：__________

动火工作负责人签名：__________ 安监部人员签名：__________

许可动火时间：______年____月____日____时____分

12. 动火工作终结：动火工作于____年____月____日____时____分结束，材料工具已清理完毕，现场确无残留火种，参与现场动火工作的有关人员已全部撤离，动火工作已结束。

动火执行人签名：__________ 消防监护人签名：__________

动火工作负责人签名：__________ 运行许可人签名：__________

13. 备注：

（1）对应的检修工作票、工作任务单、事故紧急抢修单编号：____________________

（2）其他事项：

____

____

____

____

____

____

____

____

____

____

____

5.3.4 动火工作票应由动火工作负责人填写。动火工作票签发人不准兼任该项工作的工作负责人。动火工作票的审批人、消防监护人不准签发动火工作票。一级动火工作票一般应提前 8h 办理。

5.3.5 动火工作票至少一式三份。一级动火工作票一份由工作负责人收执，一份由动火执行人收执，另一份由发电单位保存在单位安监部门、电网经营单位保存在动火部门（车间）。二级动火工作票一份由工作负责人收执，一份由动火执行人收执，一份保存在动火部门（车间）。若动火工作与运行有关时，还应增加一份交运行人员收执。

5.3.6 动火工作票的审批应符合下列要求。

1. 一级动火工作票：

1）发电单位：由申请动火部门（车间）负责人或技术负责人签发，单位消防管理部门和安监部门负责人审核，单位分管生产的领导或总工程师批准，包括填写批准动火时间和签名。

2）电网经营单位：由申请动火班组班长或班组技术负责人签发，动火部门（车间）消防管理负责人和安监负责人审核，动火部门（车间）负责人或技术负责人批准，包括填写批准动火时间和签名。

3）必要时应向当地公安机关消防部门提出申请，在动火作业前到现场进行消防安全检查和指导工作。

2. 二级动火工作票由申请动火班组班长或班组技术负责人签发，动火部门（车间）安监人员审核，动火部门（车间）负责人或技术负责人批准，包括填写批准动火时间和签名。

5.3.7 动火工作票经批准后，允许实施动火条件。

1. 与运行设备有关的动火工作必须办理运行许可手续。在满足运行部门可动火条件，运行许可人在动火工作票填写许可动火时间和签名，完成运行许可手续。

2. 一级动火。

1）发电单位：在检查应配备的消防设施和采取的消防措施、安全措施已符合要求，可燃性、易爆气体含量或粉尘浓度合格，动火执行人、消防监护人、动火工作负责人、动火部门负责人、单位安监部门负责人、单位分管生产领导或总工程师分别在动火工作票签名确认，并由单位分管生产领导或总工程师填写允许动火时间。

2）电网经营单位：在检查应配备的消防设施和采取的消防措施、安全措施已符合要求，可燃性、易爆气体含量合格，动火执行人、消防监护人、动火工作负责人、动火部门（车间）安监负责人、动火部门（车间）负责人或技术负责人分别在动火工作票签名确认，并由动火部门（车间）负责人或技术负责人填写允许动火时间。

3. 二级动火：在检查应配备的消防设施和采取的消防措施、安全措施已符合要求，可燃性、易爆气体含量或粉尘浓度合格后，动火执行人、消防监护人、动火工作负责人、动火部门（车间）安监人员分别签名确认，并由动火部门（车间）安监人员填写允许动火时间。

5.3.8 动火作业的监护，应符合下列要求：

1. 一级动火时，消防监护人、工作负责人、动火部门（车间）安监人员必须始终在现场监护。

2. 二级动火时，消防监护人、工作负责人必须始终在现场监护。

3. 一级动火在首次动火时，各级审批人和动火工作票签发人均应到现场检查防火、灭火措施正确、完备，需要检测可燃性、易爆气体含量或粉尘浓度的检测值应合格，并在监护下作明火试验，满足可动火条件后方可动火。

4. 消防监护人应由本单位专职消防员或志愿消防员担任。

5.3.9 动火作业间断，应符合下列要求：

1. 动火作业间断，动火执行人、监护人离开前，应清理现场，消除残留火种。

2. 动火执行人、监护人同时离开作业现场，间断时间超过 30min，继续动火前，动火执行人、监护人应重新确认安全条件。

3. 一级动火作业，间断时间超过 2.0h，继续动火前，应重新测定可燃性、易爆气体含量或粉尘浓度，合格后方可重新动火。

4. 一级、二级动火作业，在次日动火前必须重新测定可燃性、易爆气体含量或粉尘浓度，合格后方可重新动火。

5.3.10 动火作业终结，应符合下列要求：

1. 动火作业完毕，动火执行人、消防监护人、动火工作负责人应检查现场无残留火种等，确认安全后，在动火工作票上填明动火工作结束时间，经各方签名，盖“已终结”印章，动火工作告终结。若动火工作经运行许可的，则运行许可人也要参与现场检查和结束签字。

2. 动火作业终结后工作负责人、动火执行人的动火工作票应交给动火工作票签发人。发电单位一级动火一份留存班组，一份交单位安监部门；二级动火一份留存班组，一份交动火部门（车间）。电网经营单位一份留存班组，一份交动火部门（车间）。动火工作票保存三个月。

5.3.11 动火工作票所列人员的主要安全责任：

1. 各级审批人员及工作票签发人主要安全责任应包括下列内容：

1）审查工作的必要性和安全性。

2）审查申请工作时间的合理性。

3）审查工作票上所列安全措施正确、完备。

4）审查工作负责人、动火执行人符合要求。

5）指定专人测定动火部位或现场可燃性、易爆气体含量或粉尘浓度符合安全要求。

2. 工作负责人主要安全责任应包括下列内容：

1）正确安全地组织动火工作。

2）确认动火安全措施正确、完备，符合现场实际条件，必要时进行补充。

3）核实动火执行人持允许进行焊接与热切割作业的有效证件，督促其在动火工作票上签名。

4）向有关人员布置动火工作，交代危险因素、防火和灭火措施。

5）始终监督现场动火工作。

6）办理动火工作票开工和终结手续。

7）动火工作间断、终结时检查现场无残留火种。

3. 运行许可人主要安全责任应包括下列内容：
1）核实动火工作时间、部位。
2）工作票所列有关安全措施正确、完备，符合现场条件。
3）动火设备与运行设备确已隔绝，完成相应安全措施。
4）向工作负责人交代运行所做的安全措施。
4. 消防监护人主要安全责任应包括下列内容：
1）动火现场配备必要、足够、有效的消防设施、器材。
2）检查现场防火和灭火措施正确、完备。
3）动火部位或现场可燃性、易爆气体含量或粉尘浓度符合安全要求。
4）始终监督现场动火作业，发现违章立即制止，发现起火及时扑救。
5）动火工作间断、终结时检查现场无残留火种。
5. 动火执行人主要安全责任应包括下列内容：
1）在动火前必须收到经审核批准且允许动火的动火工作票。
2）核实动火时间、动火部位。
3）做好动火现场及本工种要求做好的防火措施。
4）全面了解动火工作任务和要求，在规定的时间、范围内进行动火作业。
5）发现不能保证动火安全时应停止动火，并报告部门（车间）领导。
6）动火工作间断、终结时清理并检查现场无残留火种。

5.3.12　一、二级动火工作票的签发人、工作负责人应进行本规程等制度的培训，并经考试合格。动火工作票签发人由单位分管领导或总工程师批准，动火工作负责人由部门（车间）领导批准。动火执行人必须持政府有关部门颁发的允许电焊与热切割作业的有效证件。

5.3.13　动火工作票应用钢笔或圆珠笔填写，内容应正确清晰，不应任意涂改，如有个别错、漏字需要修改，应字迹清楚，并经签发人审核签字确认。

5.3.14　非本单位人员到生产区域内动火工作时，动火工作票由本单位签发和审批。承发包工程中，动火工作票可实行双方签发形式，但应符合 5.3.12 条要求和由本单位审批。

【依据 2】《国家电网公司消防安全监督检查工作规范（试行）》

第二十五条　对单位动火工作票所列人员管理的监督检查，应当根据单位实际情况检查下列内容：

（一）是否每年定期组织相关人员考试，是否及时公布考试合格名单；

（二）一、二级动火工作票签发人是否是经本单位（动火单位或设备运行管理单位）考试合格并经本单位分管生产的领导或总工程师批准并书面公布的有关部门负责人、技术负责人或有关班组班长、技术员；

（三）动火工作负责人是否具备检修工作负责人资格并经本单位考试合格的人员；

（四）动火执行人是否具备有关部门颁发的合格证。

5.2.6.1.7　重点防火部位

【依据】《电力设备典型消防规程》（DL 5027—2015）

4.4.1　单位应制定灭火和应急疏散预案，灭火和应急疏散预案应包括发电厂厂房、车间、变电站、换流站、调度楼、控制楼、油罐区等重点部位和场所。

5.2.6.2　易燃易爆品管理

5.2.6.2.1　制度、操作规程

【依据】《电力设备典型消防规程》（DL 5027—2015）

12.2.1　易燃易爆物品应存放在特种材料库房，设置“严禁烟火”标志，并有专人负责管理；单位应对从业人员进行安全教育、法制教育和岗位技术培训。从业人员应当接受教育和培训，考核合格后上岗作业；对有资格要求的岗位，应当配备依法取得相应资格的人员。

5.2.6.2.2 易燃易爆品使用

【依据】《火力发电厂设计技术规程》（DL 5000—2000）

19.2 防火和防爆

19.2.1 发电厂的生产车间、作业场所、辅助建筑、附属建筑、生活建筑和易爆、易燃的危险场所以及地下建筑物的防火分区、防火隔断、防火间距、安全疏散和消防通道的设计，均应符合 GBJ 16《建筑设计防火规范》等有关规范的规定、GB 50222《建筑内部装修设计防火规范》和 GB 50229《火力发电厂与变电所设计防火规范》等有关规范的规定。

19.2.2 发电厂的安全疏散设施应有充足的照明和明显的疏散指示标志。

19.2.3 有爆炸危险的设备及有关电气设施、工艺系统和厂房的工艺设计及土建设计必须按照不同类型的爆炸源和危险因素采取相应的防爆防护措施。防爆设计应符合 GBJ 16《建筑设计防火规范》、GB 50058《爆炸和火灾危险环境电力装置设计规范》、GB 50217《电力工程电缆设计规范》、GBJ 65《工业与民用电力装置的接地设计规范》、DL/T 621《交流电气装置的接地》、国发〔1982〕22 号《锅炉压力容器安全监察暂行条例》、质技监局发〔1999〕154 号《压力容器安全技术监察规程》、能源安保〔1991〕709 号《电站压力式除氧器安全技术规定》、DL 612《电力工业锅炉压力容器监察规程》、GB 150《钢制压力容器》、DL 435《火电厂煤粉锅炉燃烧室防爆规程》、劳人护〔87〕36 号《中华人民共和国爆炸危险场所电气安全规程》（试行）及其他有关标准、规范的规定。

5.2.6.2.3 气瓶

【依据 1】《焊接与切割安全》（GB 9448—1999）

10.1 一般要求

10.1.1 与乙炔相接触的部件

所有与乙炔相接触的部件（包括：仪表、管路、附件等）不得由铜、银以及铜（或银）含量超过 70%的合金制成。

10.1.2 氧气与可燃物的隔离

氧气瓶、气瓶阀、接头、减压器、软管及设备必须与油、润滑脂及其他可燃物或爆炸物相隔离。严禁用沾有油污的手或带有油渍的手套去触碰氧气瓶或氧气设备。

10.1.3 密封性试验

检验气路连接处眯缝时，严禁使用明火。

10.1.4 氧气的禁止使用

严禁用氧气代替压缩空气使用。氧气严禁用于气动工具、油预热炉、启动内燃机、吹通管路、衣服及工件的除尘，为通风而加压或类似的应用。氧气喷流严禁喷至带油的表面、带油脂的衣服或进入燃油或其他贮罐内。

10.1.5 氧气设备

用于氧气的气瓶、设备、管线或仪器严禁用于其他气体。

10.1.6 气体混合的附件

未经许可，禁止装设可能使空气或氧气与可燃气体在燃烧前（不包括燃烧室或焊柜内）相混合的装置或附件。

10.5 气瓶

所有用于焊接与切割的气瓶都必须按有关标准及规程【参见附录 A（提示的附录）】制造、管理、维护并使用。

附录 A（提示的附录）

GB 5099—1994 钢质无缝气瓶

GB 5100—1994 钢质焊接气瓶

GB 5842—1996 液化石油气钢瓶

GB 7512—1998 液化石油气钢瓶阀

GB 8334—1987 液化石油气钢瓶定期检验与评定

GB 8335—1998 气瓶专用螺纹

GB 10877—1988 氧气瓶阀

GB/T 10878—1989 气瓶锥螺纹丝锥

GB 10879—1989 溶解乙炔气瓶阀

GB 11638—1989 溶解乙炔气瓶

GB 11640—1989 铝合金无缝气瓶

GB 12135—1989 气瓶定期检验站技术条件

GB 12136—1989 溶解乙炔气瓶用回火防止器

GB 13004—1991 钢质无缝气瓶定期检验与评定

GB 13075—1991 钢质焊接气瓶定期检验与评定

GB 13076—1991 溶解乙炔气瓶定期检验与评定

GB 13077—1991 铝合金无缝气瓶定期检验与评定

气瓶安全监察规程

溶解乙炔气瓶安全监察规程

10.5.1 气瓶的充气

气瓶的充气必须按规定程序由专业部门承担，其他人不得向气瓶内充气。除气体供应者以外，其他人不得在一个气瓶内混合气体或从一个气瓶向另一个气瓶倒气。

10.5.2 气瓶的标志

为了便于识别气瓶内的气体成分，气瓶必须按 GB 7144 规定做明显标志，其标识必须清晰、不易去除。标识模糊不清的气瓶禁止使用。

10.5.3 气瓶的储存

气瓶必须储存在不会遭受物理损坏或使气瓶内储存物的温度超过 40℃的地方。

气瓶必须储放在远离电梯、楼梯或过道，不会被经过或倾倒的物体碰翻或损坏的指定地点。在储存时，气瓶必须稳固以免翻倒。

气瓶在储存时必须与可燃物、易燃液体隔离，并且远离容易引燃的材料（诸如木材、纸张、包装材料、油脂等）至少 6m 以上，或用至少 1.6m 高的不可燃隔板隔离。

10.5.4 气瓶在现场的安放、搬运及使用

气瓶在使用时必须稳固竖立或装在专用车（架）或固定装置上。

气瓶不得置于受阳光暴晒、热源辐射及可能受到电击的地方。气瓶必须距离实际焊接或切割作业点足够远（一般为 5m 以上），以免接触火花、热渣或火焰，否则必须提供耐火屏障。

气瓶不得置于可能使其本身成为电路一部分的区域。避免与电动机车轨道、无轨电车电线等接触。气瓶必须远离散热器、管路系统、电路排线等，及可能供接地（如电焊机）的物体。禁止用电极敲击气瓶，在气瓶上引弧。

搬运气瓶时，应注意：

关紧气瓶阀，而且不得提拉气瓶上的阀门保护帽。

用吊车、起重机运送气瓶时，应使用吊架或合适的台架，不得使用吊钩、钢索或电磁吸盘。

避免可能损伤瓶体、瓶阀或安全装置的剧烈碰撞。

气瓶不得作为滚动支架或支撑重物的托架。气瓶应配置手轮或专用扳手启闭瓶阀。气瓶在使用后不得放空，必须留有不小于 98kPa～196kPa 表压的余气。

当气瓶冻住时，不得在阀门或阀门保护帽下面用撬杠撬动气瓶松动。应使用 40℃以下的温水解冻。

10.5.5 气瓶的开启

10.5.5.1 气瓶阀的清理

将减压器接到气瓶阀门之前，阀门出口处首先必须用无油污的清洁布擦拭干净，然后快速打开阀门并立即关闭以便清除阀门上的灰尘或可能进入减压器的脏物。

清理阀门时操作者应站在排出口的侧面，不得站在其前面。不得在其他焊接作业点、存在着火花、火焰（或可能引燃）的地点附近清理气瓶阀。

10.5.5.2 开启氧气瓶的特殊程序

减压器安在氧气瓶上之后，必须进行以下操作：a）首先调节螺杆并打开顺流管路，排放减压器的气体。b）其次，调节螺杆并缓慢打开气瓶阀，以便在打开阀门前使减压器气瓶压力表的指针始终慢慢地向上移动。打开气瓶阀时，应站在瓶阀气体排出方向的侧面而不要站在其前面。c）当压力表指针达到最高值后，阀门必须完全打开以防气体沿阀杆泄漏。

10.5.5.3 乙炔气瓶的开启

开启乙炔气瓶的瓶阀时应缓慢，严禁开至超过 1.5 圈，一般只开至 3/4 圈以内以便在紧急情况下迅速关闭气瓶。

10.5.5.4 使用的工具

配有手轮的气瓶阀门不得用榔头或扳手开启。未配有手轮的气瓶，使用过程中必须在阀柄上备有把手、手柄或专用扳手，以便在紧急情况下可以迅速关闭气路。在多个气瓶组装使用时，至少要备有一把这样的扳手以备急用。

10.5.6 其他

气瓶在使用时，其上端禁止放置物品，以免损坏安全装置或妨碍阀门的迅速关闭。使用结束后，气瓶阀必须关紧。

10.5.7 气瓶的故障处理

10.5.7.1 泄漏

如果发现燃气气瓶的瓶阀周围有泄漏，应关闭气瓶阀拧紧密封螺帽。

当气瓶泄漏无法阻止时，应将燃气瓶移至室外，远离所有起火源，并做相应的警告通知。缓缓打开气瓶阀，逐渐释放内存的气体。

有缺陷的气瓶或瓶阀应做适宜标识，并送专业部门修理，经检验合格后方可重新使用。

10.5.7.2 火灾

气瓶泄漏导致的起火可通过关闭瓶阀，采用水、湿布、灭火器等手段予以熄灭。

在气瓶起火无法通过上述手段熄灭的情况下，必须将该区域做疏散，并用大量水流浇湿气瓶，使其保持冷却。

【依据 2】《电力设备典型消防规程》（DL 5027—2015）

12.1 电焊和气焊

12.1.1 动火执行人在持证前的训练过程中，应有持证焊工在场指导。

12.1.2 电焊机外壳必须接地，接地线应牢固地接在被焊物体上或附近接地网的接地点上，防止产生电火花。

12.1.3 禁止使用有缺陷的焊接工具和设备。气焊与电焊不应该上下交叉作业。通气的乙炔、氧气软管上方禁止动火作业。

12.1.4 严禁将焊接导线搭放在氧气瓶、乙炔气瓶、天然气、煤气、液化气等设备和管线上。

12.1.5 乙炔和氧气软管在工作中应防止沾染油脂或触及金属熔渣。禁止把乙炔和氧气软管放在高温管道和电线上。不得把重物、热物压在软管上，也不得把软管放在运输道上，不得把软管和电焊用的导线敷设在一起。

12.1.6 电焊、气焊作业必须符合下列要求：

1. 不是电焊、气焊工不能焊割。

2. 重点要害部位及重要场所未经消防安全部门批准，未落实安全措施不能焊割。

3. 不了解焊割地点及周围有否易燃易爆物品等情况不能焊割。

4. 不了解焊割物内部是否存在易燃、易爆的危险性不能焊割。

5. 盛装过易燃、易爆的液体、气体的容器未经彻底清洗，排除危险性之前不能焊割。

6. 用塑料、软木、玻璃钢、谷物草壳、沥青等可燃材料做保温层、冷却层、隔热等的部位，或火星飞溅到的地方，在未采取切实可靠的安全措施之前不能焊割。

7. 有压力或密闭的导管、容器等不能焊割。

8. 焊割部位附近有易燃易爆物品，在未做清理或未采取有效的安全措施前不能焊割。

9. 在禁火区内未经消防安全部门批准不能焊割。

10. 附近有与明火作业有抵触的工种在作业（如刷漆、喷涂胶水等）不能焊割。

12.1.7　地下室、隧道及金属容器内焊割作业时，严禁通入纯氧气用作调节空气或清扫空间。

12.1.8　高空进行焊接工作应符合下列要求：

1. 清除焊接设备附近和下方的易燃、可燃物品。

2. 将盛有水的金属容器放在焊接设备下方，收集飞溅、掉落的高温金属熔渣。

3. 将下方裸露的电缆和充油设备、可燃气体管道可能发生泄漏的阀门、接口等处，用石棉布遮盖。

4. 下方搭设的竹木脚手架用水浇湿。

5. 金属熔渣飞溅、掉落区域内，不得放置氧气瓶、乙炔气瓶。

6. 焊接工作全程应设专职监护人，发现火情，立即灭火并停止工作。

12.1.9　储存气瓶的仓库应具有耐火性能，门窗应向外开，装配的玻璃应用毛玻璃或涂以白漆；地面应该平坦不滑，撞击时不会发生火花。

12.1.10　储存气瓶库房与建筑物的防火间距应符合表 12.1.10 的规定。

表 12.1.10

储存物品种类	防火间距 储量（t）	耐火等级			民用建筑明火或散发火花地点
		一、二级	三级	四级	
乙炔	≤10	12	15	20	25
	＞10	15	20	25	30
氧气		10	12	14	—

12.1.11　储存气瓶仓库周围 10m 以内，不得堆置可燃物品，不得进行锻造、焊接等明火工作，也不得吸烟。

12.1.12　仓库内应设架子，使气瓶垂直立放，空的气瓶可以平放堆叠，但每一层都应垫有木制或金属制的型板，堆叠高度不得超过 1.5m。

12.1.13　使用中的氧气瓶和乙炔瓶应垂直固定放置。安设在露天的气瓶，应用帐篷或轻便的板棚遮护，以免受到阳光暴晒。

12.1.14　乙炔气瓶禁止放在高温设备附近，应距离明火 10m 以上，使用中应与氧气瓶保持 5.0m 以上距离。

12.1.15　乙炔减压器与瓶阀之间必须连接可靠。严禁在漏气的情况下使用。乙炔气瓶上应有阻火器，防止回火并经常检查，以防阻火器失灵。

12.1.16　乙炔管道应装薄膜安全阀，安全阀应装在安全可靠的地点，以免伤人及引起火灾。

12.1.17　交直流电焊机冒烟和着火时，应首先断开电源。着火时应用二氧化碳、干粉灭火器灭火。

12.1.18　电焊软线冒烟、着火，应断开电源，用二氧化碳灭火器或水沿电焊软线喷洒灭火。

12.1.19　乙炔气泄漏火灾处理应符合下列要求：

1. 乙炔气瓶瓶头阀、软管泄漏遇明火燃烧，应及时切断气源，停止供气。若不能立即切断气源，不得熄灭正在燃烧的气体，保持正压状态，处于完全燃烧状态，防止回火发生。

2. 用水强制冷却着火乙炔气瓶，起到降温的作用。将着火乙炔气瓶移至空旷处，防止火灾蔓延。

5.2.7　安全保卫

5.2.7.1　机构建设

【依据】《企业事业单位内部治安保卫条例》（第 421 号）

第六条

单位应当根据内部治安保卫工作需要，设置治安保卫机构或者配备专职、兼职治安保卫人员。

治安保卫重点单位应当设置与治安保卫任务相适应的治安保卫机构，配备专职治安保卫人员，并将治安保卫机构的设置和人员的配备情况报主管公安机关备案。

第八条

单位制定的内部治安保卫制度应当包括下列内容：

（一）门卫、值班、巡查制度；

（二）工作、生产、经营、教学、科研等场所的安全管理制度；

（三）现金、票据、印鉴、有价证券等重要物品使用、保管、储存、运输的安全管理制度；

（四）单位内部的消防、交通安全管理制度；

（五）治安防范教育培训制度；

（六）单位内部发生治安案件、涉嫌刑事犯罪案件的报告制度；

（七）治安保卫工作检查、考核及奖惩制度；

（八）存放有爆炸性、易燃性、放射性、毒害性、传染性、腐蚀性等危险物品和传染性菌种、毒种以及武器弹药的单位，还应当有相应的安全管理制度；

（九）其他有关的治安保卫制度。

单位制定的内部治安保卫制度不得与法律、法规、规章的规定相抵触。

5.2.7.2　生产区域保卫措施建设

【依据】《企业事业单位内部治安保卫条例》（第 421 号）

第十四条

治安保卫重点单位应当确定本单位的治安保卫重要部位，按照有关国家标准对重要部位设置必要的技术防范设施，并实施重点保护。

5.2.8　交通安全

5.2.8.1　车辆日常管理

【依据 1】《防止电力生产事故的二十五项重点要求》（国能安全〔2014〕161 号）

1.10.3　加强对各种车辆维修管理，确保各种车辆的技术状况符合国家规定，安全装置完善可靠。定期对车辆进行检修维护，在行驶前、行驶中、行使后对安全装置进行检查，发现危及交通安全问题，应及时处理，严禁带病行驶。

【依据 2】《国家电网公司交通安全监督检查工作规范（试行）》

第十一条　各级单位应建立交通安全委员会，健全交通安全管理和监督网络，行政正职为本单位交通安全第一责任人，对本单位交通安全管理与监督负全面责任。

第十二条　各级单位应建立健全交通安全管理和监督规章制度，明确责任。车辆管理部门负责制定本单位交通安全管理制度，对制度的贯彻落实进行日常监督与检查。各级单位车辆（舟船）所属的运维单位负责车辆的使用、维修和维护工作的具体实施，并对车辆（舟船）行驶和特种车辆作业进行安全管理和监督。

第十三条　交通安全责任落实监督检查内容包括：

（一）各级单位应建立交通安全委员会，委员会中车辆（舟船）管理部门、交通安全监督部门、运维单位的交通安全职责明确，职责内容符合相关规定要求，交通安全管理（监督）网络健全。

（二）各级单位应根据上级规定、标准、规程、反事故技术措施和实际情况，编制适合本单位（部门）的车辆（舟船）安全管理工作规定，并定期（或必要时）进行补充修订。

（三）各级单位应建立交通安全管理例会制度，及时掌握和督促检查所属车辆交通安全情况，并及时总结，解决存在问题，严肃查处事故责任者。

（四）各级单位应建立交通安全监督、考核、保障制约机制，实行"准驾证"制度，强化行车安全监护。

（五）集体企业和外包工程单位的车辆（舟船）应纳入主管单位交通安全管理范畴，接受主管单位交通安全管理部门的监督、指导和考核。

（六）各级单位应对委保、租赁单位资质进行审核，建立有资质的委保、租赁单位清单。

5.2.8.2　驾驶人员及教育培训管理

【依据】《国家电网公司交通安全监督检查工作规范（试行）》

第十四条　车辆（舟船）驾驶人员管理的监督检查内容包括：

（一）各级单位应建立专（兼）职驾驶员管理台账，并实施动态管理。

（二）车辆（舟船）驾驶人员应获得相应等级的驾驶证书。

（三）特种车辆驾驶人员应经专门技术培训，并经有关部门考试合格，取得行驶和操作证后，方可进行驾驶、操作。

（四）外聘驾驶员应经相关部门审查，由主管领导批准后，按照有关规定签订劳动合同和交通安全协议书，并报本单位交通安全监督部门备案。

第十五条　安全教育培训监督检查内容包括：

（一）各级单位应编制交通安全年度教育培训计划，定期组织专（兼）职驾驶员、特种车辆操作人员进行交通安全技术培训和考试。

（二）培训内容包括交通法律法规、交通安全知识、特种车辆操作人员技术技能、安全常识等。

（三）车辆（舟船）运维管理单位应每月召开安全分析会，相关班组每周组织安全活动学习。

5.2.8.3　交通安全管理

【依据1】《工业企业厂内铁路、道路运输安全规程》（GB 4387—2008）

6.2.1　车辆必须经过车辆管理机关检验合格，领取号牌和行驶证，方准行驶。限于厂内行驶的车辆，应由企业交通安全主管部门核发号牌和行驶证，号码和行驶证不准转借、涂改或伪造、车辆必须按车辆管理机关规定的期限接受检验。未按规定检验或检验不合格的，不准行驶。

6.2.2　机动车的制动器、转向器、喇叭、灯光、雨刷和后镜必须保持齐全有效。行驶途中，如制动器、转向器、喇叭，灯光发生故障或雨雪天气雨刷发生故障时，应停车，并在醒目处设置"注意危险"标志后进行修复。

6.2.3　机动车牵引挂车，应符合下列要求：

a）机动车和挂车的连接装置必须牢固，并应挂保险链条；挂车的牵引架、挂环发现裂纹、扭曲、焊或严重磨损时，不得使用。

b）机动车与挂车之间，挂车前后轮之间，应安装防护栏栅。

c）机动车在空载情况下，不得拖带载重挂车。

d）每辆机动车只准引 1 辆挂车。

e）挂车应安装自动刹车装置、灯光和显示标志。

f）挂车宽度超过机动车时，机动车的前保险杠两端，应安装与挂车宽度相等的标杆，标杆顶端安装标灯。

g）对采用自动连接装置的牵引车和挂车，应根据具体情况，采取必要的安全措施。

6.2.4　机动车拖带损坏车辆，应遵守下列规定：

a）被拖带的车辆，由正式驾驶员操纵，并在醒目处设置“注意危险”标志。

b）小型车不准拖带大型车。

c）拖带车车辆时不得背行。

d）每车只准拖带 1 辆，牵引索的长度须在 5m～7m 之间。

e）拖带制动器失灵的车辆须用硬牵引，不得拖带转向器失灵的车辆。

f）夜间拖带损坏车辆时，被拖带的车辆灯光灯光应齐全有效。

g）新车、大修车在走合期，不得拖带车辆。

【依据 2】《防止电力生产事故的二十五项重点要求》[国能安全（2014）161 号]

1.10.2　加强对驾驶员的管理和教育，定期组织驾驶员进行安全技术培训，提高驾驶员的安全行车意识和驾驶技术水平，严禁违章驾驶。叉车、翻斗车、起重机，除驾驶员、副驾驶员座位以外，任何位置在行驶中不得有人坐立；起重机、翻斗车在架空高压线附近作业时，必须划定明确的作业范围，并设专人监护。

【依据 3】《国家电网公司交通安全监督检查工作规范（试行）》

第七条　（二）对所属单位定期开展交通安全监督检查工作，并对各级发现问题的整改治理落实情况进行监督。

第九条　（三）地市公司级单位每半年至少组织开展 1 次交通安全监督检查。

第十条　（五）受检单位应按照整改计划，逐条落实整改措施，并将整改完成情况纳入本单位安全监督检查内容。整改完成后，将整改情况反馈表上报检查单位。

6 生产设备

6.1 生物质水冷振动炉排锅炉

6.1.1 设备状况

6.1.1.1 炉外大口径汽水系统部件（主汽管道、汽包锅筒、集中下降管、过热器联箱、减温器联箱、省煤气联箱、空气预热器联箱）

【依据】《电站锅炉压力容器检验规程》（DL/T 647—2004）

6 在役锅炉定期检验

6.1 检验范围：按本规程第4.2条监检范围：

a）汽包（水包）、内（外）置式汽水分离器；

b）联箱；

c）受热面；

d）锅炉范围内管子、管件、阀门及附件；

e）锅水循环泵；

f）大板梁、钢结构、高强度螺栓、吊杆等承重部件。

所定范围的锅炉设备、安全附件、热工测量装置、保护装置及锅炉房、规程制度等。

6.2 检验分类和周期：

a）外部检验：每年不少于一次；

b）内部检验：结合每次大修进行，其检验内容列入锅炉年度大修计划，新投产锅炉运行1年后应进行首次内部检验；

c）超压试验：一般两次大修进行一次；根据设备具体技术状况，经上级主管锅炉压力容器安全监督部门同意，可适当延长或缩短超压试验间隔时间；超压试验可结合大修进行，列入大修的特殊项目。

6.1.1.2 炉外小口径汽水系统部件（各种疏放水管、空气管、取样管、压力表管、温度表管、加药管、化学取样管等小管径管道）

【依据】《电站锅炉压力容器检验规程》（DL/T 647—2004）

12 在役压力管道定期检验

12.2 检验分类与周期：

a）外部检验，每年进行一次；

b）定期检验，结合机组大修进行。

12.3 锅检机构从事在役压力管道定期检验时，应根据管道状况编制检验大纲，大纲中应明确受检单位必须提供的技术资料、图纸、试验和检测记录，明确检验依据，明确文件见证和现场抽查项目等。

12.4 外部检验核查以下技术资料：

a）压力管道配制质量监检报告；

b）压力管道安装质量监检报告；

c）管道支吊架的设计、安装、运行的技术档案；

d）压力管道安装竣工图（单线立体布置图）；

e）管道历次检修及更改的技术资料；

f）管道历次定期检验报告；

g）管道支吊架历次检验记录及报告；

h）检验人员、焊工、无损检测人员的技术档案；

i）管道历次故障、事故及缺陷记录；

j）管道金属技术监督档案；

k）管道有关的反事故措施。

12.5　管道运行中应无异常振动，减振器、阻尼器运行正常。

12.6　除管道限位装置、刚性支吊架与固定支架处，因受约束而无约束方向的热位移外，管系热态膨胀不受阻。

12.7　在役管道的薄弱环节，如弯管、弯头、三通、阀门和焊缝等处应无汽水泄漏等情况。

12.8　管道保温状况完好，保温材料应无破裂或脱落现象；严禁主蒸汽及再热蒸汽管道局部裸露运行。

12.9　各阀门操作应灵活，阀门连接螺栓应无松动。

12.10　管道膨胀指示器应完整，指针应在刻度指示盘内，位移指示应清晰。

12.11　管道支吊架检查至少应包括以下内容：

a）各支吊架结构正常，转动或滑动部位灵活和平滑。支吊架根部、连接件和管部部件应无明显变形，焊缝无开裂。

b）各支吊架热位移方向符合设计要求。恒力和变力弹簧吊架的吊杆偏斜角度应小于 4°，刚性吊架的吊杆偏斜角度应小于 3°。

c）恒力支吊架热态应无失载或过载，位移指示在正常范围以内。

d）变力弹簧支吊架热态应无失载或弹簧压死的过载情况，弹簧高度在正常范围以内。

e）活动支架的位移方向、位移量及导向性能符合设计要求。

f）防反冲刚性吊架横担与管托之间不得焊接，热态间距符合设计要求。

g）管托应无松动或脱落情况。

h）刚性吊架受力正常，无失载。

i）固定支架牢固可靠，混凝土支墩无裂缝、损坏。

j）减振器结构完好，液压阻尼器液位正常无渗油现象。

12.12　100MW 及以上机组的主蒸汽管道、高低温再热蒸汽管道的支吊架，每年至少应在热态下逐个检查一次，并将检查结果记入档案。

12.13　更换管道保温材料，新材料容重与原材料相差 10%时，应对支吊架进行全面的检查和调整。

12.14　压力表、温度表和安全阀检验按本规程有关规定进行。

12.15　管道定期检验中，核查技术资料内容同本规程第 12.4 条。

12.16　定期检验安全工作要求：

a）母管制管道停役之后，应采用盲板做好受检管道的隔离工作，保证管道隔离可靠；用管道上现有阀门隔离的，其邻近受检管道的管道表面温度应低于 50℃。

b）对于工作温度大于或等于 450℃的高温管道，必须在停役 96h 后方可拆除管道保温材料。

c）对于工作温度小于 450℃的管道，必须在停役 72h 后方可拆除管道保温材料。

d）为检验搭设的脚手架必须安全牢靠，并经验收合格。

e）需现场进行射线拍片时，应事先隔离出安全工作区，并设有醒目的安全警告标志。

12.17　主蒸汽、高温再热蒸汽管道应结合每次机组大修进行蠕胀测量，测量工作的具体要求及数据处理按 DL/T 441 执行。

12.18　在新装机组第一次大修时，应对本规程适用范围的管道支吊架根部、功能件、连接件和管部进行全面检查；对有异常情况的支吊架应进行处理并进行调整；支吊架检验项目和质量要求按 DI/T 616 执行。

12.19　汽水管道运行 8 万 h 后，应结合每次大修对管道支吊架进行全面检查；对有异常情况的支吊架应进行处理并进行调整，必要时进行管系应力分析；支吊架检验项目和质量要求按 DL/T 616 执行。

12.20　100MW 及以上机组的主蒸汽管道和高温再热蒸汽管道运行时间达到 10 万 h 后，应结合每次大修，分批检查每段管道材质的理化性能和每个焊口质量情况，并做好检查结果记录、检查位置标注和技术资料存档。管道全面检查应在 3 个大修期间内完成。

12.21　管道材质理化性能检查项目和质量要求：

a）管道外表面状况检查：管道（含弯管、弯头）外表面应无裂纹、皱褶、重皮、划痕、机械损伤和明显变形，凡经处理后的管壁厚度不应小于直管理论计算壁厚。

b）壁厚测定：在每段管道的两端各测一个截面，每个截面测 4 点，每点相隔 90°；在弯头外弧侧 22.5°、45.0°、67.5°各测一点；最小壁厚值不应小于直管理论计算壁厚。

c）硬度测定：在每段管道的两端各测一点，硬度值应在管道材料硬度标准范围之内。

d）弯管不圆度测定：测定每个弯管的不圆度，高压管道弯管不圆度应不大于 5%，中低压管道弯管不圆度应不大于 7%。

e）金相分析：每段直管、弯管和每只焊口至少做 1 点金相分析，对金相组织异常管段应增加金相分析点。

12.22　焊口质量要求：

a）采用射线透照或超声波检测方法对管道焊口进行 100%检查。射线透照按 DL/T 821 执行，II 级为合格；超声波检测按 DL/T 820 执行，Ⅰ级为合格。

b）管道外壁错口值应不大于 10%壁厚，且不大于 4mm。

c）焊缝咬边深度应不大于 0.5mm，咬边长度不超过焊缝全长的 10%，且不大于 40mm。

d）对接焊缝余高应不大于 3mm。

12.23　100MW 及以上机组的低温再热蒸汽管道和主给水管道、100MW 以下机组的四大管道的每段管道材质理化性能和焊口质量检查，可参照本规程第 12.21 条和第 12.22 条执行。

12.24　与主蒸汽管相连的小管道、弯头、三通和阀门，运行达 10 万 h 后，根据检查情况，尽可能予以更换。

12.25　工作温度大于或等于 450℃的碳钢、钼钢管道、管件和阀壳运行时间超过 10 万 h，应进行石墨化检查，检查间隔时间一般为 5 万 h；运行时间超过 20 万 h，在检查的基础上，必要时割管作材质鉴定。

12.26　管件和阀壳运行 5 万 h 后应作第 1 次外观检查和表面无损检测，以后检查周期为 5 万 h。

12.27　工作温度大于或等于 450℃的主蒸汽管道和高温再热蒸汽管道运行时间超过 20 万 h 后，应按本规程第 12.21 条和第 12.22 条的要求进行新一轮的全面检查；必要时可对管壁较薄、应力较高的金属监督重点部位割管做材质鉴定或寿命评估。

12.28　对于工作温度小于 450℃、运行时间超过 20 万 h 的低温再热蒸汽管道和给水管道，如有需要，可参照本规程 12.27 执行。

12.29　在本规程第 12.19 条、第 12.20 条所列检验内容 50%的情况下，应对压力管道的安全状况等级进行评定，评定按附录 B 进行。

12.30　检验报告与检验总结要求如下：

a）管道外部检验和定期检验工作结束后，检验人员应根据检验结果填写“压力管道检验报告”和“压力管道外部检验报告”；

b）管道检验发现异常情况和问题时，检验人员应协助使用单位分析原因和采取相应整改措施；

c）管道检验内容大于 50%时，应评定压力管道的安全状况等级。

6.1.1.3　炉内承压部件（过热器、省煤器、烟冷器、水冷壁、空气预热器、水冷套、减温水管、导气管）

【依据】同 6.1.1.1 依据中第 6 条。

6.1.1.4　安全阀

【依据 1】《电站锅炉压力容器检验规程》（DL/T 647—2004）

13.17　运行检验对安全阀的要求：

a）有定期放汽试验记录，并按规定进行定期放汽试验。正常运行时应无泄漏。

b）有检修后校验记录，整定值符合规程规定。

c）消声器排汽小孔无堵塞、积水、结冰。

d）弹簧式安全阀防止随意拧动的装置完好、杠杆式安全阀限位装置齐全，脉冲式安全阀脉冲管保温完好，气室式安全阀的气源符合要求。

e）不得解列安全阀或任意提高起座压力。

13.23 停机定期检验对安全阀的要求：

a）阀体、阀座、阀芯完好，表面无裂纹，密封面已修复。

b）阀杆、阀芯无卡涩现象。

c）弹簧式安全阀弹簧变形正常，无裂纹。

d）杠杆式安全阀杠杆完好，刃口无裂纹，重锤限位装置调整方便，固定牢固。

e）气室式安全阀无卡涩现象。

f）排汽管无过热变形现象，内壁腐蚀物已清理，支吊架受力正常，无锈蚀。

g）消声器小孔无堵塞现象，与排气管对接的焊缝外观检查无裂纹等超标缺陷，支架牢固，无开裂现象。

h）疏水管畅通，固定方式正确。

i）校验起座、回座压力，测量起跳高度，符合有关技术标准规定。

j）利用液压装置整定安全阀时，应对经整定最低起座压力的安全阀做一次实际起座复核。

【依据2】《电站锅炉安全阀应用导则》（DL/T 959—2014）

8 安全阀的现场校验与调整

8.1 安全阀的现场校验

8.1.1 锅炉安装和大修完毕及安全阀经检修后，都应校验安全阀的正定压力。

8.1.2 带电磁力或其他辅助操动机构的安全阀，除进行机械校验外，还应做电气回路的远方操作试验及自动回路压力继电器的操作试验。

8.2 电站安全发的现场校验方法一般采用在线热态校验，可分为用专门仪器（安全阀在线定压仪）校验和升压实跳校验。升压实跳校验由于工作环境恶劣，起跳次数多，会带来密封面的损坏、噪声污染和校验时的安全性等问题。

8.2.1 纯机械弹簧式安全阀及碟形弹簧安全阀可使用安全阀在线定压仪进行校验调整。校验调整可以在机组启动或带负荷运行的过程中（一般在60%～80%额定压力下）进行。

8.2.2 首次经安全阀在线定压仪调整后的安全阀，应对最低起跳值的安全阀进行实际起跳复核，经复核，误差值在表 5 规定的整定压力偏差以内时，其他使用安全阀在线定压仪校验的安全阀可不必做实跳实验。

8.2.3 使用的安全阀在线定压仪应保证与实跳值的误差在允许的范围内，并具有数据自动记录和处理功能，避免人为判断因素带来的误差。安全阀定压仪与被测安全阀应具有一定的安全距离。

8.2.4 安全阀在线定压仪所配的压力传感器和力值传感器应定期校验。

8.3 在役电站锅炉安全阀每年至少应校验一次。每一个小修周期应进行检查，必要时应进行校验或排放试验。各类压力容器的安全阀每年应至少进行一次排放试验或在线校验。

8.4 安全阀一经校验合格就应加锁或加铅封，并在锅炉技术登录簿或压力容器技术档案中记录。

6.1.1.5 其他阀门

【依据】《电站锅炉压力容器检验规程》（DL/T 647—2004）

4.2 监检范围：

a）汽包（水包）、内（外）置式汽水分离器；

b）联箱；

c）受热面；

d）锅炉范围内管子、管件、阀门及附件；

e）锅水循环泵；

f）大板梁、钢结构、高强度螺栓、吊杆等承重部件。

6.1.1.6　锅炉支吊架及膨胀

【依据】《电站锅炉压力容器检验规程》（DL/T 647—2004）

10　压力管道元件制造质量监检

10.1　监检范围：

a）管子（直管）；

b）管件——弯管、弯头、三通、异径管、接管座、法兰、封头、堵头、流量孔板等；

c）管道附件——支吊架、管夹、管托、紧固件等；

d）安全附件及主要阀门。

10.2　监检分类：

a）在制造厂现场监检；

b）在安装工地现场监检。

10.3　锅检机构从事压力管道元件制造质量监检前，应根据压力管道元件订货技术协议、合同规定及设备情况编制监检大纲，大纲中应明确制造厂必须提供的技术资料、图纸、标准和试验记录，明确文件见证和现场抽检项目。

10.4　需在制造厂现场监检的项目、内容和实施方式应在设备订货合同中明确规定。

10.5　核查监检范围内产品的技术资料，并符合如下要求。

a）设计单位的设计资格证书、完整齐全的设计图纸、管道单线立体布置图，管道设计应符合DL/T 5054的要求，应有下列设计文件：

1）管子的钢号、规格、理论计算壁厚、壁厚偏差。

2）设计采用的许用应力、弹性模量、线膨胀系数。

3）支吊架类型及布置。

4）监督段位置。

5）管道的冷紧口位置及冷紧值。

6）管道对设备的推力、力矩以及制造厂提供的主设备热位移值。

7）管道最大应力值及其位置。

8）支吊架的结构荷重、工作荷重、支吊架冷位移和热位移值。

9）单位管道保温层质量、主要阀门及管件质量。

b）管道元件制造单位、管道配制单位应持有国务院特种设备安全监督管理部门和电力行业锅炉压力容器安全监督管理部门颁发的管道制造许可证。

c）产品质量证明书和合格证书的内容与各级责任人的签字应完整齐全。

d）材料（包括焊条、焊丝等焊接材料）的化学成分、力学性能、热处理状态、金相组织等材质证明文件，材料代用的有效证明文件、代用材料的复验报告、光谱检验记录等，进口管材还应有订货合同及商检报告，对特殊材质的进口管材必要时应进行常温理化性能复验。

e）焊接工艺文件、焊接工艺评定报告和焊工资格证书。

f）无损检测检验报告、无损检测人员资格证书。

g）阀门水压或密封性能试验的文件资料。

h）支吊架产品应有产品质量证明书、合格证和性能试验报告。

10.6　核查管子、管件和管道附件的规格、材质及技术参数应符合设计要求。

10.7　管件和管道附件的外观检查，其表面要求为：

a）无裂纹、缩孔、夹渣、粘砂、折叠、漏焊、重皮、腐蚀等缺陷。

b）表面应光滑，不允许有尖锐划痕。

c）凹陷深度不得超过 1.5mm，凹陷最大尺寸（最大直线尺寸）不应大于管子周长的 5%，且不大于 40mm。

10.8 管子应无分层；管子壁厚偏差应符合有关标准的规定；管子表面的划痕、凹坑、腐蚀等局部缺陷，经处理后的管壁厚度不应小于直管的理论计算壁厚。

10.9 合金钢管子、管件及管道附件，应逐段（件）进行光谱复查，并做出材质标记。

10.10 用于工作压力大于或等于 9.8MPa 和工作温度大于等于 540℃工况的管道用金属材料，入厂时应复验，检验项目按 JB/T 3375 执行。

10.11 确认管子的下列特性应符合现行国家、行业技术标准或订货合同：

a）化学成分及其含量分析结果；

b）力学性能试验结果（抗拉强度、屈服强度、延伸率）；

c）管壁厚度大于或等于 12mm 的高压合金钢管子冲击韧性试验结果；

d）合金钢管的热处理状态说明或金相分析结果。

10.12 确认管件的下列材料技术参数应符合现行国家、行业技术标准或订货合同：

a）化学成分及其含量分析结果；

b）合金钢管件的热处理状态说明或金相分析结果；

c）高压管件的无损检测结果。

10.13 配制管子的制造焊缝应进行 100%无损检测（视情况采用 RT 或 UT 检验），制造焊缝质量应符合 DL/T 869 的规定。

10.14 弯管的弯曲半径应符合设计要求，设计无规定时弯管的最小弯曲半径应符合 DL/T 515 中的有关规定。

10.15 弯管的不圆度、波浪度、角度偏差及壁厚减薄量，应符合 DL 5031—1994 第 4.2.6 条的规定。

10.16 各类弯头的平面偏差和端面角度偏差、推制与压制弯头的不圆度在无设计规定时，应符合 DL 5031—1994 第 4.3.10 条的规定。

10.17 管道法兰密封面、端面连接螺栓、凹凸面接合和几何尺寸等管件质量要求应符合 DL 5031—1994 第 3.3.2 条～第 3.3.4 条的规定。

10.18 管道支吊架的弹簧应有产品质量保证书和合格证，用于变力弹簧或恒力弹簧支吊架的弹簧特性应进行 100%检查，变力弹簧支吊架、恒力弹簧支吊架和阻尼装置等功能件的性能试验必须逐台检验。

10.19 合金钢材料的支吊架管夹、承载块和连接螺栓应进行 100%光谱复查，复查结果应与设计要求相一致，代用材料必须有设计单位出具的更改通知单。

10.20 恒力弹簧支吊架应进行载荷偏差度、恒定度和超载试验，恒力弹簧支吊架载荷偏差度应小于或等于 5%、恒定度应小于或等于 6%、超载载荷值应不小于 2 倍支吊架标准载荷值。

10.21 变力弹簧支吊架应进行超载试验，超载载荷值应不小于 2 倍最大工作载荷值。

10.22 支吊架弹簧的外观及几何尺寸检查应符合下列要求：

a）弹簧表面不应有裂纹、折叠、分层、锈蚀、划痕等缺陷；

b）弹簧尺寸偏差应符合图纸的要求；

c）弹簧工作圈数偏差不应超过半圈；

d）在自由状态时，弹簧各圈节距应均匀，其偏差不得超过平均节距的±10%；

e）弹簧两端支承面与弹簧轴线应垂直，其偏差不得超过自由高度的 2%。

10.23 螺栓及螺母的螺纹应完整，无伤痕、毛刺等缺陷，螺栓与螺母应配合良好，无松动或卡涩现象。

10.24 设计温度大于 450℃且直径大于或等于 M32 的合金钢螺栓应逐根编号，逐根进行硬度测定。

10.25　管子安装前应进行现场抽检，其项目及质量要求如下：

a）对每根合金钢管子应进行不少于 3 个断面的壁厚测量；

b）对每根合金钢管子应进行不少于 2 个断面的硬度测量；

c）若硬度测量值偏高时，应对硬度值偏高的管子进行金相组织检查；

d）在安装前，应对压力管道配制的制造焊缝质量进行无损检测抽检，数量可按管道（包括接管座）的种类、管径、壁厚和材质，各抽检 1 根，质量要求按 DL/T 869 执行。

10.26　监检结束应出具监检报告，对压力管道配制质量做出安全技术评价以及缺陷处理的意见，并及时送交建设单位。

6.1.1.7　锅炉保温及防寒防冻

【依据】《电站锅炉压力容器检验规程》（DL/T 647—2004）

6.11　锅炉外部检验对炉墙、保温的质量要求：

a）炉墙、炉顶密封良好，无开裂、鼓凸、脱落、漏烟、漏灰，无异常振动。

b）炉墙、管道保温良好；当环境温度为 25℃时，保温层的表面温度不大于 50℃。

c）燃烧室及烟道、风道各门孔密封良好，无烧坏变形，耐火材料无脱落，膨胀节伸缩自如，无变形、开裂。

6.1.1.8　锅炉及烟风道严密性

【依据】《电站锅炉压力容器检验规程》（DL/T 647—2004）

6.11　锅炉外部检验对炉墙、保温的质量要求：

a）炉墙、炉顶密封良好，无开裂、鼓凸、脱落、漏烟、漏灰，无异常振动。

b）炉墙、管道保温良好；当环境温度为 25℃时，保温层的表面温度不大于 50℃。

c）燃烧室及烟道、风道各门孔密封良好，无烧坏变形，耐火材料无脱落，膨胀节伸缩自如，无变形、开裂。

6.1.1.9　油燃烧器

【依据】《电站锅炉压力容器检验规程》（DL/T 647—2004）

5.17　锅炉机组整套启动试运行前监检对管道、阀门检查内容及质量要求：

a）严密不漏，阀门标示牌、管道色环及流向箭头齐全。

b）支吊架无损坏，承力正常。

c）安全阀安装调试结束，启座、回座压力、启跳高度符合要求。

d）取样管、传压管及阀门已符合整组启动要求。

e）锅水循环泵已试运行合格、无泄漏。

f）燃烧器摆动角度、二次风门挡板开度指示与实际相符，已调试合格。锅炉通风试验已经结束，符合设计要求。

6.1.1.10　锅炉吹灰器

【依据】《火力发电厂锅炉机组检修导则　第 2 部分：锅炉本体检修》（DL/T 748.2—2016）

18　吹灰器检修

设备名称	检修内容	工　艺　要　点	质　量　要　求
18.1　短式吹灰器	18.1.1　拆卸	短式吹灰器通常将本体拆下后解体检修	拆卸后应注意做好吹灰器蒸汽管开口的防护遮盖，防止管道内落入异物
	18.1.2　进汽阀的检修	1. 检查阀门法兰平面、阀芯阀座、阀杆、阀体和阀门的情况。 2. 进汽阀装配时，螺纹应涂防锈润滑脂	1. 阀芯阀座无吹损拉毛现象，阀杆完好，弯曲符合要求，阀体内外无砂眼，阀门关闭严密，启闭灵活。 2. 新安装填料时，应与前一层填料开口处错位 120°～180°

续表

设备名称	检修内容	工　艺　要　点	质　量　要　求
18.1　短式吹灰器	18.1.3　喷嘴	1. 测量准喷嘴中心线到水冷壁表面的距离，以使喷嘴组装时正确到位。 2. 检查喷嘴及喷孔内径冲刷情况，超标应更换。检查喷嘴焊缝，如有裂纹脱焊，应修复	1. 喷嘴完好，不变形。 2. 喷孔角度正确，孔符合设计要求。 3. 嘴中心与水冷壁的距离应符合规定要求。 4. 喷嘴及内管与水冷壁角度应保持垂直
	18.1.4　喷管	1. 检查清理喷管。 2. 检查喷嘴及焊缝。 3. 检查喷管弯曲度	1. 内管伸缩灵活，表面光洁，应无划痕损伤；喷管无堵塞，表面粗糙度应符合规定要求。 2. 各支点焊缝无脱焊、无裂纹。 3. 喷管弯曲度符合使用要求
	18.1.5　卸下脱开机构，喷管凸轮及方轴	1. 检查制动器与端面之间的间隙。 2. 检查凸轮和压板	1. 制动器与端面间隙应为 8mm～10mm。 2. 凸轮和压板应完好
	18.1.6　减速箱	1. 解体减速箱，清洗内部齿轮零配件，检查磨损、裂纹、缺损等情况。 2. 检查测试齿轮啮合接触面情况。 3. 检查外壳。 4. 检查测量各轴承间隙及滚珠弹夹内外钢圈情况。 5. 调节检查齿轮箱转矩限制器	1. 清洗后能清晰检查各零配件实际状况。 2. 符合使用要求。 3. 外壳无裂纹。 4. 轴承质量符合有关规定要求，滚珠弹夹内外钢圈无磨损剥皮。 5. 转矩限制器保护调整应符合额定值
	18.1.7　吹灰器调试与验收	1. 吹灰器组装后用手动将喷管伸入炉膛。复测喷嘴与水冷壁的距离及喷管与水冷壁的垂直度。 2. 电动试验检查内外喷管动作情况。 3. 试验调整喷嘴进入炉膛的位置，复测喷嘴吹扫角度，控制执行机构限位开关动作试验，吹灰器程控联动试验	1. 喷管伸缩灵活，无卡煞现象。确认手操动作正常后才能送电试转。喷嘴与水冷壁的距离及喷管与水冷壁的垂直度应符合设计要求。 2. 电动试转时无异声，进退旋转正常，限位动作正常，进汽阀启闭灵活，密封良好，内外喷管动作一致。 3. 喷头与水冷壁距离、喷嘴吹扫角度符合有关规定要求。检验程控动作正常
18.2　长式吹灰器	18.2.1　进汽阀的检修	1. 检查阀门法兰平面、阀芯阀座、阀杆、阀体和阀门的情况。 2. 进汽阀装配时，螺纹应涂防锈润滑脂	1. 阀芯阀座无吹损拉毛现象，阀杆完好，弯曲符合要求，阀体内外无砂眼，阀门关闭严密，启闭灵活。 2. 新安装填料时，应与前一层填料开口处错位 120°～180°
	18.2.2　喷嘴	检查喷嘴	喷嘴无堵塞变形，喷嘴焊缝无裂纹脱焊。嘴口尺寸应符合制造厂要求
	18.2.3　喷管	1. 检查清理喷管。 2. 检查喷嘴及焊缝。 3. 检查喷管弯曲度	1. 内管伸缩灵活，表面光洁，应无划痕损伤；喷管无堵塞，表面粗糙度应符合规定要求。 2. 各支点焊缝无脱焊、无裂纹
	18.2.4　传动机构及减速箱	1. 拆下喷管和套管，卸下跑车连接件，缓慢放下跑车，检查跑车两边齿轮齿条。 2. 测量齿轮轴两端中心距。 3. 检查各部螺纹固定装置	1. 跑车手动操作灵活，齿轮及齿条无裂纹，不缺牙，磨损腐蚀达 20%齿厚度时应更新。 2. 齿轮轴两端中心距离偏差不大于 2mm。 3. 固定装置应牢固，无损伤
	18.2.5　更换剪切销	1. 拆下轴用挡圈，解脱链条后，从轴上拆下链轮及芯子。 2. 检查链轮与芯子之间的平面情况。 3. 用工具拆除已断的剪切销	1. 链轮与芯子之间的平面无伤痕。 2. 已断的剪切销应换新备品
	18.2.6　链轮和链条的检修	1. 检查链轮、链齿和铰链。 2. 检查链轮无损伤磨损，铰链完好灵活。 3. 利用调节螺栓调节链条张紧力，调节适合后，注意将压紧螺栓拧紧，螺母锁紧。调节时，调节螺栓应留有调节余量，不应调到极限位置，并根据需要适当增减链条节数	1. 链轮铰链应转动灵活，链齿完好。 2. 链节变形拉长 $\Delta t/t$ 大于 3%应更换。 3. 链条下垂度一般为 16mm 左右，张紧力适中，吹灰管移动时，无冲击现象，链轮轴避免弯曲

续表

设备名称	检修内容	工 艺 要 点	质 量 要 求
18.2 长式吹灰器	18.2.7 吹灰管前托轮及密封盒的检修	1. 检查吹灰管托轮滚动情况。 2. 检查吹灰器与炉墙连接处密封情况。 3. 托轮滚动应灵活，润滑脂适量。 4. 密封良好，焊缝无脱焊裂纹等现象	1. 喷管进退动作灵活，旋转正确。喷管进出炉内位置正确，后退停止行程开关动作正常。 2. 阀门开关机构不松动，动作正常，进汽阀启闭良好，密封良好。行程开关动作正常，安装位置不松动。电动机超负荷保护与吹灰时间超限保护动作正确
	18.2.8 吹灰器调试与验收	1. 组装结束，用手动操作将喷管伸入炉膛，确认进足与退出位置均正常后，进行电动操作试验，用就地开关检查电动旋转方向。 2. 当外管前移 200mm～300mm 后，检查后退停止行程开关动作情况。 3. 按前进开关，检查蒸汽进汽阀门执行机构动作是否正常，当吹灰管前进行程超过一半且无异常时，则继续前进到全行程，并检查返向行程开关动作，应正确，校验时间继电器整定值。 4. 就地校验工作全部正常后，用程控操作开关验证吹灰器远距离遥控操作情况	各台吹灰器程控操作正常。吹灰器运行时，动作平稳，无异声，进退旋转正常
18.3 吹灰器蒸汽系统检修	18.3.1 安全门检修	1. 每次大小修均应定期对安全门进行解体检修，定期进行严密性试验。 2. 定期进行安全门启座压力校验	1. 严密性试验压力为 1.25 倍工作压力。 2. 安全门启座压力为工作压力的 1.08 倍，回座压力为启座压力的 80%～90%
	18.3.2 调整门检修	1. 定期解体检查调整门，检查阀芯、阀座。 2. 定期校验调整门开关位置	1. 阀芯、阀座结合面吻合良好，无缺损，磨损严重的应更换备品。 2. 调整门开关过程动作平缓灵活，调节性能良好
	18.3.3 疏水阀检修	1. 检查阀芯、阀座情况。 2. 检修后进行严密性试验。 3. 疏水阀修后应进行开关校验	1. 阀芯、阀座平面平整，结合面良好。 2. 严密性试验压力为工作压力的 1.5 倍。 3. 阀门开关动作灵活，阀门严密良好

6.1.1.11 锅炉构架

【依据】《电站锅炉压力容器检验规程》(DL/T 647—2004)

B.5.8 锅炉承重结构的安全状况等级评定

B.5.8.1 锅炉构架、承重结构，满足强度、刚度和稳定性要求，安全状况等级可评为 1 级～2 级；不能满足强度、刚度和稳定性要求的，可评为 4 级～5 级。

B.5.8.2 悬吊式锅炉顶主梁挠度不大于 1/850，安全状况等级可评为 1 级～2 级；大于 1/850，应进行安全性能评估，安全状况等级可评为 4 级～5 级。

B.5.8.3 悬吊式锅炉吊杆螺母有防止松退措施，采用带承力指示器的弹簧吊杆，受力状况在设计允许范围内，安全状况等级可评为 1 级～2 级；吊杆螺母无防止松退措施，受力状况超出设计允许范围的，可评为 4 级～5 级。

B.5.8.4 在地震烈度 7 度～9 度的地区，锅炉构架符合下列要求的，安全状况等级可评为 1 级～2 级。不符合下列要求的，可评为 4 级～5 级。

B.5.8.4.1 新设计的锅炉装设能满足抗震要求的抗震架。

B.5.8.4.2 悬吊式锅炉有防止锅炉晃动的装置，此装置不应妨碍锅炉的自由膨胀。

B.5.8.4.3 锅炉汽包安装牢固的水平限位装置。

B.5.8.5 承重部件、锅炉构架、吊杆表面应无氧化、腐蚀情况，其安全状况等级可评为 1 级～2 级；表面有氧化、腐蚀情况，可评为 3 级～4 级。

6.1.1.12 引、送风机

【依据】《火力发电厂锅炉机组检修导则 第 4 部分：制粉系统检修》(DL/T 748.5—2001)

11 一次风机检修

设备名称	检修内容	工　艺　要　点	质　量　要　求
11.1　轴流风机 注：动叶可调	11.1.1　联轴器检修	1. 固定联轴器连接轴。 2. 拆下电动机侧的紧固螺栓。 3. 拆下轮毂侧的紧固螺栓。 4. 将联轴器连接轴放下。 5. 拆下轮毂侧联轴器模片组，拆下电动机侧联轴器模片组。 6. 检查模片无损坏，联轴器连接轴无弯曲，联轴器无损坏等现象。 7. 拆卸联轴器所用固定螺栓注意保管好，不要损坏，拆卸前要做好印记，便于复装。 8. 回装按拆卸相反顺序进行	1. 联轴器不应有砂眼、裂纹等缺陷，紧固螺栓要完好无损。 2. 联轴器连接轴不应弯曲，水平偏差不应大于 0.1mm/m。 3. 检查联轴器弹性模片，应完好无损，如果有损坏，需更换。 4. 联轴器找中心值，轴向、径向均不能大于 0.1mm
	11.1.2　轮毂与叶片维修	1. 拆下进气箱入口软连接。 2. 拆下进气箱与主风简及中导风简的紧固螺栓。拆下扩散器软连接。 3. 拆下联轴器罩及联轴器，将执行器拉杆与调节臂脱开。 4. 将调节拉叉与旋转油密封脱离，拆卸油压管路，将进气箱及扩散器沿轴向拉开 1m 左右距离。 5. 在Ⅱ级轮毂侧拆下缸罩、液压缸、连接盘，拆下支撑轴、拆下轮毂。 6. 拆下导环和调节盘；拆下叶片轴上的锁紧螺母，松开平衡锤上压键螺钉，然后拆下平衡锤及键；拆推力轴承密封盖及推力轴承。 7. 将叶片连同叶片轴一同抽出。 8. 以上拆卸Ⅱ级轮毂基本相同，所用拆卸的结合部位注意打印，以便于回装；固定叶片螺钉不要拆，除非叶片损坏或螺钉松动。 9. 复装时按拆卸时的相反顺序进行，注意相配标记，不能随意回装	1. 检查轮毂应无缺陷，拆卸轮毂时加热湿度为 150℃。 2. 检查叶片表面应光滑，无缺陷。叶片轴无划痕，光滑；垂直度与同心度不大于 0.02mm。 3. 叶片轴的窜动量为 0.3mm～0.5mm。 4. 检查滑块与导环的间隙为 0.1mm～0.5mm；清洗滑块，干净后方在 100℃的二硫化铝油液中泡 2h。 5. 叶片与主风简间隙。 6. 平均间隙为 2.8mm。 7. 最长叶片与主风简间隙不小于 2.2mm。 8. 最短叶片与主风简间隙不大于 3.4mm

6.1.1.13　捞渣机

【依据】《火力发电厂除灰设计规程》(DL 5142—2012)

中华人民共和国国家经济贸易委 2001-02-12 发布 2001-07-01 实施。

设备名称	检修内容	工　艺　要　点	质　量　要　求
4.1　刮板捞渣机	4.1.1　刮板及圆环链检修	1. 关闭冷灰斗上方的关断门或采取可靠的隔断措施，解列冷却水系统。 2. 把刮板链接头转至主动链轮下部，解开磨损链接头，使链条断开。 3. 陆续将刮板链拉出解体，检查刮板链部焊口有无开焊，刮板圆环链卡块磨损检查。 4. 将更换的刮板、圆环链、卡块与原刮板链接头组装好。 5. 将捞渣机繁体移出，挪运至检修位置	1. 链条（链板）密报超过圆钢直径（链板厚度）的 1/3 时应更换。 2. 刮板磨损，变形严重时应更换。 3. 注销磨损超过直径的 1/3 时应更换。 4. 两根链条总长度相差值应符合设计要求，超过设计值时应更换。 5. 刮板链双侧同步、对称，刮板间距符合设计要求
	4.1.2　摆线针轮减速器检修	1. 拆卸减速器及滚子链罩壳。 2. 拆卸三角带及套筒滚子链。 3. 拆卸地脚螺栓，将减速机吊出解体。 4. 放出润滑油。 5. 拆卸安全带轮。 6. 拆卸链接螺栓，把针齿壳与机体分开。 7. 拆卸轴用弹性挡圈、轴端轴承和摆线齿轮，同时记下齿轮端面字号相对干号相对干号一摆线齿轮端面字号的对应位置。 8. 取出间隙环。 9. 拆卸偏心套及滚柱轴承。 10. 拆卸另一块摆线齿轮。 11. 取出针齿、针齿套等。 12. 拆卸端盖、孔用弹性挡圈、输入轴及油封盖，用硬橡胶作垫敲击输出轴的端面。把它从机体中取出	1. 滚动轴承质量要求见附录A(标准的附录)。 2. 销轴、销套无弯曲变形，磨损小于 0.10mm。 3. 摆线齿轮无裂纹，磨损小于 0.15m。 4. 针齿销、针齿套无弯曲变形，磨损小于 0.15mm： a）油位正常。 b）减速器运转平稳、无异音，各部位不漏油

6.1.1.14　上、给料系统（皮带输送机、螺旋输送机等）

【依据】《防止电力生产事故的二十五项重点要求》（国能安全〔2014〕161 号）

2.7.2　煤垛发生自燃现象时应及时扑灭，不得将带有火种的煤送入输煤皮带。

2.7.3　燃用易自燃煤种的电厂必须采用阻燃输煤皮带。

2.7.4　应经常清扫输煤系统、辅助设备、电缆排架等各处的积粉。

2.8　防止脱硫系统着火事故

2.8.1　脱硫防腐工程用的原材料应按生产厂家提供的储存、保管、运输特殊技术要求，入库储存分类存放，配置灭火器等消防设备，设置严禁动火标志，在其附近 5m 范围内严禁动火；存放地应采用防爆型电气装置，照明灯具应选用低压防爆型。

2.8.2　脱硫原、净烟道、吸收塔，石灰石浆液箱、事故浆液箱、滤液箱、衬胶管、防腐管道（沟）、集水箱区域或系统等动火作业时，必须严格执行动火工作票制。

6.1.1.15　振动炉排驱动装置

【依据】国能生物发电集团有限公司《锅炉设备典型检修项目作业指导书及工序卡汇编》

130t/h 生物质锅炉振动炉排驱动装置主要有：振动驱动模块 4 块、驱动连接加劲杆、驱动梁、固定槽钢、弹簧板、紧固螺栓、固定钢架，水冷炉排管等部件组成。驱动模块依靠偏心轴作圆周运动，前后偏心 5mm，而产生振动，振动力传导至加劲杆至固定槽钢带动炉排运动。驱动装置检修重点是检查更换轴承和联轴器等。

6.1.1.16　除尘器

【依据】《防止电力生产事故的二十五项重点要求》（国能安全〔2014〕161 号）

25.3.3　做好电厂废（污）水处理设施运行记录，并定期监督废水处理设施的投运率、处理效率和废水排放达标率。

25.3.4　锅炉进行化学清洗时，必须制定废液处理方案，并经审批后执行。清洗产生的废液经处理达标后尽量回用，降低废水排放量。酸洗废液委托外运处置的，第一要有资质，第二电厂要监督处理过程，并且留下记录。

25.4　加强除尘、除灰、除渣运行维护管理

25.4.1　加强燃煤电厂电除尘器、袋式除尘器、电袋复合式除尘器的运行维护及管理，除尘器的运行参数控制在最佳状态。及时处理设备运行中存在的故障和问题，保证除尘器的除尘效率和投运率。

烟尘排放浓度不能达到的地方、国家的排放标准规定浓度限制的应进行除尘器提效等改造。

25.4.2　电除尘器（包括旋转电极）的除尘效率、电场投运率、烟尘排放浓度应满足设计的要求，同时烟尘排放浓度应符合地方烟气污染物排放标准和《火电厂大气污染物排放标准》（GB 13223—2011）规定排放限制。新建、改造和大修后的电除尘器应进行性能试验，性能指标未达标不得验收。

25.4.3　袋式除尘器、电袋复合式除尘器的除尘效率、滤袋破损率、阻力、滤袋寿命等应满足设计的要求，同时烟尘排放浓度达到地方、国家的排放标准规定要求。新建、改造和大修后的袋式除尘器、电袋复合式除尘器应进行性能试验，性能指标未达标不得验收。

6.1.1.17　除灰系统

【依据】同 6.1.1.6 依据中 25.4 条。

6.1.1.18　空压机系统及仪用气系统

【依据】《防止电力生产事故的二十五项重点要求》（国能安全〔2014〕161 号）

7.3.3　停用超过两年以上的压力容器重新启用时要进行再检验，耐压试验确认合格才能启用。

7.3.4　在订购压力容器前，应对设计单位和制造厂商的资格进行审核，其供货产品必须附有“压力容器产品质量证明书”和制造厂所在地锅炉压力容器监检机构签发的“监检证书”。要加强对所购容器的质量验收，特别应参加容器水压试验等重要项目的验收见证。

7.4　加强压力容器注册登记管理

7.4.1　压力容器投入使用必须按照《压力容器使用登记管理规则》（锅质检锅〔2003〕207 号）

办理注册登记手续，申领使用证。不按规定检验、申报注册的压力容器，严禁投入使用。

7.4.2　对其中设计资料不全、材质不明及经检验安全性能不良的老旧容器，应安排计划进行更换。

7.4.3　使用单位对压力容器的管理，不仅要满足特种设备的法律法规技术性条款的要求，还要满足有关特种设备在法律法规程序上的要求。定期检验有限期届满前个月，应向压力容器检验机构提出定期检验要求。

6.1.2　运行工况

6.1.2.1　入炉燃料掺配和晾晒

【依据】国能生物集团《关于严格控制入炉燃料水分、灰分的通知》

目前，燃料水分、土杂的异常升高，大大超过设计数值，严重导致锅炉尾部受热面磨损、腐蚀。结合《依据入炉燃料品质调度机组负荷的技术要求》（编号：NBE–OPD–NTC–2010010）通知的要求，为确保机组长期、稳定、经济运行，根据项目公司所处地域的自然条件，分区域对入炉燃料水分、灰分提出以下控制要求，请严格遵照执行。

（1）项目公司应通过入厂燃料质量检验把关、厂内燃料晾晒、对燃料进行烟气干燥、对燃料进行筛分等综合控制方式，确保入炉燃料水分、灰分低于控制值。

（2）当入炉燃料水分、灰分的任一项指标偏离控制值后，必须按照警戒值的具体要求进行相应的减负荷调整；当入炉燃料水分、灰分的任一项指标达到停机值时，机组必须停止运行。

6.1.2.2　上、给料系统堵料导致停机事件

【依据】《电站煤粉锅炉炉膛防爆规程》（DL/T 435—2004）

3.2.3　原煤供应系统

原煤供应系统的要求是：

火力发电厂所用的燃煤在两种以上混烧时，应有混煤的措施，保证进入原煤仓的煤是已混合好的煤。

从煤场到原煤仓的上煤系统中，应防止杂物进入，并配有碎煤机、煤箅、磁铁分离器、木屑分离器，以保证供煤系统正常运行和进入磨煤机的煤粒径不大于30mm或符合设备制造厂家规定的要求。

给煤机的容量应能适应在燃煤颗粒度、含水量及煤质发热量允许的变化范围内，提供需要的燃煤量。给煤机出、入口管道的设计应保证燃煤在上述规定的粒度及含水量变化范围内煤流畅通，不发生堵塞现象。同时应配置有便于探测或观察煤流的设施，以及为清除障碍和采取取煤样的孔门。

对采用直吹式制粉系统的锅炉，应有防止燃煤供应中断或给煤不稳定、失控等的措施。

6.1.2.3　炉膛压力运行工况

【依据】《电力工业锅炉压力容器监察规程》（DL 612—1996）

9.6　锅炉自动调节及保护装置

9.6.1　每台锅炉都应有给水自动调节装置。额定蒸发量220t/h及以上的锅炉，还应设有燃烧、送风、炉膛负压、过热蒸汽温度及再热蒸汽温度的自动调节装置。200M及以上的单元机组，应采用机炉协调控制方式进行负荷调节。

9.6.2　锅炉应有整套的监视系统

200MW机组宜采用微处理机作巡回检验和数据处理。

300MW 及以上机组宜采用小型计算机对机组的启动和安全经济运行的有关主要参数进行巡回检测、数据处理、事故追忆、屏幕显示、工况计算、报警和制表等。

9.6.3　汽包锅炉应设缺水、满水保护。

9.6.4　直流锅炉应有中间点温度高警报和断水保护装置。任何情况下当给水流量低于启动流量时应发出警报、锅炉进入纯直流运行状态后，中间点温度超过允许值时应发警报。给水断水时间超过制造厂规定的时间时应自动切断送入炉膛的一切燃料。

6.1.2.4　燃烧调整控制

【依据】《电力工业锅炉压力容器监察规程》（DL 612—1996）

9.5　其他测量装置

9.5.1　额定蒸发量大于75t/h的锅炉，应装设给水流量、蒸汽流量、汽包水位记录和过热蒸汽压力记录表。对于额定蒸发量大于200t/h的锅炉还应装设减温水流量表。

9.5.2　火室燃烧锅炉，除运行人员在操作盘前能清晰地看到炉膛内燃烧的火焰外，都应配备炉膛火焰监视装置。燃用煤粉的火室燃烧锅炉一般应装有入炉风量表。

6.1.2.5　汽包水位控制

【依据】《防止电力生产事故的二十五项重点要求》（国能安全〔2014〕161号）

6.4　防止锅炉满水和缺水事故

6.4.1　汽包锅炉应至少配置两只彼此独立的就地气泡水位计和两只远传汽包水位计。水位计的配置应采用两种以上工作原理共存的配置方式，以保证在任何运行工况下锅炉汽包水位的正确监视。

6.4.2　汽包水位计的安装。

6.4.2.1　取样管应穿过汽包内壁隔层，管口应尽量避开汽包内水汽工程不稳定区（如安全阀排汽口、汽包进水口、下降管口、汽水分离器水槽处等），若不能避开时，应在汽包内取样管口加装稳流装置。

6.4.2.2　汽包水位计水侧取样管孔位置应低于锅炉汽包水位停炉保护动作值，一般应有足够的裕量。

6.4.2.3　水位计、水位平衡容器或变送器与汽包连接的取样管，一般应至少有1:100的斜度，汽侧取样管应向上向汽包方向倾斜，水侧取样管应向下向汽包方向倾斜。

6.4.2.4　新安装的机组必须核实汽包水位取样孔的位置、结构及水位计平衡容器安装尺寸，均符合要求。

6.4.2.5　差压式水位计严禁采用将汽水取样管引到一个连通容器（平衡容器），再在平衡容器中段引出差压水位计的汽水侧取样的方法。

6.1.2.6　主汽压控制

【依据】《防止电力生产事故的二十五项重点要求》（国能安全〔2014〕161号）

7.1　防止承压设备超压

7.1.1　根据设备特点和系统的实际情况，制定每台压力容器的操作规程。操作规程中应明确异常工况的紧急处理方法，确保在任何工况下压力容器不超压、超温运行。

7.1.2　各种压力容器安全阀应定期进行校验。

7.1.3　运行中的压力容器及其安全附件（如安全阀、排污阀、监视表计、连锁、自动装置等）应处于正常工作状态。设有自动调整和保护装置的压力容器，其保护装置的退出应经单位技术总负责人批准。保护装置退出后，实行远控操作并加强监视，且应限期恢复。

7.1.4　除氧器的运行操作规程应符合《电站压力式除氧器安全技术规定》（能源安保〔1991〕709号）的要求。除氧器两段抽汽之间的切换点，应根据《电站压力式除氧器安全技术规定》进行核算后在运行规程中明确规定，并在运行中严格执行，严禁高压汽源直接进入除氧器。

7.1.5　使用中的各种气瓶严禁改变涂色，严防错装、错用；气瓶立放时应采取防止倾倒的措施；液氯钢瓶必须水平放置；放置液氯、液氯钢瓶、溶解乙气瓶场所的温度要符合要求。使用溶解乙气瓶者必须配置防止回火装置。

7.1.6　压力容器内部有压力时，严禁进行任何修理或紧固工作。

6.1.2.7　锅炉壁温、汽温控制

【依据】《电站锅炉压力容器检验规程》（DL/T 647—2004）

6.16　锅炉外部检验对运行现场记录的要求：

燃烧工况稳定，检查运行或异常情况记录；

检查各受热面壁温记录，记录应包括超温数值、持续时间、累计时间；

各项运行参数及水汽品质应符合现场运行规程要求，并有主蒸汽、再热蒸汽超温情况专项记录，记录应包括超温数值、持续时间、累计时间。

6.1.2.8　吹灰控制

【依据】同 6.1.1.10 依据中第 18 条。

6.1.2.9　锅炉启、停过程控制

【依据 1】《300MW 级锅炉运行导则》（DL/T 611—2016）

5.1.6.1　炉膛安全监控系统（FSSS）、数据采集系统（DAS）、协调控制系统（ccs）、微机监控及事故追忆系统均已调试完毕。汽包水位监视电视，炉膛火焰监视电视，烟尘浓度监视，事故报警、灯光、音响均能正常投用。

5.1.6.2　大、小修后的锅炉启动前应做连锁及保护试验。动态试验必须在静态试验合格后进行。辅机的各项连锁及保护试验应在分部试运行前做完。主机各项保护试验应在总连锁试验合格后进行。

5.1.6.3　连锁及保护试验动作应准确、可靠。机组正常远行时，严禁无故停用连锁及保护，若因故障需停用时，应得到总工程师批准，并限期恢复。具体试验方法，应根据设备实际情况，在现场规程中规定。

5.2.8.1　锅炉投粉后，若发现煤粉气流不着火，应立即停止投粉，加强通风 5min～10min，待提高炉膛温度后再投。如两次投粉不着火，应停止投粉，分析原因，严禁盲目试投。

5.2.8.2　对配中间储仓式制粉系统的锅炉，投粉时给粉机应对称投运。投粉后应调整一、二次风量在设计围内，合理调整风、煤比例，保持炉膛压力，维持燃烧氧量符合要求。

5.2.8.3　在启动过程中，锅炉投粉后应适时投入电气除尘器的各电场运行。烟囱烟尘排放量应符合环保要求。

5.2.8.4　锅炉投粉运行后，应严密监视过热器、再热器各级受热面的金属壁温不超出厂家限额。

5.2.8.5　锅炉机组满负荷后，应对各受热面进行全面吹灰一次。

5.2.8.6　锅炉机组满负荷时，各种热工保护及自动装置应全部投入。

5.2.8.7　为防止空气预热器受热面低温腐蚀，应根据实际情况，及时投入暖风器运行，有热风再循环系统的可以投用热风再循环。

9.2.2.4　维持额定风量的 30%，保持炉膛压力正常，进行通风吹扫。若吸风机、送风机故障跳闸时，应消除故肆后启动吸风机、送风机通风吹扫。燃煤锅炉通风时间不少于 5min，燃油或燃气锅炉通风时间不少于 10min（若因尾部烟道二次燃烧停炉时，禁止通风。若炉管爆破停炉时，应保留一台吸风机运行）。

【依据 2】《200MW 级锅炉运行导则》（DL/T 610—1996）

5.22　锅炉点火

5.2.2.1　对炉膛和烟道进行吹扫，清除炉内积存的可燃物。对于燃煤炉，吹扫风量大于 25%的额定风量。烟油炉大于 30%的额定风量。吹扫时间应不少于 5min。

5.2.2.2　投入暖风器或热风再循环。

5.2.2.3　锅炉点火前投入锅炉灭火保护和锅炉联动装置。依次启动吸风机和送风机，并采用交叉运行方式，保持炉膛负压 20Pa～40Pa。

5.2.2.4　点火器正常投入后，在油燃器投入 10s 不能建立火焰时，应立即切断燃油，待查明原因消除后，可再次投油燃烧器。如风量一直维持在吹扫风量，则不必吹扫，但应等待 1min 后才能再次投油燃烧器。

5.2.2.5　炉膛突然灭火时，必须立即切断燃料，将炉膛吹扫 5min，再继续点火。

5.2.2.6　锅炉进行点火时，按对称、先下层后上层的原则投入油燃烧器，此时应密切监视燃油雾化及燃烧工况，并及时调整，确保充分燃烧。

5.2.2.7　当油燃烧器已投运四只及以上，炉膛燃烧良好，并且过热器后烟气温度达到 200° C 以上时，可依次投入主燃烧器，以防止煤粉燃烧不完全，发生再燃烧事故。

6.1.2.10　除尘器及烟尘达标排放

【依据】同 6.1.1.6 依据中第 25.4 条。

6.1.2.11　风机及辅机

【依据】同 6.1.1.12 依据中第 11 条。

6.1.3　技术资料

6.1.3.1　规章制度管理

6.1.3.2　设备、技术管理

【依据】《火力发电厂锅炉受热面管监督检验技术导则》（DL/T 939—2016）

6　在役锅炉受热面管监督检验

6.1　锅炉运行应符合运行规程及化学、热工技术监督规程，锅炉受热面管壁温度在设计允许范围内；

锅炉受热面管各部位应膨胀通畅。

6.2　锅炉启停过程应检查并记录膨胀指示器位置，指示器指示位置应在设计允许范围内。

6.3　锅炉长期停用时，应按照 SD 223 要求进行停炉保护。

6.4　锅炉受热面管在运行中失效时，应查明失效原因。

6.5　应建立技术档案，记录锅炉投运时间、累计运行时间，启停次数，事故、超温、超压情况，受热面管损坏及缺陷处理，受热面管重大技术改造及变更的图纸、资料，技术改造（或变更）方案及审批文件、设计图纸、计算资料及施工技术方案、质量检验和验收签证等。

6.6　大修中的锅炉受热面管监督检验。

6.6.1　锅炉受热面管壁厚度应无明显减薄，必要时应测量剩余壁厚；剩余壁厚应满足强度计算所确定的最小需要壁厚。一般情况下，对于水冷壁、省煤器、低温段过热器和再热器管，壁厚减薄量不应超过设计壁厚的 30%；对于高温段过热器管，壁厚减薄量不应超过设计壁厚的 20%。

6.6.2　锅炉受热面管的胀粗量不应超过 DL 438 的规定。

6.1.3.3　运行管理

【依据】《电力工业锅炉压力容器监察规程》（DL 612—1996）

13　运行管理和修理改造

13.1　发电厂应根据本规程要求，参照部颁有关规程和典型锅炉运行规程，结合设备系统、运行经验和制造厂技术文件，编制现场锅炉运行规程、事故处理规程以及各种系统图和有关运行管理制度。

13.2　除氧器应按《电站压力式除氧器安全技术规定》的要求，结合实际设备、系统，编制现场运行、维护规程。

高压加热器在启动或停止时，应注意控制汽、水侧的温升、温降速度。

各类疏水扩容器应有防止运行中超压的措施。

13.3　锅炉启动、停炉方式，应根据设备结构特点和制造厂提供的有关资料或通过试验确定，并绘制锅炉压力、温度升（降）速度的控制曲线。

启动过程中应特别注意锅炉各部的膨胀情况，认真做好膨胀指示记录。

锅炉启动初期流过过热器和再热器的蒸汽流量很小或者为零，应控制锅炉燃烧率、炉膛出口烟温，使升温、升压过程符合启动曲线。

6.1.3.4　检修管理

【依据】同 6.1.3.3 依据中第 13 条。

6.2 汽轮机

6.2.1 本体及调速保安系统

6.2.1.1 本体主要部件

6.2.1.1.1 汽缸、大螺栓、本体保温、气缸导气管

6.2.1.1.2 汽轮机转子

6.2.1.1.3 隔板、叶片、围带、拉筋

6.2.1.1.4 主汽门、调节汽门、螺栓、门杆

6.2.1.1.1～6.2.1.1.4 查评依据如下：

【依据1】《火力发电厂金属技术监督规程》（DL/T 438—2016）

12 汽轮机部件的金属监督

12.1 安装前质量检验

12.1.1 对汽轮机转子大轴、叶轮、叶片、喷嘴、隔板和隔板套等部件，出厂前应进行以下资料审查：

a）制造商提供的部件质量证明书有关技术指标应符合现行国家或行业技术标准；对进口锻件，除应符合有关国家的技术标准和合同规定的技术条件外，应有商检合格证明单；汽轮机转子大轴、叶轮、叶片材料及制造有关技术条件参见附录B。

b）转子大轴、轮盘及叶轮的技术指标包括：

1）部件图纸。

2）材料牌号。

3）锻件制造商。

4）坯料的冶炼、锻造及热处理工艺。

5）化学成分。

6）力学性能：拉伸、硬度、冲击、脆性转变温度 $FATT_{50}$ 或 $FATT_{20}$。

7）金相组织、晶粒度。

8）残余应力测量结果。

9）无损探伤结果。

10）几何尺寸。

11）转子热稳定性试验结果。

12）叶轮、叶片等部件的技术指标参照上述指标可增减。

12.1.2 汽轮发电机转子安装前应进行如下检验：

a）对汽轮机转子、叶轮、叶片、喷嘴、隔板和隔板套等部件的完好情况、是否存在制造缺陷进行检验，对易出现缺陷的部位重点检查。外观质量检验主要检查部件表面有无裂纹、严重划痕、碰撞痕印，依据检验结果做出处理措施。

b）对汽轮机转子进行圆周和轴向硬度检验，圆周不少于4个截面，且应包括转子两个端面，高中压转子有一个截面应选在调速级轮盘侧面；每一截面周向间隔90°进行硬度检验，同一圆周线上的硬度值偏差不应超过△30HB，同一母线的硬度值偏差不应超过△40HB。

c）若制造厂未提供转子探伤报告或对其提供的报告有疑问时，应进行无损探伤。转子中心孔无损探伤按DL/T 717执行，焊接转子无损探伤按DL/T 505执行，实心转子探伤按DL/T 930执行。

d）各级推力瓦和轴瓦的超声波探伤，应检查是否有脱胎或其他缺陷。

e）镶焊有司太立合金的叶片，应对焊缝进行无损探伤。叶片无损探伤按DL/T 714、DL/T 925执行。

f）对隔板进行外观质量检验和表面探伤。

12.2 机组运行期间的检验监督

12.2.1 机组投运后每次A级检修对转子大轴轴颈、特别是高中压转子调速级叶轮根部的变截面

R 处和前汽封槽等部位，叶轮、轮缘小角及叶轮平衡孔部位，叶片、叶片拉金、拉金孔和围带等部位，喷嘴、隔板、隔板套等部件进行表面检验，应无裂纹、严重划痕、碰撞痕印。有疑问时进行表面探伤。

12.2.2 机组投运后首次 A 级检修对高、中压转子大轴进行硬度检验和金相组织检验。硬度检验部位为大轴端面和调速级轮盘平面（标记记录检验点位置）；金相组织检验部位为调速级叶轮侧平面，金相组织检验完后需对检验点多次清洗。此后每次 A 级检修在调速级叶轮侧平面首次检验点邻近区域进行硬度检验；若硬度相对首次检验无明显变化，可不进行金相组织检验。

12.2.3 机组每次 A 级检修对低压转子末三级叶片和叶根、高中压转子末一级叶片和叶根进行无损探伤；对高、中、低压转子末级套装叶轮轴向键槽部位进行超声波探伤，叶片探伤按 DL/T 714、DL/T 925 执行。

12.2.4 机组运行 10 万 h 后的第 1 次 A 级检修，视设备状况对转子大轴进行无损探伤；带中心孔的汽轮机转子，可采用内窥镜、超声波、涡流等方法对转子进行检验；若为实心转子，则对转子进行表面和超声波探伤。下次检验为 2 个 A 级检修期后。转子中心孔无损探伤按 DL/T 717 执行。焊接转子无损探伤按 DL/T 505 执行，实心转子探伤按 DL/T 930 执行。

12.2.5 运行 20 万 h 的机组，每次 A 级检修应对转子大轴进行无损探伤。

12.2.6 对存在超标缺陷的转子，按照 DL/T 654 用断裂力学的方法进行安全性评定和缺陷扩展寿命估算；同时根据缺陷性质、严重程度制定相应的安全运行监督措施。

12.2.7 机组运行中出现异常工况：如严重超速、超温、转子水激弯曲等，应视损伤情况对转子进行硬度、无损探伤等。

12.2.8 根据设备状况，结合机组 A 级检修或 B 级检修，对各级推力瓦和轴瓦进行外观质量检验和无损探伤。

12.2.9 根据检验结果采取如下处理措施：

a）对表面较浅缺陷，应磨除。

b）叶片产生裂纹时，应更换：或割除开裂叶片和位向相对应的叶片（180°），必要时进行动平衡试验。

c）叶片产生严重冲蚀时，应修补或更换。

d）高、中压转子调速级叶轮根部的变截面 R 处和汽封槽等部位产生裂纹后，应对裂纹进行车削处理，车削后应进行表面探伤以保证裂纹完全消除，且应在消除裂纹后再车削约 1mm 以消除疲劳硬化层，然后进行轴径强度校核，同时进行疲劳寿命估算。转子疲劳寿命估算按照 DL/T 654 执行。

12.2.10 机组进行超速试验时，转子大轴的温度不应低于转子材料的脆性转变温度。

14 紧固件的金属监督

14.1 对大于等于 M32 的高温紧固件的质量检验按 GB/T 204102006 中相关条款执行。

14.2 高温紧固件的选材原则、安装前和运行期间的检验、更换及报废按 DL/T 439 中的相关条款执行。

14.3 汽轮机/发电机大轴连接螺栓安装前应进行外观质量、光谱、硬度检验和表面探伤，机组每次检修应进行外观质量检验和无损探伤。

15 大型铸件的金属监督

15.1 安装前的检验

15.1.1 大型铸件如汽缸、汽室、主汽门、调速汽门、平衡环、阀门等部件，安装前应进行以下资料审查：

a）制造商提供的部件质量证明书有关技术指标应符合现行国家或行业技术标准；对进口部件，除应符合有关国家的技术标准和合同规定的技术条件外，应有商检合格证明单。汽缸、汽室、主汽门、阀门等材料及制造有关技术条件参见附录 B。

b）部件的技术指标包括：

1）部件图纸。

2）材料牌号。

3）坯料制造商。

4）化学成分。

5）坯料的冶炼、铸造和热处理工艺。

6）力学性能：拉伸、硬度、冲击、脆性转变温度 $FATT_{50}$ 或 $FATT_{20}$。

7）金相组织。

8）射线或超声波探伤结果。特别注意铸钢件的关键部位，包括铸件的所有浇口、冒口与铸件的相接处、截面突变处以及焊缝端头的预加工处。

15.1.2 部件安装前应进行如下检验：

a）铸件 100%进行外表面和内表面可视部位的检查，内外表面应光洁，不得有裂纹、缩孔、粘砂、冷隔、漏焊、砂眼、疏松及尖锐划痕等缺陷，必要时进行表面探伤；若存在上述缺陷，则应完全清除，清理处的实际壁厚不得小于壁厚偏差所允许的最小值且应圆滑过渡；若清除处的实际壁厚小于壁厚的最小值，则应进行补焊。对挖补部位应进行无损探伤和金相、硬度检验。汽缸补焊按 DL/T 753 执行。

b）汽缸的螺栓孔应进行无损探伤。

c）若制造厂未提供部件探伤报告或对其提供的报告有疑问时，应进行无损探伤；若含有超标缺陷，加倍复查。

d）铸件的硬度检验，特别要注意部件的高温区段。

15.2 机组运行期间的检验监督

15.2.1 机组每次 A 级检修对受监的大型铸件进行表面检验，有疑问时进行无损探伤，特别要注意高压汽缸高温区段的内表面、结合面和螺栓孔部位以及主汽门内表面。

15.2.2 大型铸件发现表面裂纹后，应进行打磨或打止裂孔，若打磨处的实际壁厚小于壁厚的最小值，根据打磨深度由金属监督专责工程师提出是否挖补。对挖补部位应进行无损探伤和金相组织、硬度检验。

15.2.3 根据部件状况，确定是否对部件进行超声波探伤。

【依据 2】《防止电力生产重大事故的二十五项重点要求》（国能安全〔2014〕161 号）

8.1.18 主油泵轴与汽轮机主轴间具有齿型联轴器或类似联轴器的机组，应定期检查联轴器的润滑和磨损情况，其两轴中心标高、左右偏差应严格按制造商的规定安装。

8.2.2 运行 100 000h 以上的机组，每隔 3 年～5 年应对转子进行一次检查。运行时间超过 15 年、转子寿命超过设计使用寿命、低压焊接转子、承担调峰启停频繁的转子，应适当缩短检查周期。

8.2.3 新机组投产前、已投产机组每次大修中，必须进行转子表面和中心孔探伤检查。按照《火力发电厂金属技术监督规程》（DL/T 438—2009）相关规定对高温段应力集中部位可进行金相和探伤检查，选取不影响转子安全的部位进行硬度试验。

8.2.4 不合格的转子绝不能使用，已经过主管部门批准并投入运行的有缺陷转子应进行技术评定，根据机组的具体情况、缺陷性质制定运行安全措施，并报主管部门审批后执行。

8.2.6 新机组投产前和机组大修中，必须检查平衡块固定螺栓、风扇叶片固定螺栓、定子铁芯支架螺栓、各轴承和轴承座螺栓的紧固情况，保证各联轴器螺栓的紧固和配合间隙完好，并有完善的防松措施。

8.2.7 新机组投产前应对焊接隔板的主焊缝进行认真检查。大修中应检查隔板变形情况，最大变形量不得超过轴向间隙的 1/3。

8.2.11 建立转子技术档案，包括制造商提供的转子原始缺陷和材料特性等转子原始资料；历次转子检修检查资料；机组主要运行数据、运行累计时间、主要运行方式、冷热态启停次数、启停过程中的汽温汽压负荷变化率、超温超压运行累计时间、主要事故情况及原因和处理。

8.3.2

（2）大轴晃动值不超过制造商的规定值或原始值的±0.02mm。

（3）高压外缸上、下缸温差不超过50℃，高压内缸上、下缸温差不超过35℃。

8.3.5　应采用良好的保温材料和施工工艺，保证机组正常停机后的上下缸温差不超过35℃，最大不超过50℃。

【依据3】《火力发电厂高温紧固件技术导则》（DL/T 439—2006）

3　选材原则

3.1　较好的抗松弛性，使螺栓在较低的预紧应力下，经过一个设计运行周期后，其残余紧应力仍高于最小密封应力。

3.2　强度和塑性的良好配合，蠕变缺口敏感性小。一般要求螺栓材料在8000h～10 000h以上光滑试样的持久塑性分别为：新材料大于5%；已运行材料不应低于3%。

3.3　组织稳定，热脆性倾向小。

3.4　良好的抗氧化性能，防止长期运行后因螺纹氧化而发生螺栓和螺母咬死现象。

3.5　螺母强度宜比螺栓材料低一级，硬度低20HBW～50HBW。用于各工作温度等级的常用螺栓材料列于表1，表中螺栓材料用作螺母时，可比表1中所列温度高30℃～50℃。

3.6　原则上同一法兰的紧固件应采用相同的钢号、强度等级和结构形式。当在同一法兰上要安装不同材料和强度等级的紧固件时，则应考虑计算由不同线膨胀系数和抗松弛性能引起的影响。

表1　各工作温度下选用的常用螺栓材料

最高使用温度 ℃	牌　　号	最高使用温度 ℃	牌　　号
400	35（螺母用材）	550	20CrlMo1V1
400	45	570	20Cr1Mo1VNbTiB（推荐使用钢材）
400～413	42CrMo	570	20Cr1Mo1VTiB（推荐使用钢材）
480	20CrMo（螺母用材）	570	C–422（2Crl2NiMo1W1V）（推荐使用钢材）
480	35CrMo	677	R–26（Ni–Cr–Co合金）
510	25Cr2MoV	677	GH4145（Ni–Cr合金）
550	25Cr2Mo1V		

4　检验与更换报废

4.1　使用前的检验

4.1.1　使用前应逐根检验。

4.1.2　到货验收时应根据GB/T 90.1、GB/T 90.2的要求检查包装质量，根据产品标准的规定检查产品的标识、数量和产品质量检验单（包括化学成分、低倍和高倍组织、力学性能）。

4.1.3　进行几何尺寸、表面粗糙度及表面质量的检查，应符合GB/T 2、GB/T 3、GB/T 98、GB/T 196、GB/T 197、GB/T 5779.1、GB/T 5779.2等标准和图样要求。螺纹表面应光滑，不应有凹痕、裂纹、锈蚀、毛刺和其他会引起应力集中的缺陷。

4.1.4　对大于和等于M32的螺栓均应依据DL/T 694的要求，进行100%超声波探伤，必要时可按JB 4730进行磁粉、着色检查及其他有效的无损检验方法。

4.1.5　螺栓和螺母坯料或粗加工半成品进行调质处理后，方可加工成成品。

4.1.6　合金钢、高温合金螺栓、螺母应进行100%光谱检验，检查部位为螺栓端面，分析结果应与材料牌号相符，对高合金钢或高温合金的光谱检查斑点应及时打磨消除。

4.1.7　螺栓材料的理化检验按照相应材料的技术条件或制造厂标准执行。对螺栓材料的一些特殊要求则按协议书执行。

4.1.8　M32 规格及以上螺栓应按 GB/T 231.1 进行 100%硬度检验。检查部位为螺栓光杆或端面 1/2 半径处，硬度检验首选直接进行布氏硬度检验。在无法使用布氏硬度计测试时，可使用按 GB/T 17394 便携式里氏硬度计测试，但应努力减小各种因素对试验结果的影响。螺栓硬度要求参见附录 A 的表 A.2。对镍基合金螺栓进行硬度试验时，应注意加工硬化倾向对试验结果的影响。

4.1.9　对大于 M32 的螺栓应按 DL/T 884 进行金相组织抽验，每种材料、规格的螺栓抽检数量不应少于一件，检查部位可在螺栓光杆或端面处。铁素体类钢的螺栓材料正常组织为均匀回火索氏体；镍基合金螺栓材料的正常组织为均匀的奥氏体；带状组织、夹杂物严重超标、方向性排列的粗大贝氏体组织、粗大原奥氏体黑色网状晶界均属于异常组织。

4.1.10　当硬度不合格时，可通过解剖螺栓进行力学性能试验判定。

4.1.11　对 20Cr1Mo1VNbTiB 钢螺栓，组织性能规定如下。

——硬度：252HBW～302HBW

——U 形缺口冲击功：小于 M52 的螺栓，$Ak \geq 63J$；等于或大于 M52 的螺栓，$Ak \geq 47J$。

——对刚性螺栓的 U 形缺口冲击功应比柔性螺栓高 16J。

——按晶粒形态和尺寸将组织分为 7 级，根据螺栓的结构和使用条件，允许使用的级别见表 2。

表 2　20Cr1Mo1VNbTiB 钢允许使用的晶粒级别

序号	使　用　条　件	螺栓结构	允许使用级
1	原设计螺栓材料为 20Cr1Mo1VNbTiB 钢	柔性螺栓	5
2	引进大机组代用 20Cr1Mo1VNbTiB 钢	柔性螺栓	5
3	原设计为 540℃等级，容量在 200MW 以下的机组螺栓	柔性螺栓	3、4、5、6、7
		刚性螺栓	4、5

4.1.12　所有高温螺栓、螺母应在外露端打出材料标记，以便辨认。

4.1.13　抽取高压内缸每种规格、每种材料的 20%的螺栓（但不应少于两根）作为蠕变监督螺栓，使用前分别在该螺栓两端面打上样冲眼，测量样冲眼之间的距离，将此距离作为蠕变测量的初始长度。测量工具为专用卡尺，测量方法见 DL/T 441。

4.2　投运后的检验

4.2.1　检验的内容应根据制造厂提供的技术规范进行，或按本技术导则的规定要求，并根据机组设备的特点，制定相应的检验规定，应加强对以下螺栓的监督和检验。

——蒸汽温度在 510℃、550℃以下具有热脆倾向的 25Cr2MoV 和 25Cr2Mo1V 钢螺栓。

——已断裂的螺栓组中，尚未断裂的螺栓。

——高压汽缸高温段螺栓，调速汽门和主汽门及高压导汽管法兰螺栓。

——检验发现有黑色网状奥氏体晶界的螺栓。

4.2.2　大修时，对大于 M32 的高温螺栓应拆卸进行 100%的无损探伤，检测方法及要求见 4.1.4 的规定。

4.2.3　累计运行时间达 5 万 h，对 M32 及以上的高温螺栓，应根据螺栓的规格和材料，至少抽查 1/3 数量螺栓进行硬度检验，当抽查比例不足一件时，抽取一件，以后抽查周期约 3 万 h～5 万 h。硬度检查的部位在螺栓光杆处，硬度检测方法及要求见 4.1.8 的规定。

4.2.4　累计运行时间达 5 万 h，对 M32 及以上的高温螺栓，应根据螺栓的规格和材料，抽查 1/10 数量螺栓进行金相组织测试，当抽查比例不足一件时，抽取一件，以后抽查周期约 3 万 h～5 万 h。金相检查的部位在螺栓光杆处，金相检测方法及要求见 4.1.9 的规定。

4.2.5　每次大修时应进行蠕变监督螺栓的长度测量，然后算出蠕变变形量。测量位置、工具、方法见 4.1.13 的规定。

4.2.6 对 CrMoV 钢、多元强化 CrMoV 钢和强化的 12%铬型钢制螺栓的蠕变变形量达到 0.7%时，或螺栓累积运行时间达到 8 万 h～10 万 h，未进行蠕变变形测量的，应进行解剖试验。解剖试验至少从螺栓组中选择一根有代表性的螺栓进行解剖试验。抽检螺栓应是工作温度最高，或应力最大，或材料质量有问题的螺栓。

4.2.7 在任何情况下，断裂的螺栓均应进行解剖试验和失效分析。

4.2.8 经检验的螺栓可分为三类：

——正常螺栓。

——需重新热处理的螺栓。硬度高于要求的上限或者低于要求下限的螺栓，以及具有粗大原奥氏体黑色网状晶界的螺栓，进行重新热处理的螺栓按已恢复热处理螺栓的等级使用。

——超过标准需报废的螺栓。

4.2.9 根据上述各项检验结果，进行综合分析，对运行螺栓的安全性做出评定，并提出改进措施和需扩大检查的内容与数量。

4.3 更换与报废

4.3.1 对运行后检验结果符合下列条件之一者应进行更换，更换下的螺栓可进行恢复热处理，检验合格后可继续使用。如已完成运行螺栓的安全性评定工作，则可根据评定报告继续使用。

a）硬度超标。

b）金相组织有明显的黑色网状奥氏体晶界。

c）25Cr2Mo1V 和 25Cr2MOV 的 U 形缺口冲击功：

1） 调速汽门螺栓和采用扭矩法装卸的螺栓，$Ak \leqslant 47$J；

2）采用加热伸长装卸或油压拉伸器装卸的螺栓，$Ak \leqslant 24$J。

4.3.2 符合下列条件之一的螺栓应报废：

a）螺栓的蠕变变形量达到 1%；

b）已发现裂纹的螺栓；

c）经二次恢复热处理后发生热脆性，达到更换螺栓的规定；

d）外形严重损伤，不能修理复原；

e）螺栓中心孔局部烧伤熔化。

6.2.1.1.5 主轴承和推力轴承、顶轴油系统

【依据 1】《电力建设施工技术规范 第 3 部分：汽轮发电机组》（DL 5090.3—2012）

4.5.1 支持轴承安装前应进行检查并符合以下规定：

1. 轴承各部件应做好钢印标记，以保证部套位置、配合、方向等组装正确。

2. 用浸油或者着色法检查巴氏合金承力面，应无夹渣、气孔、凹坑、裂纹等缺陷，三油楔或可倾瓦用超声波检查，应无脱胎现象。

3. 检查楔形油隙和油囊应符合制造厂图纸要求。

4. 轴承各水平结合面接触应良好，用 0.05mm 塞尺检查无间隙。瓦座与轴承体接触应紧密。垫块进油孔四周与洼窝应有整圈接触。

5. 轴瓦的球面与球面座的结合面应光滑，其接触面在每平方厘米上有接触点的面积应占整个球面的 75%以上且均匀分布，接口处用 0.03mm 塞尺检查应无间隙，球面与球面座接触不良时，应由制造厂处理。组合后的球面瓦和球面座的水平结合面均不允许错口。

6. 轴瓦的进油孔应清洁、通畅，并应与轴承座上的供油孔对正。进油孔带有节流孔板时，应测量节流孔直径应符合图纸要求，并做好记录。孔板的厚度不得妨碍垫块与洼窝的紧密接触。

7. 埋入轴瓦的温度测点位置应符合按图纸要求，且接线牢固。

4.5.2 带垫块的轴瓦或瓦套的安装应符合下列规定。

1. 两侧垫块的中心线与垂线间的夹角接近 90° 时，无论转子是否压在下瓦上，三处垫块与其洼窝应接触良好，用 0.05mm 塞尺检查应无间隙。

2. 两侧垫块的中心线与垂线夹角小于 90° 时，转子压在下瓦上，三块垫块与其洼窝应接触良好，下瓦不放在转子的状态下，两侧垫块应无间隙，下侧垫块与其洼窝的接触处应有 0.03mm～0.05mm 的间隙。

3. 轴瓦垫块下的调整垫片应采用整张不锈钢垫片，每块垫块的垫片数不宜超过三层，垫片应平整、无毛刺和卷边，其尺寸应比垫块稍窄。垫片上的螺栓孔或油孔的孔径应比原孔稍大且要对正。最终定位后，应记录每迭垫片的张数及每张的厚度。

4. 用涂色法检查下瓦垫块接触情况时，应将转子稍压在下瓦上，在每平方厘米上垫块与洼窝接触点的面积应占垫块面积 75%以上且均匀分布。

4.5.3 支持轴承的轴瓦间隙应符合图纸要求，图纸无要求时，应符合下列规定：

1. 当轴颈直径大于 100mm 时，圆筒形轴瓦的顶部间隙为轴颈直径的（1.5～2）/1000，两侧间隙各为顶部间隙的一半。

2. 当轴颈直径大于 100mm 时，椭圆形轴瓦的顶部间隙为轴颈直径的（1～1.5）/1000，两侧间隙各为轴颈直径的（1.5～2）/1000。

3. 间隙的测量可采用下述方法：

1）顶部间隙应用压熔丝法测量，熔丝直径约为测量间隙值的 1.5 倍，轴瓦的水平结合面紧螺栓后应无间隙。连续测量两次以上取数值的平均值。用塞尺检测两端上瓦口的间隙，验证前测量值的准确性。

2）两侧间隙以塞尺检查阻油边处为准，插入深度 15mm～20mm，瓦口间隙以下应为均匀的楔形油隙。

4.5.4 转子放入支持轴承后，椭圆或圆筒瓦轴承，转子与轴颈巴氏合金的接触角宜为 30°～45°，沿下瓦全长的接触面应达 75%以上并均匀分布无偏斜，当接触不良或轴瓦间隙不符合图纸要求时应由制造厂处理。

4.5.5 下轴瓦顶轴油囊深度应为 0.2mm～0.4mm，油囊面积应为轴颈投影面积 1.5%～2.5%，油囊四周与轴颈应接触严密，顶轴油通道应清洁、畅通。

4.5.8 推力轴承安装前检查应符合下列规定：

1. 推力瓦块应逐个编号、测量，其厚度差应不大于 0.02mm，超过允许偏差，应在总装时视磨痕情况再行修正。修刮量大时，应修刮瓦块背面，并作记录。

2. 推力瓦的温度测点位置应符合图纸要求，接线应牢固。

3. 推力轴承定位环的承力面应光滑，沿其周长各点厚度允许偏差为 0.02mm，并作记录。

4. 推力轴承定位环装入时，以能用手锤轻轻打入为适宜。

5. 推力轴承底部支持弹簧应无卡涩，弹簧的支持力应与支撑的质量相接近，转子放进后应使其水平结合面仍保持原来的纵向水平扬度不变。

4.5.9 推力瓦的间隙和接触程度的检测应符合下列规定：

1. 推力瓦间隙调整应符合图纸要求，如图纸未标注时，宜为 0.25mm～0.50mm。

2. 测量推力瓦间隙时，应装好上下两半推力瓦、定位环和上下两半瓦套等全部部件。沿轴向往复地顶动汽轮机转子。

3. 顶动转子的推力应符合制造厂要求，宜为转子质量的 20%～30%。千斤顶应布置在左右对称位置。推力轴承用百分表监视应无轴向位移，如发生位移，应重新固定。如几次顶动测量偏差超过 0.03mm 时，应查明原因处理后重新测量。

5. 检查推力瓦块的接触面时，应按第 1 款的要求装好上下推力瓦，盘动转子检查。每个推力瓦块上每平方厘米有接触点的面积应占瓦块除去油楔所余总面积的 75%以上且均匀分布，否则应进行处理。

6. 检查半环形推力瓦巴氏合金接触情况时，尚应检查进出油楔的坡度及倒角，球面座的接触及各装配间隙应符合要求。

4.5.13　轴瓦紧力应符合制造厂要求，制造厂无要求时，应符合下列规定：

1. 圆柱形轴瓦紧力值宜为 0.05mm～0.15mm；球形轴瓦为 0.00mm～0.03mm，高中压缸两侧轴承座紧力值可适当放大，但冷态紧力最大值不得超过 0.25mm。

2. 轴瓦紧力的测量采用压熔丝法，并不得与轴瓦间隙测量同时进行。

【依据 2】《防止电力生产重大事故的二十五项重点要求》（国能安全〔2014〕161 号）

8.4.13　机组启动、停机和运行中要严密监视推力瓦、轴瓦钨金温度和回油温度。当温度超过标准要求时，应按规程规定果断处理。

6.2.1.1.6　轴封系统设备状况

【依据 1】《固定式发电用汽轮机规范》（GB 5578—2007）

7.7　气缸汽封和级间汽封

转子的端部汽封和级间汽封应采用合适的材料，以将运行温度下的变形或膨胀减少到最小限度。汽封的结构应使其在运行中万一发生摩擦时将对转子的损伤减少到最小限度。

【依据 2】《防止 20 万 kW 机组严重超速事故的技术措施》[（86）电生火字第 194 号文]

4. 为防止大量水进入油系统，应采用汽封片不易倒伏的汽封形式，汽封间隙应调整适当。汽封系统设计及管道配置合理，汽封压力自动调节正常投入。

5. 前箱、轴承箱负压不宜过高，以防止灰尘及水（汽）进入油系统，一般前箱、轴承箱负压以 12mmH_2O 柱～20mmH_2O 柱（1mmH_2O=9.8Pa）为宜（或轴承室油档及烟喷出即可）。

6.2.1.2　调节保安系统主要部件

6.2.1.2.1　超速保安装置、监视表计，OPC，转速表装设

6.2.1.2.2　调节系统设备

6.2.1.2.1、6.2.1.2.2 查评依据如下：

【依据 1】国家能源局《防止电力生产重大事故的二十五项重点要求》（国能安全〔2014〕161 号）

8.1.2　各种超速保护均应正常投入运行，超速保护不能可靠动作时，禁止机组运行。

8.1.3　机组重要运行监视表计，尤其是转速表，显示不正确或失效，严禁机组启动。运行中的机组，在无任何有效监视手段的情况下，必须停止运行。

8.1.5　机组大修后，必须按规程要求进行汽轮机调节系统静止试验或仿真试验，确认调节系统工作正常。在调节部套有卡涩、调节系统工作不正常的情况下，严禁机组启动。

8.1.6　机组停机时，应先将发电机有功、无功功率减至零，检查确认有功功率到零，电能表停转或逆转以后，再将发电机与系统解列，或采用汽轮机手动打闸或锅炉手动主燃料跳闸联跳汽轮机，发电机逆功率保护动作解列。严禁带负荷解列。

8.1.9　汽轮发电机组轴系应安装两套转速监测装置，并分别装设在不同的转子上。

8.1.10　抽汽供热机组的抽汽止回门关闭应迅速、严密，连锁动作应可靠，布置应靠近抽汽口，并必须设置有能快速关闭的抽汽截止门，以防止抽汽倒流引起超速。

【依据 2】《防止 20 万 kW 机组严重超速事故的技术措施》[（86）电生火字第 194 号文]

一、对调节、保安系统的一般要求

1. 各超速保安装置均应完好并正常投入。

2. 在正常参数下调节系统应能维持汽轮机在额定转速下运行。

3. 在额定参数情况下，机组甩去额定电负荷后，调节系统应能将机组转速维持在危急保安器动作转速以下。

4. 调速系统速度变动率应不大于 5%，迟缓率应小于 0.2%。

5. 自动主汽门、再热主汽门及调节汽门应能迅速关闭严密、无卡涩。

6. 调节保安系统的定期试验装置应完好可靠。

四、油系统要求

1. 调速部套油系统管道中的铸造型砂等杂物应彻底清理干净。

2. 机组安装时油系统的施工工艺与油循环要求应符合（84）基火字第 145 号文《汽轮发电机油系统施工工艺暂行规定》的要求。

3. 润滑油中可添加防锈剂，检修时调节部套可在防锈剂母液中浸泡 24h 以提高防锈效果。

4. 为防止大量水进入油系统，应采用汽封片不易倒伏的汽封形式，汽封间隙应调整适当。汽封系统设计及管道配置合理，汽封压力自动调节正常投入。

5. 前箱、轴承箱负压不宜过高，以防止灰尘及水（汽）进入油系统，一般前箱、轴承箱负压以 12mmH_2O 柱～20mmH_2O 柱为宜（或轴承室油档及烟喷出即可）。

6. 20 万 kW 机组应装设油净化装置，并正常投入运行。

【依据 3】《电力工业技术管理法规（试行）》[（80）电技字第 26 号]

3.6.4　汽轮机的调节及保安系统性能应符合以下要求。

1. 调节性能：

当汽轮机在额定参数和额定转速下运行，瞬间自额定负荷甩至零时，调节系统应能维持汽轮机空转转速不超过危急保安器的动作转速。

汽轮机速度变动率的调整范围一般为额定转速的 3%～6%。局部速度变动率最低不小于 2.5%。

汽轮机运行中调节系统应稳定地保持给定的电负荷（供热机组）；当负荷变化时，调节汽门应能正常、平稳地开大或关小。

调节系统的迟缓率应不大于 0.5%，对于新安装的机组应不大于 0.2%。

2. 速度调整范围：

空负荷时汽轮机转速，一般能在额定转速上下 6%范围内调整。

3. 危急保安器：

汽轮机危急保安器应在 110%～112%额定转速或制造厂规定的转速范围内动作，危急保安器动作后，复位转速一般应大于额定转速。

【依据 4】《汽轮机电液调节系统性能验收导则》（DL/T 824—2002）

4.1　转速不等率

转速不等率 δ 应连续可调，一般为 3%～6%。

4.3　迟缓率

机组额定功率 100MW～200MW，应小于 0.1%，机组额定功率大于 200MW，应小于 0.06%。

4.5　转速、负荷给定

4.5.1　转速调节范围一般为 50r/min～3600r/min，并连续可调。

4.5.2　功率控制范围一般为 0%～110%额定功率，长连续可调，每步最小给定功率不大于额定功率的 0.5%。

4.6　最高瞬间转速

汽轮发电机组甩负荷后，汽轮机在调节系统控制下，最高转速不应使危急保安器动作，其飞升转速一般不超过额定转速的 8%。

4.7　危急超速最高飞升转速

危急超速最高飞升转速一般不超过额定转速的 18%。

4.8　超速保护系统

4.8.1　机械危急保安器脱扣动作机组跳闸，脱扣动作设定转速为额定转速的 110%±1%。复位转速应高于额定转速。

4.8.2　电气超速保护动作，机组跳闸，动作转速可等于或低于机械危急保安器动作转速1%～2%额定转速。

4.9　稳定性

4.9.1　在额定工况下，转速控制向何方内容转速波动，不应大于额定转速的±0.1%。

4.9.2　在额定工况下，功率控制引起的功率波动，不应大于额定转速的±0.5%。

4.9.3　按技术条件规定的最大升速率下，其转速的超调量应小于额定转速的0.2%。

4.9.4　调节系统动态过程应能迅速、稳定，振荡次数不应超过2次～3次。

4.13　机组监视系统

4.13.1　具有CRT监视系统，CRT应能显示机组运行状态、重要参数和有关趋势图。

4.13.2　通过键盘用CRT画面时，画面响应时间一盘不超过1s，复杂画面响应时间一般不超过2s。

4.13.3　有事故追忆的系统，事故追忆至少包括事故前后不少于3min的数据，打印内容齐全，事件顺序记录的分辨率不得超过1ms。

4.17　油动机动作过程时间

高、中压调节汽门和高、中压主汽门油动机动作过程时间t，为动作延迟时间t_1和关闭时间t_2之和，动作过程时间建议值：机组额定功率100MW～200MW的机组，调节汽门油动机应小于0.5s，主汽门油动机应小于0.3s；机组额定功率大于200MW的机组，调节汽门油动机、主汽门油动机应小于0.3s。

5.6　试验功能

5.6.1　主汽门、调节汽门在线活动试验。

5.6.2　重要保护在线试验。

5.6.3　超速保护试验

5.6.4　汽门严密性试验

6.2.2　重要辅机及附属设备状况

6.2.2.1　给水系统

6.2.2.2　循环水系统

6.2.2.3　凝结水系统

6.2.2.4　真空系统及设备

6.2.2.1～6.2.2.4 查评依据如下：

【依据1】《防止电力生产重大事故的二十五项重点要求》（国能安全〔2014〕161号）

6.4.14　给水系统中各备用设备应处于正常备用状态，按规程定期切换。当失去备用时，应制订安全运行措施，限期恢复投入备用。

6.5.4.4　应定期检查凝结水精处理混床和树脂捕捉器的完好性，防止凝结水混床在运行过程中发生跑漏树脂。

6.5.4.5　加强循环冷却水系统的监督和管理，严格按照动态模拟试验结果控制循环水的各项指标，防止凝汽器管材腐蚀结垢和泄漏。当凝结器管材发生泄漏造成凝结水品质超标时，应及时查找、堵漏。

6.5.4.6　当运行机组发生水汽质量劣化时，严格按《火力发电厂水汽化学监督导则》（DL/T 561—1995）中的4.3条、《火电厂汽水化学导则　第4部分：锅炉给水处理》（DL/T 805.4—2004）中的10条处理及《超临界火力发电机组水汽质量标准》（DL/T 912—2005）中的9条处理，严格执行“三级处理”原则。

6.5.4.7　按照《火力发电厂停（备）热力设备防锈蚀导则》（DL/T 956—2005）进行机组停用保护，防止锅炉、汽轮机、凝汽器（包括空冷岛）等热力设备发生停用腐蚀。

6.5.4.8　加强凝汽器的运行管理与维护工作。安装或更新凝汽器铜管前，要对铜管进行全面涡流探伤和内应力抽检（24h氨熏试验），必要时进行退火处理。铜管试胀合格后，方可正式胀管，以确保凝汽器铜管及胀管的质量。电厂应结合大修对凝汽器铜管腐蚀及减薄情况进行检查，必要时应进行涡流探伤检查。

【依据 2】《节能技术监督导则》（DL/T 1052—2016）

6.2.4　汽轮机经济技术指标：

6.2.4.1　热耗率。汽轮机热耗率试验可分为三级：

a）一级试验，适用于新建机组或重大技术改造后的性能考核试验；

b）二级试验，适用于新建机组或重大技术改造后的验收或达标试验；

c）三级试验，适用于机组效率的普查和定期试验。

一、二级测试应由具有该项试验资质的单位承担，应严格按照国家标准或其他国际标准进行试验；三级试验可参照国家标准，通常只进行第二类参数修正。热耗率以统计期最近一次试验报告的数据作为监督依据。

6.2.4.2　汽轮机主蒸汽压力。汽轮机主蒸汽压力是指汽轮机进口，靠近自动主汽门前的蒸汽压力。主蒸汽如果有多条管道，取算术平均值。主蒸汽压力的监督以统计报表、现场检查或测试的数据作为依据。

统计期平均值不低于规定值 0.2MPa，滑压运行机组应按设计（或试验确定）的滑压运行曲线（或经济阀位）对比考核。

6.2.4.3　汽轮机主蒸汽温度。汽轮机主蒸汽温度是指汽轮机进口，靠近自动主汽门前的蒸汽温度，如果有多条管道，取算术平均值。主蒸汽温度的监督以统计报表、现场检查或测试的数据作为依据。

统计期平均值不低于规定值 3℃，对于两条以上的进汽管路，各管温度偏差应小于 3℃。

6.2.4.4　汽轮机再热蒸汽温度。汽轮机再热蒸汽温度是指汽轮机中压缸进口，靠近中压主汽门前的蒸汽温度。如果有多条管道，取算术平均值。再热蒸汽温度的监督以统计报表、现场检查或测试的数据作为依据。

统计期平均值不低于规定值 3℃，对于两条以上的进汽管路，各管温度偏差应小于 3℃。

6.2.4.5　最终给水温度。最终给水温度是指汽轮机高压给水加热系统大旁路后的给水温度值。最终给水温度的监督以统计报表、现场检查或测试的数据作为依据。

统计期平均值不低于对应平均负荷设计的给水温度。

6.2.4.6　高压给水旁路漏泄率。高压给水旁路漏泄率指高压给水旁路漏泄量与给水流量的百分比。用最后一个高压给水加热器（或最后一个蒸汽冷却器）后的给水温度与最终给水温度的差值来监测。高压给水旁路漏泄状况应每月测量一次。

最后一个高压给水加热器（或最后一个蒸汽冷却器）后的给水温度应等于最终给水温度。

6.2.4.7　加热器端差。加热器端差分为加热器上端差和加热器下端差。加热器上端差是指加热器进口蒸汽压力下的饱和温度与水侧出口温度的差值。加热器下端差是指加热器疏水温度与水侧进口温度的差值。加热器端差应在 A/B 级检修前后测量。

统计期加热器端差应小于加热器设计端差。

6.2.4.8　高压加热器投入率。高压加热器投入率是指高压加热器投运小时数与机组投运小时数的百分比。计算公式如下：

$$\text{高压加热器投入率} = \left(1 - \frac{\sum \text{单台高压加热器停运小时数}}{\text{高压加热器总台数} \times \text{机组投运小时数}}\right) \times 100\%$$

高压加热器随机组启停时投入率不低于 98%；高压加热器定负荷启停时投入率不低于 95%，不考核开停调峰机组。

6.2.4.9　胶球清洗装置投入率。胶球清洗装置投入率是指胶球清洗装置正常投入次数与该装置应投入次数之比的百分数。

统计期胶球清洗装置投入率不低于 98%。

6.2.4.10　胶球清洗装置收球率。胶球清洗装置收球率是指每次胶球投入后实际回收胶球数与投入胶球数之比的百分数。胶球清洗装置收球率以统计报告和现场实际测试数据作为监督依据。

统计期胶球清洗装置收球率不低于 95%。

6.2.4.11 凝汽器真空度。凝汽器真空度是指汽轮机低压缸排汽端（凝汽器喉部）的真空占当地大气压力的百分数。

对于具有多压凝汽器的汽轮机，先求出各凝汽器排汽压力所对应蒸汽饱和温度的平均值，再折算成平均排汽压力所对应的真空值。

对于闭式循环水系统，统计期凝汽器真空度的平均值不低于 92%。

对于开式循环水系统，统计期凝汽器真空度的平均值不低于 94%。

循环水供热机组仅考核非供热期，背压机组不考核。

6.2.4.12 真空系统严密性。真空系统严密性是指真空系统的严密程度，以真空下降速度表示。试验时，负荷稳定在 80%以上，在停止抽气设备的条件下，试验时间为 6min～8min，取后 5min 的真空下降速度的平均值（Pa/min）。真空系统严密性至少每月测试一次，以测试报告和现场实际测试数据作为监督依据。

对于湿冷机组，100MW 及以下机组的真空下降速度不高于 400Pa/min，100MW 以上机组的真空下降速度不高于 270Pa/min。

对于空冷机组，300MW 及以下机组的真空下降速度不高于 130Pa/min，300MW 以上机组的真空下降速度不高于 100Pa/min。

背压机组不考核，循环水供热机组仅考核非供热期。

6.2.4.13 凝汽器端差。凝汽器端差是指汽轮机排汽压力下的饱和温度与凝汽器循环水出口温度之差（℃）。对于具有多压凝汽器的汽轮机，应分别计算各凝汽器端差。凝汽器端差以统计报表或测试的数据作为监督依据。

凝汽器端差可以根据循环水温度制定不同的考核值：

a）当循环水入口温度小于或等于 14℃时，端差不大于 9℃；

b）当循环水入口温度大于 14℃小于 30℃时，端差不大于 7℃；

c）当循环水入口温度大于或等于 30℃时，端差不大于 5℃；

d）背压机组不考核，循环水供热机组仅考核非供热期。

6.2.4.14 凝结水过冷度。凝结水过冷度是指汽轮机排汽压力下的饱和温度与凝汽器热井水温度之差（℃）。凝结水过冷度以统计报表或测试的数据作为监督依据。

统计期平均值不大于 2℃。

6.2.4.15 湿式冷却水塔的冷却幅高。湿式冷却水塔的冷却幅高是指冷却水塔出口水温度与大气湿球温度的差值（℃）。冷却水塔的冷却幅高应每月测量一次，以测试报告和现场实际测试数据作为监督依据。

在冷却塔热负荷大于 90%的额定负荷、气象条件正常时，夏季测试的冷却水塔出口水温不高于大气湿球温度 7℃。

6.2.4.16 疏放水阀门漏泄率。疏放水阀门漏泄率是指内漏和外漏的阀门数量占全部疏放水阀门数量的百分数。对各疏放水阀门至少每月检查一次，以检查报告作为监督依据。

疏放水阀门漏泄率不大于 3%。

6.2.4.17 汽轮机通流部分内效率。汽轮机通流部分内效率是指通流部分的实际焓降与等熵焓降之比。

对排汽为过热蒸汽的高压缸通流部分内效率和中压缸通流部分内效率应每月测试一次，并与设计值进行比较、分析，以测试报告数据作为监督依据。

【依据 3】《关于防止火力发电厂凝汽器铜管结垢腐蚀的意见》[电力部（81）生技字 52 号文]

一、1 年～2 年内基本消除结垢

目前凝汽器铜管仍在结垢的电厂，要采取措施提高冷却水处理效果，争取在一两年内基本消除结垢现象。

1. 各有关电管局、电力局和电力试研所要协助铜管仍结垢的电厂制订出防垢处理措施，并尽快付诸实施。

2. 加强循环水处理的技术管理。要建立和健全必要的规章制度，明确岗位责任制，保证处理正常；开展好小指标活动提高水质合格率，对运行中出现的问题要及时研究解决。

3. 对铜管结有老垢的机组，要争取在今明两年内加以清除。如采用盐酸清洗时，应使用高效洗铜缓蚀剂，保证清洗效果，酸洗前要进行抽管检查和小型试验，对可能发生的问题如泄漏等，要预先做好准备。铜管酸洗要先报主管局审批，酸洗过程中要搞好各有关部门之间的分工协作。

二、设计、基建工作要为防垢、防腐创造好的条件

1. 设计循环冷却水处理时要有较为可靠的方案，并尽可能适应一定范围内补充水质和水量的变化。

2. 新建机组起动前，相应的循环水处理工程一定要同时投入运行。

3. 根据水质情况，按凝汽器铜管选材标准合理地选用材质。

三、做好其他处理方法的配合使用

胶球清洗和硫酸亚铁成膜配合循环冷却水水质处理，是防止铜管结垢和腐蚀的有效方法。凡是应装设胶球清洗装置的机组，应在今明两年内装设好，并能维持较为合理的运行方式，硫酸亚铁成膜处理方法应继续推广使用。

四、不断提高技术水平

要不断完善和提高循环冷却水处理技术，提高处理效果，降低基建投资和药品消耗并有利于节约用水和环境保护。同时，要加强水质稳定处理的作用机理、测试方法和应用技术的试验研究工作。

【依据 4】《关于防止火电厂锅炉腐蚀结垢的改进措施和要求》[水电部（88）电生 81 号、基火 75 号文]

附件三　防止凝汽器铜管腐蚀漏泄

凝汽器铜管漏泄是当前造成给水品质恶化的主要原因，铜管防漏是防腐防垢的重点。

1. 新机安装和运行机组更换凝汽器铜管，应按照部颁《火力发电厂凝汽器管选材导则》确定铜管牌号。

2. 新铜管进入现场后，必须全部开箱检查外观及是否受潮，并妥善存放在通风良好、干燥的库房架上。新铜管应按有关规定或订货合同的技术条件进行质量验收，凡不符合质量标准的管材不得使用。

3. 铜管的安装必须严格按照部颁《电力建设施工及验收技术规范》（汽机篇）进行施工，避免过胀和欠胀，防止产生新的应力。为确保质量，要避免由临时人员搞突击性穿管的做法。

4. 加强铜管运行中的监督工作，搞好铜管的成膜工艺和胶球清洗。机组大修时，要对铜管进行涡流探伤检查（可分批分期进行），漏泄严重的铜管应进行更换。

6.2.2.5　汽轮机高、低压油系统及设备

【依据】国家能源局《防止电力生产重大事故的二十五项重点要求》（国能安全〔2014〕161 号）

8.4.3　油系统严禁使用铸铁阀门，各阀门门芯应与地面水平安装。主要阀门应挂有“禁止操作”警示牌。主油箱事故放油阀应串联设置两个钢制截止阀，操作手轮设在距油箱 5m 以外的地方，且有两个以上通道，手轮应挂有“事故放油阀，禁止操作”标志牌，手轮不应加锁。润滑油管道中原则上不装设滤网，若装设滤网，必须采用激光打孔滤网，并有防止滤网堵塞和破损的措施。

8.4.4　安装和检修时要彻底清理油系统杂物，严防遗留杂物堵塞油泵入口或管道。

8.4.6　润滑油压低报警、联启油泵、跳闸保护、停止盘车定值及测点安装位置应按照制造商要求整定和安装，整定值应满足直流油泵联启的同时必须跳闸停机。对各压力开关应采用现场试验系统进行校验，润滑油压低时应能正确、可靠的联动交流、直流润滑油泵。

8.4.7　直流润滑油泵的直流电源系统应有足够的容量，其各级保险应合理配置，防止故障时熔断器熔断使直流润滑油泵失去电源。

8.4.8　交流润滑油泵电源的接触器，应采取低电压延时释放措施，同时要保证自投装置动作可靠。

8.4.10　油位计、油压表、油温表及相关的信号装置，必须按要求装设齐全、指示正确，并定期进行校验。

8.4.11　辅助油泵及其自启动装置，应按运行规程要求定期进行试验，保证处于良好的备用状态。机组启动前辅助油泵必须处于联动状态。机组正常停机前，应进行辅助油泵的全容量启动试验。

8.4.12　油系统（如冷油器、辅助油泵、滤网等）进行切换操作时，应在指定人员的监护下按操作票顺序缓慢进行操作，操作中严密监视润滑油压的变化，严防切换操作过程中断油。

6.2.3　压力容器及高温高压管道

6.2.3.1　除氧器

【依据 1】《电力工业锅炉压力容器监察规程》（DL 612—1996）

6.4　除氧器壳体材料宜采用 20g 或 20R，不应采用 16Mn 和 Q235，对于匹配直流锅炉的除氧器，除氧头壳体材料宜采用复合钢板。压力式除氧器本体结构、附件、外部汽水系统的设计以及除氧器制造按《电站压力式除氧器技术规定》执行。

9.1.7　压力式除氧器应采用全启式弹簧安全阀，且不少于两只，分别装在除氧头和给水箱上。安全阀的总排放量不应小于除氧器最大进汽量。对于设计压力低于常用最大抽汽压力的定压运行除氧器，安全阀的总排放量不应小于除氧器额定进汽量的 2.5 倍。安全阀的公称直径不宜小于 150mm。

除氧器上安全阀的起座压力，宜按下列要求调整和校验：

a）定压运行除氧器：1.25 倍～1.30 倍除氧器额定工作压力；

b）滑压运行除氧器：1.20 倍～1.25 倍除氧器额定工作压力。

9.1.8　进水或进汽压力高于容器设计压力的各类压力容器应装设安全阀。安全阀的排放能力应大于容器的安全泄放量。安全阀的起座压力应小于或等于容器的设计压力。容器安全阀排放量应根据可能造成容器超压的条件，按劳动部《压力容器安全技术监察规程》的规定计算。

高低压加热器的水侧和汽侧都应装设安全阀。

9.1.11　安全阀应装设通到室外的排汽管，该排汽管应尽可能取直。每只安全阀宜单独使用一根排汽管。排汽管上不应装设阀门等隔离装置。排汽管底部应有接到安全地点的疏水管，疏水管上不允许装设阀门。

排汽管的固定方式应避免由于热膨胀或排汽反作用而影响安全阀的正确动作。无论冷态或热态都不得有任何来自排汽管的外力施加到安全阀上。

排汽管上装有消声器时，消声器应有足够的排放面积和扩容空间，并固定牢固。应注意检查消声器堵塞、积水、结冰。

排汽管和消声器均需有足够的强度。

9.1.12　安全阀上应配有下列装置：

a）杠杆式安全阀应有防止重锤自行移动的装置和限制杠杆越位的导架。

b）弹簧式安全阀要有防止随便拧动调整螺钉的装置。

c）脉冲式安全阀接入冲量的导管应保温。导管上的阀门全开后，以及脉冲管上的疏水阀门开度经调整以后，都应有防止误开（闭）的措施。导管内径不得小于 15mm。

d）压缩空气控制的气室式安全阀必须配备可靠的除油、除湿供气系统及可靠的气阀控制电源，确保正常连续地供给压缩空气。

e）安全阀应有防止人员烫伤的防护装置。

9.1.14　安全阀应定期进行放汽试验。锅炉安全阀的试验间隔不大于一个小修间隔。电磁安全阀电气回路试验每月应进行一次，各类压力容器的安全阀每年至少进行一次放汽试验。

9.1.15　安全阀校验后，其起座压力、回座压力、阀瓣开启高度应符合规定，并在锅炉技术登录簿或压力容器技术档案中记录。

安全阀一经校验合格就应加锁或铅封。严禁用加重物、移动重锤、将阀瓣卡死等手段任意提高安全阀起座压力或使安全阀失效。锅炉运行中禁止将安全阀解列。

9.1.16　安全阀未经校验的锅炉在点火启动和在安全阀校验的过程中应有严格的防止超压措施，并在专人监督下实施。安全阀校验中，校验人员不得中途撤离现场。

9.1.17　安全阀出厂时应有金属铭牌。铭牌上至少载明下列各项：

a）安全阀类型、规格；

b）制造厂名、制造许可证编号；

c）产品编号；

d）出厂年月；

e）公称压力（MPa）；

f）适用介质、温度（℃）；

g）阀门喉径（mm）；

h）阀瓣开启高度（mm）；

i）检验合格标记、检验标记；

j）排放系数。

安全阀的排放系数，应由安全阀制造厂试验确定。

9.2.2　各类压力容器都应装设压力表。

9.2.3　压力表的选用和校验应符合下列规定：

a）压力表装用前应作校验，并在刻度盘上划出明显标记，指示该测压点允许的最高工作压力；

b）工作压力小于 2.45MPa 时，压力表精度不低于 2.5 级；

c）工作压力等于或大于 2.45MPa 时，压力表精度不低于 1.5 级；

d）压力表盘面刻度极限值为正常指示值的 1.5 倍～2.0 倍；

e）压力表刻度应考虑传压管液柱高度的修正值；

f）压力表校验工作结合大、小修进行，校验后铅封；

g）弹簧压力表应有存水弯管，存水弯管内径不应小于 10mm，压力表与存水弯管之间应装有阀门或旋塞。

9.2.4　压力表装置地点应符合下列要求：

a）便于观察；

b）采光或照明良好；

c）不受高温影响，无冰冻可能，便于冲洗，尽量避免振动。

9.2.6　弹簧压力表有下列情况之一者，禁止使用：

a）有限止钉的压力表，无压力时指针移动后不能回到限止钉时；无限止钉的压力表，无压力时指针离零位的数值超过压力表规定的允许误差量。

b）表面玻璃破碎或表盘刻度模糊不清。

c）封印损坏或超过校验有效期限。

d）表内泄漏或指针跳动。

e）其他影响正确指示压力的缺陷。

12.9　管道安装按 DL 5031《电力建设施工及验收技术规范》（管道篇）的规定执行。支吊架应按设计的吊点位置及偏装值正确安装。管道的固定应牢靠固定。限位支吊架及阻尼器应准确调整。变力和恒力弹簧支吊架在安装过程应予锁住，只有在投入运行前才松开。管道保温施工应按设计规定进行。

在管道安装全部结束后，应保证管系各点的设计标高，并将所有支吊架调整在设计规定的冷套位置。必要时要对支吊架进行热态调整。

13.2 除氧器应按《电站压力式除氧器安全技术规定》的要求，结合实际设备、系统，编制现场运行、维护规程。

高压加热器在启动或停止时，应注意控制汽、水侧的温升、温降速度。

各类疏水扩容器应有防止运行中超压的措施。

13.17 发电厂应根据设备结构、制造厂的图纸、资料和技术文件、技术规程和有关专业规程的要求，编制现场检修工艺规程和有关的检修管理制度，并建立健全各项检修技术记录。

13.18 发电厂应根据设备的技术状况、受压部件老化、腐蚀、磨损规律以及运行维护条件制订大、小修计划，确定锅炉、压力容器及管道的重点检验、修理项目，及时消除设备缺陷，确保受压部件、元件经常处于完好状态。管道及其支吊架的检查维修应列为常规检修项目。

13.19 锅炉受压部件、元件和压力容器更换应符合原设计要求。改造应有设计图纸、计算资料和施工技术方案。

涉及锅炉、压力容器结构及管道的重大改变、锅炉参数变化的改造方案、压力容器更换的选型方案，应报集团公司或省电力公司审批。

有关锅炉、压力容器改造和压力容器、管道更换的资料、图纸、文件，应在改造、更换工作完毕后立即整理、归档。

13.20 应建立严格的质量责任制度和质量保证体系，认真执行各级验收制度，确保修理和改造的质量。修理改造后的整体验收由电厂总工程师主持，锅炉监察工程师参加。重点修理改造项目应由专人负责验收。

13.21 禁止在压力容器上随意开检修孔、焊接管座、加带贴补和利用管道作为其他重物起吊的支吊点。

14.11 超压试验的合格标准：

a）受压元件金属壁和焊缝没有任何水珠和水雾的泄漏痕迹；

b）受压元件没有明显的残余变形。

14.12 在役压力容器的定期检验种类和周期规定如下：

a）外部检验：每年至少一次。

b）内外部检验：结合大修进行。压力容器安全状况等级 1 级～3 级；每隔 6 年检验一次；3 级～4 级，每隔 3 年检验一次。

14.13 有以下情况之一时，压力容器内外部检验周期应适当缩短：

a）多次返修过的压力容器；

b）使用期限超过 15 年，经技术鉴定确认需缩短周期的；

c）检验员认为该缩短的。

14.14 压力容器耐压试验是超过最高工作压力的液压试验或气压试验，其周期为 10 年至少一次。耐压试验的要求、试验压力、合格标准按劳动部《压力容器安全技术监察规程》执行。有以下情况之一时，经内外部检验合格后，必须进行耐压试验：

a）修理或更换主要受压元件；

b）对安全性能有怀疑时；

c）停用两年重新使用前；

d）移装；

e）无法进行内部检验的。

14.15 在役压力容器的外部、内外部检验内容按部颁《电力工业锅炉压力容器安全性能检验大纲》和劳动部《在用压力容器检验规程》执行。除氧器按《电站压力式除氧器技术规定》执行。

14.16　在役主蒸汽管、再热蒸汽管和主给水管及其附件的技术状况应清楚明了。若无配制、安装等原始资料或对资料有怀疑时，应结合大修尽快普查，摸清情况。

14.17　主蒸汽管、高温再热蒸汽管的蠕变测量应由专人负责。测量工具应定期校验，并及时正确地记录测量和计算结果。测量间隔、测量和计算方法按 DL 441《火力发电厂高温高压蒸汽管道蠕变监督规程》执行。

主蒸汽管、高温再热蒸汽管的检验周期、更换标准按 DL 438《火力发电厂金属技术监督规程》的规定执行。

14.18　工作温度为450℃的中压碳钢主蒸汽管应加强石墨化检验。运行 10 万 h 后应进行石墨化检查。当有超温记录、运行 15 万 h 或正常工况下运行达 20 万 h 时必须割管检查。

焊接接头、管材石墨化达 3 级～4 级时应进行更换。

14.19　主蒸汽管、高温再热蒸汽管弯头运行 5 万 h 时，应进行第一次检查，以后检验周期为 3 万 h。

若发现蠕变裂纹、严重蠕变损伤或圆度明显复圆时应进行更换，如有划痕应磨掉。

给水管的弯头应重点检验其冲刷减薄和中性面的腐蚀裂纹。

14.20　管道运行中应检查支吊架有无松脱、卡死以及管道的膨胀情况，检修时应按设计要求进行调整和修复，并做出记录。

14.21　在役锅炉和主要受压管道检验后应将检验结果记入锅炉和管道技术档案，并填写锅炉登录簿。在役压力容器检验后应填写在用压力容器检查报告书。

【依据 2】《关于防止高压除氧器爆破事故的若干规定》[（81）电办字第 11 号文]

附件 2

1981 年 1 月 11 日，辽宁清河电厂 7 号机（20 万 kW）发生高压除氧器爆炸事故，造成多人伤亡和设备、厂房的毁坏。为了吸取事故教训杜绝类似事故，特作如下规定：

一、各电厂应对现有高压除氧器及其他压力容器进行一次全面的安全大检查。对于高压除氧器，应就加热汽源、进汽调整门、除氧器的压力与水位的自动控制、安全门、仪表、信号、保护装置，以及设备本身等，进行系统的检查，采取有效措施消除隐患。力求在一年内，从根本上改进设备，杜绝高压除氧器及其他压力容器的爆破事故。

二、要加强对除氧器的运行监视，严格岗位责任制。除氧器运行规程中，关于起动、停止、倒换汽源，以及超压情况下的紧急处理等，应有具体的规定。尤其是对两段抽汽之间切换点，必须根据设计院和制造厂的说明，结合运行的实际数据，做出明确的规定，严格防止压力高的蒸汽直接进入除氧器。对于保证除氧器安全运行的有关规定，应通过培训和考试，使运行人员充分掌握，并严格执行。

采用单元制给水系统的机组（包括母管制给水系统解列为单元制给水系统运行时），高压除氧器的进汽调整门及安全门，不能满足安全运行的要求，在尚未改进前，可暂时停用高一段（或冷段）抽气。如低负荷采用滑压运行时，须对除氧器供水系统进行计算和试验，订出防止给水泵汽化的措施。必要时，请原设计单位和试验研究所协助这项工作。

三、现用的进汽压力调整门，由于漏流量大，调节性能差，应更换为双座、单座或套筒等型适用的调整门，该调整门应能满足高压除氧器不同工况（包括最不利工况）的要求，并具有较好的调节性能。如一个调整门不能满足上述要求时，可采取串联减压调整门或采取旁路方式并联一个小调整门等措施，以提高运行的可靠性。

四、除氧器安全门的总排汽能力，应能满足可能出现的最大进汽量的需要，当凝结水泵突然停止上水，进汽调整门在最大压差的情况下因故全开时，安全门均能充分排放蒸汽。对现有的高压除氧器的安全门，应进行一次排汽能力的核算，排汽能力不足者，应增加安全门。

单元制给水系统中，除氧器上应配全启式安全门，并不少于两只，其排汽能力可按照一机部颁标准《弹簧式安全阀技术条件》（JB 452—1977）计算，其排量系数如没有制造厂数据，可暂按 0.6 计算。

安全门应每年校验一次，每季应试排汽一次。这项工作需要在专人监督下进行。其动作压力，可视给水泵汽化的条件及安全门的回座压力，定为工作压力的 1.1 倍～1.25 倍。

安全门的排汽管需有相应的排放能力。

五、采用单元制给水系统的机组，高压除氧器的压力调整装置必须投入自动。如因故暂时不能投自动时，应能实行远方操作，但不得把汽源电动门拆除“自保持”作调整门用。

现有的仪表、信号、高水位自动排放、压力及水位自动调整装置等均应修好使用，并经常保持良好状态。缺少的，应在今后改进中补齐。

为了防止误操作和误动作，造成除氧器超压，应采用一些闭锁装置作为后备保护措施，如安全门开启后，除氧器压力继续升高时，可通过接点压力表联动关闭汽源电动门，或开启另外装设的电动门排汽。

为了提醒运行人员及时进行汽源切换，除氧器表盘上应装有除氧器压力高、常用抽汽压力低和高一段（或冷段）抽汽压力高的警报信号。

六、高压除氧器的供汽管道，包括电动门，供汽压力调整门等附件的设计，应满足最高供汽压力及最高供汽温度的要求。当供汽压力调整门前没有安全门时，该管道应按供汽汽源的最高压力考虑其强度，不考虑减压和闭锁的作用。

七、各电厂应建立除氧器设备档案，其中包括制造厂提供的使用说明书、制造安装图、质量证明书（如强度计算、焊缝检验、水压试验等记录）；施工单位提供的焊缝检查记录、水压试验记录；电厂历次检修及缺陷处理、检查试验情况资料等。基建中的工程，应由施工单位向制造厂索取连同安装中的施工记录转交给电厂。已投产的电厂，由电厂努力补全，如制造厂不能提供强度计算材料时，电厂应查明实际壁厚及腐蚀情况，进行核算。

各电厂应结合最近一次检修，对除氧器的焊缝进行检查，重点是手工焊接的承压焊缝，如外观检查认为有问题时，应进行探伤检验，不合格进行补焊，以后每三年再检查一次。凡整体组装后未进行水压试验的除氧器，应按制造厂规定的水压试验压力补做一次超压水压试验。若制造厂没有规定数值，可按工作压力的 1.5 倍进行。以后每六年再做一次。

关于焊缝外观检查、探伤检验和水压试验等要求，按国家劳动总局《蒸汽锅炉安全监察规程》的有关规定进行。今后颁发《压力容器安全监察规程》时，则按后者的规定执行。

当除氧器头部所用钢材的强度不能满足供给最高温度的要求时，进汽管（包括门杆漏汽回收等高温汽管）应避免与器壁直接接触（如在管外采用套大小头的措施等）。新建工程的除氧器头部应按抽汽最高温度进行设计。

八、各电厂应对单元控制室装配式顶板进行一次检查，对照设计图纸检查板与梁之间的节点结构情况（选择重点检查），若与图纸不符或设计不合理时，应尽可能采取加固措施。

正在施工的基建工程，如单元控制室布置在除氧器的下方时，为防止发生意外事故对运行值班人员的伤害，可按不同情况拟定修改设计或补强方案，以加强单元控制室顶板的整体性，并提高设计荷载。凡有条件的应改为现浇，设计荷载采用 1000kg/m^2。同时，应考虑完善的防水措施。改进设计由工程主管单位组织审查，连同追加概算报原设计审批单位核定，并由电力建设总局负责归口。

设计中的新建工程，单元控制室顶板应采取现浇，并避免把除氧器直接布置在该控制室的正上方。电力建设总局应对除氧给水系统、除氧器的布置方式及提高单元控制室的防护标准等方面提出修改措施，并考虑采用除氧器滑压运行的可能性，于 1981 年 6 月底前下达初步设计修改任务。

九、为了提高设备和设计质量，以电力建设总局为主，请一机部电工总局参加，组成调查研究小组，参照国内外经验，提出单元制给水系统除氧器采用滑压运行的措施方案，经过试点取得经验后推广。这个小组还要对除氧器的设计压力、温度、腐蚀裕量、水箱储量、安全门、压力调整门及其他保护装置、热控装置等技术标准提出建议，以形成相应的设计规定。

十、现行电力生产运行、设计、施工等有关规程中，凡与上述各项规定精神不一致的，应由该规程的原编制单位提出修改意见，并按规定程序报批。

【依据3】《电站压力式除氧器安全技术规定》（能源安保〔1991〕709号）

2.1.5 除氧器壳体材料宜采用20g或20R，不应采用16Mn和A3F。

对于匹配直流锅炉的除氧器，除氧头壳体材料宜采用不锈钢与20g或20R的复合钢板。

除氧器壳体材料的含碳量不宜大于0.25%。碳钢材料的焊条应选用低氢型碱性焊条；不锈钢材料的焊条应选用酸性焊条。

对于在役的16Mn和A3F除氧器，应根据劳动部门颁发的《在役压力容器检验和缺陷处理若干问题的参考意见》和本规定有关条文，加强检验、改进不合理结构、修补缺陷、监督运行。对于缺陷严重、难于修复、无修复价值或修复后仍难保证安全运行的除氧器，应限期报废，做到有计划地更换。

【依据4】《压力容器安全技术监察规程》（质技监局锅发〔1999〕154号）

附件二压力容器安全状况等级的划分和含义

根据压力容器的安全状况，划分为五个等级，每个等级的代号和含义如下：

1 表示1级；

2 表示2级；

3 表示3级；

4 表示4级；

5 表示5级。

1级：压力容器出厂技术资料齐全；设计、制造质量符合有关法规和标准的要求；在法规规定检验周期内，在设计条件下能安全使用；设备及系统布置合理；规定的执工仪表、自动控制装置齐全并可靠投用；现场规程、管理制度齐全。

2级：（1）新压力容器：出厂技术资料齐全；设计、制造质量基本符合有关法规和标准的要求，但存在某些不危及安全且难以纠正的缺陷，出厂时已取得设计单位、用户和用户所在地劳动部门锅炉压力容器安全监察机构同意；在法规规定的定期检验周期内，在设计条件下能安全使用。

（2）在用压力容器：出厂技术资料基本齐全；设计、制造质量基本符合有关法规和标准的要求；根据检验报告，存在某些不危及安全可不修复的一般性缺陷；在法规规定的定期检验周期内，在规定的操作条件下能安全使用。

（3）新压力容器和在用压力容器均应满足：热工仪表自动控制装置齐全并可靠投用，若有特殊情况不能投用时，应有技术负责人批准签字；设备及系统布置基本合理；现场规程及管理制度基本齐全。

3级：出厂技术资料不够齐全；主体材质、强度、结构基本符合有关法规和标准的要求；对于制造时存在的某些不符合法规或标准的问题或缺陷，根据检验报告，未发现由于使用而发展或扩大；焊接质量存在超标的体积性缺陷，经检验确定不需要修复；在使用过程中造成的腐蚀、磨损、损伤、变形等缺陷，其检验报告确定为能在规定的操作条件下，按法规规定的检验周期安全使用；对经安全评定的，其评定报告确定为能在规定的操作条件下，按法规规定的检验周期安全使用；热工仪表自动控制装置基本齐全，在不影响安全使用的情况下，自动装置因故未投或投用不够正常；设备及系统布置存在一些问题，但能安全使用；现场规程及管理制度不够齐全，但规程基本满足设备安全运行需要。

4级：出厂技术资料不全；主体材质不符合有关规定，或材质不明，或虽属选用正确，但已有老化倾向；强度经校核尚满足使用要求；主体结构有较严重的不符合有关法规和标准的缺陷，根据检验报告，未发现由于使用因素而发展或扩大；焊接质量存在线性缺陷；在使用过程中造成的腐蚀、磨损、损伤、变形等缺陷，其检验报告确定为不能在规定的操作条件下，按法规规定的检验周期安全使用；对经安全评定的，其评定报告确定为不能在规定的操作条件下，按法规规定的检验周期安全使用，必须采取有效措施，进行妥善处理，改善安全状况等级，否则只能在限定的条件下使用；热工仪表自动控制装置不齐全，或没有按规定投用，设备及系统布置不够合理，只能在限定条件下使用；现场规程及管理制度不齐全。

5 级：缺陷严重、难于或无法修复、无修复价值或修复后仍难以保证安全使用的压力容器，应予以判废。

注：1. 安全状况等级中所述缺陷，是指该压力容器最终存在的状态。如缺陷已消除，则以消除后的状态确定该压力容器的安全状况等级。

2. 技术资料不全的，按有关规定补充后，并能在检验报告中做出结论的，则可按技术资料基本齐全对待。

3. 安全状况等级中所述问题与缺陷，只要具备其中之一的，即可确定该压力容器的安全状况等级。

4. 不论安全状况等级评定为几级，安全阀排汽量都应核算合格。

【依据 5】《电站锅炉压力容器检验规程》（DL 647—2004）

附　录　B

（规范性附录）

锅炉压力容器和压力管道安全状况等级评定

B.1　评级说明

锅炉、压力容器和压力管道安全状况等级应根据设备健康状况及部件检验结果进行评定，且以其中主要部件等级最低者作为设备及部件的评定级别。锅炉压力容器和压力管道安全状况等级是锅炉压力容器和压力管道设备评级的依据。

锅炉压力容器安全状况共分为五个等级。

1 级，表示锅炉压力容器处于最佳安全状态。

2 级，表示锅炉压力容器处于良好安全状态。

3 级，表示锅炉压力容器安全状况一般，尚在合格范围内。

4 级，表示锅炉压力容器处于在限制条件下监督运行状态。

5 级，表示锅炉压力容器停止使用或判废。

B.3　压力容器安全状况等级评定项目

a）压力容器技术资料审查；

b）压力容器外部检验；

c）压力容器腐蚀、减薄、变形检验；

d）压力容器焊缝表面及内在质量检验；

f） 压力容器安全附件检验；

g）压力容器超水压试验结果。

B.6　压力容器安全状况等级评定标准

B.6.1　压力容器技术资料安全状况等级评定

压力容器出厂技术资料齐全；压力容器使用登记及时，技术登录簿登录内容完整；经上级主管部门办理使用登记批准手续的，其安全状况等级可评为 1 级。技术资料不够齐全的，可评为 2 级～3 级。

B.6.2　压力容器材质不符合要求的安全状况等级评定

B4.2.1　在役除氧器壳体材料采用 16Mn 或 A3F 钢，经检验未发现新生缺陷的，可评为 3 级；发现新生缺陷的，可评为4级～5级。

锅炉受热面管子内壁沉积物安全状况等级评定见表A2。

表A2 锅炉受热面管子内壁沉积物安全状况等级评定表

锅炉类型	工作压力 MPa	沉积物 g/m^2	安全等级	锅炉类型	工作压力 MPa	沉积物 g/m^2	安全等级
汽包炉	＜5.88	＜600	1～2	汽包炉	≥12.7	＜300	1～2
		600～900	3			300～400	3
		＞900	4			＞400	4
	5.88～12.64	＜400	1～2	直流炉		＜200	1～2
		400～600	3			200～300	3
		＞600	4			＞300	4

B.6.2.2 在役容器壳体材质不明，经检验未查出新生缺陷（不包括正常的均匀腐蚀），按Q235A钢校核其强度合格者，可评为3级；如有缺陷，可根据缺陷情况评为4级～5级。

B.6.2.3 发现材质有应力腐蚀、晶间腐蚀等脆化缺陷时，根据其材质的劣化程度，可评为3级～5级。

B.6.2.4 容器材质有夹层缺陷，其夹层面与自由表面夹角小于10°的，可评为2级～3级；大于10°的，可评为4级～5级。

B.6.3 容器结构不合理的安全状况等级评定

B.6.3.1 除氧器给水箱采用三角形加强圈，与筒体连接焊缝经检验未发现裂纹的，可评为3级，发现裂纹的，可评为4级～5级。

B.6.3.2 容器内加强圈与筒体受压焊缝重叠的，经检验未发现缺陷的，可评为3级；发现焊缝上有缺陷的，可评为4级～5级。

B.6.3.3 容器封头与筒体为不等厚度板件对接，未按规定作削薄处理，经检验未发现缺陷的，可评为3级；如有缺陷可评为4级～5级。

B.6.3.4 拼接封头与筒体或筒节与筒节采用十字焊缝，以及相邻焊缝的距离小于规定值，经检验未发现缺陷的，可评为3级；如发现缺陷并确认是焊缝布置不当引起的，可评为4级～5级。

B.6.3.5 按规定应采用全焊透结构的角接焊缝或接管角焊缝，而没有采用全焊透结构的主要受压元件，应评为4级；经检验发现缺陷的可评为5级。

B.6.3.6 开孔位置不当，经检验未发现缺陷的，可评为3级，发现新生缺陷的，可评为4级～5级。

B.6.4 容器筒壁减薄、变形的安全状况等级评定

B.6.4.1 筒体局部冲刷减薄，局部鼓包壁厚减薄或均匀腐蚀减薄，如按剩余最小壁厚（扣除到下一次检验期腐蚀量的2倍）校核强度合格，且原因已找到的可评为3级，否则评为4级～5级。

B.6.4.2 分散性点腐蚀，深度不超过壁厚（扣除腐蚀裕量）的1/5，且在直径为200mm的范围内：点腐蚀面积不超过40cm^2或沿任一直径腐蚀长度之和不超过40mm，可评为2级～3级。

B.6.5 焊缝有表面缺陷的安全状况等级评定

B.6.5.1 容器筒体内外壁表面、除氧器加强圈、高低压加热器防冲板等与筒体的连接焊缝，如有裂纹且其深度在壁厚余量范围内，打磨后不需补焊的，可评为2级；其深度超过壁厚余量，打磨后进行补焊，合格的可评为3级。

B.6.5.2 内外壁焊缝咬边深度超过0.5mm，连续长度超过100mm，或焊缝两侧咬边总长度超过焊缝长度10%的，经焊补修复的，可评为2级～3级。

B.6.5.3 错边量和棱角度属一般超标的，可评为2级～3级；属严重超标，经无损检测未发现严重缺陷的，可评为3级；若伴有未熔合、未焊透或裂纹的，可评为4级～5级。

B.6.6　焊缝有内部缺陷的安全状况等级评定

B.6.6.1　除氧器和扩容器的对接接头选用射线探伤时，对接接头质量为Ⅰ、Ⅱ级片的，其安全状况等级可评为1级。体积性缺陷的Ⅲ级片，可评为2级；面积性缺陷的Ⅲ级片，可评为3级；Ⅳ级片的可评为4级～5级。

B.6.6.2　高低压加热器的对接接头选用射线探伤时，其对接接头的质量为Ⅰ级片的安全状况可评为1级～2级，Ⅱ级片的可评为2级～3级，Ⅲ级片的可评为4级～5级。

B.6.6.3　除氧器、低压加热器和扩容器的对接接头选用超声波探伤时，其对接接头质量为Ⅰ级的，安全状况等级可评为1级～2级；质量为Ⅱ级的，可评为3级；质量为Ⅲ级的，可评为4级～5级。

B.6.6.4　高压加热器对接焊缝和进出水管角焊缝选用超声波探伤时，其质量为Ⅰ级的安全状况等级可评为1级～3级；其质量为Ⅱ级的，可评为4级～5级。

B.6.7　汽水系统和热工仪表自动控制的安全状况等级评定

B.6.7.1　除氧器的外部汽水系统和除氧器的布置符合设计规定，高低压加热器的汽水管路系统符合设计规定，管道上的止回阀、电动关闭阀及危急疏水阀等设备齐全完好，动作正确的可评为1级～2级；发现不符的可评为5级。

B.6.7.2　除氧器的安全阀、压力调节保护、水位调节保护的设计和使用符合设计规定，高低压加热器的压力调节保护、高水位报警装置、疏水自动调节装置及监视和测量仪表完好，运行正常的，其安全状况等级可评为1级～2级；发现不符的可评为4级～5级。

B.6.8　容器超压水压试验的安全状况等级评定

容器超压水压试验按10.11规定完成的，安全状况等级可评为1级～2级；超压试验不合格的可评4级～5级。

【依据6】《防止电力生产重大事故的二十五项重点要求》(国能安全〔2014〕161号)

7.1.4　除氧器的运行操作规程应符合《电站压力式除氧器安全技术规定》(能源安保〔1991〕709号)的要求。除氧器两段抽汽之间的切换点，应根据《电站压力式除氧器安全技术规定》进行核算后在运行规程中明确规定，并在运行中严格执行，严禁高压汽源直接进入除氧器。

7.1.9　检查进入除氧器、扩容器的高压汽源，采取措施消除除氧器、扩容器超压的可能。推广滑压运行，逐步取消二段抽汽进入除氧器。

7.1.10　单元制的给水系统，除氧器上应配备不少于两只全启式安全门，并完善除氧器的自动调压和报警装置。

7.1.11　除氧器和其他压力容器安全阀的总排放能力，应能满足其在最大进汽工况下不超压。

6.2.3.2　高压加热器、低压加热器

6.2.3.3　汽轮机各类疏水及排污扩容器及其他生产压力容器（减温减压器、轴封加热器、凝结水箱）

6.2.3.4　高温高压主汽、旁路、给水和疏水管道、三通、阀门及管道支吊架、保温、膨胀、振动

6.2.3.2～6.2.3.4查评依据如下：

【依据1】《防止电力生产重大事故的二十五项重点要求》(国能安全〔2014〕161号)

6.4.13　高压加热器保护装置及旁路系统应正常投入，并按规程进行试验，保证其动作可靠，避免给水中断。当因某种原因需退出高压加热器保护装置时，应制订措施，严格执行审批手续，并限期恢复。

6.5.5.1　加强炉外管巡视，对管系振动、水击、膨胀受阻、保温脱落等现象应认真分析原因，及时采取措施。炉外管发生漏气、漏水现象，必须尽快查明原因并及时采取措施，如不能与系统隔离处理应立即停炉。

6.5.5.2　按照《火力发电厂金属技术监督规程》(DL/T 438—2009)，对汽包、集中下降管、联箱、主蒸汽管道、再热蒸汽管道、弯管、弯头、阀门、三通等大口径部件及其焊缝进行检查，及时发现和消除设备缺陷。对于不能及时处理的缺陷，应对缺陷尺寸进行定量检测及监督，并做好相应技术措施。

6.5.5.3　定期对导汽管、汽水联络管、下降管等炉外管以及联箱封头、接管座等进行外观检查、壁厚测量、圆度测量及无损检测，发现裂纹、冲刷减薄或圆度异常复圆等问题应及时采取打磨、补焊、更换等处理措施。

6.5.5.4　加强对汽水系统中的高中压疏水、排污、减温水等小径管的管座焊缝、内壁冲刷和外表腐蚀现象的检查，发现问题及时更换。

6.5.5.5　按照《火力发电厂汽水管道与支吊架维修调整导则》（DL/T 616—2006）的要求，对支吊架进行定期检查。运行时间达到 100 000h 的主蒸汽管道、再热蒸汽管道的支吊架应进行全面检查和调整。

6.5.5.6　对于易引起汽水两相流的疏水、空气等管道，应重点检查其与母管相连的角焊缝、母管开孔的内孔周围、弯头等部位的裂纹和冲刷，其管道、弯头、三通和阀门，运行 100 000h 后，宜结合检修全部更换。

6.5.5.7　定期对喷水减温器检查，混合式减温器每隔 1.5 万 h～3 万 h 检查一次，应采用内窥镜进行内部检查，喷头应无脱落、喷孔无扩大，联箱内衬套应无裂纹、腐蚀和断裂。减温器内衬套长度小于 8m 时，除工艺要求的必须焊缝外，不宜增加拼接焊缝；若必须采用拼接时，焊缝应经 100%探伤合格后方可使用。防止减温器喷头及套筒断裂造成过热器联箱裂纹，面式减温器运行 2 万 h～3 万 h 后应抽芯检查管板变形，内壁裂纹、腐蚀情况及芯管水压检查泄漏情况，以后每大修检查一次。

6.5.5.8　在检修中，应重点检查可能因膨胀和机械原因引起的承压部件爆漏的缺陷。

6.5.5.9　机组投运的第一年内，应对主蒸汽和再热蒸汽管道的不锈钢温度套管角焊缝进行渗透和超声波检测，并结合每次 A 级检修进行检测。

6.5.5.10　锅炉水压试验结束后，应严格控制泄压速度，并将炉外蒸汽管道存水完全放净，防止发生水击。

6.5.5.11　焊接工艺、质量、热处理及焊接检验应符合《火力发电厂焊接技术规程》和《火力发电厂焊接热处理技术规程》的有关规定。

7.1.1　根据设备特点和系统的实际情况，制定每台压力容器的操作规程。操作规程中应明确异常工况的紧急处理方法，确保在任何工况下压力容器不超压、超温运行。

7.1.2　各种压力容器安全阀应定期进行校验。

7.1.3　运行中的压力容器及其安全附件（如安全阀、排污阀、监视表计、连锁、自动装置等）应处于正常工作状态。设有自动调整和保护装置的压力容器，其保护装置的退出应经单位技术总负责人批准。保护装置退出后，实行远控操作并加强监视，且应限期恢复。

7.1.6　压力容器内部有压力时，严禁进行任何修理或紧固工作。

7.1.7　压力容器上使用的压力表，应列为计量强制检验表计，按规定周期进行强检。

7.1.8　压力容器的耐压试验参考《固定式压力容器安全技术监察规程》（TSGR 0007—2009）进行。

7.1.12　高压加热器等换热容器，应防止因水侧换热管泄漏导致的汽侧容器筒体的冲刷减薄。全面检查时应增加对水位附近的筒体减薄的检查内容。

7.3.1　火电厂热力系统压力容器定期检验时，应对与压力容器相连的管系检查，特别应对蒸汽进口附近的内表面热疲劳和加热器疏水管段冲刷、腐蚀情况的检查。防止爆破汽水喷出伤人。

7.3.2　禁止在压力容器上随意开孔和焊接其他构件。若涉及在压力容器筒壁上开孔或修理等修理改造时，须按照《固定式压力容器安全技术监察规程》（TSGR 0004—2009）第 5.3 条“改造和重大维修”进行。

7.3.3　停用超过两年以上的压力容器重新启用时要进行再检验，耐压试验确认合格才能启用。

7.3.4　在订购压力容器前，应对设计单位和制造厂商的资格进行审核，其供货产品必须附有“压力容器产品质量证明书”和制造厂所在地锅炉压力容器监检机构签发的“监检证书”。要加强对所购容器的质量验收，特别应参加容器水压试验等重要项目的验收见证。

7.4.1 压力容器投入使用必须按照《压力容器使用登记管理规则》(锅质检锅〔2003〕207 号)办理注册登记手续，申领使用证。不按规定检验、申报注册的压力容器，严禁投入使用。

7.4.2 对其中设计资料不全、材质不明及经检验安全性能不良的老旧容器，应安排计划进行更换。

7.4.3 使用单位对压力容器的管理，不仅要满足特种设备的法律法规技术性条款的要求，还要满足有关特种设备在法律法规程序上的要求。定期检验有效期届满前 1 个月，应向压力容器检验机构提出定期检验要求。

【依据 2】《电力工业压力容器检验规程》(DL 647—2004)

8.1 检验范围：

a）压力容器本体及其接管座和支座；

b）压力容器安全附件（包括安全阀、压力表、水位表等）；

c）压力容器自动保护装置（包括高低压加热器疏水调节阀、压力式除氧器压力及水位自动调节装置）。

9 在役压力容器定期检验

9.1 检验范围同 8.1。

9.2 检验分类与周期。

定期检验分外部检验、内外部检验和超压水压试验：

a）外部检验。每年至少一次。

b）内外部检验可结合机组大修进行，其间隔时间为：安全状况等级为 1 级～2 级的，每 2 个大修间隔进行一次；安全状况等级为 3，结合每次大修进行一次；安全状况等级为 4 级的，根据检验报告所规定的日期进行。

c）超压水压试验，每两次内外部检验期内，至少进行一次。

9.3 有下列情况之一的容器，应缩短检验间隔时间：

a）首次投运后内外部检验周期一般为 3 年。

b）材料焊接性能较差，且在制造时曾多次返修的。

c）运行中发现严重缺陷或筒壁受冲刷壁厚严重减薄的。

d）进行技术改造变更原设计参数的。

e）使用期达 20 年以上、经技术鉴定确认不能按正常检验周期使用的。

f）材料有应力腐蚀情况的。

g）停止使用时间超过两年的。

h）经缺陷安全评定合格后继续使用的。

i）检验师（员）认为应该缩短的。

9.4 锅检机构从事在役压力容器定期检验前，应根据压力容器设备安全状况编制检验大纲，大纲中应明确压力容器使用单位必须提供的技术资料、图纸，明确现场检验项目和容器检验前准备工作等内容。

9.5 检验前应做好以下现场准备工作：

a）为检验而搭设的内外脚手架必须牢固安全。

b）拆除受检范围内的保温材料。

c）与压力容器相连接的所有汽水管道必须可靠隔离，并切断与容器运行有关的电源。

b）压力式除氧器和高低压加热器等高温运行压力容器，检验前应充分冷却，待容器壁温低于 35℃时方可进入检验。

e）清除压力容器内部的积水和污物。

f）检验用灯具和工具的电源，应按《电业安全工作规程》(电力部电安生〔1994〕227 号）的有关规定执行。

g）在压力容器内部检验时，内部应有良好的通风；容器外应设专人监护，并有可靠的联络措施。

9.6　受检单位应向检验人员提供受检容器的以下技术资料：

a）压力容器技术登录簿及使用登记证；

b）安装竣工图和产品质量证明书；

c）设备运行、故障、事故、缺陷处理及检修记录；

d）强度计算书或强度计算汇总表；

e）压力表、安全阀及自动保护校验报告；

f）历次压力容器检验报告。

【依据 3】《火力发电厂高温高压蒸汽管道蠕变监督导则》（DL 441—2004）

6.6　蠕变监督评价：

a）蠕变恒速阶段的蠕变速度不应大于 1×10^7mm/（mm • h），即（1×10^5%/h）。

b）总的相对蠕变变形量达 1%时进行试验鉴定。

c）总的相对蠕变变形量达 2%时更换管子。

7　蠕变监督的技术管理

7.1　设计单位应按本标准布置和设计蠕变测量标记，安装单位应按设计图纸正确装设，并将标有测量截面位置及编号的单线立体管道系统图，完整的移交给生产单位保存。

7.2　火电厂在机组投运前应依据 6 中有关条款，对各测量截面的原始管道直径或周长进行测量和计算，且做好原始记录的保存。

7.3　火力发电厂应依据本标准，机组每次大修进行蠕变测量，做到及时、准确，发现问题及时处理，保证测量数据和记录系统、完整、准确。

7.4　所有的蠕变监督测量数据、图、表除有文字记录外，还应进行计算机管理和存储。

7.5　火力发电厂高温高压蒸汽管道的蠕变测量，应由电厂指定专人负责，测量人员应保持相对稳定，专尺专用。确保蠕变测量结果准确可靠。

7.6　蠕变测量工具应完好齐全，专尺专用，并定期进行检定。蠕变测量用的温度计，每年至少检定一次。钢带尺应有特别容器保存，避免弯折和变形。

7.7　火力发电厂高温蒸汽管道的蠕变监督应建立完整的技术档案，包括：标有蠕变测量截面位置和编号的单线立体管线图、蠕变测量记录卡、相对蠕变应变–运行时间曲线等，并应及时正确地记录每次测量结果和计算结果。技术档案要妥善保管，不得遗失。

7.8　在设计期限内或经鉴定的超期运行期内，当相对蠕变变形量小于 0.75%或管道各测量截面间的最大蠕变速度小于 0.75×10^7mm/（mm • h） 时，监督段的蠕变测量时间间隔以 15 000h 左右为宜；对其他蠕变测量截面，可采用轮流方法，但其测量时间间隔以不超过 30 000h 为宜。

7.9　当相对蠕变变形量达 0.75%～1%或管道各测量截面间的最大蠕变速度接近 1×10^7mm/（mm • h）时，蠕变测量时间间隔以 10 000h 左右为宜，并不分监督段测量截面和非监督段测量截面。

7.10　当管道相对蠕变变形量或蠕变速度超过上述标准，或出现一次测点很不正常，或连续两次明显偏离线性时，金属专责应及时向有关主管汇报，并分析原因，提出对策。

【依据 4】《火力发电厂金属技术监督规程》（DL/T 438—2009）

7　主蒸汽管道和再热蒸汽管道及导汽管的金属监督

7.1　制造、安装检验

7.1.1　管道材料的监督按 5.1 和 5.2 相关条款执行。

7.1.2　国产管件和阀门应满足以下标准：弯管的制造质量应符合 DL/T 515—2004 的规定；弯头、三通和异径管的制造质量应符合 DL/T 695—1999 的规定；锻制的大直径三通应满足 DL 473—1992

的技术条件；阀门的制造质量应符合 DL/T 531—1994、DL/T 922—2005 和 JB/T 3595—2002 的规定。

7.1.3 受监督的管道，在工厂化配管前应进行如下检验：

a）钢管表面上的出厂标记（钢印或漆记）应与该制造商产品标记相符。

b）100%进行外观质量检验。钢管内外表面不允许有裂纹、折叠、轧折、结疤、离层等缺陷，钢管表面的裂纹、机械划痕、擦伤和凹陷以及深度大于 1.6mm 的缺陷应完全清除，清除处应圆滑过渡；清理处的实际壁厚不得小于壁厚偏差所允许的最小值且不应小于按 GB/T 9222—2008 计算的钢管最小需要壁厚。

c）钢管内外表面不允许有大于以下尺寸的直道缺陷：热轧（挤）管，大于壁厚的 5%，且最大深度大于 0.4mm。

d）校核钢管的壁厚和管径应符合相关标准的规定。

e）对合金钢管逐根进行光谱分析，光谱检验按 DL/T 991 执行。

f）合金钢管按同规格根数的 50%进行硬度检验，每炉批至少抽查 l 根；在每根钢管的 3 个截面（两端和中间）检验硬度，每一截面在相对 1800 检查两点；若发现硬度异常，应进行金相组织检验，电站常用金属材料的硬度值见附录 C。

g）钢管硬度高于本标准的规定值，通过再次回火；硬度低于本标准的规定值，重新正火+回火处理不得超过 2 次。

h）对合金钢管按同规格根数的 10%进行金相组织检验，每炉批至少抽查 1 根。

i）钢管按同规格根数的 50%进行超声波探伤，探伤部位为钢管两端头的 300mm～500mm 区段。

j）对直管按每炉批至少抽取 1 根进行以下项目的试验，确认下列项目应符合现行国家、行业标准或国外相应的标准：

——化学成分：

——拉伸、冲击、硬度；

——金相组织、晶粒度和非金属夹杂物；

——弯曲试验（按 ASTMA335 执行）；

——无损探伤。

k）P22 钢管的试验评的应确认制造商。若为美国 WYMAN—GORDON 公司生产，其金相组织为珠光体+铁素体；若为德国 VOLLOREC & MANNESMANN 公司或国产管，金相组织为贝氏体（珠光体）+铁素体。两个公司生产的钢管采用的标准不同，且拉伸强度要求不同。

7.1.4 受监督的弯头/弯管，在工厂化配管前应进行如下检验：

a）查明弯头/弯管表面上的出厂标记（钢印或漆记）应与该制造商产品标记相符。

b）100%进行外观质量检查。弯头 j 弯管表面不允许有裂纹、折叠、重皮、凹陷和尖锐划痕等缺陷。表面缺陷的处理及消缺后的壁厚按 7.1.3 中的 b）执行。

c）按质量证明书校核弯头 j 弯管规格并检查以下几何尺寸：

1）逐件检验弯管/弯头的中性面/外/内弧侧壁厚、椭圆度和波浪率。

2）弯管的椭圆度应满足：公称压力大于 8MPa 时，椭圆度不大于 5%；公称压力不大于 8MP。时，椭圆度不大于 7%。

3）弯头的椭圆度应满足：公称压力不小于 10MPa 时，椭圆度不大于 3%；公称压力小于 10MPa 时，椭圆度不大于 5%。

d）合金钢弯头/弯管应逐件进行光谱分析，光谱检验按 DL/T 991 执行。

e）对合金钢弯头/弯管 100%进行硬度检验，至少在外弧侧顶点和侧弧中间位置测 3 点。

f）对合金钢弯头/弯管按 10%进行金相组织检验（同规格的不得少于 1 件），若发现硬度异常，应进行金相组织检验。

g）弯头弯管的外弧面按 10%进行探伤抽查。

h）弯头/弯管有下列情况之一时，为不合格：

1）存在晶间裂纹、过烧组织、夹层或无损探伤的其他超标缺陷；

2）弯管几何形状和尺寸不满足 DL/T 515 中有关规定，弯头几何形状和尺寸不满足本标准和 DL/T 695—2014 中有关规定；

3）弯头/弯管外弧侧的最小壁厚小于按 GB/T 9222—2008 计算的管子或管道的最小需要壁厚。

7.1.5 受监督的锻制、热压和焊制三通以及异径管，在配管前应进行如下检查：

a）三通和异径管表面上的出厂标记（钢印或漆记）应与该制造商产品标记相符。

b）100%进行外观质量检验。锻制、热压三通以及异径管表面不允许有裂纹、折叠、重皮、凹陷和尖锐划痕等缺陷。表面缺陷的处理及消缺后的壁厚按 7.1.3 中的 b） 执行，三通肩部的壁厚应大于主管公称壁厚的 1.4 倍。

c）合金钢三通、异径管应逐件进行光谱分析，光谱检验按 DL/T 991 执行。

d）合金钢三通、异径管按 100%进行硬度检验。三通至少在肩部和腹部位置各测 3 点，异径管至少在大、小头位置测 3 点。

e）对合金钢三通、异径管按 10%进行金相组织检验（不得少于 1 件），若发现硬度异常，则应进行金相组织检验。

f）三通、异径管按 10%进行探伤抽查。

g）三通、异径管有下列情况之一时，为不合格：

1）存在晶间裂纹、过烧组织、夹层或无损探伤的其他超标缺陷；

2）焊接三通焊缝存在超标缺陷；

3）几何形状和尺寸不符合 DL/T 5—1999 中有关规定；

4）最小壁厚小于按 GB/T 9222—2008 中规定计算的最小需要壁厚。

7.1.6 管件硬度高于本标准的规定值，通过再次回火；硬度低于本标准的规定值，重新正火+回火处理不得超过 2 次。

7.1.7 对验收合格的直管段与管件，按 DL/T 850—2004 进行组配，组配后的配管应进行以下检验，并满足以下技术条件：

a）几何尺寸应符合 DL/T 850—2004 的规定。

b）对合金钢管焊缝 100%进行光谱检验和热处理后的硬度检验；若组配后进行整体热处理，应对合金钢管按 10%进行硬度抽查，若发现硬度异常，则扩大检验比例，且焊缝或管段应进行金相组织检验。

c）组配焊缝进行 100%无损探伤。

d）管段上小径接管的形位偏差应符合 DL/T 850—2004 中的规定。

7.1.8 受监督的阀门，安装前应作如下检验：

a）阀壳表面上的出厂标记（钢印或漆记）应与该制造商产品标记相符。

b）按质量证明书校核阀壳材料有关技术指标应符合现行国家或行业技术标准，特别要注意阀壳的无损探伤结果。

c）校核阀门的规格，并 100%外观质量检验。铸造阀壳内外表面应光洁，不得存在裂纹、气孔、毛刺和夹砂及尖锐划痕等缺陷；锻件表面不得存在裂纹、折叠、锻伤、斑痕、重皮、凹陷和尖锐划痕等缺陷；焊缝表面应光滑，不得有裂纹、气孔、咬边、漏焊、焊瘤等缺陷；若存在上述表面缺陷，则应完全清除，清除深度不得超过公称壁厚的负偏差，清理处的实际壁厚不得小于壁厚偏差所允许的最小值。

d）对合金钢制阀壳逐件进行光谱分析，光谱检验按 DL/T 991 执行。

e）按 20%对阀壳进行表面探伤，至少抽查 1 件。重点检验阀壳外表面非圆滑过渡的区域和壁厚变化较大的区域。

7.1.9 设计单位应向电厂提供管道单线立体布置图。图中标明：

a）管道的材料牌号、规格、理论计算壁厚、壁厚偏差。

b）设计采用的材料许用应力、弹性模量、线膨胀系数。

c）管道的冷紧口位置及冷紧值。

d）管道对设备的推力、力矩。

e）管道最大应力值及其位置。

7.1.10 对新建机组蒸汽管道，不强制要求安装蠕变变形测点；对已安装了蠕变变形测点的蒸汽管道，则继续按照 DL/T 441—2004 进行检验。

7.1.11 对工作温度大于 450℃的主蒸汽管道、高温再热蒸汽管道，应在直管段上设置监督段（主要用于金相和硬度跟踪检验）：监督段应选择该管系中实际壁厚最薄的同规格钢管，其长度约 1000mm；监督段同时应包括锅炉蒸汽出口第一道焊缝后的管段和汽轮机入口前第一道焊缝前的管段。

7.1.12 在以下部位可装设蒸汽管道安全状态在线监测装置：

a）管道应力危险的区段。

b）管壁较薄，应力较大，或运行时间较长，以及经评估后剩余寿命较短的管道。

7.1.13 安装前，安装单位应对直管段、管件和阀门的外观质量进行检验，部件表面不许存在裂纹、严重凹陷、变形等缺陷。

7.1.14 安装前安装单位应对直管段、弯头弯管、三通进行内外表面检验和几何尺寸抽查：

a）按管段数量的 20%测量直管的外（内）径和壁厚。

b）按弯管（弯头）数量的 20%进行不圆度、壁厚测量，特别是外弧侧的壁厚。

c）检验热压三通检验肩部、管口区段以及焊制三通管口区段的壁厚。

d）对异径管进行壁厚和直径测量。

e）管道上小接管的形位偏差。

f）凡何尺寸不合格的管件，应加倍抽查。

7.1.15 安装前，安装单位应对合金钢管、合金钢制管件（弯头/弯管、三通、异径管）100%进行光谱检验，按管段、管件数量的 20%和 10%分别进行硬度和金相组织检验；每种规格至少抽查 1 个，硬度异常的管件应扩大检查比例且进行金相组织检验。

7.1.16 应对主蒸汽管道高温再热蒸汽管道上的堵阀/堵板阀体、焊缝进行无损探伤。

7.1.17 工作温度大于 450℃的主蒸汽管道、高温再热蒸汽管道和高温导汽管的安装焊缝应采取氩弧焊打底。焊缝在热处理后或焊后（不需热处理的焊缝）应进行 100%无损探伤。管道焊缝超声波探伤按 DL/T 820 进行，射线探伤按 DL/T 821 执行，质量评定按 DL/T 869 执行。对虽未超标但记录的缺陷，应确定位置、尺寸和性质，并记入技术档案。

7.1.18 安装焊缝的外观、光谱、硬度、金相组织检验和无损探伤的比例、质量要求按 DL/T 869 中的规定执行，对 9%～12%Cr 类钢制管道的有关检验监督项目按 7.3 执行。

7.1.19 管道安装完应对监督段进行硬度和金相组织检验。

7.1.20 管道保温层表面应有焊缝位置的标志。

7.1.21 安装单位应向电厂提供与实际管道和部件相对应的以下资料：

a）三通、阀门的型号、规格、出厂证明书及检验结果；若电厂直接从制造商获得三通、阀门的出厂证明书，则可不提供。

b）安装焊缝坡口形式、焊缝位置、焊接及热处理工艺及各项检验结果。

c）直管的外观、几何尺寸和硬度检查结果；合金钢直管应有金相组织检验结果。

d）弯管/弯头的外观、椭圆度、波浪率、壁厚等检验结果。

e）合金钢制弯头/弯管的硬度和金相组织检验结果。

f）管道系统合金钢部件的光谱检验记录。

g）代用材料记录。

h）安装过程中异常情况及处理记录。

7.1.22 监理单位应向电厂提供钢管、管件原材料检验、焊接工艺执行监督以及安装质量检验监督等相应的监理资料。

7.1.23　主蒸汽管道、高温再热蒸汽管道露天布置的部分，及与油管平行、交叉和可能滴水的部分，应加包金属薄板保护层。已投产的露天布置的上蒸汽管道和高温再热蒸汽管道，应加包金属薄板保护层。露天吊架处应有防雨水渗入保护层的措施。

7.1.24　主蒸汽管道、高温再热蒸汽管道要保温良好，严禁裸露运行，保温材料应符合设计要求，不能对管道金属有腐蚀作用；运行中严防水、油渗入管道保温层。保温层破裂或脱落时，应及时修补；更换容重相差较大的保温材料时，应考虑对支吊架的影响；严禁在管道上焊接保温拉钩，不得借助管道起吊重物。

7.1.25　工作温度高于 450℃的锅炉出口、汽轮机进口的导汽管，参照主蒸汽管道、高温再热蒸汽管道的监督检验规定执行。

7.2　机组运行期间的检验监督

7.2.1　管件及阀门的检验监督

7.2.1.1　机组第一次 A 级检修或 B 级检修，应按 10%对管件及阀壳进行外观质量、硬度、金相组织、壁厚、椭圆度检验和无损探伤（弯头的探伤包括外弧侧的表面探伤与对内壁表面的超声波探伤）。以后的检验逐步增加抽查比例，后次 A 级检修或 B 级检修的抽查部件为前次未检部件，至 10 万 h 完成 100%检验。

7.2.1.2　每次 A 级检修应对以下管件进行硬度、金相组织检验，硬度和金相组织检验点应在前次检验点处或附近区域：

a）安装前硬度、金相组织异常的管件。

b）安装前不圆度较大、外弧侧壁厚较薄的弯头/弯管。

c）锅炉出口第一个弯头/弯管、汽轮机入口邻近的弯头/弯管。

7.2.1.3　机组每次 A 级检修应对安装前椭圆度较大、外弧侧壁厚较薄的弯头/弯管进行椭圆度和壁厚测量；对存在较严重缺陷的阀门、管件每次 A 级检修或 B 级检修应进行无损探伤。

7.2.1.4　工作温度高于 450℃的锅炉出口、汽轮机进口的导汽管弯管，参照主蒸汽管道、高温再热蒸汽管道弯管监督检验规定执行。

7.2.1.5　弯头/弯管发现下列情况时，应及时处理或更换：

a）当发现 7.1.4 中 h）所列情况之一时。

b）产生蠕变裂纹或严重的蠕变损伤（蠕变损伤 4 级及以上）时。

c）碳钢、钼钢弯头焊接接头石墨化达 4 级时；石墨化评级按 DL/T 786—2001 规定执行。

d）相对于初始椭圆度，复圆 50%。

e）已运行 20 万 h 的铸造弯头，检验周期应缩短到 2 万 h，根据检验结果决定是否更换。

7.2.1.6　三通和异径管有下列情况时，应及时处理或更换：

a）当发现 7.1.5 中 g）所列情况之一时。

b）产生蠕变裂纹或严重的蠕变损伤（蠕变损伤 4 级及以上）时。

c）碳钢、钼钢三通，当发现石墨化达 4 级时；石墨化评级按 DL/T 786—2001 规定执行。

d）已运行 20 万 h 的铸造三通，检验周期应缩短到 2 万 h，根据检验结果决定是否更换。

e）对需更换的三通和异径管，推荐选用锻造、热挤压、带有加强的焊制三通。

7.2.1.7　铸钢阀壳存在裂纹、铸造缺陷，经打磨消缺后的实际壁厚小于最小壁厚时，应及时处理或更换。

7.2.1.8　累计运行时间达到或超过 10 万 h 的主蒸汽管道和高温再热蒸汽管道，其弯管为非中频弯制的应予更换。若不具备更换条件，应予以重点监督，监督的内容主要为：

a）弯管外弧侧、中性面的壁厚。

b）弯管外弧侧、中性面的硬度。

c）弯管外弧侧的金相组织。

d）弯管的椭圆度。

7.2.2　支调架的检验监督

7.2.2.1　应定期检查管道支吊架和位移指示器的状况，特别要注意机组启停前后的检查，发现支吊架松脱、偏斜、卡死或损坏等现象时，及时调整修复并做好记录。

7.2.2.2　管道安装完毕和机组每次 A 级检修，对管道支吊架进行检验。根据检查结果，在第一次或第二次 A 级检修期间，对管道支吊架进行调整；此后根据每次 A 级检修检验结果，确定是否再次调整。管道支调架检查与调整按 DL/T 616—2006 执行。

7.2.3　低合金耐热钢及碳钢管道的检验监督

7.2.3.1　机组第一次 A 级检修或 B 级检修，按 10%对直管段和焊缝进行外观质量、硬度、金相组织、壁厚检验和无损探伤。以后检验逐步增加抽查比例，后次 A 级检修或 B 级检修的抽查的区段、焊缝为前次未检区段、焊缝，至 10 万 h 完成 100%检验。

7.2.3.2　机组每次 A 级检修，应对以下管段和焊缝进行硬度和金相组织检验，硬度和金相组织检验点应在前次检验点处或附近区域。

a）监督段直管。

b）安装前硬度、金相组织异常的直段和焊缝。

7.2.3.3　管道的外观质量检验和焊缝的无损探伤

a）管道直段、焊缝外观不允许存在裂纹、严重划痕、拉痕、麻坑、重皮及腐蚀等缺陷。

b）焊缝的无损探伤抽查依据安装焊缝的检验记录选取，对于缺陷较严重的焊缝，每次 A 级检修或 B 级检修应进行无损探伤复查。焊缝表面探伤按 JB/T 4730—2005 执行，超声波探伤按 DL/T 820 规定执行。

7.2.3.4　与主蒸汽管道相连的小管，应采取如下监督检验措施：

a）主蒸汽管道可能有积水或凝结水的部位（压力表管，疏水管附近、喷水减温器下部、较长的盲管及不经常使用的联络管），应重点检验其与母管相连的角焊缝。运行 10 万 h 后，宜结合检修全部更换。

b）小管道上的管件和阀壳的检验与处理参照 7.2.1 执行。

c）对联络管、防腐管等小管道的管段、管件和阀壳，运行 10 万 h 以后，根据实际情况，尽可能全部更换。

7.2.3.5　工作温度大于或等于 450℃、运行时间较长和受力复杂的碳钢、钼钢制蒸汽管道，重点检验石墨化和珠光体球化；对石墨化倾向日趋严重的管道，除做好检验外，应按规定要求做好管道运行，维修工作，防止超温、水冲击等；碳钢的石墨化和珠光体球化评级按 DL/T 786—2001 和 DL/T 674—1999 执行，钼钢的石墨化和珠光体球化评级可参考 DL/T 786—2001 和 DL/T 674—1999。

7.2.3.6　工作温度大于或等于 450℃的碳钢、钼钢制蒸汽管道，当运行时间超过 20 万 h 时，应割管进行材质评定，割管部位应包括焊接接头。

7.2.3.7　300MW 及以上机组带纵焊缝的低温再热蒸汽管道投运后，应做如下检验：

a）第 1 次 A 级检修或 B 级检修抽取 10%的纵焊缝进行超声波探伤；以后的检验逐步增加抽查比例，至 10 万 h 完成 100%检验。

b）对于缺陷较严重的焊缝每次 A 级检修或 B 级检修，应进行无损探伤复查。

7.2.3.8　对运行时间达到或超过 20 万 h、工作温度高于 450℃的主蒸汽管道、高温再热蒸汽管道，应割管进行材质评定；当割管试验表明材质损伤严重时（材质损伤程度根据割管试验的各项力学性能指标和微观金相组织的老化程度由金属监督人员确定），应进行寿命评估；管道寿命评估按照 DL/T 940 执行。

7.2.3.9　已运行 20 万 h 的 12CrMo、15CrMo、12CrMoV、12CrlMoV、12Cr2MoG（2.25Cr–1Mo、P22、10CrMo910）钢制蒸汽管道，经检验符合下列条件，直管段一般可继续运行至 30 万 h：

a）实测最大蠕变应变小于 0.75%或最大蠕变速度小于 0.35×10^{-5}%/h。

b）监督段金相组织未严重球化（即未达到 5 级），12CrMo、15CrMo 钢的珠光体球化评级按 DL/T 787—2001 执行，12CrM0V、12Cr1MoV 钢的珠光体球化评级按 DL/T 773—2001 执行，12Cr2MoG、2.25Cr–1Mo、P22 和 10CrMo910 钢的珠光体球化评级按 DL/T 999—2006 执行。

c）未发现严重的蠕变损伤。

7.2.3.10　12CrMo、15CrMo、12CrMoV、12Cr1MoV 和 12Cr2MoG 钢蒸汽管道，当金相组织珠光体球化达到 5 级，或蠕变应变达到 1%或蠕变速度大于 0.35×10^{-5}%/h，应割管进行材质评定和寿命评估。

7.2.3.11　除 7.2.3.9 所列的五种钢种外，其余合金钢制主蒸汽管道、高温再热蒸汽管道，当蠕变应变达 1%或蠕变速度大于 1×10^{-5}%/h 时，应割管进行材质评定和寿命评估。

7.2.3.12　主蒸汽管道材质损伤，经检验发现下列情况之一时，须及时处理或更换：

a）自机组投运以后，一直提供蠕变测量数据，其蠕变应变达 15%。

b）一个或多个晶粒长的蠕变微裂纹。

7.2.3.13　工作温度高于 450℃的锅炉出口、汽轮机进口的导汽管，根据不同的机组型号在运行 5 万 h～10 万 h 时间范围内，进行外观质量和无损检验，以后检验周期约 5 万 h。对启停次数较多、原始椭圆度较大和运行后有明显复圆的弯管，应特别注意，发现超标缺陷或裂纹时，应及时更换。

【依据 5】《火力发电厂汽水管道与支吊架维修调整导则》（DL/T 616—2006）

3.2　管道系统的膨胀

3.2.1　新机组投运之前，应取得完整的管道设计和安装记录，首次升温，应及时检查管道各处位移与设计计算值的吻合程度，并做好记录。根据管道的实际情况，包括实际采用管子的偏差状况、保温材料的使用容重和结构等因素，进行初步应力分析。除限位装置、刚性支吊架与固定支架外，应保证管道系统自由膨胀。两相邻管道保温外表面之间的距离，足以保证管道的冷位移和热位移均不受阻碍。相邻管道及管道与设备也应保证管道冷位移和热位移不受阻碍。

3.2.2　新机组首次启动前和启动后，蒸汽参数达到额定值 8h，以及停机后管道壁温降至接近环境温度时，应各记录一次各个支吊架的三向热位移数值。

3.2.3　机组大修停机后，待管道壁温降至接近环境温度时，以及重新启动待蒸汽参数达到额定值 8h 后，应各记录一次各个支吊架的三向位移值。

3.2.4　当高温管道热位移较大时，在测量方便处装设热位移指示器，并应在检查和维修中核对。

3.2.5　各支吊架的实际热位移值与设计计算值应该相符。若不相符合，应查明原因，纠正后应予以重新核算，并且归档备案。

3.3　管道系统的推力与力矩

3.3.1　当与管道连接的设备出现变形或非正常的位移时，应分析管道的推力与力矩对设备的影响。

3.3.2　管道与设备接口焊缝或其他可视部位焊缝出现裂纹，应查清出现裂纹的原因，并对附近的支吊架进行检查，必要时按实际情况进行管道推力与力矩核算。

3.3.3　应检查固定支吊架与生根结构的焊接情况，如果混凝土支墩或生根的钢件发生损坏，应分析原因，并及时处理。

3.3.4　当限位装置出现异常变形或开裂时（特别是在锅炉或汽轮机接口附近的限位装置），应立即进行处理。

3.3.5　当发现法兰结合面出现泄漏时，除检查法兰的安装质量外，还应考虑管道系统推力与力矩的影响。密封件的质量和回弹性能应符合 JB/T 4704、JB/T 4705、JB/T 4706 的要求。

3.4　管道系统的冲击与振动

3.4.1　当管道发生明显振动、水锤或汽锤现象，应及时对管道系统进行目测检查，并记录发生振动、水锤或汽锤的时间、工况，支吊架零部件是否损坏及管道是否变形。并通过简化的振动固有频率计算和流动瞬态计算分析原因，采取措施。

管道出现较大振幅的振（晃）动，应通过振动固有频率计算、静力分析，必要时通过流动瞬态计算分析原因，检查支吊架安装是否符合设计图纸，严禁未经计算就用强制约束的办法来掩饰振动，使振动表象转移到内部损伤。常用的消振方法为：

a）在进行应力分析的基础上，用提高管道系统刚度的办法来消振，并应对支吊架进行认真调整；

b）通过动力分析，用增设减振器的方法来消振，减振器的安装方向应充分考虑该管道的正常热位移。

3.4.2　因汽、液两相不稳定流动以及瞬态冲击现象而引发振动的管道，不宜用强制约束的办法来限制振动，应在进行必要的强度核算和流动瞬态分析后，从运行工况、管道系统结构布置或者选用适当组件的办法综合考虑。

3.5　管道和支吊架缺陷

3.5.1　当管道某一焊口或部件发现裂纹等缺陷，应进行如下工作：

a）按 DL/T 695 和 DL/T 869，分析焊接及管材质量，分析管子和管件是否符合标准、强度是否满足要求；

b）检查裂纹或焊口相邻近的支吊架状态，并测定其位移方向和位移量；

c）根据管道实际状况进行应力分析，然后进行损坏原因的综合分析，并采取措施纠正。

3.5.2　支吊架管部、根部或连接件有变形过大、出现裂纹等异常时，应按 GB 17116.1 和 DL/T 5054 进行校核计算，强度不足时应进行补强。

3.5.3　对蒸汽管道做水压试验时，应将弹簧支吊架和恒力支吊架进行锁定。如无法锁定或锁定后其承载能力不足时，应对部分支吊架进行临时加固或增设临时支吊架，加固或增设的支吊架要经过计算校核。

3.6　管道系统应力分析

3.6.1　应力分析所采用的软件，应符合火力发电厂汽水管道应力计算的规定。

3.6.2　在进行应力分析时，应绘制计算图，图纸的内容深度。

3.6.3　应力分析软件应有如下功能：

a）可以计算下列工况：初期冷态工况、初期热态工况、偶然荷载工况、水压试验工况、风载或地震工况。

b）输出内容中至少包括下列项目：上述各种工况的一次应力、一次应力与二次应力之和的综合应力、判断各种应力是否合格、管道在各种工况下对设备及限制点的推力和力矩。

c）各个支吊点、约束点和阻尼器点上的冷、热位移；计算输入的原始数据。

d）当采用内径控制管时，计算输入的原始数据应按相应标准或者合同规定的各项偏差所折算的公称外径和公称壁厚计算。

e）当管道运行已经超过 1 万 h，采用的许用应力应进行损耗折算，取用折减后的许用应力数值。

f）保温材料的容重和导热系数不宜采用无条件给出的容重和导热系数进行计算，对于软性保温材料，应取用包扎后真实的使用容重和相对应的导热系数。

3.6.4　应力分析结果，至少应包括下列内容：

a）原始条件表，包括：计算参数、管道及元件的材质及计算单位质量，元件和焊接接头处的应力增强系数，阻尼器接点处的位移和附加力。

b）应力分析表，填写对端点的推力和力矩表，计算冷、热位移表及支吊架明细表。

3.7　管道保温

3.7.1　保温材料导热系数和容重应符合 GB 4272、GB 8174、DL/T 5072 的规定。

3.7.2　检修时，局部拆除的保温应按原设计的材料与结构恢复。使用代用材料其邻近支吊架工作荷载变化超过±8%时，应进行应力分析并对支吊架荷载重新调整。

3.7.3　大范围更换保温，宜使用与原设计导热系数、容重和结构相同或相近的保温材料。否则，应重新进行应力分析，核算管道的应力、推力和力矩以及支吊架的荷载、位移和弹簧型号、弹簧压缩度，再根据计算结果选用支吊架。

3.7.4　大范围地拆除保温之前，应将弹簧支吊架、恒力支吊架暂时锁定，保温恢复后应解除锁定。

3.7.5　严禁主蒸汽管道、高低温再热蒸汽管道、高压给水管道或其他重要管道的任何部位因保温脱落而裸露运行。不应将弹簧、吊杆、滑动与导向装置的活动部分包在保温层内。

3.8　管道系统的改造与检修

3.8.1　当更换管子、管件或保温材料在质量、尺寸、布置或材质等方面与原设计不同时，应根据实际数据重新进行应力分析，检查管道系统的安全和对设备或接点的推力、力矩和位移。管子、管件应按 3.1 条的分类原则采用和检验。

对于重新更换的管件（包括阀件），应填写好检查记录，如为重新采购的管件，应按 DL/T 695 所规定的检验项目和要求，进行全面验收，否则不允许使用在电站管道上。

3.8.2　当局部换管时，应根据管道系统的实际状况，重新按照折减后的许用应力进行应力分析、管件强度计算与支吊架更换和载荷调整。

3.8.3　更换管件（包括阀件）前，应对作业部位两侧的管子进行定尺寸、定位置的临时约束，待作业全部结束后，方可解除约束。

3.8.4　支吊架的更换，按照 DL/T 5031 的有关规定施工。在进行选型计算的基础上，所绘制的支吊架修改图纸，应包括：符合强度、刚度要求的零部件型号，吊点安装位置，偏装要求和尺寸，整定弹簧安装荷载、工作荷载、安装高度、工作高度、弹簧压缩值，减振器和阻尼器安装方向，考虑坡度影响的安装标高和满足冷、热位移的连接件余头尺寸。

3.8.5　管道支吊点的定位与设计的偏差值不应超过 20mm；着力点的定位与设计的偏差值，不应引起根部所依附的钢结构或承载结构超过设计规定的应力水平。

3.8.6　根据 GB/T 17116.1 和 DL/T 5054 的原则确定，支吊点与着力点需要偏装时，计算根部着力点对于管部支吊点的偏装值为水平冷位移值与 1/2 热位移值之代数和。利用根部偏装，就既定的坐标方向而言，偏装方向与上述计算值的符号方向一致；反之，进行管部偏装，偏装方向与上述计算值的符号方向相反。当吊架的拉杆在各种工况下，刚性吊架摆角超过 3°、弹性吊架摆角超过 4°时，应查明原因，并进行处理。

3.8.7　与管道直接接触的支吊架管部，其材料应按管道的设计参数选用，接触面不应损伤管道表面。应保证管部与管道之间在预定约束方向，不发生相对滑动或转动。

3.8.8　与管道直接焊接的管道零部件，其材料应与管道材料相同或同类。支吊架的焊接与检验，应按照 DL/T 869 的规定进行。

3.8.9　支吊架的根部宜采用钩挂或螺栓的连接方式与钢结构连接。当必须与钢结构焊接时，应采用保证结构安全的措施。

3.8.10　改造或更换管道时，应根据火力发电厂汽水管道应力计算的规定和 DL/T 5054 规定的原则实施冷紧，当管道系统应力水平较低、端点推力和力矩符合与之相连设备的要求时，可以不进行冷紧。如需冷紧，则在空间三个方向不同管段上用下料值保证冷紧值。

3.8.11　管道应具有疏水或放水坡度，水平管道安装应按 DL/T 5054 的规定执行。安装坡度应保证管道在冷态、热态（疏水态）时不小于规定的最小坡度值。管道安装坡度计算见下式：

a）冷态：

$$i_1 = i_0 + \frac{\Delta_{oz}^{M} - \Delta_{oz}^{Q}}{L_{M-Q}} \tag{1}$$

式中：i_1——冷态时管道安装坡度；

i_0——规定的坡度最小值，按 DL/T 5054 确定；

Δ_{oz}^{Q} ——按照管道坡向，起点的垂直方向（z 向）的冷位移，mm；

Δ_{oz}^{M} ——按照管道坡向，后面一点的垂直方向（z 向）的冷位移，mm；

L_{M-Q} ——所计算的起点到后面一点（末点）的管道长度，mm。

b）疏水态：

$$i_s = i_0 + \frac{(\Delta_{oz}^{M} + A\Delta_{tz}^{M}) - (\Delta_{oz}^{Q} + A\Delta_{tz}^{Q})}{L_{M-Q}} \tag{2}$$

$$A = \frac{\alpha_s (t_s - 20)}{\alpha_t (t_t - 20)} \tag{3}$$

式中：i_s ——疏水态时管道安装坡度；

Δ_{tz}^{Q} ——按照管道坡向，起点的垂直方向（z 向）的热位移，mm；

Δ_{tz}^{M} ——按照管道坡向，后面一点的垂直方向（z 向）的热位移，mm；

t_s——蒸汽管道疏水态的温度，℃；

t_t——管道的设计计算温度，℃；

α_s——对应管道疏水温度时材料的线胀系数，10^{-6}/℃；

α_t——对应管道设计温度时材料的线胀系数，10^{-6}/℃。

在一根水平管道（包括水平拐弯的管道）上每两点之间根据式（1）和式（2）计算出冷态和热态所需要的最小坡度，两者取大值作为这两点之间应保证的最小坡度，如一条水平管道上有五个计算吊点，应计算出 4 组冷、热态共 8 个最小值，取它们的最大值作为该条水平管段应保证的最小坡度。所确定的安装坡度应不小于保证的最小坡度。

4　支吊架

4.1　一般规定

4.1.1　支吊架的检查、维修与调整除遵守本标准外，还应符合 GB/T 17116.1 的规定。

4.1.2　管道支吊架应尽可能采用标准件和标准设计，当不能套用标准时，也应进行分析设计绘制图纸后加工配制。

4.1.3　支吊架日常维护的检查以目测为主，当发现异常时，进行针对性检查。在大修和认为有必要时，进行全面检查。

4.1.4　支吊架调整主要包括：支吊架的荷载分配、弹簧状态、紧固螺栓的受力情况、恒力吊架的指针数值、减振器抗震力与阻尼器行程分配等。

4.1.5　大范围更换保温与大数量更换支吊架后，在弹性支吊架锁定装置未解除前，应对全部支吊架进行检查与初调，使所有吊杆受力合理，符合设计预定值。

4.1.6　支吊架的冷态调整，应在机组投运前进行，保证各个支吊架弹簧指针处于冷态标识点上、恒力吊架指针处于安装位置、固定支架和各种限位装置稳定牢固、减振器和阻尼器的安装状态指针处于起始点、管道冷位移值与设计值接近。

4.1.7　管道冲管前，应拆除弹性支吊架的锁定装置，冲管时对所有支吊架进行一次目测检查，出现问题应及时处理。

4.1.8　支吊架全部调整结束后，锁紧螺母均应锁紧。应逐个检查弹性支吊架（包括恒力支吊架）的锁定装置是否均已解除。

4.1.9　汽水管道首次试投运时，在蒸汽温度达到额定值 8h 后，应对所有支吊架进行目测检查，对弹性支吊架荷载标尺或转体位置、振动器及阻尼器行程、刚性支吊架和限位支吊架状态进行记录。发现异常应分析原因，并进行调整和处理。

4.1.10　主蒸汽管道、高低温再热蒸汽管道、高压给水管道等重要管道的支吊架，每年应在热态时逐个目测一次，并记入档案。检查项目应包括但不限于下列内容：

a）弹簧支吊架是否过度压缩、偏斜或失载；

b）恒力弹簧支吊架转体位移指示是否越限；

c）支吊架的水平位移是否异常；

d）固定支吊架是否连接牢固；

e）限位装置状态是否异常；

f）减振器及阻尼器位移是否异常等。

4.1.11　一般汽水管道，大修时应对重要支吊架进行检查，检查项目至少应包括下列内容：

a）承受安全阀、泄压阀排汽反力的液压阻尼器的油系统与行程；

b）承受安全阀、泄压阀排汽反力的刚性支吊架间隙；

c）限位装置、固定支架结构状态是否正常；

d）大荷载刚性支吊架结构状态是否正常等。

其他支吊架可进行目测观察，发现问题应及时处理；观察与处理情况应记录存档。

4.1.12　主蒸汽管道、高低温再热蒸汽管道、高压给水管道等重要管道投运后 3 万 h 到 4 万 h 及以后每次大修时，应对管道和所有支吊架的管部、根部、连接件、弹簧组件、减振器与阻尼器进行一次全面检查，做好记录。

4.1.13　其他管道，根据日常目测和抽样检测的结果，确定是否对支吊架进行全面检查。当管道已经运行了 8 万 h 后，即使未发现明显问题，也应计划安排一次支吊架的全面检查。支吊架全面检查的项目至少应包括下列内容：

a）承载结构与根部钢结构是否有明显变形，支吊架受力焊缝是否有宏观裂纹；

b）变力弹簧支吊架的荷载标尺指示或恒力弹簧支吊架的转体位置是否正常；

c）支吊架活动部件是否卡死、损坏或异常；

d）吊杆及连接配件是否损坏或异常；

e）刚性支吊架结构状态是否损坏或异常；

f）限位装置、固定支架结构状态是否损坏或异常；

g）减振器、阻尼器的油系统与行程是否正常；

h）管部、根部、连接件是否有明显变形，主要受力焊缝是否有宏观裂纹。

4.2　变力弹簧支吊架

4.2.1　新选用的变力弹簧支吊架应采用整定弹簧。支吊架弹簧技术性能应达到 GB 17116.1 的要求。订购的弹簧应按 GB/T 17116.1 进行检查、验收和出厂试验。

4.2.2　更换支吊架的弹簧时，应根据 DL/T 5054 规定的方法计算，计算公式如下。

a）单个弹簧吸收的最大热位移按下式计算：

1）热位移向上时：

$$\Delta Z' = \frac{C'}{C'+1}\lambda_{\max} \tag{4}$$

式中：$\Delta Z'$ ——单个弹簧吸收的最大热位移值，mm；

C' ——初选的荷载变化系数；

$\lambda_{\max}$ ——弹簧最大允许荷载下的变形量，mm。

2）热位移向下时：

$$\Delta Z' = C'\lambda_{\max} \tag{5}$$

b）弹簧串联数按下式计算（计算结果进位取整数）：

$$n = \frac{\Delta Z_t}{\Delta Z'} \tag{6}$$

式中：n ——弹簧串联数；

ΔZ_t ——支吊点处管道的垂直热位移值，mm。

c）热态吊零管道：

1）弹簧型号选择计算：

热位移向上时

$$P_{op}\frac{\lambda_{max}}{\lambda_{max}-\Delta Z'}\leqslant P_{max} \tag{7}$$

热位移向下时

$$P_{op}\leqslant P_{max} \tag{8}$$

式中：P_{op} ——弹簧的工作荷载，N；

P_{max}——弹簧的最大允许荷载，N。

2）弹簧荷载变化系数核算：

$$c=\frac{\Delta Z}{nKP_{op}}\leqslant[C] \tag{9}$$

或者

$$C=\frac{\left|P_{er}-P_{op}\right|}{P_{op}}\leqslant[C] \tag{10}$$

式中： C ——实际荷载变化系数， 荷载变化系数 $=\frac{\text{管道垂直位移（mm）}\times\text{弹簧刚度（N/mm）}}{\text{工作荷载（N）}}\times100\%$；

［C］——允许荷载变化系数；

P_{er}——弹簧的安装荷载，N；

K——弹簧系数，mm/N。

3）工作高度计算：

$$H_{op}=H_0-KP_{op} \tag{11}$$

式中：H_{op} ——弹簧的工作高度，mm；

H_0 ——弹簧的自由高度，mm。

4）安装高度计算：

$$H_{er}=H_{op}\pm\frac{\Delta Z}{n} \tag{12}$$

式中：H_{er}——弹簧的安装高度，mm。

热位移向上时取“−”号，热位移向下时取“+”号。

5）安装荷载计算：

$$P_{er}=P_{op}\pm\frac{\Delta Z}{nK} \tag{13}$$

热位移向上时取“+”号，热位移向下时取“−”号。

d）冷态吊零管道。

1）弹簧型号选择计算：

热位移向上时

$$P_{er}\leqslant P_{max} \tag{14}$$

热位移向下时

$$P_{er}\frac{\lambda_{max}}{\lambda_{max}-\Delta Z'}\leqslant P_{max} \tag{15}$$

2）弹簧荷载变化系数核算：

$$c=\frac{\Delta Z}{nKP_{\mathrm{er}}\pm\Delta Z}\leqslant[C] \tag{16}$$

热位移向上时取“–”号，热位移向下时取“+”号。

3）安装高度计算：

$$H_{\mathrm{er}}=H_{0}-KP_{\mathrm{er}} \tag{17}$$

4）工作高度计算：

$$H_{\mathrm{op}}=H_{\mathrm{er}}\pm\frac{\Delta Z}{n} \tag{18}$$

热位移向上取“+”号，热位移向下取“–”号。

5）工作荷载计算：

$$P_{\mathrm{op}}=P_{\mathrm{er}}\pm\frac{\Delta Z}{nK} \tag{19}$$

热位移向上取“–”号，热位移向下取“+”号。

4.2.3　当支吊架荷载发生变化时，应按 DL/T 5054 的规定，重新核定支吊架的强度。需要时应更换或加固。

4.2.4　弹簧组件的标牌，应安置在便于观察的方位。吊杆螺纹旋入长度应适当，吊杆的最上方或横担下方的螺纹长度应留有调整的裕度。

4.2.5　安装荷载的调整应通过花篮螺钉或松紧螺母来进行，必要时可用吊杆最上方或横担下方的螺纹做辅助调整。不宜用吊杆连接附件的螺纹调整。

4.2.6　在管道可能出现的所有工况下，拉杆的偏斜角度应限定在规定范围之内。不能满足时，应调整偏装值或者增加拉杆活动部分的长度来实现。

4.2.7　串联弹簧吊架应采用同样荷载范围的弹簧，调整时宜考虑各个弹簧的整定指示值，当不能完全满足时，首先检查所用弹簧是否满足 GB/T 1239.2、GB/T 1239.4、GB/T 1239.6 的技术指标，如均已满足，则以下方弹簧的荷载为准进行调整。

4.2.8　并联弹簧支吊架，应采用规格号相同、实际刚度相近的弹簧。左侧荷载 P_{I} 与右侧荷载 P_{II} 可能不同，当（$P_{\mathrm{I}}-P_{\mathrm{II}}$）＞0.05（$P_{\mathrm{I}}+P_{\mathrm{II}}$）时，检查所用弹簧是否满足 GB 1239 的技术指标，如均已满足，则对偏离设计值大的一侧弹簧支吊架进行荷载调整。

4.3　恒力支吊架

4.3.1　恒力支吊架的荷载离差，应符合 GB/T 17116.1 的规定，在恒力支吊架上下位移的整个行程范围内的荷载离差（包括摩擦力）应不大于 6%。其规定荷载离差计算按式（20）计算，即

$$\text{规定荷载离差}=\frac{\text{向下位移时荷载的最大读数}-\text{向上位移时荷载的最小读数}}{\text{向下位移时荷载的最大读数}+\text{向上位移时荷载的最小读数}}\times100\% \tag{20}$$

4.3.2　恒力支吊架的荷载偏差应符合 JB/T 8130.1 的规定，规定荷载偏差值不大于 5%。规定荷载偏差计算式为

$$\text{规定荷载偏差}=\left|\frac{\text{标准荷载}-\text{拔销时的实测荷载}}{\text{标准荷载}}\right|\times100\% \tag{21}$$

4.3.3　恒力支吊架的公称位移量应比计算位移量大 20%，且至少大 20mm，计算位移量应计算由于水平位移引起拉杆长度的增加。恒力支吊架上应有荷载调整装置，其负荷调整量为±10%。恒力支吊架组件上应有荷载和位移标识，并且预先设定“冷态”和“热态”标志。恒力支吊架组件应有安装和水压试验用的锁定装置，锁定时应能承受 2 倍支吊架最大荷载。

4.3.4　更换恒力支吊架，订购时应要求支吊架生产厂逐个提供实测的规定荷载偏差、规定荷载

离差和超载三项试验数据。

4.3.5 带有转体上下限位器的恒力弹簧支吊架，应留出位移行程值5%为冷态的起始状态，以防管道系统长期运行后管道应力松弛所致管线塑性变形，造成冷态时转体与限位器相碰。

4.4 刚性支吊装置

4.4.1 刚性支吊装置包括刚性支吊架、限位装置和导向装置。投运后的管道需要增设刚性支吊装置，或要变更刚性支吊装置的位置和约束类型时，应重新进行应力分析和设计。

4.4.2 刚性吊架的安装定位、安装工序应严格按设计图纸及技术要求进行，以防运行中出现支吊架脱空或超载。

4.4.3 刚性吊架的冷、热态均不允许脱空。出现脱空现象应做好记录、分析原因，并提出纠正措施。

4.4.4 承受排汽反力的刚性支吊架，应按设计要求进行安装。对排汽安全阀附近的限位装置严格按规定进行冷、热态间隙调整，以保证既不限制位移又能够承担排汽反力。

4.4.5 滑动支架的工作面应平整，无卡涩、无脱空或管部滑动底板越限。

4.4.6 对于带聚四氟乙烯板的滑动支架或导向装置，其管部的滑动底板在冷、热态均应覆盖聚四氟乙烯板。聚四氟乙烯板应使用黏结剂或埋头螺钉固定在钢制的滑板上。

4.4.7 限位装置的安装定位、安装工序应严格按设计图纸及技术要求进行调整。限位装置上的拉环、耳子、定位销、包箍等不应采用普通支吊架上使用的部件，其转动或滑动部分均应控制公差，制成动配合形式，并应保证加工精度。定期检查其结构和受力状态，发现损坏或异常，应分析原因，及时采取措施纠正，并做好记录。

4.4.8 导向装置在预定的约束方向或限位装置在不预定的约束方向，应考虑管道与管部的热膨胀，热膨胀后的最终间隙一般应有2mm～3mm。

4.4.9 固定支架安装定位、安装工序应严格按照设计图纸及技术要求进行。定期检查其结构和受力状态，发现螺栓松动、主要受力焊缝产生裂纹或其他异常，应分析原因，及时采取有效措施予以纠正，并做好记录。

4.5 减振器与阻尼器

4.5.1 投产后的管道需要增设减振器与阻尼器时，可根据管道动力分析或者简化的动力分析确定减振器与阻尼器的型号，在应力分析中，应考虑减振器与阻尼器在规定工况下对管道和设备的影响。减振器与阻尼器同生根结构的连接件上的拉环、耳子、定位销、包箍等不应采用普通支吊架上使用的部件，其转动或滑动部分均应控制公差，制成动配合形式，并应保证加工精度。

4.5.2 减振器与阻尼器的安装方向应考虑热位移的影响，其最大工作行程应比管道在减振器与阻尼器处的热位移矢量和大20%，且至少大20mm。

4.5.3 补装减振器与阻尼器，应使冷、热态均有足够的位移裕度，充分考虑管道热位移对于减振器与阻尼器的影响，以防由于管道位移超限损坏减振器与阻尼器。补装减振器与阻尼器后，应进行热态调整，以保证减振器与阻尼器的标定行程大于因管道位移在减振器与阻尼器上的轴向分量，并使减振器与阻尼器无附加力作用在热态管道上。

4.5.4 减振器与阻尼器应在管道处于冷态时安装。安装前应核对图纸尺寸与管线实际位置，如管线实际位置偏差过大，应对安装尺寸适当修正。

4.5.5 每次大修要对减振器与阻尼器逐个进行检查与维护，维护内容按生产厂的规定进行。对液压阻尼器，要及时补油，及时更换密封垫及老化的工作液，并定期检查油壶液位及动作行程。机械式减振器与阻尼器应定期检查其是否动作灵活。

4.5.6 用于承受排汽反力的阻尼器应经常检查，在安全阀动作后应及时检查。检查是否漏油、液位及动作行程是否正常，发现问题时，把检查结果记入技术档案，并及时处理。

4.5.7 管道出现水锤、汽锤冲击后，应对出现冲击部分的所有减振器与阻尼器进行一次全面检查，发现问题时，把检查结果记入技术档案，并及时处理。

6.2.4　油系统防火

6.2.4.1　轴承及油系统、汽缸及管道

6.2.4.2　油管道隔热防火

6.2.4.3　油管道及连接部件

6.2.4.4　压力油管道及阀门

6.2.4.5　主油箱

6.2.4.1～6.2.4.5 查评依据如下：

【依据 1】《防止电力生产事故的二十五项重点要求》（国能安全〔2014〕161 号）

2.3　防止汽轮机油系统着火事故

2.3.1　油系统应尽量避免使用法兰连接，禁止使用铸铁阀门。

2.3.2　油系统法兰禁止使用塑料垫、橡皮垫（含耐油橡皮垫）和石棉纸垫。

2.3.3　油管道法兰、阀门及可能漏油部位附近不准有明火，必须明火作业时要采取有效措施，附近的热力管道或其他热体的保温应紧固完整，并包好铁皮。

2.3.4　禁止在油管道上进行焊接工作。在拆下的油管上进行焊接时，必须事先将管子冲洗干净。

2.3.5　油管道法兰、阀门及轴承、调速系统等应保持严密不漏油，如有漏油应及时消除，严禁漏油渗透至下部蒸汽管、阀保温层。

2.3.6　油管道法兰、阀门的周围及下方，如敷设有热力管道或其他热体，这些热体保温必须齐全，保温外面应包铁皮。

2.3.7　检修时如发现保温材料内有渗油时，应消除漏油点，并更换保温材料。

2.3.8　事故排油阀应设两个串联钢质截止阀，其操作手轮应设在距油箱 5m 以外的地方，并有两个以上的通道，操作手轮不允许加锁，应挂有明显的“禁止操作”标识牌。

2.3.9　油管道要保证机组在各种运行工况下自由膨胀，应定期检查和维修油管道支吊架。

2.3.10　机组油系统的设备及管道损坏发生漏油，凡不能与系统隔绝处理的或热力管道已渗入油的，应立即停机处理。

【依据 2】《关于汽轮机油系统防火技术措施》[（74）水电生字第 50 号文]

一、油系统失火事故的原因

根据几次汽轮机油系统失火事故的分析，归纳起来，主要有以下几个原因：

1. 油系统失火，必定具备两个条件：一是有油漏出；二是附近有未保温或保温不好的热体。

漏油地点，一般为高压油管法兰、汽动油泵出油管法兰、油动机、表管接头等。

透平油的燃点低的只有 200℃，热体或保温层表面温度如达到 200℃左右，油喷上即起火。

2. 设备的结构或检修、安装有缺点。例如：油管由于布置或安装不良，运行中发生振动；油管法兰与某些热体间没有隔离装置；油动机的法兰中部不好紧；阀门部件或管接头不牢固；法兰结合面使用了胶皮垫或塑料垫（塑料垫在起火后即迅速烧毁）；法兰垫未放正，螺钉未拧紧等。

3. 发生事故前，往往是先有漏油现象，甚至已发生冒烟或小火，但未采取措施彻底解决。

4. 值班人员事故时慌张，发生误操作。主要是：

（1）拉闸停机后，忘了破坏真空，延长了惰走时间。

（2）没有停高压调速油泵，甚至在停机后反而错误地将调速油泵开起，使压力油继续喷出。

（3）忘了开事故排油门。有的排油门在失火后即被火包围，不能靠近。

（4）停机时启动汽动油泵不当，造成超速，油管断裂。

5. 起火后，火势发展极快。有的由于消防设施不齐全、不好用，有的由于消防工作平时缺乏训练，以致不能及时控制火势和扑灭火灾。

二、防火的技术措施

1. 汽轮机油管路应有必要的支吊架、隔离罩和防爆箱，尽量减少法兰和接头。油管路的布置应便于维护检查，便于对蒸汽管道装设隔离装置。仪表管尽量减少交叉，防止运行中震动磨损。希望有关的设计院和制造厂能对汽轮机油管路的布置做出定型设计。

油系统管道截门、接头、法兰等附件承压等级应按耐压试验压力选用，一般为工作压力的两倍。油系统管子的壁厚不小于1.5mm。高压油系统不要采用铸铁或铸铜的阀门、考克。

2. 汽轮机油系统的安装和检修必须保证质量，阀门、法兰盘、接头的接合面必须认真研刮，做到接触良好，不渗、不漏。油管道不应蹩劲。

油系统法兰接合用的垫料，要求采用隔电纸、青壳纸、耐油石棉橡胶板（厚度为1.5mm以内的）或其他耐油垫料。不准在油管路上使用不耐油的胶皮垫或聚氯乙烯塑料垫。垫要放正，法兰螺栓要均匀拧紧，法兰螺栓的数量和材质要符合标准。锁母接头须采用软金属垫圈（如紫铜垫圈等）。

3. 油系统的阀门、法兰盘及可能漏油部位附近敷设有热管道或其他热体时，应在这些热体上做到保温坚固完整，外包铁皮或玻璃丝布涂油漆。保温层表面温度一般不应超过50℃，如有油漏到保温层内，应将保温层及时更换，必要时可装设低位油箱，收集流入轴承座油槽内的油。疏油管应保持畅通。

4. 油系统有漏油现象时，必须查明原因，及时修好。漏出的油应及时拭净。运行中发现油系统漏油，应加强检查、监视，及时处理好。如运行中无法彻底处理，而可能引起着火事故时，应采取果断措施，尽快停机处理。

5. 事故排油门的标志要醒目，操作把手应有两个以上通道可以到达，操作把手与油箱及密集的油管区间应有一定距离。防止在油系统着火后即被火焰包围，不能操作。为了便于迅速开启，操作把手平时不宜上锁。

油应排到主厂房外的事故油箱或油坑内。

6. 各厂应根据本厂设备的情况，对汽轮机油系统着火事故的处理，做出具体规定。

汽轮机在发生运行中油系统着火，如属于（或根据情况判断可能属于）设备或法兰接合面损坏喷油起火时，应立即破坏真空停机，同时进行灭火。为了避免汽轮机轴瓦损坏，在破坏真空后的惰走时间内（一般约8min～9min）应维持润滑油泵运行，但不得开高压（调速）油泵。有防火油门的，应按规定程序操作防火油门。火势无法控制或危及油箱时，应立即打开事故排油门放油。

为了提高运行人员处理事故的能力，应进行反事故演习。

7. 现场消防器材设置应考虑使用方便，数量够用，并经常处于齐全良好的备用状态。汽轮机中间层顶上油管较多，应放有灭火器，以备急用。现场消防水系统的水源、水压应保持充足。消防火栓和水龙带应统一规格，完整好用，禁止随便移用。厂区内必须有消防通道，并经常保持畅通。

现场应建立消防责任制度。有关的工人和干部都要经过消防训练，熟悉各种消防器材的使用方法，并应定期进行消防演习。

8. 在汽轮机平台上布置和敷设电缆时，要考虑防火的问题，电缆进入控制室电缆层处和进入开关柜处应采取严密的封闭措施。

对于使用弱电选线控制的系统，为了便于迅速处理事故，对部分重要的开关，可考虑增加强电控制。

6.2.5 运行工况

6.2.5.1 机组启停

【依据】《防止电力生产事故的二十五项重点要求》（国能安全〔2014〕161号）

8.1.2 各种超速保护均应正常投入运行，超速保护不能可靠动作时，禁止机组起动和运行。

8.1.3 机组重要运行监视表计，尤其是转速表，显示不正确或失效，严禁机组起动。运行中的机组，在无任何有效监视手段的情况下，必须停止运行。

8.1.4 透平油和抗燃油的油质应合格。在油质及清洁度不合格的情况下，机组严禁启动。

8.1.5 机组大修后必须按规程要求进行汽轮机调节系统的静止试验或仿真试验，确认调节系统工作正常。在调节部套存在有卡涩、调节系统工作不正常的情况下，严禁机组启动。

8.1.6　机组停机时，应先将发电机有功、无功功率减至零，检查确认有功功率到零，电能表停转或逆转以后，再将发电机与系统解列，或采用汽轮机手动打闸或锅炉手动主燃料跳闸联跳汽轮机，发电机逆功率保护动作解列。严禁带负荷解列。

8.3.1　（9）记录机组启停全过程中的主要参数和状态。停机后定时记录汽缸金属温度、大轴弯曲、盘车电流、汽缸膨胀、胀差等重要参数，直到机组下次热态启动或汽缸金属温度低于150℃为止。

8.3.2　汽轮机启动前必须符合以下条件，否则禁止启动：

（1）大轴晃动（偏心）、串轴（轴向位移）、胀差、低油压和振动保护等表计显示正确，并正常投入。

（2）大轴晃动值不超过制造商的规定值或原始值的±0.02mm。

（3）高压外缸上、下缸温差不超过50℃，高压内缸上、下缸温差不超过35℃。

（4）蒸汽温度必须高于汽缸最高金属温度50℃，但不超过额定蒸汽温度，且蒸汽过热度不低于50℃。

8.3.3　机组启、停过程操作措施：

8.3.3.1　机组启动前连续盘车时间应执行制造商的有关规定，至少不得少于2h～4h，热态启动不少于4h。若盘车中断应重新计时。

8.3.3.2　机组启动过程中因振动异常停机必须回到盘车状态，应全面检查、认真分析、查明原因。当机组已符合启动条件时，连续盘车不少于4h才能再次启动，严禁盲目启动。

8.3.3.3　停机后立即投入盘车。当盘车电流较正常值大、摆动或有异音时，应查明原因及时处理。当汽封摩擦严重时，将转子高点置于最高位置，关闭与汽缸相连通的所有疏水（闷缸措施），保持上下缸温差，监视转子弯曲度，当确认转子弯曲度正常后，进行试投盘车，盘车投入后应连续盘车。当盘车盘不动时，严禁用起重机强行盘车。

8.3.3.4　停机后因盘车装置故障或其他原因需要暂时停止盘车时，应采取闷缸措施，监视上下缸温差、转子弯曲度的变化，待盘车装置正常或暂停盘车的因素消除后及时投入连续盘车。

8.3.3.5　机组热态启动前应检查停机记录，并与正常停机曲线进行比较，若有异常应认真分析，查明原因，采取措施及时处理。

8.3.3.6　机组热态启动投轴封供汽时，应确认盘车装置运行正常，先向轴封供汽，后抽真空。停机后，凝汽器真空到零，方可停止轴封供汽。应根据缸温选择供汽汽源，以使供汽温度与金属温度相匹配。

8.3.3.7　疏水系统投入时，严格控制疏水系统各容器水位，注意保持凝汽器水位低于疏水联箱标高。供汽管道应充分暖管、疏水，严防水或冷汽进入汽轮机。

8.3.3.8　停机后应认真监视凝汽器（排汽装置）、高低压加热器、除氧器水位和主蒸汽及再热冷段管道集水罐处温度，防止汽轮机进水。

8.3.3.9　启动或低负荷运行时，不得投入再热蒸汽减温器喷水。在锅炉熄火或机组甩负荷时，应及时切断减温水。

8.3.3.10　汽轮机在热状态下，锅炉不得进行打水压试验。

8.3.4　汽轮机发生下列情况之一，应立即打闸停机：

（1）机组启动过程中，在中速暖机之前，轴承振动超过0.03mm。

（2）机组启动过程中，通过临界转速时，轴承振动超过0.1mm或相对轴振动值超过0.26mm，应立即打闸停机，严禁强行通过临界转速或降速暖机。

（3）机组运行中要求轴承振动不超过0.03mm或相对轴振动不超过0.08mm，超过时应设法消除，当相对轴振动大于0.26mm应立即打闸停机；当轴承振动或相对轴振动变化量超过报警值的25%，应查明原因设法消除；当轴承振动或相对轴振动突然增加报警值的100%，应立即打闸停机，或严格按照制造商的标准执行。

（4）高压外缸上、下缸温差超过50℃，高压内缸上、下缸温差超过35℃。

（5）机组正常运行时，主、再热蒸汽温度在10min内突然下降50℃。调峰型单层汽缸机组可根据制造商相关规定执行。

8.3.5 应采用良好的保温材料和施工工艺，保证机组正常停机后的上下缸温差不超过35℃，最大不超过50℃。

8.3.6 疏水系统应保证疏水畅通。疏水联箱的标高应高于凝汽器热水井最高点标高。高、低压疏水联箱应分开，疏水管应按压力顺序接入联箱，并向低压侧倾斜45°。疏水联箱或扩容器应保证在各疏水阀全开的情况下，其内部压力仍低于各疏水管内的最低压力。冷段再热蒸汽管的最低点应设有疏水点。防腐蚀汽管直径应不小于76mm。

8.3.12 凝汽器应有高水位报警并在停机后仍能正常投入。除氧器应有水位报警和高水位自动放水装置。

8.4.11 辅助油泵及其自启动装置，应按运行规程要求定期进行试验，保证处于良好的备用状态。机组启动前辅助油泵必须处于联动状态。机组正常停机前，应进行辅助油泵的全容量启动试验。

8.4.13 机组启动、停机和运行中要严密监视推力瓦、轴瓦钨金温度和回油温度。当温度超过标准要求时，应按规程规定果断处理。

8.4.14 在机组启、停过程中，应按制造商规定的转速停止、启动顶轴油泵。

8.4.15 在运行中发生了可能引起轴瓦损坏的异常情况（如水冲击、瞬时断油、轴瓦温度急升超过120℃等），应在确认轴瓦未损坏之后，方可重新启动。

6.2.5.2 运行参数监控及异常处理

【依据】《防止电力生产事故的二十五项重点要求》（国能安全〔2014〕161号）

8.1.1 在额定蒸汽参数下，调节系统应能维持汽轮机在额定转速下稳定运行，甩负荷后能将机组转速控制在超速保护动作值转速以下。

8.2.1 机组主、辅设备的保护装置必须正常投入，已有振动监测保护装置的机组，振动超限跳机保护应投入运行；机组正常运行瓦振、轴振应达到有关标准的范围，并注意监视变化趋势。

8.3.11 机组监测仪表必须完好、准确，并定期进行校验。尤其是大轴弯曲表、振动表和汽缸金属温度表，应按热工监督条例进行统计考核。

8.4.5 油系统油质应按规程要求定期进行化验，油质劣化应及时处理。在油质不合格的情况下，严禁机组启动。

8.4.6 润滑油压低报警、联启油泵、跳闸保护、停止盘车定值及测点安装位置应按照制造商要求整定和安装，整定值应满足直流油泵联启的同时必须跳闸停机。对各压力开关应采用现场试验系统进行校验，润滑油压低时应能正确、可靠的联动交流、直流润滑油泵。

8.4.7 直流润滑油泵的直流电源系统应有足够的容量，其各级保险应合理配置，防止故障时熔断器熔断使直流润滑油泵失去电源。

8.4.8 交流润滑油泵电源的接触器，应采取低电压延时释放措施，同时要保证自投装置动作可靠。

8.4.10 油位计、油压表、油温表及相关的信号装置，必须按要求装设齐全、指示正确，并定期进行校验。

8.4.12 油系统（如冷油器、辅助油泵、滤网等）进行切换操作时，应在指定人员的监护下按操作票顺序缓慢进行操作，操作中严密监视润滑油压的变化，严防切换操作过程中断油。

6.2.5.3 运行参数及状态管理

6.2.5.3.1 汽缸运行工况（含上下缸温差、膨胀、差胀；汽缸结合面、轴封）

【依据1】《电力建设施工技术规范 第3部分：汽轮发电机组》（DL 5190.3—2012）

11.9.3

（3）汽轮机的启动参数和启动方式应符合制造厂的要求，制造厂无要求时，单元式机组宜采用滑参数启动，主蒸汽温度应比汽缸金属温度高50℃，并低于额定温度，蒸汽过热度应大于50℃。

（12）高压汽轮机各部分温差、差胀值，以及汽缸内壁升温率应符合制造厂的要求，制造厂无要求时，高压外缸上、下温差不应超过 50℃，高压内缸上下温差不应超过 35℃。

（13）汽缸热膨胀，不应出现不均匀、不对称和卡涩现象。

【依据 2】《防止电力生产事故的二十五项重点要求》（国能安全〔2014〕161 号）

8.3.2 （4）蒸汽温度必须高于汽缸最高金属温度 50℃，但不超过额定蒸汽温度，且蒸汽过热度不低于 50℃。

8.3.3.6 机组热态启动投轴封供汽时，应确认盘车装置运行正常，先向轴封供汽，后抽真空。停机后，凝汽器真空到零，方可停止轴封供汽。应根据缸温选择供汽汽源，以使供汽温度与金属温度相匹配。

8.3.3.7 疏水系统投入时，严格控制疏水系统各容器水位，注意保持凝汽器水位低于疏水联箱标高。供汽管道应充分暖管、疏水，严防水或冷汽进入汽轮机。

8.3.3.8 停机后应认真监视凝汽器（排汽装置）、高低压加热器、除氧器水位和主蒸汽及再热冷段管道集水罐处温度，防止汽轮机进水。

8.3.3.9 启动或低负荷运行时，不得投入再热蒸汽减温器喷水。在锅炉熄火或机组甩负荷时，应及时切断减温水。

8.3.3.10 汽轮机在热状态下，锅炉不得进行打水压试验。

8.3.4 汽轮机发生下列情况之一，应立即打闸停机：

（4）高压外缸上、下缸温差超过 50℃，高压内缸上、下缸温差超过 35℃。

（5）机组正常运行时，主、再热蒸汽温度在 10min 内突然下降 50℃。调峰型单层汽缸机组可根据制造商相关规定执行。

8.3.6 疏水系统应保证疏水畅通。疏水联箱的标高应高于凝汽器热水井最高点标高。高、低压疏水联箱应分开，疏水管应按压力顺序接入联箱，并向低压侧倾斜 45°。疏水联箱或扩容器应保证在各疏水阀全开的情况下，其内部压力仍低于各疏水管内的最低压力。冷段再热蒸汽管的最低点应设有疏水点。防腐蚀汽管直径应不小于 76mm。

8.3.7 减温水管路阀门应能关闭严密，自动装置可靠，并应设有截止阀。

8.3.8 门杆漏汽至除氧器管路，应设置止回阀和截止阀。

8.3.9 高、低压加热器应装设紧急疏水阀，可远方操作和根据疏水水位自动开启。

8.3.10 高、低压轴封应分别供汽。特别注意高压轴封段或合缸机组的高中压轴封段，其供汽管路应有良好的疏水措施。

8.3.11 机组监测仪表必须完好、准确，并定期进行校验。尤其是大轴弯曲表、振动表和汽缸金属温度表，应按热工监督条例进行统计考核。

8.3.12 凝汽器应有高水位报警并在停机后仍能正常投入。除氧器应有水位报警和高水位自动放水装置。

【依据 3】《关于防止 20 万 kW 机组大轴弯曲的技术措施》[（85）电生火字第 87 号文]

二、设备、系统方面的措施

1. 汽缸保温

（1）汽缸保温应保证机组停机后上、下缸温差不超过 35℃，最大不超过 50℃。

（2）采用保温性能良好的保温材料，如硅酸铝纤维毡、微孔硅酸钙等。

（3）改进保温施工工艺（如采用粘贴的方法等），保证保温材料不发生裂纹及与汽缸脱空的现象。

2. 疏水系统

（1）疏水系统应能保证疏水畅通，不向汽缸返水返汽。

（2）疏水联箱的标高应高于凝汽器热水井最高点的标高。

（3）高低压疏水联箱应分开，疏水管应按压力顺序接入联箱；并向低压侧倾斜45℃，疏水联箱和疏水扩容器的尺寸应保证各疏水门全开时联箱（或扩容器）内的压力仍低于各疏水管路的最低压力，以保证所有疏水管路疏水畅通和不发生水（或冷汽）返回汽机。

（4）防腐蚀汽管应不小于76mm。

（5）每根冷段再热器管的低点可考虑装设一个疏水井，其位置应尽可能靠近汽轮机。

（6）在征得制造厂同意后汽缸疏水可直接接入凝汽器或疏水扩容器上部。

3. 再热器减温水及1级旁路减温水系统

减温水是汽轮机过水造成弯轴事故的重要原因。

（1）减温器喷水及1级旁路减温水管路阀门应能可靠的关闭严密，必要时可串联加装截止门，以保证停机状态下开启给水泵时不致有水倒入汽缸。

（2）当锅炉熄火或汽机跳闸时应能及时切断减温器喷水。

4. 防止其他原因造成汽轮机进水的措施。

（1）调节汽阀阀杆漏汽至除氧器的管路上应安装止回阀和截止阀，以防止水从除氧器返进汽轮机。

（2）高低压汽封进汽母管应分开供汽，高压汽封的高温汽源管路应有良好的疏水系统并有可靠的防止水和冷汽进入汽封的措施。

（3）汽轮机在热状态下，如主汽系统截止门不严则锅炉不宜打水压，如确需打水压应采取有效措施防止水漏入汽机。

（4）除氧器应有水位报警，及高水位自动放水装置，以防止除氧器满水后水灌入汽轮机。

（5）凝汽器应有高水位报警，该报警装置在停机后仍能正常投入。

（6）法兰螺栓加热装置，汽缸夹层加热装置应能可靠的疏水。

【依据4】《固定式发电用汽轮机规范》（GB 5578—2007）

7.7　汽缸汽封和级间汽封

转子的端部汽封和级间汽封应采用合适的材料，以将运行温度下的变形或膨胀减少到最小限度。汽封的结构应使其在运行中万一发生摩擦时将对转子的损伤减少到最小限度。

【依据5】《防止20万kW机组严重超速事故的技术措施》[（86）电生火字第194号文]

4. 为防止大量水进入油系统，应采用汽封片不易倒伏的汽封形式，汽封间隙应调整适当。汽封系统设计及管道配置合理，汽封压力自动调节正常投入。

5. 前箱、轴承箱负压不宜过高，以防止灰尘及水（汽）进入油系统，一般前箱、轴承箱负压以12mmH_2O柱～20mmH_2O柱为宜（或轴承室油档及烟喷出即可）。

6.2.5.3.2　汽轮机各监视段压力、温度

【依据】《电力工业技术管理法规（试行）》[（80）电技字第26号]

3.6.24　为了检查汽轮机通流部分结盐垢的状况或检查通流部分是否受到损伤，运行中应注意监督影视段压力监视段的压力不应超过制造厂规定的数值，在给定的负荷下监视段压力比正常值的升高值不应超过的数值：进汽压力9MPa及以上的机组，监视段压力允许的极限升高值，高压缸为10%，中压缸为15%。

6.2.5.3.3　主轴承及推力轴承（含发电机轴及汽轮机轴）振动和温度

【依据1】《电力工业技术管理法规（试行）》[（80）电技字第26号]

3.6.6　汽轮机在新安装投入运行时，大修前后及在正常运行（每月）中，均应检查并记录汽轮机轴承在三个方向（垂直、横向、轴向）的振动情况。振动限值列于表3-6-1中。新装机组的轴承振动不宜大于0.03mm。

3.6.24　为保证汽轮机轴承运行正常，在汽轮机转速升至2500r/min以前，轴承入口油温一般达到35℃以上，运行中油温应在38℃～45℃范围内，轴承润滑油温升宜在15℃以内。

表3–6–1　汽轮机振动限值表

汽轮机转速 r/min	振动双振幅值 mm	
	良好	合格
1500	0.05及以下	0.07及以下
3000	0.025及以下	0.05及以下

【依据2】《防止电力生产事故的二十五项重点要求》(国能安全〔2014〕161号)

8.2.1　机组主、辅设备的保护装置必须正常投入，已有振动监测保护装置的机组，振动超限跳机保护应投入运行；机组正常运行瓦振、轴振应达到有关标准的范围，并注意监视变化趋势。

8.3.4　汽轮机发生下列情况之一，应立即打闸停机：

（3）机组运行中要求轴承振动不超过0.03mm或相对轴振动不超过0.08mm，超过时应设法消除，当相对轴振动大于0.26mm应立即打闸停机；当轴承振动或相对轴振动变化量超过报警值的25%，应查明原因设法消除，当轴承振动或相对轴振动突然增加报警值的100%，应立即打闸停机；或严格按照制造商的标准执行。

8.4.13　机组启动、停机和运行中要严密监视推力瓦、轴瓦钨金温度和回油温度。当温度超过标准要求时，应按规程规定果断处理。

9.4.12　若发生热工保护装置（系统、包括一次检测设备）故障，应开具工作票，经批准后方可处理。锅炉炉膛压力、全炉膛灭火、汽包水位（直流炉断水）和汽轮机超速、轴向位移、机组振动、低油压等重要保护装置在机组运行中严禁退出，当其故障被迫退出运行时，应制订可靠的安全措施，并在8h内恢复；其他保护装置被迫退出运行时，应在24h内恢复。

6.2.5.4　定期工作及重要试验

6.2.5.4.1　机组检修后调节保安系统试验

【依据1】《防止电力生产事故的二十五项重点要求》(国能安全〔2014〕161号)

8.1.5　机组大修后，必须按规程要求进行汽轮机调节系统静止试验或仿真试验，确认调节系统工作正常。在调节部套有卡涩、调节系统工作不正常的情况下，严禁机组启动。

【依据2】《电力工业技术管理法规（试行）》[(80)电技字第26号]

3.6.15　新安装和大修后的汽轮机组应进行以下试验：

危急保安器升速动作试验和保护装置动作性能试验、调速系统试验、甩负荷试验（新安装机组）。

6.2.5.4.2　甩负荷试验

【依据1】《防止电力生产事故的二十五项重点要求》(国能安全〔2014〕161号)

8.1.1　在额定蒸汽参数下，调节系统应能维持汽轮机在额定转速下稳定运行，甩负荷后能将机组转速控制在超速保护动作值转速以下。

8.1.5　机组大修后，必须按规程要求进行汽轮机调节系统静止试验或仿真试验，确认调节系统工作正常。在调节部套有卡涩、调节系统工作不正常的情况下，严禁机组启动。

8.1.11　对新投产机组或汽轮机调节系统经重大改造后的机组必须进行甩负荷试验。

【依据2】《火力发电建设工程机组甩负荷试验导则》(DL/T 1270—2013)

5.1　新投产或汽轮机调节系统经重大改造，或已投产但尚未进行甩负荷试验的机组，应进行甩负荷试验。

6.2.5.4.3 危急保安器动作试验、超速试验（含 OPC、OPT 等试验）

【依据 1】《防止电力生产事故的二十五项重点要求》（国能安全〔2014〕161 号）

8.1.12 坚持按规程要求进行汽门关闭时间测试、抽汽止回门关闭时间测试、汽门严密性试验、超速保护试验、阀门活动试验。

8.1.13 危急保安器动作转速一般为额定转速的 110%±1%。

8.1.14 进行危急保安器试验时，在满足试验条件下，主蒸汽和再热蒸汽压力尽量取低值。

8.2.5 严格按超速试验规程的要求，机组冷态启动带 10%～25%额定负荷，运行 3h～4h 后（或按制造商要求）立即进行超速试验。

9.4.13 检修机组启动前或机组停运 15 天以上，应对机、炉主保护及其他重要热工保护装置进行静态模拟试验，检查跳闸逻辑、报警及保护定值。热工保护连锁试验中，尽量采用物理方法进行实际传动，如条件不具备，可在现场信号源处模拟试验，但禁止在控制柜内通过开路或短路输入端子的方法进行试验。

【依据 2】《防止 20 万 kW 机组严重超速事故的技术措施》[（86）电生火字第 194 号文]

二、调节保安系统定期试验

1. 调节保安系统定期试验是检查调节保安系统是否处于良好状态，在异常情况下能迅速准确动作，防止机组严重超速的主要手段之一，有关定期试验要按规定进行。

2. 危急保安器定期试验：

下列情况下机组应提升转速进行危急保安器动作试验，机组安装或大修后，危急保安器解体或调控后，停机一个月以后再次启动时，机组进行甩负荷试验前。

提升转速试验应进行两次，两次动作转速差不应超过 0.6%，动作转速应在 3300r/min～3360r/min 之间。

提升转速试验时，应满足制造厂对转子温度要求的规定，一般冷态启动的机组应带 25%～30%负荷连续运行 3h～4h 后进行。

提升转速试验时应注意机组不宜在高转速下停留时间过长，并注意升速平稳，防止转速突然升高。

提升转速试验时应监视附加保安油压，防止误将附加保安动作当作危急保安器动作。机组运行中甩负荷不能代替危急保安器试验。

【依据 3】《电力建设施工技术规范　第 3 部分：汽轮发电机组》（DL 5190.3—2012）

11.9.6 汽轮机超速试验应按下列规定进行：

1 试验时应统一指挥、明确分工、严密监视。

2 汽轮机转速表应选用高精确度的表计并经校验合格。

3 具有电超速和机械超速保护的机组应先进行电超速试验，确认无异常后进行机械超速试验。

4 超速试验前，超速保护控制器动作试验应正常，超速保护控制器的信号应按热控专业有关规定进行屏蔽。

5 升速前应进行手动危机遮断器及注油试验，确认动作正常；高、中压主汽门，调节汽门应能迅速关闭，转速应立即下降。

6 升速前排汽缸冷却喷水应投入，机组转速达到 600r/min 时，应自动投入排汽缸冷却喷水。

7 系统中有电动主汽门时，应将其开度关小，防止产生过高的超速。

8 主汽门及调节汽门应进行关闭试验，确认不卡涩，严密性符合规定。

9 超速试验前应按制造厂要求进行低负荷暖机，使转子温度高于脆性转变温度，降至空负荷，与电网解列后进行；带负荷前应投入电超速保护，并进行危急保安器动作试验。

10 超速试验不宜紧接在危急遮断器动作试验后进行，以免影响超速试验的准确性。

11 超速试验前应投入连续记录和计算机连续打印装置，记录机组的转速、低压缸排汽温度等参数。

12　进行机械超速试验时将“电超速”保护定值改至额定转速的112%。

11.9.7　汽轮机组试运行时存在下列情况之一者不得进行超速试验：

1. 主汽门或调速汽门开闭有卡涩现象或蒸汽严密性试验不合格；

2. 在额定转速下任一轴承的振动异常；

3. 任一轴承温度高于限额值。

11.9.8　汽轮机超速试验应符合下列规定：

1. 危急遮断器动作转速应符合制造厂要求，制造厂无要求，宜为额定转速的110%～112%。

2. 危急遮断器每个飞锤或飞环应试验两次，动作转速差不应超过0.6%；

3. 危急遮断器脱口后应能复归，飞锤或飞环的复位转速不宜低于3030r/min；

4. 跳闸及复位信号指示应正确；

5. 将“超速试验”切换置于“电超速”位置，按同上步骤进行超速实验，其动作转速不应超过额定转速的112%；

6. 在进行危急遮断器试验时，如机组转速超过额定转速的112%危急遮断器仍不动作，应立即手动紧急停机。

6.2.5.4.4　危急保安器注油试验

【依据】《防止20万kW机组严重超速事故的技术措施》[(86)电生火字第194号文]

3. 危急保安器充油试验：

机组每运行2000h后应进行危急保安器充油试验，目前机组存在危急保安器动作转速整定值较高时，充油往往不能将危急保安器飞锤压出的问题。存在这一问题的机组在制造厂未提出解决办法前，可用降低危急保安器动作转速的办法来保证运行中能定期进行危急保安器充油试验。

危急保安器动作指示不灵的机组，可临时加装机械式危急保安器动作指示。

部分机组在高压缸胀差超过2mm时，进行危急保安器充油试验可能出现危急保安器杠杆脱不开，而造成机组跳闸。可在检修时用适当减少危急保安器打击板宽度的办法来解决。

6.2.5.4.5　抽气止回阀定期活动试验

6.2.5.4.6　主汽门、调节汽门严密性试验及活动试验

6.2.5.4.5、6.2.5.4.6 查评依据如下：

【依据1】《防止20万kW机组严重超速事故的技术措施》[(86)电生火字第194号文]

二、调节保安系统定期试验

4. 汽门定期试验：

每天进行一次自动主汽门与再热主汽门试验，检查汽门活动情况。

带固定负荷的机组，每天（或至少每周）进行一次负荷较大范围的变动以活动调速汽门。

装有中压调速汽门定期活动装置的机组，每天（或至少每周）进行一次中压调速汽门活动试验。

5. 每月进行一次抽汽止回门关闭试验，当某一抽汽止回门存在缺陷时，禁止汽轮机使用该段抽汽运行。

6. 大修前后应进行汽门严密性试验，试验方法及标准应按制造厂的规定执行。一般在单独关闭某一汽门（主汽门或调速汽门）而另一种汽门全开时，机组转速可降到1000r/min以下为合格。

试验时蒸汽参数应尽可能维持额定值。其中蒸汽压力应不小于1/2额定压力。当试验时蒸汽压力低于额定值时，转速可用下列公式换算：

换算到额定压力下的转速=试验时测得的转速×额定蒸汽压力/试验时蒸汽压力

试验时应尽可能维持凝汽器真空正常。

试验时应注意轴向推力变化，并注意监视轴向位移和推力瓦温度的变化。

试验时应避免在临界转速附近长时间停留，并监视机组振动。运行中汽门严密性试验应每年进行一次。

【依据 2】《电力工业技术管理法规（试行）》[（80）电技字第 26 号]

3.6.19　主蒸汽及再热蒸汽的自动主汽门与调节汽门应能严密关闭。严密性试验方法及标准应按制造厂规定进行，一般在额定汽压和汽轮机空负荷运行时进行试验，当自动主汽门（或调节汽门）单独迅速关闭而调节汽门（或自动主汽门）全开的情况下，中压机组的最大漏汽量不应引起转子转动，对于进汽压力为 90 大气压及以上的汽轮机，最大漏汽量引起的转动转速应不超过额定转速的 1/3。

大修前后均应进行汽门的严密性试验，运行中应每年检查一次。

3.6.20　危急保安器在解体或调整后，运行 2000h 后，甩负荷试验前，以及停机一个月后再起动时，应进行提升转速试验。

提升转速的试验应进行两次，两次动作转速差，不应超过 0.6%。

对于大型机组，自冷态起动进行超速试验，应按制造厂规定进行，一般在带负荷 25%～30%连续运行 3h～4h 后进行。

汽轮机如有不需提升转速也能试验危急保安器动作的装置，每运行 2000h 后可利用此装置进行试验。但新安装和大修后的汽轮机以及在调节系统经过拆开检修之后，都应使用提升转速的方法进行试验。

3.6.21　下列设备及装置在运行中应按制造厂规定定期进行试验，制造厂未提要求时按以下规定进行：

1. 每天应旋转自动主汽门的手轮若干圈，活动主汽门门杆，检查它的动作情况。经常带固定负荷的汽轮机，应每天（或每周）对负荷作较大范围的变动，防止调节汽门门杆卡住。在有左右两个主汽门的情况下，每周进行一次自动主汽门、中压联合汽门全关闭的操作。

2. 能强制关闭的抽汽止回门应每月进行关闭试验，调整抽汽止回门的检查和调整抽汽安全门的校验，每半年应至少进行一次。当某一止回门或安全门存在缺陷时，禁止汽轮机使用该段抽汽运行（余略）。

6.2.5.5　重要辅机及附属设备运行工况

6.2.5.5.1　回热系统

【依据】同 6.2.2.1 依据 2 中 6.2.4.1～6.2.4.17。

6.2.5.5.2　给水泵

【依据】《防止电力生产事故的二十五项重点要求》（国能安全〔2014〕161 号）

6.4.14　给水系统中各备用设备应处于正常备用状态，按规程定期切换。当失去备用时，应制定安全运行措施，限期恢复投入备用。

6.2.5.5.3　真空系统（含凝汽器、射水泵和射水抽气器、胶球清洗装置等）

【依据】同 6.2.2.1 依据 2 中 6.2.4.1～6.2.4.17。

6.2.5.5.4　备用辅机定期试转或轮换

【依据】《防止电力生产事故的二十五项重点要求》（国能安全〔2014〕161 号）

6.4.14　给水系统中各备用设备应处于正常备用状态，按规程定期切换。当失去备用时，应制定安全运行措施，限期恢复投入备用。

6.2.5.5.5　防寒防冻

【依据】《300MW 级汽轮机运行导则》（DL/T 611—1996）

7.4.8　寒冷季节应采取有效的防冻措施。

6.2.6　技术资料

6.2.6.1　机组资料、规定、记录

6.2.6.1.1　转子偏心资料

6.2.6.1.2　大轴晃度

6.2.6.1.3　转子及轴承振动

6.2.6.1.4　汽轮机盘车

6.2.6.1.5　汽轮机惰走

6.2.6.1.6　汽缸温度，轴向位移和差胀

6.2.6.1.7　通流部分及汽封间隙

6.2.6.1.8　各种状态下的典型启动曲线和停机曲线

6.2.6.1.9　机组启停过程中主要参数和状况记录

6.2.6.1.10　数字式电液控制系统（DEH）

6.2.6.1.11　机组试验档案

6.2.6.1.12　机组事故档案

6.2.6.1.13　转子技术档案

6.2.6.1.1～6.2.6.1.13 查评依据如下：

【依据 1】《防止电力生产事故的二十五项重点要求》（国能安全〔2014〕161 号）

8.1.15　数字式电液控制系统（DEH）应设有完善的机组启动逻辑和严格的限制启动条件；对机械液压调节系统的机组，也应有明确的限制条件。

8.1.16　汽轮机专业人员，必须熟知数字式电液控制系统的控制逻辑、功能及运行操作，参与数字式电液控制系统改造方案的确定及功能设计，以确保系统实用、安全、可靠。

8.2.9　建立机组试验档案，包括投产前的安装调试试验、大小修后的调整试验、常规试验和定期试验。

8.2.10　建立机组事故档案，无论大小事故均应建立档案，包括事故名称、性质、原因和防范措施。

8.2.11　建立转子技术档案，包括制造商提供的转子原始缺陷和材料特性等转子原始资料；历次转子检修检查资料；机组主要运行数据、运行累计时间、主要运行方式、冷热态启停次数、启停过程中的汽温汽压负荷变化率、超温超压运行累计时间、主要事故情况及原因和处理。

8.3　防止汽轮机大轴弯曲事故

8.3.1　应具备和熟悉掌握的资料：

（1）转子安装原始弯曲的最大晃动值（双振幅），最大弯曲点的轴向位置及在圆周方向的位置。

（2）大轴弯曲表测点安装位置转子的原始晃动值（双振幅），最高点在圆周方向的位置。

（3）机组正常启动过程中的波德图和实测轴系临界转速。

（4）正常情况下盘车电流和电流摆动值，以及相应的油温和顶轴油压。

（5）正常停机过程的惰走曲线，以及相应的真空值和顶轴油泵的开启时间和紧急破坏真空停机过程的惰走曲线。

（6）停机后，机组正常状态下的汽缸主要金属温度的下降曲线。

（7）通流部分的轴向间隙和径向间隙。

（8）应具有机组在各种状态下的典型启动曲线和停机曲线，并应全部纳入运行规程。

（9）记录机组启停全过程中的主要参数和状态。停机后定时记录汽缸金属温度、大轴弯曲、盘车电流、汽缸膨胀、胀差等重要参数，直到机组下次热态启动或汽缸金属温度低于 150℃为止。

（10）系统进行改造、运行规程中尚未作具体规定的重要运行操作或试验，必须预先制订安全技术措施，经上级主管领导或总工程师批准后再执行。

8.3.2　汽轮机启动前必须符合以下条件，否则禁止启动：

（1）大轴晃动（偏心）、串轴（轴向位移）、胀差、低油压和振动保护等表计显示正确，并正常投入。

（2）大轴晃动值不超过制造商的规定值或原始值的±0.02mm。

（3）高压外缸上、下缸温差不超过 50℃，高压内缸上、下缸温差不超过 35℃。

（4）蒸汽温度必须高于汽缸最高金属温度 50℃，但不超过额定蒸汽温度，且蒸汽过热度不低于 50℃。

8.3.4　汽轮机发生下列情况之一，应立即打闸停机：

（1）机组启动过程中，在中速暖机之前，轴承振动超过 0.03mm。

（2）机组启动过程中，通过临界转速时，轴承振动超过 0.1mm 或相对轴振动值超过 0.26mm，应立即打闸停机，严禁强行通过临界转速或降速暖机。

（3）机组运行中要求轴承振动不超过 0.03mm 或相对轴振动不超过 0.08mm，超过时应设法消除，当相对轴振动大于 0.26mm 应立即打闸停机；当轴承振动或相对轴振动变化量超过报警值的 25%，应查明原因设法消除，当轴承振动或相对轴振动突然增加报警值的 100%，应立即打闸停机，或严格按照制造商的标准执行。

8.4.13　机组启动、停机和运行中要严密监视推力瓦、轴瓦钨金温度和回油温度。当温度超过标准要求时，应按规程规定果断处理。

8.4.14　在机组启、停过程中，应按制造商规定的转速停止、启动顶轴油泵。

【依据 2】《关于防止 20 万 kW 机组大轴弯曲的技术措施》[（85）电生火字第 87 号文]

一、认真地做好每台机组的基础技术工作

1. 每台机组均必须具备以下资料、数据，主要值班人员应熟悉掌握。

（1）转子原始弯曲的最大晃动值（双幅）和最大弯曲点的轴向位置及圆周方向的相位。

（2）大轴弯曲表测点安装位置转子的原始晃动值（双幅）及最高点在圆周方向的相位。

（3）汽轮发电机组轴系临界转速及正常起动运行情况的各轴承或轴的振动值（包括 1300r/min 中速暖机时、临界转速时和定速后的振动数值）。

（4）正常情况下盘车电流及电流摆动值（应注明记录时的汽缸温度、油温、顶油油压等）。

（5）正常情况下停机时的惰走曲线（注明真空、顶轴油泵开启时间等）和紧急破坏真空停机时的惰走曲线。

（6）停机后正常情况下汽缸各主要金属温度测点的温度下降曲线。

（7）通流部分轴向间隙、径向间隙值。

以上数据、资料，在机组安装、调试过程应测取并在投运后经常进行核对和修正。如发生异常情况应及时汇报、分析、处理。

6.2.6.2　检修管理

6.2.6.2.1　主辅设备检修工艺规程和计划检修项目

6.2.6.2.2　机组检修技术总结

6.2.6.2.3　事故备品

6.2.6.2.4　缺陷记录与处理

6.2.6.2.1～6.2.6.2.4 查评依据如下：

【依据】《发电企业设备检修导则》（DL/T 838—2003）

7.2　检修工程规划和计划的编制

7.2.1　发电企业应每年编制三年检修工程滚动规划和下年度检修工程计划，并于每年 8 月 15 日前报送其主管机构。

7.2.2　三年检修工程滚动规划的编制。

7.2.2.1　三年检修工程滚动规划是发电企业对后三年需要在 A/B 级检修中安排的重大特殊项目进行预安排。

7.2.2.2　三年检修工程滚动规划的内容应包括：工程项目名称、上次 A/B 级检修的时间、重大特殊项目的立项依据和重要技术措施概要、预定检修时间、预定停机天数、需要的主要设备和材料（三年检修工程滚动规划表的格式参见附录 B）。

7.2.3　年度检修工程计划的编制。

7.2.3.1　各发电企业应根据本厂的主要设备和辅助设备健康状况和检修间隔，结合三年检修工程滚动规划，编制年度检修工程计划。

7.2.3.2　年度检修工程计划编制内容主要包括：单位工程名称、检修级别、标准项目、特殊项目及立项依据、主要技术措施、检修进度安排、工时和费用等（年度检修工程计划表的格式参见附录 C）。

7.2.3.3　主要设备检修工程计划按单台主设备列单位工程。

7.2.3.4　辅助设备按系统分类作为独立项目列入年度检修工程计划之内。

7.2.3.5　生产建筑物大修计划按建筑物名称列单位工程。

7.2.3.6　非生产设施大修计划按其设施名称列单位工程。

7.2.3.7　特殊项目应逐项列入年度工程计划。

7.3　年度检修工期计划的编制和申报

7.3.1　发电企业应根据主管机构提出的年度检修重点要求，编制下年度检修工期计划。年度检修工期计划主要包括：检修级别、距上次检修的时间、检修工期、检修进度安排及其说明等（年度检修工期计划表的格式参见附录 D）。

7.3.2　每年 10 月 15 日前，发电企业应将其下年度检修工期计划报送电网经营企业。

7.3.3　电网经营企业接到发电企业的年度检修工期计划后，结合电网的负荷预测、水文预报资料和能源政策，按照公平、公开、公正的原则对电网下年度输变电、发电设备检修计划进行平衡，并于每年 11 月 15 日前，批复下一年度全网设备检修计划。对于次年一季度进行检修的机组，应做出预安排。

10.5　检修评价和总结

10.5.1　机组复役后，发电企业应及时对检修中的安全、质量、项目、工时、材料和备品配件、技术监督、费用以及机组试运行等进行总结并做出技术经济评价。主要设备的冷（静）态和热（动）态评价内容参见附录 G。

10.5.2　机组复役后 20 天内做效率试验，提交试验报告，做出效率评价。

10.5.3　机组复役后 30 天内提交检修总结报告，检修总结报告格式参见附录 G。

10.5.4　修编检修文件包，修订备品定额，完善计算机管理数据库。

10.5.5　设备检修技术记录、试验报告、质检报告、设备异动报告、检修文件包、质量监督验收单、检修管理程序或检修文件等技术资料应按规定归档。由承包方负责的设备检修记录及有关的文件资料，应由承包方负责整理，并移交发电企业。A/B 级检修技术文件种类参见附录 H。

附　录　B

（资料性附录）

三年（　　年—　　年）检修工程滚动规划表

填报单位：　　　　　　　　　　　　　　　　　　　　填报时间：

工程名称	上次 A 级检修年月	重大特殊项目	主要依据和技术措施	预计实施年度	增加停用天数	需要主要器材和备件	费用（万元）	备注
一、主要设备 二、辅助设备 三、生产建（构）筑物 四、非生产设施								
注 1：预计于第一、第二、第三年度进行 A 级检修的重大特殊项目应填本表； 注 2：增加停用天数一栏，仅填执行本项目比标准项目停用日数需增加的停用天数； 注 3：主要器材和备件一栏，仅填写数量多，订货困难、加工时间较长、需提前订货的器材、备件。								

附　录　C

（资料性附录）

（　　）年度检修工程计划表

填报单位：　　　　　　　　　　　　　　　　　　　　　　　　　　　　　　　　填报时间：

工程编号	单位工程名称（设备名称及检修等级）	检修项目	特殊项目列入计划原因	需要的主要器材	检修时间		工日	费用（万元）	备注
					开工时间	停用时间			
	一、主要设备	1. 标准项目 2. 特殊项目							
	1. ×号机组×级检修								
	2. ×号机组×级检修								
	……								
	二、辅助设备检修								
	……								
	三、生产建（构）筑物检修								
	四、非生产设施检修								
	合计								
注：主要设备标准项目，不填详细检修内容，只填工日、费用；主设备的特殊项目和辅助设备重大特殊项目应逐项填写项目、原因、工日、费用和主要技术措施等									

附　录　D

（资料性目录）

发电企业（　　）年度检修工期计划表

填报单位：　　　　　　　　　　　　　　　　　　　　　　　　　　　　　　　　填报时间：

机组名称和类别	容量 MW	上次检修等级和检修竣工时间	本次检修等级和计划开竣工时间	备注
关于检修进度安排情况的说明：				
注：机组类别应注明是国产机组还是进口机组；检修进度安排情况的说明一栏中应填写超出或低于标准项目停用日数的原因				

附　录　G

（资料性附录）

A/B 级检修冷、热态评价和主要设备检修总结报告

G.1　A/B 级检修冷热态评价报告

发电企业号机组　　　　MW

　　年　月　日

一、停用日数

计划：　　　年　月　日到　　年　月　日，共计　　d。

实际：　　　年　月　日到　　年　月　日，共计　　d。

二、人工

计划：　工时，实际：　工时。

三、检修费用

计划：　工时，实际：　工时。

四、检修与运行情况

由上次 A/B 级检修结束至此次 A/B 级检修开始运行小时数　，备用小时数　。

上次 A/B 级检修结束到本次 A/B 级检修开始 C/D 级检修次　，停用小时数　。

上次 A/B 级检修结束到本次 A/B 级检修开始非计划停用次，　　h。非计划停运系数，其中，强迫停运　　h，等效强迫停运系数　。

上次 A/B 级检修结束到本次 A/B 级检修开始日历小时数　，可用小时　。等效可用系数　，最长连续可用天数　，最短连续可用天数　。

五、检修后主设备冷态评价

1. 项目执行情况

项目完成情况；重大设备缺陷消除情况；不符合项的处理情况；检修中发现问题的处理情况；检修不良返工率、人为部件损坏率等。

2. 检修工期完成情况

计划检修工期完成情况；非计划项目工期的合理安排；发现特殊情况延长工期的申请和批复等。

3. 安全情况

考核检修期间安全情况；检修过程的安全措施及其执行情况等。

4. 验收评价

评价检修项目三级验收优良率和 H、W 点检查情况。

5. 分部试转和大连锁

分部试转一次成功率；大连锁一次成功率；试转设备健康状况（如旋转设备振动情况、设备泄露情况、检修后设备完整性）等。

6. 现场检修管理

文明施工；检修设备按规定放置；工作现场清洁、有序。

7. 检修准备工作

检修施工计划完整；技术措施合理到位；检修工具备件准备；材料备件计划及时性等。

8. 技术管理

检修记录、异动报告完整及时。

六、主设备热态评价和检修工程评估

（一）投运后的可靠性评价

机组启动成功率；非计划降负荷率；调峰范围及运行灵活性；强迫停运和 MFT 情况；热控、电气仪表及自动、保护装置投入率；水电企业计算机监控系统模拟量、开关量投入率；DAS 模拟量、开关量投入率；设备泄漏率；设备缺陷发生项数及主要缺陷。

（二）技术经济指标评价

1. 工时管理

工时计划正确率；超时和节约工时分析；各技术工种配备合理性；等级工、辅助工配备的合理性；紧缺人员培训计划制订。

2. 材料管理

库存材料、备件的合理储备；采购计划的正确性；采购网络畅通；交货价格信息正确性。

3. 费用管理

费用结算情况；各项目预算超支和节约原因分析；各费用出账正确；总预算费用控制等。

4. 技术评价

检修目标完成情况；新设备、新技术选用正确性；设备状态诊断的正确性；设备健康状况和设备性能试验评价；设备主要存在问题及今后的技术措施；外借和外包人员选用、各种合同条款合理性等。

G.3 汽轮机 A/B 级检修总结报告

发电企业 ， 号汽轮机

年 月 日

制造厂 ，型号 ，容量 MW，进汽压力 MPa（表压力）

进汽温度 ℃，调整抽汽压力 kPa（表压力）和 kPa（绝对压力）。

一、概况

（一）停用日数

计划： 年 月 日至 年 月 日，进行第次 A/B 级检修，共计 日。

实际： 年 月 日至 年 月 日报竣工，共计 日。

（二）人工

计划：工时 。实际： 工时。

（三）检修费用

计划： 万元，实际： 万元。

（四）运行情况

上次检修结束至本次检修开始运行小时数 ，备用小时数 。

（五）检修项目完成情况

内容	合计	标准项目	特殊项目	技术改造项目	增加项目	减少项目	备注
计划数							
实际数							

（六）质量验收情况

<table>
<tr><td rowspan="2">内容</td><td colspan="3">H 点</td><td colspan="3">W 点</td><td>不符合项通知单</td><td>三级验收</td></tr>
<tr><td>合格</td><td>合格</td><td>不合格</td><td>合格</td><td>合格</td><td>不合格</td><td>合计</td><td></td></tr>
<tr><td>计划数</td><td></td><td></td><td></td><td></td><td></td><td></td><td></td><td></td></tr>
<tr><td>实际数</td><td></td><td></td><td></td><td></td><td></td><td></td><td></td><td></td></tr>
</table>

（七）汽轮机检修前、后主要运行技术指标

<table>
<tr><td>序号</td><td>指 标 项 目</td><td>单位</td><td colspan="3">检修前</td><td colspan="3">检修后</td></tr>
<tr><td>1</td><td>在额定参数下最大出力</td><td>MW</td><td colspan="3"></td><td colspan="3"></td></tr>
<tr><td>2</td><td>各主轴承（或轴）振动值（包括发电机）</td><td>mm</td><td rowspan="5">⊥</td><td rowspan="5">—</td><td rowspan="5">⊙</td><td rowspan="5">⊥</td><td rowspan="5">—</td><td rowspan="5">⊙</td></tr>
<tr><td></td><td>号轴承（或轴）</td><td></td></tr>
<tr><td></td><td>号轴承（或轴）</td><td></td></tr>
<tr><td></td><td>……………………………………………</td><td></td></tr>
<tr><td></td><td>……………………………………………</td><td></td></tr>
</table>

续表

序号	指　标　项　目	单位	检修前	检修后
3	效率			
	（1）汽耗率	kg/kWh		
	（2）热耗率	kg/kWh		
4	凝汽器特性			
	（1）凝结水流量	t/h		
	（2）循环水入口温度	℃		
	（3）排汽压力	kPa （绝对压力）		
	（4）排汽温度与循环水出口温度差	℃		
5	真空严密性（在　　MW 负荷下）	Pa/min		
6	调速系统特性			
	（1）速度变动率 %			
	（2）迟缓率 %			
注：表中 2、3、4 应为额定负荷或可能最大负荷的试验数字。检修前、后的试验应在同一负荷下进行				

（八）检修工作评语

（1）施工组织与安全情况。

（2）检修文件包及工序卡应用情况。

（3）检修中消除的设备重大缺陷及采取的主要措施。

（4）设备的重大改进内容和效果。

（5）人工和费用的简要分析（包括重大特殊项目人工及费用）。

（6）检修后尚存在的主要问题及准备采取的对策。

（7）试验结果的简要分析。

（8）其他。

专业负责人

发电企业生产负责人

附　录　H
（资料性附录）
A/B 级检修技术文件参考表

H1　检修准备及过程文件

H1.1　检修计划书、年度检修计划

H1.2　检修工程计划（确定标准项目和特殊项目）

H1.3　机组检修全过程管理工作计划（或机组检修质量手册）

H1.4　检修组织机构、岗位职责与工作程序

H1.5　检修项目进度和网络图（计划与实际比较）

H1.6　机组检修备品材料计划

H1.8　机组设备运行分析报告

H1.9　检修前机组试验项目

H1.10　检修前缺陷统计

H1.11　机组检修工艺纪律

H1.12　检修项目安全、组织、技术措施

H1.13　检修各项考核细则（检修管理、质量、文明生产等考核办法）

H1.14　质量监督验收计划

H1.15　质量验收申请单、验收单、通知等

H1.16　不符合项通知单

H1.17　检修作业工序卡（工艺卡）、工艺规程

H1.18　检修文件包及其使用管理规定

H1.19　技术监督、锅炉压力容器监督计划

H1.20　外包项目计划表

H1.21　外包项目安全、质量、技术协议、合同

H1.22　检修现场定置管理图

H1.23　设备异动申请单

H1.24　机组停运时工作票办理规定

H1.25　检修用各类现场记录表格

H1.26　机组安全经济技术指标

H1.27　机组整体试运行大纲

H2　检修总结阶段文件

H2.1　检修项目进度表（计划与实际比较）

H2.2　重大特殊项目的技术措施及施工总结

H2.3　改变系统和设备结构的设计资料及总结

H2.4　质量监理报告

H2.5　检修技术记录和技术经验专题总结

H2.6　检修工时、材料消耗统计资料

H2.7　质量监督验收资料

H2.8　检修前、后火力发电机组热效率试验报告

H2.9　汽（水）轮机检修前、后调速系统特性试验报告

H2.10　汽轮机叶片频率试验报告

H2.11　重要部件材料和焊接试验、鉴定报告

H2.12　各项技术监督的检查、试验报告

H2.13　电气、热工仪表及自动装置的调校试验记录

H2.14　电气设备试验记录

H2.15　启动、调试措施、调试报告

H2.16　设备系统异动报告

H2.17　各专业检修交代书（冷态验收前）

H2.18　冷、热态验收总结评价报告

H2.19　机组检修总结报告

6.2.7　技术管理

6.2.7.1　现场运行规程、系统图册修订

【依据 1】《防止电力生产事故的二十五项重点要求》（国能安全〔2014〕161 号）

在 1、2、6、7、8 等章节所列的有关内容。防止压力容器及压力管道爆破、防止轴瓦损坏、防止油系统着火、防止超速、防止大轴弯曲、防止轴系断裂、防止叶片故障、防止异常振动等颁发的反事故技术措施。

【依据2】《国家电网公司安全工作规定》[国网（安监/2）406—2014]

第二十六条　公司所属各级单位应严格贯彻公司颁发的制度标准及其他规范性文件。

第二十七条　公司各级单位应建立健全保障安全生产的各项规程制度：

1. 根据上级颁发的标准及其他规范性文件和设备厂商的说明书，编制企业各类设备的现场运行规程和补充制度，经专业分管领导批准后按公司有关规定执行。

2. 在公司通用制度范围以外，根据上级颁发的检修规程、技术原则，制定本企业的检修管理补充规程，根据典型技术规程和设备制造说明，编制主、辅设备的检修工艺规程和质量标准。经专业分管领导批准后执行。

3. 根据国务院颁发的《电网调度管理条例》和国家颁发的有关规定以及上级的调控规程或细则，编制本系统的调控规程或细则，经专业分管领导批准后执行。

4. 根据上级颁发的施工管理规定，编制工程项目的施工组织设计和安全施工措施，按规定审批后执行。

第二十八条　公司所属各级单位应及时修订、复查现场规程，现场规程的补充或修订应严格履行审批程序。

1. 当上级颁发新的规程和反事故技术措施、设备系统变动、本企业事故防范措施需要时，应及时对现场规程进行补充或对有关条文件进行修订，书面通知有关人员。

2. 每年应对现场规程进行一次复查、修订，并书面通知有关人员；不需修订的，也应出具经复查人、审核人、批准人签名的“可以继续执行”的书面文件，并通知有关人员。

3. 现场规程宜每3年～5年进行一次全面修订、审定并印发。

现场规程的补充或修订，应严格履行审批程序。

第二十九条　省公司级单位应定期公布现行有效的规程制度清单：地市公司级单位、县公司级单位应每年至少一次对安全法律、标准规范、规章制度、操作规程的执行情况进行检查评估，公布一次本单位现行有效的现场规程制度清单，并按清单配齐各岗位有关的规程制度。

6.2.7.2　设备、主要运行参数定期分析及报告制度

【依据】《国家电网公司安全工作规定》[国网（安监/2）406—2014]

第三十二条　省公司级单位、地市公司级单位、县公司级单位及他们所属的检修、运行、发电、煤矿企业（单位）每年应编制年度的反事故措施计划和安全技术劳动保护措施计划。

电力施工企业应编制年度安全技术措施计划及项目安全施工措施。

第三十三条　年度反事故措施计划应由分管业务的领导组织，以运维检修部门为主，各有关部门参加制定：安全技术劳动保护措施计划应由分管安全工作的领导组织，以安全监督管理部门为主，各有关部门参加制定。

第三十四条　反事故措施计划应根据上级颁发的反事故技术措施、需要治理的事故隐患、需要消除的重大缺陷、提高设备可靠性的技术改进措施以及本单位事故防范对策进行编制。

反事故措施计划应纳入检修、技改计划。

第三十六条　安全性评价结果应作为制订反事故措施计划和安全技术劳动保护措施计划的重要依据。

防汛、抗震、防台风等应急预案所需项目，可作为制订和修订反事故措施计划的依据。

第三十七条　省公司级单位、地市公司级单位、县公司级单位及他们所属的检修、运行、发电、煤矿企业（单位）主管部门应优级先从成本中据实列支反事故措施计划、安全技术劳动保护措施计划所需资金。

电力建设管理有关部门应根据国家、行业、公司的有关规定，优先安排安全技术措施计划所需费用，电力施工企业安全生产费用应优先用于保证工程建设过程达至安全生产标准化要求，所需的支出应按规定规范使用。

第三十八条　安全监督管理机构负责监督反事故措施计划和安全技术劳动保护措施计划的实

施，并建立上一代人考核机制，对存在的问题应及时向主管领导汇报。

第三十九条　省公司级单位、地市公司级单位、县公司级单位及他们所属的检修、运行、发电、煤矿企业（单位）负责人应定期检查反事故措施计划、安全技术劳动保护措施计划的实施情况，并保证反事故措施计划、安全技术劳动保护措施计划的落实，列入计划的反事故措施和安全技术劳动保护措施若需取消或延期，必须由责任部门提前征得分管领导同意。

6.2.7.3　检修工艺规程及检修管理制度

【依据】《火力发电厂实施设备状态检修指导意见》（国家电力公司发〔2001〕745号文）

国电公司在印发《指导意见》的通知中说，随着电力工业的迅速发展，现行发电设备的定期检修制度在机组的检修计划编制、检修间隔安排等方面存在的问题日益突出，已不能满足高参数、大容量、高度自动化机组检修的需要。而进入20世纪80年代，美国等发达国家逐步开始在火力发电厂实施设备状况检修，通过应用现代维修管理技术，采用先进的设备状态监测手段、分析诊断技术，掌握设备的状态，合理安排检修项目、检修间隔，有效地降低了检修成本，提高了设备可用性。1997年底，国家电力公司在认真分析国外发电设备实施设备状态检修的成功经验基础上，开始组织在北仑、外高桥、邹县等电厂进行实施设备状态检修的试点工作。目前，已取得一定成效，并积累了一些有益的经验。实施设备状态检修的试点表明，在火力发电厂实施设备状态检修是火力发电企业实现管理现代化、提高综合实力的有效途径之一，也是建设一流火力发电企业的重要内容，是管理创新、技术创新的具体体现。另一方面，状态检修作为一项新技术也还需要一个逐步完善与成熟的过程。

通知说，为更好地推动火力发电厂实施设备状态检修工作，国家电力公司在总结试点单位经验的基础上，制订了《火力发电厂实施设备状态检修指导意见》，并提出以下具体要求，一并贯彻执行：

1. 火力发电厂实施设备状态检修要根据不同设备的重要性、可控性和可维修性，科学合理地选择不同的检修方式，形成一套融故障检修、定期检修、状态检修和主动检修为一体的、优化的综合检修方式，以提高设备可靠性、降低发电成本。不是以状态检修完全取代现有的定期检修方式，而是在现行定期检修为主的检修体制基础上，逐步增大实施状态检修设备的比重。

2. 实施设备状态检修是对现行检修管理体制的改革，而我国尚处于探索阶段，因此，各分公司、集团公司、省区市电力公司应加强本公司全资和控股火力发电厂实施设备状态检修工作的组织领导，坚持“总体规划，分步实施，先行试点，逐步推进”的原则，在确保设备安全运行的前提下，积极稳妥地推进，防止一哄而上。

3. 设备状态检修的实施可先从实施设备点检定修制和检修作业标准化、规范化入手，全面落实设备管理的责任制，规范、完善检修基础管理，强化检修质量管理，提高设备健康水平，保持设备处于良好水平。

4. 设备的状态监测、诊断首先应立足于现有的装备和资源，确保常规技术监督测试项目和运行、检修记录等基础数据得到有效、充分的利用，其次合理配置适当的监测设备及相应的收集、分析软件，避免盲目大量购进监测设备、分析软件。

《指导意见》全文如下：

火力发电厂实施设备状态检修的指导意见

设备状态检修是一种先进的检修管理方式，能有效地克服定期检修造成设备过修或失修的问题，提高设备的安全性和可用性，而在火力发电厂（以下简称火电厂）实施设备状态检修是企业实现管理现代化、提高综合实力的有效途径之一，也是建设一流火力发电厂的重要内容，是管理创新、技术创新的具体体现。

为了进一步推动火电厂实施设备状态检修工作的开展，合理地安排设备检修方式，有效降低设备的检修成本，提高火力发电企业的竞争力，特制订本指导意见。

一、设备状态检修的定义和内涵

设备状态检修是根据先进的状态监视和诊断技术提供的设备状态信息，判断设备的异常，预知设备的故障，在故障发生前进行检修的方式，即根据设备的健康状态来安排检修计划，实施设备检修。状态监测是状态检修的基础，而对监测结果的有效管理和科学应用则是状态检修得以实现的保证。

火电厂实施设备状态检修是要根据不同设备的重要性；可控性和可维修性，科学合理地选择不同的检修方式，形成一套融故障检修、定期检修、状态检修和主动检修为一体的、优化的综合检修方式，以提高设备可靠性、降低发电成本。火电厂实施设备状态检修不是以状态检修完全取代现有的定期检修方式，而是在现行定期检修为主的检修体制基础上，逐步增大实施状态检修设备的比重。

二、实施设备状态检修的目的

应用现代管理理念和管理技术，采用有效的监测手段和分析诊断技术，准确掌握设备状态，保证设备的安全、可靠和经济运行；科学地进行检修需求决策，合理安排检修项目、检修间隔和检修工期，有效降低检修成本，提高设备可用性；形成符合状态检修要求的管理体制，提高火电厂检修、运行的基础管理水平；在企业中营造科学决策、改革创新的氛围。

三、实施设备状态检修的基本原则

（一）保证设备的安全运行

在实施设备状态检修的过程中，应以保证设备的安全运行为首要原则，加强设备状态的监测和分析，科学、合理地调整检修间隔、检修项目，同时制定相应的管理制度。凡与现行管理规定不一致的，如重要设备的检修周期调整等，须报请企业领导或上级主管部门批准或备案后才能执行。

（二）总体规划，分步实施，先行试点，逐步推进

实施设备状态检修是对现行检修管理体制的改革，是一项复杂的系统工程，而我国又尚处于探索阶段，因此，实施设备状态检修既要有长远目标、总体构想，又要扎实稳妥、分步实施，在试点取得一定成功经验的基础上，逐步推广。

实施设备状态检修应在总体目标框架下分阶段地进行。状态检修的实施可先从实施设备点检定修制和检修作业标准化、规范化入手，全面落实设备管理的责任制，规范、完善检修基础管理，强化检修质量管理，提高设备健康水平，保持设备处于良好水平，这样就可以从思想上、制度上、人员上、技术上为全面实施设备状态检修奠定良好的基础。在实施过程中，也要注意及时总结经验，必要时可调整规划。

各分公司、省（区、市）电力公司可结合本公司全资和控股火电厂的实际，制订实施设备状态检修规划、具体步骤，指导本公司火电厂实施设备状态检修工作。同时在基础管理好、人员素质高和设备状况比较好的电厂进行试点，并在试点成功的基础上，适当加大推广力度。

（三）充分运用现有的技术手段，适当配置监测设备

实施设备状态检修需要配置适当的监测设备及相应的软件，但首先应充分利用电厂现有的装备和资源。常规技术监督测试项目和运行、检修记录以及实行点检制电厂的点检结果，已包含了大量重要的设备状态信息，是实施状态检修的重要基础。因此，首先应在制度上、管理方式上保证这些信息能够得以充分、有效利用，其次注重利用现代技术手段收集、分析这些信息，使其与其他监测设备得到的数据一起作为分析判断设备状态的依据。

四、组织机构及其职责

实施设备状态检修是一项系统工程，牵涉到各个方面，建立健全组织机构，制定相应的规章制度，明确各部门的职责，协调一致，才能取得良好的效果。

（一）分公司、省（区、市）电力公司的职责

1. 负责本公司设备状态检修工作的组织领导和协调；

2. 编制本公司实施设备状态检修的政策、规定、实施方案；

3. 审批下属单位实施设备状态检修的有关方案、制度以及设备检修计划调整；

4. 对其全资、控股火电厂的设备状态检修工作进行指导、监督、检查和总结。

（二）发电厂的组织机构和职责

发电厂是实施设备状态检修的主体，应建立相应的管理制度，使其适应设备状态检修的需要，保证设备状态检修工作深入开展。发电厂的组织机构可分三个层次：决策层、专业层、操作层。

1. 决策层是电厂实施设备状态检修的决策机构，一般由厂级领导及有关部门负责人组成，其主要职责是：

（1）确定本厂开展状态检修的目标；

（2）组织领导状态检修的宣传和培训工作；

（3）审批本厂实施设备状态检修的规划、进度安排、相关政策规定；

（4）审定适应设备状态检修的管理制度、工作流程；

（5）建立实施设备状态检修的组织机构，配备称职的人员，明确职责；

（6）审批设备状态检修的作业指导书；

（7）审查专业层提出的检修建议，并做出最终检修决策（对重要设备的延长检修周期的决定，须经公司主管部门审批备案）；

（8）检查设备状态检修工作的进度和质量，评估实施的效果。

2. 专业层是电厂开展设备状态检修工作的专门工作小组，其主要职责是：

（1）编制和修订本厂实施状态检修的规划，制订实施设备状态检修相关管理制度和工作流程；

（2）负责设备的分类分级，确定各个设备采用的检修方式；

（3）选择配备必要的监测设备及软件；

（4）深层次状态数据采集；

（5）确定设备状态判别准则；

（6）编制设备状态监测作业指导书，指导操作层人员的检测工作；

（7）整理分析各种设备信息，提交设备状态综合报告，根据设备状态提出检修建议；

（8）评价检修结果，不断改进完善检修方式或检测方式。

3. 操作层是具体负责设备管理人员和设备状态信息采集人员，其主要职责是：

（1）按规定完成对所辖设备的检查、测试和数据采集；

（2）进行设备异常分析、趋势分析和设备性能评估；

（3）提交设备状态报告和初步的检修建议；

（4）具体设备的检修管理。

（三）电力研究院（所）的职责

电力研究院（所）是推行设备状态检修的主要技术支持单位，其主要职责是：

1. 提供实施设备状态检修的技术指导和人员培训；

2. 协助电厂制定状态监测作业指导书，确定监测参数、方法以及状态判别准则等；

3. 对配置状态监测仪器设备、诊断及管理软件提出建议；

4. 为深入分析设备状态提供技术服务，有条件的可逐步建立远程监测诊断中心，为实施设备状态检修提供更有效的服务。

五、实施设备状态检修的工作方式

（一）选择工作方法和规模

火电厂实施设备状态检修的工作由系统/设备分类、状态监测、状态分析、检修管理、检修结果评估等模块组成，形成一个闭环系统，各模块的具体工作方法和深度可以有不同的选择。通常，火电厂可以从点到面逐步地实施状态检修。

对于人员整体素质较高、设备基础管理较好、管理要求高的电厂可以较全面深入地开展整体状态检修，有利于形成一套比较先进和完整的设备管理体制，有效地实现设备管理的现代化。但投入比较大，从实施到见效所需时间可能长达数年，其中检修管理系统、RCM 等模块的实施对电厂管理体制的改革有较高的要求，并有一定的风险。

各省（区、市）电力公司和电厂应按实际情况，选择确定开展状态检修的工作方法和规模。

（二）进行系统/设备分类

系统/设备分类的目的是确定各设备的重要程度和选定各个设备合理的检修方式，明确实施设备状态检修的设备范围。

分类的主要方法是按可靠性、人身设备安全、影响设备出力和效率、环保、检修难易程度及工期、费用的大小、电能质量等方面的重要程度制定分值标准，对系统和设备的重要性进行评估打分。根据每个设备的得分多少，列出设备的级别表。一般 A 级设备占 10%～15%，B 级设备占 55%～70%。

A、B 级设备应优先考虑实施设备状态检修。

（三）选择状态监测的手段及监测频度

火电厂设备的状态监测应主要依靠常规的性能检测试验手段、数据采集系统（DAS）的数据、运行分析、运行巡检、点检结果等现有资源，同时根据被测设备的故障特性，选择合适的特征参数，适当配置必要的监测设备和软件。

电厂中常用的监测技术有振动监测、油液分析、红外热成像、马达状态监测、超声波检漏等。

监测设备选择应以成熟、可靠、适用、经济为原则，对监测设备自带软件的，还应注意与其他系统的数据交换性。

检测频度的选择应根据设备故障的 P—F 间隔（即从发现潜在故障到发生功能性故障的时间），对尚无法确定 P—F 间隔的，可根据一般经验安排。开始时检测频度可稍高，积累一定经验后再逐步调整。

在运行过程中，还应根据设备的具体情况调整检测周期，出现故障征兆但又暂不停机检修的设备，应加强监测。

（四）收集整理设备信息

设备信息主要有：

1. 运行数据（包括运行实时数据、运行日志、运行巡检记录、运行分析记录等）；
2. 常规检测数据（包括点检数据、金属检测试验数据、性能试验数据、技术监督项目的测试数据等）；
3. 设备状态监测数据（各种监测设备测得的数据）；
4. 设备历史数据（包括设备图纸、说明书、安装记录、故障记录、检修记录、更改台账等）；
5. 同类设备的故障信息和检修经验；
6. 国家、行业、公司、电厂的有关标准、规程和规定等。

这些信息数据量十分庞大，应充分利用计算机技术对这些数据进行管理，从制度上和技术上保证它们得到有效应用。应采用开放的数据库结构，有条件时建立统一的数据分析平台。

（五）分析诊断，提出设备状态报告和检修建议

操作层人员进行所辖设备异常分析、趋势分析，提交设备状态报告和初步的检修建议。专业层人员汇总各类状态信息，进行综合分析，提出设备状态综合报告和检修建议，由决策层进行检修决策。必要时可借助专家的力量，提高状态判断的准确性。

状态报告一般应包括下列各项内容：

1. 监测项目和应用的监测技术；
2. 设备状况数据及分析；
3. 设备异常现象的简要描述；
4. 设备状态的评价；

5. 目前和今后可能受到影响的设备和系统，后果严重性的评估；

6. 临时处理措施；

7. 后续监测工作及检修工作的建议，投入和产出的评估。

（六）闭环运行，不断提高实施设备状态检修的水平

有关实施设备状态检修的各项选择和决定，有些因限于当时的技术、管理等方面的条件而不够正确或定整，应在实践检验的基础上不断加以改进完善。同时，随着新技术的应用和对某些故障机理的进一步认识，应对原定的状态判据、监测手段和频度、检修方式做出调整。

在每个检修项目结束后都应进行后评估，根据检修中发现的问题和检修结果，重新审视所采用的检修方式是否恰当、检测技术和检测频度是否合理、状态的分析诊断是否正确、相关的管理制度和作业指导书是否可行等。

因此，实施设备状态检修是一个动态的、不断改进的、闭环运行的系统工程。

六、整体设备状态检修的内容

与上述的设备状态检修工作方式相比，整体设备状态检修还包括评估、以可靠性为中心的检修（RCM）分析方法和计算机检修管理系统（CMMS）等重要内容。

（一）评估

评估的目的是对电厂的管理、人员和技术工作现状进行全面分析，与同类企业、竞争对手比较所处的位置，找出差距，明确改进目标。

评估的方法和范围有多种选择，可以按国际上日渐成熟的企业评估方法（如 Benchmarking），也可在企业内部通过问卷方法进行自评估。评估范围可涵盖企业经营管理到具体应用

技术的各方面，也可仅对电厂实施设备状态检修相关的检修管理和设备监测技术应用进行评估。

评估结果用于指导电厂检修管理体制的改进及先进技术的应用。

（二）以可靠性为中心的检修（RCM）分析方法

这是一种更科学地选择设备检修方式的分析方法，这种方法着眼于系统功能的实现，在不降低系统可靠性的前提下如何降低检修成本主要工作内容有：

1. 明确所分析系统及设备的功能；

2. 分析功能故障模式及后果；

3. 找出故障处理对策，选择设备的检修方式；

4. 确定实施状态检修设备的监测项目；

5. 将分析结果纳入电厂日常检修计划；

6. 评估和改进。

RCM 分析过程比较复杂，参与工作的人员较多，耗时较长，故一般不同时对多个系统开展分析，而是首先根据系统对安全、环保、可靠性、检修费用等的影响，进行重要性排序，然后根据重要性排序依次对系统进行 RCM 分析和分析工作标准化。

（三）计算机检修管理系统（CMMS）

CMMS 的基本功能包括设备管理，检修过程管理、物料管理、财务管理、人力资源管理等，并且其十分注重把检修工作纳入企业以诚为中心的管理工作中。CMMS 不仅是一种进行检修管理的高级工具，更是实现先进管理模式的手段。

CMMS 能否成功实施，取得实效取决于企业领导的策略、思路和要求是否先进，也取决于企业基础管理是否扎实、基础数据是否完整。

在 CMMS 的选择和实施工作中，应注意：

1. 软件各模块应是集成化的，相互之间能实现调用；

2. 对电厂现有系统具有统一、规范、开放的接口；

3. 对一些特殊功能要求，应注意软件中是否确实提供；

4. 在需求分析之前，电厂须确定有关的各项工作的流程、各部门的职责、每个人的权限等。

1. 在客户化之前，完成设备编码；
2. 提出需要进行分析的内容和需要完成的报表；
3. 准备尽量完整的基础数据。

七、常用的状态监测设备

电厂辅机状态监测的常用设备有：

1. 便携式振动监测设备：用于对于旋转机械（如各类泵、风机等）进行定期检测。
2. 油液分析设备：用于对油的品质、污染度、污染物质的分析测试；
3. 红外热成像仪：用于对各种电气、机械部件的表面温度场分布的测试；
4. 马达监测设备：用于对马达电流、磁通量、振动的测试，诊断转子的相关问题及电故障；
5. 超声波检漏仪：用于检测各种管道、阀门的泄漏。

八、建议开展状态检修的设备

电厂应根据自身设备的实际及人员、资金情况，选择一些适合实施状态检修的设备，先在一定范围内开展工作。一般可先对部分A级和B级设备实施状态检修，主要包括下列辅机设备：锅炉送风机、引风机、一次风机及其电机；磨煤机、排粉机、疏煤皮带及其电机；粗粉分离器、细粉分离器；电除尘器；炉水泵、给水泵组、循环水泵、凝结水泵；加药泵、除盐水泵及其驱动装置；高压加热器、低压加热器、凝汽器；主变压器、高压备用变压器、高压厂用变压器；500kV、220kV、110kV高压开关、厂用高压开关。

九、设备状态检修的管理制度和作业指导书

在实施设备状态检修时，必须制定相应的管理制度和作业指导书，以保证设备状态检修工作正常有序地进行。

（一）管理制度

设备状态检修管理制度主要包括实施设备状态检修的工作流程，相关机构设置、岗位职责，设备状态报告制度，检修项目调整申报制度等。

对原有的检修管理制度、设备巡检管理制度、设备点检管理制度、各种试验和技术监督管理制度、可靠性管理制度等进行修改和补充，使其与实施设备状态检修工作相适应。

（二）状态监测作业指导书

十、设备状态检修的宣传

设备状态检修的成功实施，不仅要解决许多技术上的问题，而更关键的是要克服人的观念和管理体制上的障碍，尤其是要得到公司和电厂注意领导人的坚定支持。

在实施设备状态检修的各个阶段中，都应注意对设备状态检修的基本思想和实施设备状态检修的意义进行充分深入的宣传、提高认识，统一思想，激发干劲，使这一新的管理理念成为企业文化的重要组成部分。

初始阶段的宣传学习内容主要包括上级部门的有关文件规定，设备状态检修的基本概念，实施设备状态检修的意义，国内外电厂实施设备状态检修的成功经验，本厂实施设备状态检修的目的、方式、各阶段目标等。使大家认识到传统检修模式存在的问题和实施设备状态检修的必要性，并明确自己在状态检修工作中的位置和应发挥的作用。

在设备状态检修推进过程中，要及时总结前阶段的经验和成果，宣传所取得的成绩，激励员工继续努力，并争取各方面的继续支持。

十一、设备状态检修的培训和交流

培训是开展设备状态检修的重要基础工作，应分阶段有针对性地对所有实施设备状态检修的相关人员进行培训。

培训应分层次进行，内容各有侧重。决策层人员的培训，以设备状态检修的基本概念、相关的先进管理理念和管理方法等内容为主，专业层人员的培训，以了解和掌握设备状态检修的具体实施方法和各项相关技术等内容为主。操作层人员的培训，以掌握有关仪器设备的使用方法和基础的分析技术等内容为主。

各试点单位应加强技术交流，尤其是案例的交流，使设备状态检修工作能在较短的时间，在更大的范围内取得成效。

6.3 电气一次设备

6.3.1 发电机和高压电动机

6.3.1.1 发电机运行工况

6.3.1.1.1 发电机的绕组、铁芯、集电环和不与绕组接触的其他部件，进出口风等

【依据】《防止电力生产重大事故的二十五项重点要求》（国能安全〔2014〕161号）

10.3.1.7 按照《汽轮发电机运行导则》（DL/T 1164—2012）要求，加强监视各部位温度，当发电机（绕组、铁芯、冷却介质）的温度、温升、温差与正常值有较大偏差时，应立即分析、查找原因。温度测点的安装必须严格执行规范，要有防止感应电影响温度测量的措施，防止温度跳变、显示误差。

6.3.1.1.2 发电机转子接地或严重匝间短路

【依据】《防止电力生产重大事故的二十五项重点要求》（国能安全〔2014〕161号）

10.4.1 频繁调峰运行或运行时间达到20年的发电机，或者运行中出现转子绕组匝间短路迹象的发电机（如振动增加或与历史比较同等励磁电流时对应的有功和无功功率下降明显），或者在常规检修试验（如交流阻抗或分包压降测量试验）中认为可能有匝间短路的发电机，应在检修时通过探测线圈波形法或RSO脉冲测试法等试验方法进行动态及静态匝间短路检查试验，确认匝间短路的严重情况，以此制订安全运行条件及检修消缺计划，有条件的可加装转子绕组动态匝间短路在线监测装置。

10.4.2 经确认存在较严重转子绕组匝间短路的发电机应尽快消缺，防止转子、轴瓦等部件磁化。发电机转子、轴承、轴瓦发生磁化（参考值：轴瓦、轴颈大于10×10^{-4}T，其他部件大于50×10^{-4}T）应进行退磁处理。退磁后要求剩磁参考值为：轴瓦、轴颈不大于2×10^{-4}T，其他部件小于10×10^{-4}T。

10.11 防止发电机转子绕组接地故障

10.11.1 当发电机转子回路发生接地故障时，应立即查明故障点与性质，如系稳定性的金属接地且无法排除故障时，应立即停机处理。

10.11.2 机组检修期间要定期对交直流励磁母线箱内进行清擦、连接设备定期检查，机组投运前励磁绝缘应无异常变化。

6.3.1.1.3 防止发电机非全相运行和非同期并网事故的反措

【依据】《防止电力生产重大事故的二十五项重点要求》（国能安全〔2014〕161号）

10.9 防止发电机非同期并网

10.9.1 微机自动准同期装置应安装独立的同期鉴定闭锁继电器。

10.9.2 新投产、大修机组及同期回路（包括电压交流回路、控制直流回路、整步表、自动准同期装置及同期把手等）发生改动或设备更换的机组，在第一次并网前必须进行以下工作：

10.9.2.1 对装置及同期回路进行全面、细致的校核、传动。

10.9.2.2 利用发电机–变压器组带空载母线升压试验，校核同期电压检测二次回路的正确性，并对整步表及同期检定继电器进行实际校核。

10.9.2.3 进行机组假同期试验，试验应包括断路器的手动准同期及自动准同期合闸试验、同期（继电器）闭锁等内容。

6.3.1.1.4 发电机的灭火配置，消防水的压力

【依据】《汽轮发电机运行导则》（DL/T 1164—2012）

3.1.8 发电机应有适当的灭火装置。空气冷却的发电机内部应装设灭火水管或二氧化碳管，管路的端头应引出机座外；氢气冷却的发电机，应采用二氧化碳灭火，二氧化碳瓶应接在二氧化碳母管上。主控室和主机室内，应按GB 50229的规定配置电气设备专用灭火器并定期检验、更换。

6.3.1.1.5 发电机封闭母线及外壳、发电机出口电流互感器过热

【依据】《防止电力生产重大事故的二十五项重点要求》(国能安全〔2014〕161号)

10.14.3 利用机组检修期间定期对封母内绝缘子进行耐压试验、保压试验，如果保压试验不合格禁止投入运行，并在条件许可时进行清擦；增加主变压器低压侧与封闭母线连接的升高座应设置排污装置，定期检查是否堵塞，运行中定期检查是否存在积液；封闭母线护套回装后应采取可靠的防雨措施；机组大修时应检查支持绝缘子底座密封垫、盘式绝缘子密封垫、窥视孔密封垫和非金属伸缩节密封垫，如有老化变质现象，应及时更换。

6.3.1.1.6 发电机主要监测仪表，其指示值及对应关系

【依据】《汽轮发电机运行导则》(DL/T 1164—2012)

3.2 测量、信号、保护和连锁装置

3.2.1 发电机应装设必要的监视、测量仪表，继电保护装置、过电压保护装置和各种自动、连锁装置。发电机的参数监控应符合下列规定：

a）发电机的有功功率、无功功率、功率因素、定子电压、定子电流、励磁电压、励磁电流等电气参数，各点振动、温度、温差值，冷却、密封及润滑介质的压力、流量、温度、纯度、湿度、电导率、pH值等参数检测量应接入微机监控系统并应有参数越限的声光报警显示。

b）在监测装置，如漏水、漏氢、漏油监测器，转子绕组对地及匝间绝缘监测仪、定子绕组端部振动监测仪、发电机绝缘过热监测器（GCM）、局部放电监测仪（PDM）等应具有就地报警功能和远传接口，必要时可实现远传。

3.2.2 主控室与主机分开的电厂，每台发电机均应装设联系信号装置。应使主控室与主机室能互相传送带有声、光和必要文字的信号。这些信号的种类和使用方法应在现场运行规程中具体规定。

3.2.3 实行集中控制的电厂，发电机的保护动作时，应有相应的信号送达集控室，并有声、光报警显示。

3.2.4 单元机组当机、炉热工保护动作时，应由逆功率保护动作于发电机跳闸；发电机保护动作时应相应的作用于机、炉减负荷或停机。

6.3.1.1.7 发电机非正常和特殊运行的措施及进相试验

【依据1】《大型汽轮发电机非正常和特殊运行及检修导则》(DL/T 970—2005)

1 范围本标准规定了汽轮发电机多种非正常运行和特殊运行方式的允许限值以及相关的维护与检修措施。本标准适用于300MW及以上容量的汽轮发电机，其他容量的机组可以参照执行。对已投入运行但不能满足本标准的发电机，可以根据实际情况对不满足的部分条文，参照本标准确定运行条件。

【依据2】《防止电力生产重大事故的二十五项重点要求》(国能安全〔2014〕161号)

22.1.1 加强厂用电系统运行方式和设备管理。

22.1.1.1 根据电厂运行实际情况，制订合理的全厂公用系统运行方式，防止部分公用系统故障导致全厂停电。重要公用系统在非标准运行方式时，应制定监控措施，保障运行正常。

22.1.1.2 重视机组厂用电切换装置的合理配置及日常维护，确保系统电压、频率出现较大波动时，具有可靠的保厂用电源技术措施。

22.1.1.3 带直配电负荷电厂的机组应设置低频率、低电压解列装置，确保机组在发生系统故障时，解列部分机组后能单独带厂用电和直配负荷运行。

6.3.1.1.8 定期运行分析

【依据】《电力工业技术管理法规（试行）》[(80)电技字第26号]

1.6.5 发电厂和供电局应经常分析技术经济指标和技术定额，发现有不正常情况时，应及时采取适当改进措施。各生产单位应按规定向上级机关呈报运行技术分析定期表格，并应有专人负责省煤节电工作。

6.3.1.1.9　其他隐患

6.3.1.2　发电机

6.3.1.2.1　定子端部绕组（包括引线）及结构件的固定

【依据 1】《透平型发电机定子绕组端部动态特性和振动试验方法及评定》（GB/T 20140—2016）

6　评定准则

6.1　隐机同步发电机定子绕组端部引线固有频率和端部整体模态试验评定标准

6.1.1　引线固有频率和端部整体的固有频率应避开范围见表 1 和表 2。

表 1　2 级隐机同步发电机定子绕组端部整体椭圆振型及相引线和主引线固有频率避开范围

额定转速 r/min	相引线和主引线固有频率 Hz	整体椭圆固有频率 Hz
3000	≤95，≥108	≤95，≥110
3600	≤114，≥130	≤114，≥132

表 2　4 级隐机同步发电机定子绕组端部整体椭圆振型及相引线和主引线固有频率避开范围

额定转速 r/min	相引线和主引线固有频率 Hz	整体椭圆固有频率 Hz
1500	≤95，≥108	≤95，≥110
1800	≤114，≥130	≤114，≥132

6.1.2　对引线固有频率不满足表 1 和表 2 的测点，应测量其原点响应比。响应比的评价标准是在需要避开的频率范围内，测得响应比不大于 0.44（m/s^2）/N。对于响应比小于 0.44（m/s^2）/N 的测点，可不进行处理。对于响应比大于或等于 0.44（m/s^2）/N 的测点，新机应尽量采取措施进行绑扎和加固处理，已运行的发电机应结合历史情况综合分析处理。

6.2　隐机同步发电机定子绕组端部振动评定标准

6.2.1　发电机额定空载或额定短路时，通频和倍频振动位移峰–峰值小于 100μm。

6.2.2　发电机正常运行时，定子端部通频和倍频振动位移峰–峰值小于 250μm，一般认为，适合无限制的长期运行。

6.2.3　发电机正常运行时，定子端部通频和倍频振动位移峰–峰值大于 250μm，小于 400μm，应发报警信号。一般来说，机组在这种情况，可以继续运行一段时间，在此期间进行研究以找出振动的原因，看振动是否能够稳定在某个范围。

6.2.4　发电机正常运行时，定子端部通频和倍频振动位移峰–峰值大于 400μm，应发停机信号，一般来说，机组在这种情况，不宜继续运行，应尽快停机检查、处理，或者根据实际情况采取相应措施（如降低符合），使振动降低到限值以下。

6.2.5　发电机正常运行时，定子端部通频和倍频振动位移峰–峰值的变化大于 100μm，应发报警信号，并加强监视。一般来说，振动幅值变化某个明显的数量，不管振动幅值是增大或减小都应查明原因。这种变化可以是的或者随时间而发展的，它可能表明已产生损坏，或者故障即将来临，或者某些其他异常。

【依据 2】《大型汽轮发电机定子绕组端部动态特性的测量及评定》（DL/T 735—2000）

1　范围标准规定了大型汽轮发电机定子绕组端部动态特性的测量方法及评定准则。本标准适用于额定功率为 200MW 及以上的国产汽轮发电机。在新机交接、大修、受到短路冲击、更换线棒、改变定子绕组端部固定结构或必要时，应对定子绕组端部进行动态特性测量。进口汽轮发电机和额定功率在 200MW 以下的国产汽轮发电机可参考本标准执行。

【依据 3】《旋转电机绝缘电阻测试》（GB/T 20160—2006）

1　范围本标准规定了额定功率 750W 及以上旋转电机电枢和磁场绕组绝缘电阻的测量方法。本标准适用于同步电机、感应电机、直流电机和同步调相机（不适用于分马力电机）。

本标准还阐述了旋转电机绕组绝缘电阻的典型特性，以及这些特性与绕组状况的关系，并推荐了交流电机和直流电机绕组绝缘电阻的最小值。

6.3.1.2.2　定子绕组的鼻部绝缘和手包绝缘

【依据 1】《防止电力生产重大事故的二十五项重点要求》（国能安全〔2014〕161 号）

10.2.1　加强大型发电机环形引线、过度引线、鼻部手包绝缘、引水管水接头等部位的绝缘检查，并对定子绕组端部手包绝缘施加直流电压测量试验，及时发现和处理设备缺陷。

【依据 2】《电气装置安装工程电气设备交接试验标准》（GB 50150—2016）

4.0.23　定子绕组端部现包绝缘施加直流电压测量，应符合下列规定；

1. 现场进行发电机端部引线组装的，应在绝缘包扎材料干燥后，施加直流电压测量；
2. 定子绕组施加直流电压为发电机额定电压 U_n；
3. 所测表面直流电位应不大于制造厂的规定值；
4. 厂家已对某些部位进行过试验且有试验记录者，可不进行该部位的试验。

【依据 3】《电力设备预防性试验规程》（DL/T 596—2005）

5.1.1.18　定子绕组端部手包绝缘施加直流电压测量

6.3.1.2.3　定子槽楔及防松动措施

【依据】《电气装置安装工程旋转电机施工及验收规范》（GB 50170—2006）

2.3.5　定子槽楔应无裂纹、凸出及松动现象。每根槽楔的空响长度符合制造厂工艺规范的要求，端部槽楔必须嵌紧；槽楔下采用波纹板时，应按产品要求进行检查。

6.3.1.2.4　定子铁芯

【依据 1】《防止电力生产重大事故的二十五项重点要求》（国能安全〔2014〕161 号）

10.10　防止发电机定子铁芯损坏检修时对定子铁芯进行仔细检查，发现异常现象，如局部松齿、铁芯片短缺、外表面附着黑色油污等，应结合实际异常情况进行发电机定子铁芯故障诊断试验，或温升及铁损试验，检查铁芯片间绝缘有无短路积极铁芯发热情况，分析缺陷原因，并及时进行处理。

【依据 2】《电气装置安装工程旋转电机施工及验收规范》（GB 50170—2006）

2.3.3　铁芯硅钢片应无锈蚀、松动、损伤或金属性短接。通风孔和风道应清洁、无杂物。

6.3.1.2.5　护环、风扇、滑环和转子锻件等旋转部件

【依据 1】《火力发电厂金属技术监督规程》（DL/T 438—2016）

13　发电机部件的金属监督

13.1.1　发电机转子大轴、护环等部件，出厂前应进行以下资料检查见证：

a）制造商提供的部件质量证明书，质量证明书中有关技术指标应符合现行国家（若无国内外家标准或行业标准，可按企业标准）和合同规定的技术条件；对进口锻件，除应符合有关国家的技术标准和同规定条件外，还应有商检合格证明单。

b）转子大轴和护环的技术指标包括：

1）部件图纸；

2）材料牌号；

3）锻件制造商、锻件制造商、锻件制造商；

4）坯料的冶炼、锻造及热处理工艺；

5）化学成分；

6）力学性能：拉伸、硬度，冲击脆形貌转变温力学性能：FATT50（若标准中规定）FATT20；

7）金相组织、晶粒度；

8）残余应力测量结果；

9）无损探伤结果；

10）发电机转子、护环、电磁特性检验结果；

11）几何尺寸。

【依据 2】《防止电力生产重大事故的二十五项重点要求》（国能安全〔2014〕161 号）

10.8 防止护环开裂

10.8.1 发电机转子在运输、存放及大修期间应避免受潮和腐蚀。发电机大修时应对转子护环进行金属探伤和金相检查，查出有裂纹或蚀坑应进行消缺处理，必要时更换为 18Mn18Cr 材料的护环。

10.8.2 大修中测量护环与铁芯轴向间隙，做好记录，与出厂及上次测量数据比对，以判断护环是否存在位移。

6.3.1.2.6 预防性试验

【依据】《电力设备预防性试验规程》（DL/T 596—2005）

5 旋转电机

5.1 同步发电机和调相机

5.1.1 容量为 6000kW 及以上的同步发电机的试验项目、周期和要求见表 1，6000kW 以下者可参照执行。

表 1 容量为 6000kW 及以上的同步发电机的试验项目、周期和要求

序号	项目	周期	要 求	说 明
1	定子绕组的绝缘电阻、吸收比或极化指数	（1）1 年或小修时； （2）大修前、后	（1）绝缘电阻值自行规定。若在相近试验条件（温度、湿度）下，绝缘电阻值降低到历年正常值的 1/3 以下时，应查明原因。 （2）各相或各分支绝缘电阻值的差值不应大于最小值的 100%。 （3）吸收比或极化指数：沥青浸胶及烘卷云母绝缘吸收比不应小于 1.3 或极化指数不应小于 1.5；环氧粉云母绝缘吸收比不应小于 1.6 或极化指数不应小于 2.0；水内冷定子绕组自行规定	（1）额定电压为1000V 以上者，采用 2500V 绝缘电阻表，量程一般不低于 10 000mΩ。 （2）水内冷定子绕组用专用绝缘电阻表。 （3）200MW 及以上机组推荐测量极化指数
2	定子绕组的直流电阻	（1）大修时； （2）出口短路后	汽轮发电机各相或各分支的直流电阻值，在校正了由于引线长度不同而引起的误差后相互间差别以及与初次（出厂或交接时）测量值比较，相差不得大于最小值的 1.5%（水轮发电机为 1%）。超出要求者，应查明原因	（1）在冷态下测量，绕组表面温度与周围空气温度之差不应大于±3℃。 （2）汽轮发电机相间（或分支间）差别及其历年的相对变化大于 1%时，应引起注意

续表

<table>
<tr><th>序号</th><th>项目</th><th>周期</th><th colspan="3">要　求</th><th>说　明</th></tr>
<tr><td rowspan="8">3</td><td rowspan="8">定子绕组泄漏电流和直流耐压试验</td><td rowspan="8">（1）1 年或小修时；
（2）大修前、后；
（3）更换绕组后</td><td colspan="3">（1）试验电压如下：</td><td rowspan="8">（1）应在停机后清除污秽前热状态下进行。处于备用状态时，可在冷态下进行。氢冷发电机应在充氢后氢纯度为96%以上或排氢后含氢量在 3%以下时进行，严禁在置换过程中进行试验。
（2）试验电压按每级 $0.5U_n$ 分阶段升高，每阶段停留 1min。
（3）不符合（2）、（3）要求之一者，应尽可能找出原因并消除，但并非不能运行。
（4）泄漏电流随电压不成比例显著增长时，应注意分析。
（5）试验时，微安表应接在高压侧，并对出线套管表面加以屏蔽。水内冷发电机汇水管有绝缘者，应采用低压屏蔽法接线；汇水管直接接地者，应在不通水和引水管吹净条件下进行试验。冷却水质应透明纯净，无机械混杂物，导电率在水温 20℃时要求：对于开启式水系统不大于 5.0×10^2μs/m；对于独立的密闭循环水系统为 1.5×10^2μs/m</td></tr>
<tr><td colspan="2">全部更换定子绕组并修好后</td><td>$3.0U_n$</td></tr>
<tr><td colspan="2">局部更换定子绕组并修好后</td><td>$2.5U_n$</td></tr>
<tr><td rowspan="3">大修前</td><td>运行 20 年及以下者</td><td>$2.5U_n$</td></tr>
<tr><td>运行 20 年以上与架空线直接连接者</td><td>$2.5U_n$</td></tr>
<tr><td>运行 20 年以上不与架空线直接连接者</td><td>（2.0～2.5）U_n</td></tr>
<tr><td colspan="2">小修时和大修后</td><td>$2.0U_n$</td></tr>
<tr><td colspan="3">（2）在规定试验电压下，各相泄漏电流的差别不应大于最小值的 100%；最大泄漏电流在 20μA 以下者，相间差值与历次试验结果比较，不应有显著的变化。
（3）泄漏电流不随时间的延长而增大</td></tr>
<tr><td rowspan="10">4</td><td rowspan="10">定子绕组交流耐压试验</td><td rowspan="10">（1）大修前；
（2）更换绕组后</td><td colspan="3">（1）全部更换定子绕组并修好后的试验电压如下：</td><td rowspan="10">（1）应在停机后清除污秽前热状态下进行。处于备用状态时，可在冷状态下进行。氢冷发电机试验条件同本表序号 3 的说明（1）。
（2）水内冷电机一般应在通水的情况下进行试验，进口机组按厂家规定，水质要求同本表序号 3 说明（5）。
（3）有条件时，可采用超低频（0.1Hz）耐压，试验电压峰值为工频试验电压峰值的 1.2 倍。
（4）全部或局部更换定子绕组的工艺过程中的试验电压见附录 A</td></tr>
<tr><td>容量
kW 或 kva</td><td>额定电压 U_n
V</td><td>试验电压
V</td></tr>
<tr><td>小于 10 000</td><td>36 以上</td><td>$2U_n$+1000
但最低为
1500</td></tr>
<tr><td rowspan="3">10 000 及以上</td><td>6000 以下</td><td>$2.5U_n$</td></tr>
<tr><td>6000～
18 000</td><td>$2U_n$+3000</td></tr>
<tr><td>18 000 以上</td><td>按专门协议</td></tr>
<tr><td colspan="3">（2）大修前或局部更换定子绕组并修好后试验电压为：</td></tr>
<tr><td colspan="2">运行 20 年及以下者</td><td>$1.5U_n$</td></tr>
<tr><td colspan="2">运行 20 年以上与架空线路直接连接者</td><td>$1.5U_n$</td></tr>
<tr><td colspan="2">运行 20 年以上不与架空线路直接连接者</td><td>（1.3～1.5）U_n</td></tr>
<tr><td>5</td><td>转子绕组的绝缘电阻</td><td>（1）小修时；
（2）大修中转子清扫前、后</td><td colspan="3">（1）绝缘电阻值在室温时一般不小于 0.5mΩ。
（2）水内冷转子绕组绝缘电阻值在室温时一般不应小于 5kΩ</td><td>（1）采用 1000V 绝缘电阻表测量。水内冷发电机用 500V 及以下绝缘电阻表或其他测量仪器。
（2）对于 300MW 以下的隐极式电机，当定子绕组已干燥完毕而转子绕组未干燥完毕，如果转子绕组的绝缘电阻值在 75℃时不小于 2kΩ，或在 20℃时不小于 20kΩ，允许投入运行。
（3）对于 300MW 及以上的隐极式电机，转子绕组的绝缘电阻值在 10℃～30℃时不小于 0.5MΩ</td></tr>
</table>

续表

<table>
<tr><th>序号</th><th>项目</th><th>周期</th><th colspan="2">要　求</th><th>说　明</th></tr>
<tr><td>6</td><td>转子绕组的直流电阻</td><td>大修时</td><td colspan="2">与初次（交接或大修）所测结果比较，其差别一般不超过2%</td><td>（1）在冷态下进行测量。
（2）显极式转子绕组还应对各磁极线圈间的连接点进行测量</td></tr>
<tr><td rowspan="4">7</td><td rowspan="4">转子绕组交流耐压试验</td><td rowspan="4">（1）显极式转子大修时和更换绕组后；
（2）隐极式转子拆卸套箍后，局部修理槽内绝缘和更换绕组后</td><td colspan="2">试验电压如下：</td><td rowspan="4">（1）隐极式转子拆卸套箍只修理端部绝缘时，可用2500V绝缘电阻表测绝缘电阻代替。
（2）隐极式转子若在端部有铝鞍，则在拆卸套箍后作绕组对铝鞍的耐压试验。试验时将转子绕组与轴连接，在铝鞍上加电压2000V。
（3）全部更换转子绕组工艺过程中的试验电压值按制造厂规定</td></tr>
<tr><td>显极式和隐极式转子全部更换绕组并修好后</td><td>额定励磁电压500V及以下者为$10U_n$，但不低于1500V；500V以上者为$2U_n$+4000V</td></tr>
<tr><td>显极式转子大修时及局部更换绕组并修好后</td><td>$5U_n$，但不低于1000V，不大于2000V</td></tr>
<tr><td>隐极式转子局部修理槽内绝缘后及局部更换绕组并修好后</td><td>$5U_n$，但不低于1000V，不大于2000V</td></tr>
<tr><td>8</td><td>发电机和励磁机的励磁回路所连接的设备（不包括发电机转子和励磁机电枢）的绝缘电阻</td><td>（1）小修时；
（2）大修时</td><td colspan="2">绝缘电阻值不应低于0.5mΩ，否则应查明原因并消除</td><td>（1）小修时用1000V绝缘电阻表。
（2）大修时用2500V绝缘电阻表</td></tr>
<tr><td>9</td><td>发电机和励磁机的励磁回路所连接的设备（不包括发电机转子和励磁机电枢）的交流耐压试验</td><td>大修时</td><td colspan="2">试验电压为1kV</td><td>可用2500V绝缘电阻表测绝缘电阻代替</td></tr>
<tr><td>10</td><td>定子铁芯试验</td><td>（1）重新组装或更换、修理硅钢片后。
（2）必要时</td><td colspan="2">（1）磁密在1t下齿的最高温升不大于25K，齿的最大温差不大于15K，单位损耗不大于1.3倍参考值，在1.4t下自行规定。
（2）单位损耗参考值见附录A。
（3）对运行年久的电机自行规定</td><td>（1）在磁密为1t下持续试验时间为90min，在磁密为1.4t下持续时间为45min。对直径较大的水轮发电机试验时应注意校正由于磁通密度分布不均匀所引起的误差。
（2）用红外热像仪测温</td></tr>
<tr><td>11</td><td>发电机组和励磁机轴承的绝缘电阻</td><td>大修时</td><td colspan="2">（1）汽轮发电机组的轴承不得低于0.5MΩ。
（2）立式水轮发电机组的推力轴承每一轴瓦不得低于100MΩ；油槽充油并顶起转子时，不得低于0.3MΩ。
（3）所有类型的水轮发电机，凡有绝缘的导轴承，油槽充油前，每一轴瓦不得低于100MΩ</td><td>汽轮发电机组的轴承绝缘，用1000V绝缘电阻表在安装好油管后进行测量</td></tr>
<tr><td>12</td><td>灭磁电阻器（或自同期电阻器）的直流电阻</td><td>大修时</td><td colspan="2">与铭牌或最初测得的数据比较，其差别不应超过10%</td><td></td></tr>
<tr><td>13</td><td>灭磁开关的并联电阻</td><td>大修时</td><td colspan="2">与初始值比较应无显著差别</td><td>电阻值应分段测量</td></tr>
<tr><td>14</td><td>转子绕组的交流阻抗和功率损耗</td><td>大修时</td><td colspan="2">阻抗和功率损耗值自行规定。在相同试验条件下与历年数值比较，不应有显著变化</td><td>（1）隐极式转子在膛外或膛内以及不同转速下测量。显极式转子对每一个转子绕组测量。
（2）每次试验应在相同条件、相同电压下进行，试验电压峰值不超过额定励磁电压（显极式转子自行规定）。
（3）本试验可用动态匝间短路监测法代替</td></tr>
</table>

续表

序号	项目	周期	要　求	说　明
15	检温计绝缘电阻和温度误差检验	大修时	（1）绝缘电阻值自行规定； （2）检温计指示值误差不应超过制造厂规定	（1）用 250V 及以下的绝缘电阻表。 （2）检温计除埋入式外还包括水内冷定子绕组引水管出水温度计
16	定子槽部线圈防晕层对地电位	必要时	不大于 10V	（1）运行中检温元件电位升高、槽楔松动或防晕层损坏时测量。 （2）试验时对定子绕组施加额定交流相电压值，用高内阻电压表测量绕组表面对地电压值。 （3）有条件时可采用超声法探测槽放电
17	汽轮发电机定子绕组引线的自振频率	必要时	自振频率不得介于基频或倍频的±10%范围内	
18	定子绕组端部手包绝缘施加直流电压测量	（1）投产后； （2）第一次大修时； （3）必要时	（1）直流试验电压值为 U_n； （2）测试结果一般不大于下表中的值 手包绝缘引线接头，汽轮机侧隔相接头：20μA；100mΩ 电阻上的电压降值为 2000V 端部接头（包括引水管锥体绝缘）和过渡引线并联块：30μA；100MΩ 电阻上的电压降值为 3000V	（1）本项试验适用于 200MW 及以上的国产水氢氢汽轮发电机。 （2）可在通水条件下进行试验，以发现定子接头漏水缺陷。 （3）尽量在投产前进行，若未进行则投产后应尽快安排试验
19	轴电压	大修后	（1）汽轮发电机的轴承油膜被短路时，转子两端轴上的电压一般应等于轴承与机座间的电压； （2）汽轮发电机大轴对地电压一般小于 10V； （3）水轮发电机不作规定	测量时采用高内阻（不小于 100kΩ/V）的交流电压表
20	定子绕组绝缘老化鉴定	累计运行时间 20 年以上且运行或预防性试验中绝缘频繁击穿时	见附录 A	新机投产后第一次大修有条件时可对定子绕组做试验，取得初始值
21	空载特性曲线	（1）大修后； （2）更换绕组后	（1）与制造厂（或以前测得的）数据比较，应在测量误差的范围以内。 （2）在额定转速下的定子电压最高值： a）水轮发电机为 $1.5U_n$（以不超过额定励磁电流为限）； b）汽轮发电机为 $1.3U_n$（带变压器时为 $1.1U_n$）。 （3）对于有匝间绝缘的电机最高电压时持续时间为 5min	（1）无起动电动机的同步调相机不作此项试验。 （2）新机交接未进行本项试验时，应在 1 年内做不带变压器的 $1.3U_n$ 空载特性曲线试验；一般性大修时可以带主变压器试验
22	三相稳定短路特性曲线	（1）更换绕组后； （2）必要时	与制造厂出厂（或以前测得的）数据比较，其差别应在测量误差的范围以内	（1）无起动电动机的同步调相机不作此项试验。 （2）新机交接未进行本项试验时应在 1 年内做不带变压器的三相稳定短路特性曲线试验
23	发电机定子开路时的灭磁时间常数	更换灭磁开关后	时间常数与出厂试验或更换前相比较应无明显差异	
24	检查相序	改动接线时	应与电网的相序一致	
25	温升试验	（1）定、转子绕组更换后； （2）冷却系统改进后； （3）第一次大修前； （4）必要时	应符合制造厂规定	如对埋入式温度计测量值有怀疑时，用带电测平均温度的方法进行校核

5.1.2　各类试验项目：定期试验项目见表 1 中序号 1、3。大修前试验项目见表 1 中序号 1、3、4。大修时试验项目见表 1 中序号 2、5、6、8、9、11、12、13、14、15、18。大修后试验项目见表 1 中序号 1、3、19、21。

5.1.3　有关定子绕组干燥问题的规定。

5.1.3.1　发电机和同步调相机大修中更换绕组时，容量为 10MW（MVA）以上的定子绕组绝缘状况应满足下列条件，而容量为 10MW（MVA）及以下时满足下列条件之一者，可以不经干燥投入运行：a）沥青浸胶及烘卷云母绝缘分相测得的吸收比不小于 1.3 或极化指数不小于 1.5，对于环氧粉云母绝缘吸收比不小于 1.6 或极化指数不小于 2.0。水内冷发电机的吸收比和极化指数自行规定。b）在 40℃时三相绕组并联对地绝缘电阻值不小于（U_n+1）MΩ（取 U_n 的千伏数，下同），分相试验时，不小于 2（U_n+1）MΩ。若定子绕组温度不是 40℃，绝缘电阻值应进行换算。

5.1.3.2　运行中的发电机和同步调相机，在大修中未更换绕组时，除在绕组中有明显进水或严重油污（特别是含水的油）外，满足上述条件时，一般可不经干燥投入运行。

6.3.1.2.7　检修及参与调峰运行时的技术措施

【依据】《汽轮发电机运行导则》（DL/T 1164—2012）

4.4　调峰的运行方式

4.4.1　参与调峰运行的发电机，应优先采用变负荷调峰方式。负荷增减的速度应遵守制造厂的规定。

4.4.2　两班制调峰机组由于启动频繁，应加强检查。对已发现缺陷的发电机，应酌情缩减检修间隔。

6.3.1.2.8　防止异物进入发电机技术措施

【依据】《防止电力生产重大事故的二十五项重点要求》（国能安全〔2014〕161 号）

10.7　防止发电机内遗留金属异物故障的措施

10.7.1　严格规范现场作业标准化管理，防止锯条、螺钉、螺母、工具等金属杂物遗留定子内部，特别应对端部线圈的夹缝、上下渐伸线之间位置作详细检查。

10.7.2　大修时应对端部紧固件（如压板紧固的螺栓和螺母、支架固定螺母和螺栓、引线加板螺栓、汇流板所用加板和螺栓、定子铁芯穿心螺栓等）紧固情况以及定子铁芯边缘硅钢片有无过热、断裂等进行检查。

6.3.1.2.9　防止定、转子局部过热技术措施

【依据】同 6.3.1.1.1 依据中 10.3.1.7。

6.3.1.3　高压电动机

6.3.1.3.1　定子绕组

6.3.1.3.2　转子笼条

6.3.1.3.1、6.3.1.3.2 查评依据如下：

【依据】《电气装置安装工程旋转电机施工及验收规范》（GB 50170—2006）

3.3.3　电机抽转子检查，应符合下列要求：

1　电机内部清洁无杂物。

2　电机的铁芯、轴颈、集电环和换向器应清洁，无伤痕和锈蚀现象；通风孔无阻塞。

3　绕组的绝缘层应完好，绑线无松动现象。

4　定子槽楔应无断裂、凸出和松动现象，按制造厂工艺规范要求检查，端部槽楔必须嵌紧。

5　转子平衡块及平衡螺钉应紧固锁牢，风扇方向应正确，叶片无裂纹。

6　磁极及铁轭固定良好，励磁绕组紧贴磁极，不应松动。

7　鼠笼式电机转子铜导条和端环应无裂纹，焊接应良好；浇铸的转子表面应光滑平整；导电条和端环不应有气孔、缩孔、夹渣、裂纹、细条、断裂和浇铸不满等现象。

8　电机绕组链接应正确，焊接良好。

9　直流电机的磁极中心线与几何中心线应一致。

10　检查电机的滚动轴承应符合下列要求：① 轴承表面应光滑清洁，无麻点、裂纹或锈蚀，并记录轴承型号；② 轴承的滚动体与内外圈接触良好，无松动，转动灵活无卡涩，其间隙符合产品技术条件的规定；③ 加入轴承内的润滑脂应填满其空隙的2/3；同一轴承内不得填入不同品种的润滑脂。

6.3.1.3.3　预防性试验

【依据】《电力设备预防性试验规程》（DL/T 596—2005）

5.4　交流电动机

5.4.1　交流电动机的试验项目、周期和要求见表4。

表4　交流电动机的试验项目、周期和要求

<table>
<tr><th>序号</th><th>项目</th><th>周期</th><th colspan="3">要　求</th><th>说　明</th></tr>
<tr><td>1</td><td>绕组的绝缘电阻和吸收比</td><td>（1）小修时；
（2）大修时</td><td colspan="3">（1）绝缘电阻值：
a）额定电压3000V以下者，室温下不应低于0.5MΩ；
b）额定电压3000V及以上者，交流耐压前，定子绕组在接近运行温度时的绝缘电阻值不应低于U_nMΩ（取U_n的千伏数，下同）；投运前室温下（包括电缆）不应低于U_nMΩ；
c）转子绕组不应低于0.5MΩ。
（2）吸收比自行规定</td><td>（1）500kW及以上的电动机，应测量吸收比（或极化指数），参照表1序号1。
（2）3kV以下的电动机使用1000V绝缘电阻表；3kV及以上者使用2500V绝缘电阻表。
（3）小修时定子绕组可与其所连接的电缆一起测量，转子绕组可与起动设备一起测量。
（4）有条件时可分相测量</td></tr>
<tr><td>2</td><td>绕组的直流电阻</td><td>（1）1年（3kV及以上或100kW及以上）；
（2）大修时；
（3）必要时</td><td colspan="3">（1）3kV及以上或100kW及以上的电动机各相绕组直流电阻值的相互差别不应超过最小值的2%；中性点未引出者，可测量线间电阻，其相互差别不应超过1%。
（2）其余电动机自行规定。
（3）应注意相互间差别的历年相对变化</td><td></td></tr>
<tr><td>3</td><td>定子绕组泄漏电流和直流耐压试验</td><td>（1）大修时；
（2）更换绕组后</td><td colspan="3">（1）试验电压：全部更换绕组时为3U_n；大修或局部更换绕组时为2.5U_n。
（2）泄漏电流相间差别一般不大于最小值的100%，泄漏电流为20μA以下者不作规定。
（3）500kW以下的电动机自行规定</td><td>有条件时可分相进行</td></tr>
<tr><td>4</td><td>定子绕组的交流耐压试验</td><td>（1）大修后；
（2）更换绕组后</td><td colspan="3">（1）大修时不更换或局部更换定子绕组后试验电压为1.5U_n，但不低于1000V。
（2）全部更换定子绕组后试验电压为（2U_n+1000）V，但不低于1500V</td><td>（1）低压和100kW以下不重要的电动机，交流耐压试验可用2500V绝缘电阻表测量代替。
（2）更换定子绕组时工艺过程中的交流耐压试验按制造厂规定</td></tr>
<tr><td rowspan="4">5</td><td rowspan="4">绕线式电动机转子绕组的交流耐压试验</td><td rowspan="4">（1）大修后；
（2）更换绕组后</td><td colspan="3">试验电压如下：</td><td rowspan="4">（1）绕线式电机已改为直接短路起动者，可不做交流耐压试验。
（2）U_k为转子静止时在定子绕组上加额定电压于滑环上测得的电压</td></tr>
<tr><td></td><td>不可逆式</td><td>可逆式</td></tr>
<tr><td>大修不更换转子绕组或局部更换转子绕组后</td><td>1.5U_k，但不小于1000V</td><td>3.0U_k，但不小于2000V</td></tr>
<tr><td>全部更换转子绕组后</td><td>2U_k+1000V</td><td>4U_k+1000V</td></tr>
<tr><td>6</td><td>同步电动机转子绕组交流耐压试验</td><td>大修时</td><td colspan="3">试验电压为1000V</td><td>可用2500V绝缘电阻表测量代替</td></tr>
</table>

续表

序号	项目	周期	要　　求	说　　明
7	可变电阻器或起动电阻器的直流电阻	大修时	与制造厂数值或最初测得结果比较，相差不应超过 10%	3kV 及以上的电动机应在所有分接头上测量
8	可变电阻器与同步电动机灭磁电阻器的交流耐压试验	大修时	试验电压为 1000V	可用 2500V 绝缘电阻表测量代替
9	同步电动机及其励磁机轴承的绝缘电阻	大修时	绝缘电阻不应低于 0.5MΩ	在油管安装完毕后，用 1000V 绝缘电阻表测量
10	转子金属绑线的交流耐压	大修时	试验电压为 1000V	可用 2500V 绝缘电阻表测量代替
11	检查定子绕组的极性	接线变动时	定子绕组的极性与连接应正确	（1）对双绕组的电动机，应检查两分支间连接的正确性。 （2）中性点无引出者可不检查极性
12	定子铁芯试验	（1）全部更换绕组时或修理铁芯后； （2）必要时	参照表 1 中序号 10	（1）3kV 或 500kW 及以上电动机应做此项试验。 （2）如果电动机定子铁芯没有局部缺陷，只为检查整体叠片状况，可仅测量空载损耗值
13	电动机空转并测空载电流和空载损耗	必要时	（1）转动正常，空载电流自行规定； （2）额定电压下的空载损耗值不得超过原来值的 50%	（1）空转检查的时间一般不小于 1h。 （2）测定空载电流仅在对电动机有怀疑时进行。 （3）3kV 以下电动机仅测空载电流不测空载损耗
14	双电动机拖动时测量转矩–转速特性	必要时	两台电动机的转矩–转速特性曲线上各点相差不得大于 10%	（1）应使用同型号、同制造厂、同期出厂的电动机。 （2）更换时，应选择两台转矩转速特性相近似的电动机

5.4.2　各类试验项目：定期试验项目见表 4 中序号 1、2。大修时试验项目见表 4 中序号 1、2、3、6、7、8、9、10。大修后试验项目见表 4 中序号 4、5。容量在 100kW 以下的电动机一般只进行序号 1、4、13 项试验，对于特殊电动机的试验项目按制造厂规定。

6.3.1.3.4　运行工况

【依据】《电气装置安装工程旋转电机施工及验收规范》（GB 50170—2006）

4.0.3　电动机宜在空载情况下做第一次启动，空载运行时间为 2h，并记录电机的空载电流。

4.0.4　电动机试运行中的检查应符合下列要求：① 电机的转向符合要求，无异音；② 换向器、集电环及电刷的工作情况正常；③ 检查各部位温度，不超过产品技术条件规定；④ 滑动轴承温度不超过 80℃，滚动轴承温度不超过 95℃；⑤ 电机振动的双倍振幅值不应大于表 4.0.4 的规定。

表 4.0.4　电机振动的双倍振幅值

同步转速 r/min	3000	1500	1000	750 及以下
双倍振幅 mm	0.05	0.085	0.10	0.12

6.3.1.3.5 其他缺陷

6.3.2 变压器和高压并联电抗器

6.3.2.1 整体运行工况

6.3.2.1.1 上层油温检测，温度计及远方测温装置配置及定期校验

【依据 1】《电力变压器运行规程》（DL/T 572—2010）

4.1.3 油浸式变压器顶层油温一般不应超过表 1 的规定（制造厂有规定的按制造厂规定）。当冷却介质温度较低时，顶层油温也相应降低。自然循环冷却变压器的顶层油温一般不宜经常超过 85℃。

表 1 油浸式变压器顶层油温一般限制

冷却方式	冷却介质最高温度 ℃	最高顶层油温 ℃
自然循环自冷、风冷	40	95
强迫油循环风冷	40	85
强迫油循环水冷	30	70

经改进结构或改变冷却方式的变压器，必要时应通过温升试验确定其负载能力。

4.1.4 干式变压器的温度限值应按制造厂的规定 GB 1094.11—2007 表 2 中的规定。

【依据 2】《电力变压器 第 2 部分：液浸式电力变压器的温升》（GB 1094.2—2013）

1 本部分适用于液浸式变压器。本部分规定了变压器冷却方式的标志、变压器温升限值及温升试验方法。

6.3.2.1.2 油箱表面及各散热器温度

【依据 1】《带电设备红外诊断应用规范》（DL/T 664—2016）

第一条 范围本标准规定了带电设备红外诊断的术语和定义，现场检测要求、现场操作方法、仪器管理和检验、红外检测周期、判断方法、诊断判据和缺陷类型的确定及处理方法。

本标准适用于采用红外热像仪对具有电流、电压致热效应或其他致热效应引起表面温度分布特点的各种电气设备，及以 SF_6 气体为绝缘介质的电气设备泄漏进行的诊断。

使用其他红外测温仪器（如红外点温仪等）进行诊断的可参照本标准执行。

【依据 2】《电力变压器运行规程》（DL/T 572—2010）

5.1.4 变压器日常巡视检查一般包括以下内容：

a. 变压器的油温和温度计应正常，储油柜的油位应与温度相对应，各部位无渗油、漏油；

b. 套管油位应正常，套管外部无破损裂纹、无严重油污、无放电痕迹及其他异常现象；

c. 变压器音响正常；

d. 各冷却器手感温度应相近，风扇、油泵、水泵运转正常，油流继电器工作正常；

e. 水冷却器的油压应大于水压（制造厂另有规定者除外）；

f. 吸湿器完好，吸附剂干燥；

g. 引线接头、电缆、母线应无发热迹象；

h. 压力释放器、安全气道及防爆膜应完好无损；

i. 有载分接开关的分接位置及电源指示应正常；

j. 有载分接开关的在线滤油装置工作位置及电源指示应正常；

k. 气体继电器内应无气体；

l. 各控制箱和二次端子箱应关严，无受潮；

m. 干式变压器的外部表面应无积污；

n. 变压器室的门、窗、照明应完好，房屋不漏水，温度正常；

o. 现场规程中根据变压器的结构特点补充检查的其他项目。

6.3.2.1.3　套管、引线接头处、其他附件过热情况

【依据 1】《带电设备红外诊断应用规范》（DL/T 664—2016）

第一条　范围本标准给出了红外热成像仪检测带电设备的方法、仪器要求、仪器使用范围、缺陷的判断依据及红外数据的管理规定等，使用红外测温仪（点温仪）可参照本规范执行。本标准适用于具有电流、电压致热效应或其他致热效应的各电压等级设备，包括电机、变压器、电抗器、断路器、隔离开关、互感器、套管、电力电容器、避雷器、电力电缆、母线、导线、绝缘子、组合电器、低压电器及二次回路。

【依据 2】《防止电力生产事故的二十五项重点要求》（国能安全〔2014〕161 号）

12.2.17　积极开展红外检测，新建、改扩建或大修后的变压器（电抗器），应在投运带负荷后不超过 1 个月内（但至少在 24h 以后）进行一次精确检测。220kV 及以上电压等级的变压器（电抗器）每年在夏季前后应至少各进行一次精确检测。在高温大负荷运行期间，对 220kV 及以上电压等级变压器（电抗器）应增加红外检测次数。精确检测的测量数据和图像应制做报告存档保存。

6.3.2.1.4　套管和储油柜的油面

【依据】《电力变压器运行规程》（DL/T 572—2010）

5.1.4　变压器日常巡视检查一般包括以下内容：

a. 变压器的油温和温度计应正常，储油柜的油位应与温度相对应，各部位无渗油、漏油；

b. 套管油位应正常，套管外部无破损裂纹、无严重油污、无放电痕迹及其他异常现象；

c. 变压器音响正常；

d. 各冷却器手感温度应相近，风扇、油泵、水泵运转正常，油流继电器工作正常；

e. 水冷却器的油压应大于水压（制造厂另有规定者除外）；

f. 吸湿器完好，吸附剂干燥；

g. 引线接头、电缆、母线应无发热迹象；

h. 压力释放器、安全气道及防爆膜应完好无损；

i. 有载分接开关的分接位置及电源指示应正常；

j. 有载分接开关的在线滤油装置工作位置及电源指示应正常；

k. 气体继电器内应无气体；

l. 各控制箱和二次端子箱应关严，无受潮；

m. 干式变压器的外部表面应无积污；

n. 变压器室的门、窗、照明应完好，房屋不漏水，温度正常；

o. 现场规程中根据变压器的结构特点补充检查的其他项目。

6.3.2.1.5　冷却装置的投退、两个独立电源的切换

【依据】《电力变压器的运行规程》（DL/T 572—2010）

3.1.4　变压器冷却装置应符合以下要求：a）按制造厂的规定安装全部冷却装置。b）强油循环的冷却系统必须有两个独立的工作电源并能自动和手动切换。当工作电源发生故障时，应发出音响、灯光等报警信号。

6.3.2.1.6　呼吸器运行维护情况

【依据 1】《油浸式电力变压器技术参数和要求》（GB/T 6451—2015）

6.2.4.3　变压器储油柜（如果有）上均应加装带有油封的吸湿器。

【依据 2】《电力变压器运行规程》（DL/T 572—2010）

5.1.4　变压器日常巡视检查一般包括以下内容：

a. 变压器的油温和温度计应正常，储油柜的油位应与温度相对应，各部位无渗油、漏油；

b. 套管油位应正常，套管外部无破损裂纹、无严重油污、无放电痕迹及其他异常现象；

c. 变压器音响正常；

d. 各冷却器手感温度应相近，风扇、油泵、水泵运转正常，油流继电器工作正常；

e. 水冷却器的油压应大于水压（制造厂另有规定者除外）；

f. 吸湿器完好，吸附剂干燥；

g. 引线接头、电缆、母线应无发热迹象；

h. 压力释放器、安全气道及防爆膜应完好无损；

i. 有载分接开关的分接位置及电源指示应正常；

j. 有载分接开关的在线滤油装置工作位置及电源指示应正常；

k. 气体继电器内应无气体；

l. 各控制箱和二次端子箱应关严，无受潮；

m. 干式变压器的外部表面应无积污；

n. 变压器室的门、窗、照明应完好，房屋不漏水，温度正常；

o. 现场规程中根据变压器的结构特点补充检查的其他项目。

6.3.2.1.7　大小修评估、110（66kV）级（含套管）真空注油

【依据】《防止电力生产事故的二十五项重点要求》（国能安全〔2014〕161 号）

12.2.5　新安装和大修后的变压器应严格按照有关标准或厂家规定进行抽真空、真空注油和热油循环，真空度、抽真空时间、注油速度及热油循环时间、温度均应达到要求。对采用有载分接开关的变压器油箱应同时按要求抽真空，但应注意抽真空前应用连通管接通本体与开关油室。为防止真空度计水银倒灌进设备中，禁止使用麦氏真空计。

12.2.6　变压器器身暴露在空气中的时间：相对湿度不大于 65%为 16h。空气相对湿度不大于 75%为 12h。对于分体运输、现场组装的变压器有条件时宜进行真空煤油气相干燥。

12.2.7　装有密封胶囊、隔膜或波纹管式储油柜的变压器，必须严格按照制造厂说明书规定的工艺要求进行注油，防止空气进入或漏油，并结合大修或停电对胶囊和隔膜、波纹管式储油柜的完好性进行检查。

6.3.2.2　设备整体技术状况

6.3.2.2.1　油的电气试验

【依据】《电力设备预防性试验规程》（DL/T 596—2005）

13.1　变压器油

13.1.1　新变压器油的验收，应按 GB 2536 或 SH 0040 的规定。

13.1.2　运行中变压器油的试验项目和要求见表 36，试验周期如下：a）300kV 和 500kV 变压器、电抗器油，试验周期为 1 年的项目有序号 1、2、3、5、6、7、8、9、10；b）66～220kV 变压器、电抗器和 1000kVA 及以上所、厂用变压器油，试验周期为 1 年的项目有序号 1、2、3、6，必要时试验的项目有 5、8、9；c）35kV 及以下变压器油试验周期为 3 年的项目有序号 6；d）新变压器、电抗器投运前、大修后油试验项目有序号 1、2、3、4、5、6、7、8、9（对 330、500kV 的设备增加序号 10）；e）互感器、套管油的试验结合油中溶解气体色谱分析试验进行，项目按第 7、第 9 章有关规定；f）序号 11 项目在必要时进行。

13.1.3　设备和运行条件的不同，会导致油质老化速度不同，当主要设备用油的 pH 值接近 4.4 或颜色骤然变深，其他指标接近允许值或不合格时，应缩短试验周期，增加试验项目，必要时采取处理措施。

表 36　运行中变压器油的试验项目和要求

序号	项目	要　求		说　明
		投入运行前的油	运行油	
1	外观	透明、无杂质或悬浮物		将油样注入试管中冷却至 5℃在光线充足的地方观察
6	击穿电压 kV	15kV 以下≥30 15kV～35kV≥35 66kV～220kV≥40 330kV≥50 500kV≥60	15kV 以下≥25 15kV～35kV≥30 66kV～220kV≥35 330kV≥45 500kV≥50	按 GB/T 507 和 DL/T 429.9 方法进行试验

6.3.2.2.2　变压器的交接和预防性试验

【依据 1】《电力设备预防性试验规程》（DL/T 596—2005）

6　电力变压器及电抗器

【依据 2】《电气装置安装工程　电气设备交接试验标准》（GB 50150—2016）

8.0.1　电力变压器的试验项目，应包括下列内容：

1　绝缘油试验或 SF_6 气体试验；

2　测量绕组连同套管的直流电阻；

3　检查所有分接头的电压比；

4　检查变压器的三相接线组别和单相变压器引出线的极性；

5　测量与铁芯绝缘的各紧固件（连接片可拆开者）及铁芯（有外引接地线的）绝缘电阻；

6　非纯瓷套管的试验；

7　有载调压切换装置的检查和试验；

8　测量绕组连同套管的绝缘电阻、吸收比或极化指数；

9　测量绕组连同套管的介质损耗角正切值 $\tan\delta$；

10　测量绕组连同套管的直流泄漏电流；

11　变压器绕组变形试验；

12　绕组连同套管的交流耐压试验；

13　绕组连同套管的长时感应电压试验带局部放电试验；

14　额定电压下的冲击合闸试验；

15　检查相位；

16　测量噪声。

注：除条文内规定的原因外，各类变压器试验项目应按下列规定进行：

1　容量为 1600kVA 及以下油浸式电力变压器的试验，可按本条的第 1、2、3、4、5、6、7、8、12、14、15 款的规定进行；

2　干式变压器的试验，可按本条的第 2、3、4、5、7、8、12、14、15 款的规定进行；

3　变流、整流变压器的试验，可按本条的第 1、2、3、4、5、7、8、12、14、15 款的规定进行；

4　电炉变压器的试验，可按本条的第 1、2、3、4、5、6、7、8、12、14、15 款的规定进行；5 穿芯式电流互感器、电容型套管应分别按本标准第 9 章互感器、第 16 章的试验项目进行试验。6 分体运输、现场组装的变压器应由订货方见证所有出厂试验项目，现场试验按本标准执行。

6.3.2.2.3　局放试验和变形试验

【依据】《防止电力生产重大事故的二十五项重点要求》（国能安全〔2014〕161 号）

12.2.2　出厂局部放电试验测量电压为 $1.5U_m/\sqrt{3}$ 时，220kV 及以上电压等级变压器高、中压端的局部放电量不大于 100pC。110（66kV）电压等级变压器高压侧的局部放电量不大于 100pC。330kV

及以上电压等级强迫油循环变压器应在油泵全部开启时（除备用油泵）进行局部放电试验。

6.3.2.2.4　铁芯多点接地及绕组变形

【依据】《防止电力生产事故的二十五项重点要求》(国能安全〔2014〕161号)

12.2.18　铁芯、夹件通过小套管引出接地的变压器，应将接地引线引至适当位置，以便在运行中监测接地线中有无环流，当运行中环流异常变化，应尽快查明原因，严重时应采取措施及时处理，电流一般控制在100mA以下。

6.3.2.2.5　分接开关

【依据1】《电力变压器运行规程》(DL/T 572—2010)

5.4　变压器分接开关的运行维护

5.4.1　无励磁调压变压器在变换分接开关时，应作多次转动，以便消除触头上的氧化膜和油膜，在确认变换分接开关正确并锁紧后，测量绕组的直流电阻。分接变换情况应作记录。

5.4.2　变压器有载分接开关的操作，应遵守如下规定：a）应逐级调压，同时监视分接位置及电压、电流的变化。b）单相变压器组和三相变压器分相安装的有载分接开关，其调压操作宜同步或轮流逐级进行。c）有载调压变压器并联运行时，其调压操作应轮流逐级或同步进行。d）有载调压变压器与无励磁调压变压器并联运行时，其分接电压应尽量靠近无励磁调节变压器的分接位置。e）应该对系统电压与分接额定电压间的差值，使其符合变压器的运行电压一般不应高于运行分接电压的105%，且不得超过系统最高运行电压。对于特殊的使用情况（如变压器的有功功率可以在任何方向流通），允许在不超过110%的额定电压下运行，对电流与电压的相互关系无特殊要求，当负载电流为额定电流的K（$K \leqslant 1$）倍时，按以下公式对电压U加以限制

$$U(\%)=110-5K^2$$

并联电抗器、消弧线圈、调压器等设备允许过电压运行的倍数和时间，按制造厂的规定。

5.4.3　变压器有载分接开关的维护，应按制造厂的规定执行，无制造厂规定者可参照以下规定：a）运行6个～12个月或切换2000次～4000次后，应取切换开关箱中的油样做试验；b）新投入的分接开关，在投运后1年～2年或切换5000次后，应将切换开关吊出检查，此后可按实际情况确定检查周期；c）运行中的有载分接开关切换5000次～10 000次后或绝缘油的击穿电压低于25kV时，应更换切换开关箱的绝缘油；d）操动机构应经常保持良好状态。e）长期不调和有长期不用的分接位置的有载分接开关，应在有停电机会时，在最高和最低分接间操作几个循环。

5.5.4　为防止开关在严重过负载或系统短路时进行切换，宜在有载分接开关控制回路中加装电流闭锁装置，其整定值不超过变压器额定电流的1.5倍。

【依据2】《变压器分接开关运行维护导则》(DL/T 574—2010)

1　主题内容与适用范围

1.1　本标准规定了变压器有载分接开关（以下简称分接开关）的安装投运与运行维修标准。

1.2　本标准适用于额定电压为35kV～220kV电压等级的电力变压器用的国产电阻式油浸分接开关。

1.3　电力系统各部门在进行分接开关安装调试、运行维修等方面的工作时应遵守本标准。

1.4　进口及其他型号的分接开关应按制造厂规定，可参照本标准的有关条文。

【依据3】《防止电力生产事故的二十五项重点要求》(国能安全〔2014〕161号)

12.4　防止分接开关事故

12.4.1　无励磁分接开关在改变分接位置后，必须测量使用分接的直流电阻和变比；有载分接开关检修后，应测量全程的直流电阻和变比，合格后方可投运。

12.4.2　安装和检修时应检查无励磁分接开关的弹簧状况、触头表面镀层及接触情况、分接引线是否断裂及紧固件是否松动，机械指示到位后触头所处位置是否到位。

12.4.3　新购有载分接开关的选择开关应有机械限位功能，束缚电阻应采用常接方式。

12.4.4　有载分接开关在安装时应按出厂说明书进行调试检查。要特别注意分接引线距离和固定状况、动静触头间的接触情况和操动机构指示位置的正确性。新安装的有载分接开关，应对切换程序与时间进行测试。

12.4.5　加强有载分接开关的运行维护管理。当开关动作次数或运行时间达到制造厂规定值时，应进行检修，并对开关的切换程序与时间进行测试。

6.3.2.2.6　冷却系统（如风扇等）

【依据 1】同 6.3.2.1.6 依据 2 中 5.1.4。

【依据 2】《防止电力生产事故的二十五项重点要求》（国能安全〔2014〕161 号）

12.6　防止冷却系统事故

12.6.1　优先选用自然油循环风冷或自冷方式的变压器。

12.6.2　潜油泵的轴承应采取 E 级或 D 级，禁止使用无铭牌、无级别的轴承。对强油导向的变压器油泵应选用转速不大于 1500r/min 的低速油泵。

12.6.3　对强油循环的变压器，在按规定程序开启所有油泵（包括备用）后整个冷却装置上不应出现负压。

12.6.4　强油循环的冷却系统必须配置两个相互独立的电源，并具备自动切换功能。

12.6.5　新建或扩建变压器一般不采用水冷方式。对特殊场合必须采用水冷却系统的，应采用双层铜管冷却系统。

12.6.6　变压器冷却系统的工作电源应有三相电压监测，任一相故障失电时，应保证自动切换至备用电源供电。

12.6.7　强油循环冷却系统的两个独立电源应定期进行切换试验，有关信号装置应齐全可靠。

12.6.8　强油循环结构的潜油泵启动应逐台启用，延时间隔应在 30s 以上，以防止气体继电器误动。

12.6.9　对于盘式电机油泵，应注意定子和转子的间隙调整，防止铁芯的平面摩擦。运行中如出现过热、振动、杂声及严重漏油等异常时，应安排停运检修。

12.6.10　为保证冷却效果，管状结构变压器冷却器每年应进行 1 次～2 次冲洗，并宜安排在大负荷来临前进行。

12.6.11　对目前正在使用的单铜管水冷却变压器，应始终保持油压大于水压，并加强运行维护工作，同时应采取有效的运行监视方法，及时发现冷却系统泄漏故障。

6.3.2.2.7　本体渗漏油

【依据 1】同 6.3.2.1.6 依据 2 中 5.1.4。

【依据 2】《防止电力生产事故的二十五项重点要求》（国能安全〔2014〕161 号）

12.2.12　加强变压器运行巡视，应特别注意变压器冷却器潜油泵负压区出现的渗漏油，如果出现渗漏应切换停运冷却器组，进行堵漏消除渗漏点。

6.3.2.2.8　变压器灭火装置配置及定期检查试验

【依据 1】《电力设备典型消防规程》（DL 5027—2015）

10.3　油浸式变压器

10.3.1　固定自动灭火系统，应符合下列要求：① 变电站（换流站）单台容量为 125MVA 及以上的油浸式变压器应设置固定自动灭火系统及火灾自动报警系统；变压器排油注氮灭火装置和泡沫喷雾灭火装置的火灾报警系统宜单独设置。② 火电厂包括燃机电厂单台容量为 90MVA 及以上的油浸式变压器应设置固定自动灭火系统及火灾自动灭火系统。③ 干式变压器可不设置固定灭火系统。

10.3.2　采用水喷雾灭火系统时，水喷雾灭火系统官网应有低点放空及换水措施。

10.3.3　采用排油注氮灭火装置应符合下列要求：① 排油注氮灭火装置应有防误动的措施。

② 排油管路上的检修阀处于关闭状态时，检修阀应能向消防控制柜提供检修状态的信号。消防控制柜接收到的消防启动信号后，应能禁止灭火装置启动实施排油注氮动作。③ 消防控制柜面板应具有如下显示功能的指示灯或按钮：指示灯自检，消声，阀门（包括排油阀、氮气释放阀等）位置（或状态）指示，自动启动信号指示，气瓶压力报警信号指示等。④ 消防控制柜同时接收到火灾探测装置和气体继电器传输的信号后，发出声光报警信号并执行排油注氮动作。⑤ 火灾探测器布线应独立引线制消防端子箱。

【依据 2】《防止电力生产事故的二十五项重点要求》（国能安全〔2014〕161 号）

12.7 防止变压器火灾事故

12.7.1 按照有关规定完善变压器的消防设施，并加强维护管理，重点防止变压器着火时的事故扩大。

12.7.2 采用排油注氮保护装置的变压器应采用具有联动功能的双浮球结构的气体继电器。

12.7.3 排油注氮保护装置应满足：① 排油注氮启动（触发）功率应大于 220V×5A（DC）。② 注油阀动作线圈功率应大于 220V×6A（DC）。③ 注氮阀与排油阀间应设有机械连锁阀门。④ 动作逻辑关系应满足本体重瓦斯保护、主变压器断路器跳闸、油箱超压开关（火灾探测器）同时动作时才能启动排油充氮保护。

12.7.4 水喷淋动作功率应大于 8W，其动作逻辑关系应满足变压器超温保护与变压器断路器跳闸同时动作。

12.7.5 变压器本体储油柜与气体继电器间应增设断流阀，以防储油柜中的油下泄而造成火灾扩大。

12.7.6 现场进行变压器干燥时，应做好防火措施，防止加热系统故或线圈过热烧损。

12.7.7 应结合例行试验检修，定期对灭火装置进行维护和检查，以防止误动和拒动。

6.3.3 高压配电装置

6.3.3.1 系统接线和运行方式

6.3.3.1.1 主系统、厂用系统接线的运行方式

【依据 1】《火力发电厂厂用电设计技术规程》（DL/T 5153—2014）

3.4 厂用电系统中性点的接地方式

3.5 厂用母线的接线方式

3.6 厂用工作电源

【依据 2】《防止电力生产事故的二十五项重点要求》（国能安全〔2014〕161 号）

10.9 防止发电机非同期并网

10.9.1 微机自动准同期装置应安装独立的同期鉴定闭锁继电器。

10.9.2 新投产、大修机组及同期回路（包括电压交流回路、控制直流回路、整步表、自动准同期装置及同期把手等）发生改动或设备更换的机组，在第一次并网前必须进行以下工作：

10.9.2.1 对装置及同期回路进行全面、细致的校核、传动。

10.9.2.2 利用发电机–变压器组带空载母线升压试验，校核同期电压检测二次回路的正确性，并对整步表及同期检定继电器进行实际校核。

10.9.2.3 进行机组假同期试验，试验应包括断路器的手动准同期及自动准同期合闸试验、同期（继电器）闭锁等内容。

22.1.1 加强厂用电系统运行方式和设备管理。

22.1.1.1 根据电厂运行实际情况，制订合理的全厂公用系统运行方式，防止部分公用系统故障导致全厂停电。重要公用系统在非标准运行方式时，应制定监控措施，保障运行正常。

22.1.1.2 重视机组厂用电切换装置的合理配置及日常维护，确保系统电压、频率出现较大波动

时，具有可靠的保厂用电源技术措施。

22.1.1.3　带直配电负荷电厂的机组应设置低频率、低电压解列装置，确保机组在发生系统故障时，解列部分机组后能单独带厂用电和直配负荷运行。

6.3.3.1.2　备用厂用变压器（含暗备用）

【依据】《火力发电厂厂用电设计技术规程》（DL/T 5153—2014）

3.7.1　备用电源的设置及其切换方式应符合现行国家标准《大中型火力发电厂设计规范》GB 50660 的相关规定。

3.7.2　对于接有Ⅰ类负荷的高压和低压动力中心的厂用母线，宜设置备用电源。对于皆有Ⅱ类负荷的高压和低压动力中心的厂用母线，可设置备用电源。对于紧接有Ⅲ类负荷的厂用母线，可不设置备用电源。

6.3.3.1.3　备用电源自动投入装置

【依据】《火力发电厂厂用电设计技术规程》（DL/T 5153—2014）

9.3.1　高压厂用电源宜采用以下切换方式：

（1）正常切换宜满足下列要求：

1）200MW 级及以上机组的高压厂用电源切换，宜采用带同步检定的厂用电源快速切换装置。

2）200MW 以下机组的高压厂用电源切换，宜采用手动并联切换。在确认切换的电源合上后，再断开被切换的电源，并减少两个电源并列的时间，同时宜采用手动合上断路器后联动切除被解列的电源。

3）为保证切换的安全性，单机容量为 200MW 级及以上机组的高压厂用电源切换操作的合闸回路宜经同期继电器闭锁。

（2）事故切换应满足下列要求：

1）单机容量为 200MW 级及以上机组，当断路器具有快速合闸性能时，宜采用快速串联断电切换方式，此时备用分支的过电流保护可不接入加速跳闸回路。但在备用电源自动投入合闸回路中应加同期闭锁，同时应装设慢速切换作为后备。

2）当采用慢速切换时，为提高备用电源自动投入的成功率，在备用电源自动投入的起动回路中宜增加低电压闭锁。

9.3.2　低压厂用电源宜采用以下切换方式：

（1）正常切换宜采用手动并联切换。在确认切换的电源合上后，再断开被切换的电源，并应减少两个电源并列的时间，同时宜采用手动合上断路器后联动切除被解列的电源。

（2）事故切换宜满足下列要求：

1）当采用明备用动力中心供电方式时，工作电源故障或被错误地断开时备用电源应自动投入；

2）当采用暗备用动力中心供电方式时，宜采用“确认动力中心母线系统无永久性故障后手动切换”的方式。

6.3.3.1.4　保安电源

【依据】《大中型火力发电厂设计规范》（GB 50660—2011）

16.3.17　200MW 级以上的机组应设置交流保安电源。

16.3.18　200MW 级～300MW 级的机组宜按机组设置交流保安电源。600MW 级～1000MW 级的机组应按机组设置交流保安电源。交流保安电源应采用快速起动的柴油发电机组。

16.3.19　交流保安电源的电压和中性点接地方式，宜于主厂房低压厂用电系统一致。

16.3.20　火力发电厂应设置固定的交流低压检修供电网络，并应在各检修现场装设检修电源箱，应供电焊机、电动工具和试验设备等使用。

16.3.21　主厂房厂用配电装置的布置应结合主厂房的布置及负荷的分配确定，并应避开潮湿、高温和多灰尘的场所。

16.3.22　置于室内的低压厂用变压器宜采用干式变压器。

12.3.23　高压厂用开断设备应采用无油化设备。对容量较小、启停频繁的厂用电回路宜采用高压熔断器串真空接触器的组合设备。

6.3.3.2　母线及架构

6.3.3.2.1　电瓷外绝缘的爬电距离及防范措施

【依据】《电力系统电瓷外绝缘防污闪技术管理规定》(能源办〔1993〕45号)

6　合理配置电瓷绝缘爬距

6.1　配置原则：电瓷外绝缘爬距的配置，应符合电瓷外绝缘所处地区污秽等级的要求。重要线路、厂站（主力电厂主要出线、电网重要联络线、枢纽变电站）可适当提高外绝缘爬距。

6.2　配置方法

6.2.1　新建、扩建输、变电工程电瓷外绝缘爬距的配置，应依据经审定的污区分布图进行。

6.2.2　运行中的输、变电设备电瓷外绝缘爬距的配置，应依据经审定的污区分布图调整。

6.3　审核输、变电设计时，应以污区分布图为依据，核实各地段的污秽等级与外绝缘爬距的配置是否相适应。

6.4　在潮湿、多雾或附近线路频繁发生污闪的地区，新建、扩建输电线路配置外绝缘爬距时，可取相应污秽等级规定爬距的中、上限。

6.5　在严重污秽地区，新建、扩建35kV～110kV电站时，应采用户内配电装置，以提高配电装置的抗污能力。在没有户内式系列产品时，可选用爬电比距为42.5px/kV的户外普通型设备。

6.6　在潮湿地区的户内配电装置，其爬电比距配置应提高1级污区水平。

6.3.3.2.2　户外电瓷绝缘的清扫

【依据】《电力系统电瓷外绝缘防污闪技术管理规定》(能源办〔1993〕45号)

7　清扫工作

7.1　加强电瓷设备清扫是挖掘设备绝缘裕度，防止电瓷外绝缘污闪的一个重要手段。电瓷设备清扫要逐步做到由以盐密监测作指导，并结合运行经验，安排清扫周期，提高有效性。

7.2　清扫原则

7.2.1　110～500kV输、变电设备原则上需每年清扫一次，各网、省局可视具体情况确定。为取得最好清扫效果，对重点线路清扫时间应安排在污闪频发季节前1个～2个月内进行。

7.2.2　对运行多年或重污秽地段内的线路绝缘子，杆上清扫不净时，应采用落地清扫或更换绝缘子的方法。

7.2.3　采用防污型绝缘子的输电线路，可按线路实际积污量（盐密值）与其绝缘爬距允许的盐密控制指标相比较，参照运行经验决定清扫周期。

7.2.4　采用普通型绝缘子的110kV及以上线路在每次清扫后，应选点监测盐密，如盐密值超过绝缘爬距所控制的盐密指标时，应增加清扫次数。

7.2.5　输、变电设备在条件允许时，应尽可能采用带电清扫。

7.3　清扫质量检查

7.3.1　基层班组应建立线路清扫卡和变电设备清扫登记卡。

7.3.2　设备清扫后应组织进行"班组自查""工区检查""厂局抽查"的三级检查制。

6.3.3.2.3　污秽度监测

【依据】《电力系统电瓷外绝缘防污闪技术管理规定》(能源办〔1993〕45号)

4　盐密测量

4.1　盐密是划分污秽等级三因素（污湿特征、运行经验、等值盐密）中的基础数据之一。盐密数值必须具有可信性，可比性。

4.2　盐密测量点的选择

4.2.1　110kV及以上输电线路在近城、市郊地区原则上每5～10km选择一个测量点，远距城镇的农田、山丘、酌情选取。

4.2.2 发电厂和110kV及以上变电所内每个电压等级选择1、2个测量点。

4.2.3 发、变电所盐密测量点的选取要从发、变电所悬式绝缘子逐渐过渡到棒型支柱绝缘子。

4.2.4 明显污秽成分复杂地段应适当增加测量点。

4.3 盐密测量的方法、使用仪器和测量周期按《高压架空线路和发变电所电瓷外绝缘污秽分级标准》中的规定执行。

4.4 盐密测量仪器和测量电极应每年定期校验一次，以保证测量数据准确性。

4.5 应采用盐密测量掌握绝缘子积污速度，逐步将盐密测量推广应用于科学安排绝缘子清扫周期。

5 污秽等级划分和污秽等级分布图（简称污区图）绘制

5.1 划分污秽等级和绘制污区图是防污闪技术管理工作的基础；是运行输变电设备和新建、扩建输变电工程配置电瓷外绝缘爬距的依据。

5.2 污秽等级划分按《高压架空线路和发变电所污秽分级标准》的规定进行；并要充分考虑大环境污染的变化情况，特别是在划0级～1级污秽等级时应视自洁能力留有一定裕度；对局部污源、规划建设的工业区，重要公路、铁路及盐尘波及地区应考虑适当提高级别。

5.3 污区分布图绘制按《电力系统污区分布图绘制规定》进行。

6.3.3.2.4 悬式绝缘子串、母线支持绝缘子、母线隔离开关支持绝缘子检查

【依据】《电力设备预防性试验规程》（DL/T 596—2005）

10 支柱绝缘子和悬式绝缘子发电厂和变电所的支柱绝缘子和悬式绝缘子的试验项目、周期和要求见表21。

表21 发电厂和变电所的支柱绝缘子和悬式绝缘子的试验项目、周期和要求

序号	项目	周期	要求	说明
1	零值绝缘子检测（66kV及以上）	1年～5年	在运行电压下检测	1）可根据绝缘子的劣化率调整检测周期； 2）对多元件针式绝缘子应检测每一元件
2	绝缘电阻	1）悬式绝缘子1～5年； 2）针式支柱绝缘子1～5年	1）针式支柱绝缘子的每一元件和每片悬式绝缘子的绝缘电阻不应低于300MΩ，500kV悬式绝缘子不低于500MΩ； 2）半导体釉绝缘子的绝缘电阻自行规定	1）采用2500V及以上绝缘电阻表； 2）棒式支柱绝缘子不进行此项试验
3	交流耐压试验	1）单元件支柱绝缘子1～5年； 2）悬式绝缘子1～5年； 3）针式支柱绝缘子1～5年； 4）随主设备； 5）更换绝缘子时	1）支柱绝缘子的交流耐压试验电压值见附录B； 2）35kV针式支柱绝缘子交流耐压试验电压值如下： 两个胶合元件者，每元件50kV；三个胶合元件者，每元件34kV 3）机械破坏负荷为60～300kN的盘形悬式绝缘子交流耐压试验电压值均取60kV	1）35kV针式支柱绝缘子可根据具体情况按左栏要求1）或2）进行； 2）棒式绝缘子不进行此项试验
4	绝缘子表面污秽物的等值盐密	1年	参照附录C污秽等级与对应附盐密度值检查所测盐密值与当地污秽等级是否一致。结合运行经验，将测量值作为调整耐污绝缘水平和监督绝缘安全运行的依据。盐密值超过规定时，应根据情况采取调爬、清扫、涂料等措施	应分别在户外能代表当地污染程度的至少一串悬垂绝缘子和一根棒式支柱上取样，测量在当地积污最重的时期进行

注：运行中针式支柱绝缘子和悬式绝缘子的试验项目可在检查零值、绝缘电阻及交流耐压试验中任选一项。玻璃悬式绝缘子不进行序号1、2、3项中的试验，运行中自破的绝缘子应及时更换。

6.3.3.2.5 各类引线接头过热检测

【依据】《防止电力生产事故的二十五项重点要求》（国能安全〔2014〕161号）

2.2.13 建立健全电缆维护、检查及防火、报警等各项规章制度。严格按照运行规程规定对电缆

夹层、通道进行定期巡检，并检测电缆和接头运行温度，按规定进行预防性试验。

13.3.12　开展开关柜温度检测，对温度异常的开关柜强化监测、分析和处理，防止导电回路过热引发的柜内短路故障。

6.3.3.2.6　水泥架构（含独立避雷针）

【依据】《架空输电线路运行规程》（DL/T 741—2010）

第5.1.1 基础表面水泥不应脱落，钢筋不应外露，装配式、插入式基础不应出现锈蚀，基础周围保护土层不应流失、坍塌；基础边坡保护距离应满足DL/5092的要求。

5.1.2　杆塔的倾斜、杆（塔）顶扰度、横担的歪斜程度不应超过表1的规定。

表1　杆塔的倾斜、杆（塔）顶扰度、横担的歪斜程度

类　别	钢筋混凝土电杆	钢管杆	角钢塔	钢管塔
直线杆塔倾斜度（包括扰度）	1.5%	0.5% （倾斜度）	0.5%（适用于50m及以上高度铁塔）	0.5%
直线转角杆最大挠度	—	0.7%	—	—
转角和终端杆 66kV 及以下最大挠度		1.5%		
转角和终端杆 110kV～220kV 及以下最大挠度		2%		
杆塔横担歪斜度	1.0%		1.0%	0.5%

6.3.3.3　高压开关设备

6.3.3.3.1　断路器（包括限流电抗器）容量和性能

【依据1】《国家电网公司电力安全工作规程变电部分》（Q/GDW 1799.1—2013）

5.3.6.11　断路器（开关）遮断容量应满足电网要求。如遮断容量不够，应用墙或金属板将操动机构（操动机构）与该断路器（开关）隔开，应进行远方操作，重合闸装置应停用。

【依据2】《防止电力生产事故的二十五项重点要求》（国能安全〔2014〕161号）

22.2.1.4　严格按照有关标准进行开关设备选型，加强对变电站断路器开断容量的校核，对短路容量增大后造成断路器开断容量不满足要求的断路器要及时进行改造，在改造以前应加强对设备的运行监视和试验。

6.3.3.3.2　发电机一变压器组高压侧断路器防止非全相运行技术措施

【依据】《防止电力生产事故的二十五项重点要求》（国能安全〔2014〕161号）

13.1.8　为防止机组并网断路器单相异常导通造成机组损伤，220kV及以下电压等级的机组并网的断路器应采用三相机械联动式结构。

13.1.17　断路器安装后必须对其二次回路中的防跳继电器、非全相继电器进行传动，并保证在模拟手合于故障条件下断路器不会发生跳跃现象。

6.3.3.3.3　户外断路器防雨密封措施

【依据】《防止电力生产事故的二十五项重点要求》（国能安全〔2014〕161号）

13.1.11　开关设备机构箱、汇控箱内应有完善的驱潮防潮装置，防止凝露造成二次设备损坏。

13.1.29　加强断路器操动机构的检查维护，保证机构箱密封良好，防雨、防尘、通风、防潮等性能良好，并保持内部干燥清洁。

6.3.3.3.4　电气预防性试验

【依据1】《电力设备预防性试验规程》（DL/T 596—2005）

第 8 章　开关设备

8.1　SF_6 断路器和 GIS

8.2　多油断路器和少油断路器

8.3　磁吹断路器

8.4　低压断路器和自动灭磁开关

8.5　空气断路器

8.6　真空断路器

8.7　重合器（包括以油、真空及 SF_6 气体为绝缘介质的各种 12kV 重合器）

8.8　分段器（仅限于 12kV 级）

8.9　隔离开关

8.10　高压开关柜

8.11　镉镍蓄电池直流屏

【依据 2】《防止电力生产事故的二十五项重点要求》(国能安全〔2014〕161 号)

13.1.17　断路器安装后必须对其二次回路中的防跳继电器、非全相继电器进行传动，并保证在模拟手合于故障条件下断路器不会发生跳跃现象。

13.1.18　加强断路器合闸电阻的检测和试验，防止断路器合闸电阻缺陷引发故障。在断路器产品出厂试验、交接试验及例行试验中，应对断路器主触头与合闸电阻触头的时间配合关系进行测试，有条件时应测量合闸电阻的阻值。

6.3.3.3.5　断路器检修及反措项目落实情况

【依据】《防止电力生产事故的二十五项重点要求》(国能安全〔2014〕161 号)

13.3.13　GIS、罐式断路器及 500kV 及以上电压等级的柱式断路器现场安装过程中，必须采取有效的防尘措施，如移动防尘帐篷等，GIS 的孔、盖等打开时，必须使用防尘罩进行封盖。安装现场环境太差、尘土较多或相邻部分正在进行土建施工等情况下应停止安装。

6.3.3.3.6　断路器和隔离开关缺陷

【依据】《防止电力生产事故的二十五项重点要求》(国能安全〔2014〕161 号)

13.2.7　加强对隔离开关导电部分、转动部分、操动机构、瓷绝缘子等的检查，防止机械卡涩、触头过热、绝缘子断裂等故障的发生。隔离开关各运动部位用润滑脂宜采用性能良好的二硫化钼锂基润滑脂。

13.2.8　为预防 GW6 型等类似结构的隔离开关运行中“自动脱落分闸”，在检修中应检查操动机构蜗轮、蜗杆的啮合情况，确认没有倒转现象；检查并确认刀闸主拐臂调整应过死点；检查平衡弹簧的张力应合适。

13.2.9　在运行巡视时，应注意隔离开关、母线支柱绝缘子瓷件及法兰无裂纹，夜间巡视时应注意瓷件无异常电晕现象。

13.2.10　隔离开关倒闸操作，应尽量采用电动操作，并远离隔离开关，操作过程中应严格监视隔离开关动作情况，如发现卡滞应停止操作并进行处理，严禁强行操作。

13.2.11　定期用红外测温设备检查隔离开关设备的接头、导电部分，特别是在重负荷或高温期间，加强对运行设备温升的监视，发现问题应及时采取措施。

13.2.12　对新安装的隔离开关，隔离开关的中间法兰和根部进行无损探伤。对运行 10 年以上的隔离开关，每 5 年对隔离开关中间法兰和根部进行无损探伤。

6.3.3.4　互感器、耦合电容器、避雷器和穿墙套管

6.3.3.4.1　金属氧化物避雷器

【依据】《电力设备预防性试验规程》(DL/T 596—2005)

14.2　金属氧化物避雷器的试验项目、周期和要求见表 40。

表 40　金属氧化物避雷器的试验项目、周期和要求

序号	项　目	周　期	要　求	说　明
1	绝缘电阻	1）发电厂、变电所避雷器每年雷雨季节前 2）必要时	1)35kV 以上，不低于 2500MΩ 2)35kV 及以下，不低于 1000MΩ	采用 2500V 及以上绝缘电阻表
2	直流 1mA 电压（u_{1mA}）及 0.75u_{1mA} 下的泄漏电流	1）发电厂、变电所避雷器每年雷雨季前 2）必要时	1)不得低于 GB 11032 规定值 2）u_{1mA} 实测值与初始值或制造厂规定值比较，变化不应大于±5% 3）0.75u_{1mA} 下的泄漏电流不应大于 50μA	1）要记录试验时的环境温度和相对湿度 2）测量电流的导线应使用屏蔽线 3）初始值系指交接试验或投产试验时的测量值
3	运行电压下的交流泄漏电流	1）新投运的 110kV 及以上者投运 3 个月后测量 1 次；以后每半年 1 次；运行 1 年后，每年雷雨季节前 1 次 2）必要时	测量运行电压下的全电流、阻性电流或功率损耗，测量值与初始值比较，有明显变化时应加强监测，当阻性电流增加 1 倍时，应停电检查	应记录测量时的环境温度、相对湿度和运行电压。测量宜在瓷套表面干燥时进行。应注意相间干扰的影响
4	工频参考电流下的工频参考电压	必要时	应符合 GB 11032 或制造厂规定	1）测量环境温度 20℃±15℃ 2）测量应每节单独进行，整相避雷器有一节不合格，应更换该节避雷器（或整相更换），使该相避雷器为合格
5	底座绝缘电阻	1）发电厂、变电所避雷器每年雷雨季前 2）必要时	自行规定	采用 2500V 及以上绝缘电阻表
6	检查放电计数器动作情况	1）发电厂、变电所避雷器每年雷雨季前 2）必要时	测试 3～5 次，均应正常动作，测试后计数器指示应调到“0”	

6.3.3.4.2　互感器、耦合电容器和穿墙套管

【依据】《防止电力生产事故的二十五项重点要求》（国能安全〔2014〕161 号）

12.8　防止互感器事故

12.8.1　防止各类油浸式互感器事故。

12.8.1.1　油浸式互感器应选用带金属膨胀器微正压结构型式。

12.8.1.2　所选用电流互感器的动热稳定性能应满足安装地点系统短路容量的要求，一次绕组串联时也应满足安装地点系统短路容量的要求。

12.8.1.3　电容式电压互感器的中间变压器高压侧不应装设金属氧化物避雷器（MOA）。

12.8.1.4　110（66）、500kV 互感器在出厂试验时，局部放电试验的测量时间延长到 5min。

12.8.1.5　对电容式电压互感器应要求制造厂在出厂时进行 $0.8U_N$、$1.0U_N$、$1.2U_N$ 及 $1.5U_N$ 的铁磁谐振试验（注：U_N 指额定一次相电压，下同）。

12.8.1.6　电磁式电压互感器在交接试验时，应进行空载电流测量。励磁特性的拐点电压应大于 $1.5U_m/\sqrt{3}$（中性点有效接地系统）或 $1.9U_m/\sqrt{3}$（中性点非有效接地系统）。

12.8.1.7　电流互感器的一次端子所受的机械力不应超过制造厂规定的允许值，其电气连接应接触良好，防止产生过热故障及电位悬浮。互感器的二次引线端子应有防转动措施，防止外部操作造成内部引线扭断。

12.8.1.8　已安装完成的互感器若长期未带电运行（110kV 及以上大于半年，35kV 及以下一年以上），在投运前应按照《输变电设备状态检修试验规程》（DL/T 393—2010）进行例行试验。

12.8.1.9　在交接试验时，对 110kV（66kV）及以上电压等级的油浸式电流互感器，应逐台进行交流耐受电压试验，交流耐压试验前后应进行油中溶解气体分析。油浸式设备在交流耐压试验前要保证静置时间，110kV（66kV）设备静置时间不小于 24h、220kV 设备静置时间不小于 48h、330kV 和 500kV 设备静置时间不小于 72h。

12.8.1.10　对于 220kV 及以上等级的电容式电压互感器，其耦合电容器部分是分成多节的，安装时必须按照出厂时的编号以及上下顺序进行安装，严禁互换。

12.8.1.11　电流互感器运输应严格遵照设备技术规范和制造厂要求，220kV 及以上电压等级互感器运输应在每台产品（或每辆运输车）上安装冲撞记录仪，设备运抵现场后应检查确认，记录数值超过 5g 的，应经评估确认互感器是否需要返厂检查。

12.8.1.12　电流互感器一次直阻出厂值和设计值无明显差异，交接时测试值与出厂值也应无明显差异，且相间应无明显差异。

12.8.1.13　事故抢修安装的油浸式互感器，应保证静放时间，其中 330kV 及以上油浸式互感器静放时间应大于 36h，110～220kV 油浸式互感器静放时间应大于 24h。

12.8.1.14　对新投运的 220kV 及以上电压等级电流互感器，1～2 年内应取油样进行油色谱、微水分析；对于厂家明确要求不取油样的产品，确需取样或补油时应由制造厂配合进行。

12.8.1.15　互感器的一次端子引线连接端要保证接触良好，并有足够的接触面积，以防止产生过热性故障。一次接线端子的等电位连接必须牢固可靠。其接线端子之间必须有足够的安全距离，防止引线线夹造成一次绕组短路。

12.8.1.16　老型带隔膜式及气垫式储油柜的互感器，应加装金属膨胀器进行密封改造。现场密封改造应在晴好天气进行。对尚未改造的互感器应每年检查顶部密封状况，对老化的胶垫与隔膜应予以更换。对隔膜上有积水的互感器，应对其本体和绝缘油进行有关试验，试验不合格的互感器应退出运行。绝缘性能有问题的老旧互感器，退出运行不再进行改造。

12.8.1.17　对硅橡胶套管和加装硅橡胶伞裙的瓷套，应经常检查硅橡胶表面有无放电或老化、龟裂现象，如果有应及时处理。

12.8.1.18　运行人员正常巡视应检查记录互感器油位情况。对运行中渗漏油的互感器，应根据情况限期处理，必要时进行油样分析，对于含水量异常的互感器要加强监视或进行油处理。油浸式互感器严重漏油及电容式电压互感器电容单元漏油的应立即停止运行。

12.8.1.19　应及时处理或更换已确认存在严重缺陷的互感器。对怀疑存在缺陷的互感器，应缩短试验周期进行跟踪检查和分析查明原因。对于全密封型互感器，油中气体色谱分析仅 H_2 单项超过注意值时，应跟踪分析，注意其产气速率，并综合诊断：如产气速率增长较快，应加强监视；如监测数据稳定，则属非故障性氢超标，可安排脱气处理；当发现油中有乙炔时，按相关标准规定执行。对绝缘状况有怀疑的互感器应运回试验室进行全面的电气绝缘性能试验，包括局部放电试验。

12.8.1.20　如运行中互感器的膨胀器异常伸长顶起上盖，应立即退出运行。当互感器出现异常响声时应退出运行。当电压互感器二次电压异常时，应迅速查明原因并及时处理。

12.8.1.21　当采用电磁单元为电源测量电容式电压互感器的电容分压器 Cl 和 C2 的电容量和介损时，必须严格按照制造厂说明书规定进行。

12.8.1.22　根据电网发展情况，应注意验算电流互感器动热稳定电流是否满足要求。若互感器所在变电站短路电流超过互感器铭牌规定的动热稳定电流值时，应及时改变变比或安排更换。

12.8.1.23　严格按照《带电设备红外诊断应用规范》（DL/T 664—2008）的规定，开展互感器的精确测温工作。新建、改扩建或大修后的互感器，应在投运后不超过 1 个月内（但至少在 24h 以后）进行一次精确检测。220kV 及以上电压等级的互感器每年在夏季前后应至少各进行一次精确检测。在高温大负荷运行期间，对 220kV 及以上电压等级互感器应增加红外检测次数。精确检测的测量数据和图像应归档保存。

12.8.1.24　加强电流互感器末屏接地检测、检修及运行维护管理。对结构不合理、截面偏小、强度不够的末屏应进行改造；检修结束后应检查确认末屏接地是否良好。

12.8.2　防止 110（66）、500kV 六氟化硫绝缘电流互感器事故。

12.8.2.1　应重视和规范气体绝缘的电流互感器的监造、验收工作。

12.8.2.2　如具有电容屏结构，其电容屏连接筒应要求采用强度足够的铸铝合金制造，以防止因材质偏软导致电容屏连接筒移位。

12.8.2.3　加强对绝缘支撑件的检验控制。

12.8.2.4　出厂试验时各项试验包括局部放电试验和耐压试验必须逐台进行。

12.8.2.5　制造厂应采取有效措施，防止运输过程中内部构件震动移位。用户自行运输时应按制造厂规定执行。

12.8.2.6　110kV及以下互感器推荐直立安放运输，220kV及以上互感器必须满足卧倒运输的要求。运输时110kV（66kV）产品每批次超过10台时，每车装10g振动子2个，低于10台时每车装10g振动子1个；220kV产品每台安装10g振动子1个；330kV及以上每台安装带时标的三维冲撞记录仪。到达目的地后检查振动记录装置的记录，若记录数值超过10g一次或10g振动子落下，则产品应返厂解体检查。

12.8.2.7　运输时所充气压应严格控制在允许的范围内。

12.8.2.8　进行安装时，密封检查合格后方可对互感器充六氟化硫气体至额定压力，静置24h后进行六氟化硫气体微水测量。气体密度表、继电器必须经校验合格。

12.8.2.9　气体绝缘的电流互感器安装后应进行现场老练试验。老练试验后进行耐压试验，试验电压为出厂试验值的80%。条件具备且必要时还宜进行局部放电试验。

12.8.2.10　运行中应巡视检查气体密度表，产品年漏气率应小于0.5%。

12.8.2.11　若压力表偏出绿色正常压力区时，应引起注意，并及时按制造厂要求停电补充合格的六氟化硫新气。一般应停电补气，个别特殊情况需带电补气时，应在厂家指导下进行。

12.8.2.12　补气较多时（表压小于0.2MPa），应进行工频耐压试验。

12.8.2.13　交接时六氟化硫气体含水量小于25μL/L。运行中不应超过50μL/L（换算至20℃），若超标时应进行处理。

12.8.2.14　设备故障跳闸后，应进行六氟化硫气体分解产物检测，以确定内部有无放电。避免带故障强送再次放电。

12.8.2.15　对长期微渗的互感器应重点开展六氟化硫气体微水量的检测，必要时可缩短检测时间，以掌握六氟化硫电流互感器气体微水量变化趋势。

6.3.3.4.3　预防性试验及验收

【依据】《电力设备预防性试验规程》（DL/T 596—2005）

6.3.3.5　过电压保护装置和接地装置

6.3.3.5.1　直击雷防护

【依据1】《电力工业技术管理法规（试行）》[（80）电技字第26号]

5　规程、技术资料、图纸和设备编号

1.5.1　为使设备安全运行，运行单位应具备下列各项文件和资料：

1. 各部门的职责条例；

2. 设备技术登记簿；

3. 设备和水工建筑物的现场运行（包括事故处理）规程和检修规程；

4. 制造厂的设备特性、试验记录和使用说明书，机件的材料试验记录，火电厂应备有锅炉技术检验记录簿；

5. 设备构造断面图和零件图；

6. 每台机组的竣工图、备品图册；

7. 电气一次接线和二次接线的竣工图；

8. 与实际情况相符的各种系统图和运行操作系统图；

9. 建筑物的竣工图；

10. 运行、检修记录。

此外，发电厂和变电所尚应备有下列各项文件：

1. 土地使用证；

2. 厂址、所址和水力枢纽的地质、地震、水文、气象和水工建筑物的观测资料；

3. 地基的断面图、竣工图和有关的施工记录；

4. 隐蔽工程的检查记录；

5. 建筑物和地下工程的总平面图（包括引水沟、电缆预埋件、接地网、下水道、消防用水管道、集水井和排水井、隧道等）；

6. 建筑物的说明书和设计文件，表明主要荷重的图纸及屋顶荷重和楼面荷重的重量标准。

1.5.2 现场规程应根据本法规，设备特性，制造厂资料，设计资料，现场具体条件，部颁的安全规程、运行规程、检修规程、技术通报、事故通报，电管局（电力局）的有关规定以及现场的运行、检修经验等编制。

1.5.3 现场规程的内容一般包括下列各项：

1. 工作人员的职责；

2. 设备的操作程序，以及正常和极限的运行参数；

3. 事故处理的规定和注意事项；

4. 设备和建筑物在运行中检查（巡视）、维护、调整和观测的规定；

5. 设备检修的质量标准和主要的工艺规定；

6. 有关试验的规定；

7. 有关安全和消防工作的规定。

1.5.4 现场规程应由本单位的总工程师批准，并应随时修正和补充。

1.5.5 发电厂和变电所的所有主要设备和辅助设备，均应钉有制造厂铭牌并按顺序编号。燃料输送设备应按前进方向的顺序编号。输配电线路应标名称和编号。

【依据 2】《建筑物防雷设计规范》（GB 50057—2010）

第一章 总则

1.0.1 为使建（构）筑物防雷设计因地制宜地采取防雷措施，防止或减少雷击建（构）筑物所发生的人身伤亡和文物、财产损失，以及雷击电磁脉冲引发的电气和电子系统损坏或错误运行，做到安全可靠、技术先进、经济合理，制定本规范。

1.0.2 本规范适用于新建、扩建、改建建（构）筑物的防雷设计。

1.0.3 建（构）筑物防雷设计，应在认真调查地理、地质、土壤、气象、环境等条件和雷电活动规律，以及被保护物的特点等的基础上，详细研究并确定防雷装置的形式及其布置。

1.0.4 建（构）筑物防雷设计，除应符合本规范外，尚应符合国家现行有关标准的规定。

6.3.3.5.2 雷电侵入波保护

6.3.3.5.3 暂时过电压、操作过电压保护

6.3.3.5.2、6.3.3.5.3 查评依据如下：

【依据】《交流电气装置的过电压保护和绝缘配合》（DL/T 620—1997）

第 5 章 雷电过电压和保护装置

5.1 雷电过电压

5.1.1 设计和运行中应考虑直接雷击、雷电反击和感应雷电过电压对电气装置的危害。

5.1.2 架空线路上的雷电过电压。

a）距架空线路 $S>65$m 处，雷云对地放电时，线路上产生的感应过电压最大值可按下式计算：

$$U_i \approx 25 I h_c / s$$

式中：U_i——雷击大地时感应过电压最大值，kV；

I——雷电流幅值（一般不超过 100），kA；

h_c——导线平均高度，m；

s——雷击点与线路的距离，m。

线路上的感应过电压为随机变量，其最大值可达 300kV～400kV，一般仅对 35kV 及以下线路的绝缘有一定威胁。

b）雷击架空线路导线产生的直击雷过电压，可按下式确定：

$$U_S \approx 100I$$

式中：U_S——雷击点过电压最大值，kV。

雷直击导线形成的过电压易导致线路绝缘闪络。架设避雷线可有效地减少雷直击导线的概率。

c）因雷击架空线路避雷线、杆顶形成作用于线路绝缘的雷电反击过电压，与雷电参数、杆塔型式、高度和接地电阻等有关。宜适当选取杆塔接地电阻，以减少雷电反击过电压的危害。

5.1.3 发电厂和变压站内的雷电过电压来自雷电对配电装置的直接雷击、反击和架空进线上出现的雷电侵入波。

a）应该采用避雷针或避雷线对高压配电装置进行直击雷保护并采取措施防止反击。

b）应该采取措施防止或减少发电厂和变电所近区线路的雷击闪络并在厂、所内适当配置阀式避雷器以减少雷电侵入波过电压的危害。

c）按本标准要求对采用的雷电侵入波过电压保护方案校验时，校验条件为保护接线一般应该保证 2km 外线路导线上出现雷电侵入波过电压时，不引起发电厂和变电站电气设备绝缘损坏。

6.3.3.5.4 110kV（66kV）变压器中性点过电压保护

【依据】《交流电气装置的过电压保护和绝缘配合》（DL/T 620—1997）

3 系统接地方式和运行中出现的各种电压

3.1 系统接地方式

3.1.1 110kV～500kV 系统应该采用有效接地方式，即系统在各种条件下应该使零序与正序电抗之比（X_0/X_1）为正值并且不大于 3，而其零序电阻与正序电抗之比（R_0/X_1）为正值并且不大于 1。110kV 及 220kV 系统中变压器中性点直接或经低阻抗接地，部分变压器中性点也可不接地。330kV 及 500kV 系统中不允许变压器中性点不接地运行。

3.1.2 3kV～10kV 不直接连接发电机的系统和 35kV、66kV 系统，当单相接地故障电容电流不超过下列数值时，应采用不接地方式；当超过下列数值又需在接地故障条件下运行时，应采用消弧线圈接地方式：

a）3kV～10kV 钢筋混凝土或金属杆塔的架空线路构成的系统和所有 35kV、66kV 系统，10A。

b）3kV～10kV 非钢筋混凝土或非金属杆塔的架空线路构成的系统，当电压为：

1）3kV 和 6kV 时，30A；

2）10kV 时，20A。

c）3kV～10kV 电缆线路构成的系统，30A。

6.3.3.5.5 接地网测试

【依据 1】《电力设备预防性试验规程》（DL/T 596—2005）

19 接地装置

19.1 接地装置的试验项目、周期和要求见表 46。

表 46 接地装置的试验项目、周期和要求

序号	项　目	周　期	要　求	说　明
1	有效接地系统的电力设备的接地电阻	1）不超过 6 年 2）可以根据该接地网挖开检查的结果斟酌延长或缩短周期	r=2000/i 或 r ≤0.5Ω，（当 i>4000A 时） 式中 i——经接地网流入地中的短路电流，A； r——考虑到季节变化的最大接地电阻，Ω	1）测量接地电阻时，如在必须的最小布极范围内土壤电阻率基本均匀，可采用各种补偿法，否则，应采用远离法 2）在高土壤电阻率地区，接地电阻如按规定值要求，在技术经济上极不合理时，允许有较大的数值。但必须采取措施以保证发生接地短路时，在该接地网上 a）接触电压和跨步电压均不超过允许的数值 b）不发生高电位引外和低电位引内 c）3～10kv 阀式避雷器不动作 3）在预防性试验前或每 3 年以及必要时验算一次 i 值，并校验设备接地引下线的热稳定

续表

序号	项目	周期	要求	说明
2	非有效接地系统的电力设备的接地电阻	1）不超过6年 2）可以根据该接地网挖开检查的结果斟酌延长或缩短周期	1）当接地网与1kV及以下设备共用接地时，接地电阻 $r=120/i$ 2）当接地网仅用于1kV以上设备时，接地电阻 $r=250/i$ 3）在上述任一情况下，接地电阻一般不得大于10Ω 式中 i——经接地网流入地中的短路电流，A； r——考虑到季节变化最大接地电阻，Ω	
3	利用大地作导体的电力设备的接地电阻	1年	1）长久利用时，接地电阻为 $R\leqslant\frac{50}{I}$ 2）临时利用时，接地电阻为 $R\leqslant\frac{100}{I}$ 式中 I——接地装置流入地中的电流，A； R——考虑到季节变化的最大接地电阻，Ω	
4	1kV以下电力设备的接地电阻	不超过6年	使用同一接地装置的所有这类电力设备，当总容量达到或超过100kVA时，其接地电阻不宜大于4Ω。如总容量小于100kVA时，则接地电阻允许大于4Ω，但不超过10Ω	对于在电源处接地的低压电力网（包括孤立运行的低压电力网）中的用电设备，只进行接零，不作接地。所用零线的接地电阻就是电源设备的接地电阻，其要求按序号2确定，但不得大于相同容量的低压设备的接地电阻
5	独立微波站的接地电阻	不超过6年	不宜大于5Ω	
6	独立的燃油、易爆气体贮罐及其管道的接地电阻	不超过6年	不宜大于30Ω	
7	露天配电装置避雷针的集中接地装置的接地电阻	不超过6年	不宜大于10Ω	与接地网连在一起的可不测量，但按表47序号1的要求检查与接地网的连接情况
8	发电厂烟囱附近的吸风机及引风机处装设的集中接地装置的接地电阻	不超过6年	不宜大于10Ω	与接地网连在一起的可不测量，但按表47序号1的要求检查与接地网的连接情况
9	独立避雷针（线）的接地电阻	不超过6年	不宜大于10Ω	在高土壤电阻率地区难以将接地电阻降到10Ω时，允许有较大的数值，但应符合防止避雷针（线）对罐体及管、阀等反击的要求

续表

<table>
<tr><th>序号</th><th>项　目</th><th>周　期</th><th colspan="2">要　求</th><th>说　明</th></tr>
<tr><td>10</td><td>与架空线直接连接的旋转电动机进线段上排气式和阀式避雷器的接地电阻</td><td>与所在进线段上杆塔接地电阻的测量周期相同</td><td colspan="2">排气式和阀式避雷器的接地电阻，分别不大于 5Ω 和 3Ω，但对于 300～1500kW 的小型直配电动机，如不采用 SDJ 7《电力设备过电压保护设计技术规程》中相应接线时，此值可酌情放宽</td><td></td></tr>
<tr><td rowspan="7">11</td><td rowspan="7">有架空地线的线路杆塔的接地电阻</td><td rowspan="7">1）发电厂或变电站进出线 1～2km 内的杆塔 1～2 年
2）其他线路杆塔不超过 5 年</td><td colspan="2">当杆塔高度在 40m 以下时，按下列要求，如杆塔高度达到或超过 40m 时，则取下表值的 50%，但当土壤电阻率大于 2000Ω·m，接地电阻难以达到 15Ω 时可增加至 20Ω</td><td rowspan="7">对于高度在 40m 以下的杆塔，如土壤电阻率很高，接地电阻难以降到 30Ω 时，可采用 6～8 根总长不超过 500m 的放射形接地体或连续伸长接地体，其接地电阻可不受限制。但对于高度达到或超过 40m 的杆塔，其接地电阻也不宜超过 20Ω</td></tr>
<tr><td>土壤电阻率
Ω·m</td><td>接地电阻
Ω</td></tr>
<tr><td>100 及以下</td><td>10</td></tr>
<tr><td>100～500</td><td>15</td></tr>
<tr><td>500～1000</td><td>20</td></tr>
<tr><td>1000～2000</td><td>25</td></tr>
<tr><td>2000 以上</td><td>30</td></tr>
<tr><td rowspan="4">12</td><td rowspan="4">无架空地线的线路杆塔接地电阻</td><td rowspan="4">1）发电厂或变电站进出线 1～2km 内的杆塔 1～2 年
2）其他线路杆塔不超过 5 年</td><td>种类</td><td>接地电阻
Ω</td><td rowspan="4"></td></tr>
<tr><td>非有效接地系统的钢筋混凝土杆、金属杆</td><td>30</td></tr>
<tr><td>中性点不接地的低压电力网的线路钢筋混凝土杆、金属杆</td><td>50</td></tr>
<tr><td>低压进户线绝缘子铁脚</td><td>30</td></tr>
</table>

注：进行序号 1、2 项试验时，应断开线路的架空地线。

【依据 2】《防止电力生产事故的二十五项重点要求》（国能安全〔2014〕161 号）

14.1.10　对于已投运的接地装置，应每年根据变电站短路容量的变化，校核接地装置（包括设备接地引下线）的热稳定容量，并结合短路容量变化情况和接地装置的腐蚀程度有针对性地对接地装置进行改造。对于变电站中的不接地、经消弧线圈接地、经低阻或高阻接地系统，必须按异点两相接地校核接地装置的热稳定容量。

14.1.11　应根据历次接地引下线的导通检测结果进行分析比较，以决定是否需要进行开挖检查、处理。

14.1.12　定期（时间间隔应不大于 5 年）通过开挖抽查等手段确定接地网的腐蚀情况，铜质材料接地体的接地网不必定期开挖检查。若接地网接地阻抗或接地电压和跨步电压测量不符合设计要录，怀疑接地网被严重腐蚀时，应进行开挖检查。如发现接地网腐蚀较为严重，应及时进行处理。

6.3.3.5.6　接地装置及接地引下线

【依据 1】《防止电力生产事故的二十五项重点要求》（国能安全〔2014〕161 号）

14.1.3　在新建工程设计中，校验接地引下线热稳定所用电流应不小于远期可能出现的最大值，有条件地区可按照断路器额定开断电流考核；接地装置接地体的截面面积不小于连接至该接地装置接地引下线截面面积的 75%。并提出接地装置的热稳定容量计算报告。

14.1.5 变压器中性点应有两根与接地网主网格的不同边连接的接地引下线，并且每根接地引下线均应符合热稳定校核的要求。主设备及设备架构等宜有两根与主接地网不同干线连接的接地引下线，并且每根接地引下线均应符合热稳定校核的要求。连接引线应便于定期进行检查测试。

【依据 2】《交流电气装置的接地设计规范》(GB 50065—2011)

4.3.7 发电厂和变电站电气装置的接地导体（线），应符合下列要求：

1）发电厂变电站电气装置中，下列部位应采用专门敷设的接地导体（线）接地。

机机座或外壳，出线柜、中性点柜的金属底座和外壳，封闭母线的外壳。

2）110kV 及以上钢筋混凝土构件支座上电气装置的金属外壳。

3）箱式变电站和环网柜的金属箱体。

4）直接接地的变压器中性点。

5）变压器、发电机和高压并联电抗器中性点所接自动跟踪补偿消弧装置提供感性电流的部分、接地电抗器、电阻器或变压器等的接地端子。

6）气体绝缘金属封闭开关设备的接地母线、接地端子。

7）避雷器，避雷针和地线等的接地端子。

2 当不要求采用专门敷设的接地导体（线）接地时，应符合下列要求：

1）电气装置的接地导体（线）宜利用金属构件、普通钢筋混凝土构件的钢筋、穿线的钢管和电缆的铅、铝外皮等，但不得使用蛇皮管、保温管的金属网或外皮，以及低压照明网络的导线铅皮作地导体（线）。

2）操作、测量和信号用低压电气装置的接地导体（线）可利用永久性金属管道，但可燃液体、可燃或爆炸性气体的金属管道除外。

3）用本款第 1）项和第 2）项所列材料作接地导体（线）时，应保证其全长为完好的电气通路，当利用串联的金属构件作为接地导体（线）时，金属构件之间应以截面不小于 100mm^2 的钢材焊接。

3 接地导体（线）应便于检查，但暗敷的穿线铜管和地下的金属构件除外，潮湿的或有腐蚀性蒸汽的房间内，接地导体（线）离墙不应小于 10mm。

4 接地导体（线）应采取防止发生机械损伤和化学腐蚀的措施。

5 在接地导体（线）引进建筑物的入口处应设置标志。明敷的接地导体（线）表面应涂 15mm～100mm 宽度相等的绿色和黄色相间的条纹。

6 发电厂和变电站电气装置中电气装置接地导体（线）的连接，应符合下要求：

1）采用铜或铜覆钢材的接地导体（线）应采用放热焊接方式连接。钢接地导体（线）使用搭接焊接方式时，其搭接长度应为扁钢宽度的 2 倍或圆钢直径的 6 倍。

2）当利用钢管作接地导体（线）时，钢管连接处应保证有可靠的电气连接。当利用穿线的钢管作接地导体（线）时，引向电气装置的钢管与电气装置之间，应有可靠的电气连接。

3）接地导体（线）与管道等伸长接地极的连接处宜焊接。连接地点应选在近处，在管道困检修而可能断开时，接地装置的接地电阻应符合本规范的要求。管道上表计和阀门等处，均应装设跨接线。

4）采用铜或铜覆钢材的接地导体（线）与接地极的连接，应采用放热焊接；接地导体（线）与电气装置的连接，可采用螺栓连接或焊接。螺栓连接时的允许温度为 2 5 0℃连接处接地导体（线）应适当加大截面，且应设置防松螺帽或防松垫片。

5）电气装置每个接地部分应以单独的接地导体（线）与接地母线相连接，严禁在一个接地导体（线）中串接几个需要接地的部分。

6）接地导体（线）与接地极的连接，接地导体（线）与接地极均为铜（包含铜覆钢材）或其中一个为铜时，应采用放热焊接工艺，被连接的导体应完全包在接头里，连接部位的金属应完全熔化，并应连接牢固。放热焊接接头的表面应平滑，应无贯穿性的气孔。

6.3.3.6 防误操作技术措施

6.3.3.6.1 电气一次系统（含高压厂用电系统）模拟图板

【依据】《电力工业技术管理法规》（试行）[（80）电技字第 26 号]

1.5.1 为使设备安全运行，运行单位应具备下列各项文件和资料：

1. 各部门的职责条例；

2. 设备技术登记簿；

3. 设备和水工建筑物的现场运行（包括事故处理）规程和检修规程；

4. 制造厂的设备特性、试验记录和使用说明书，机件的材料试验记录，火电厂应备有锅炉技术检验记录簿；

5. 设备构造断面图和零件图；

6. 每台机组的竣工图、备品图册；

7. 电气一次接线和二次接线的竣工图；

8. 与实际情况相符的各种系统图和运行操作系统图；

9. 建筑物的竣工图；

10. 运行、检修记录。

此外，发电厂和变电所尚应备有下列各项文件：

1. 土地使用证；

2. 厂址、所址和水力枢纽的地质、地震、水文、气象和水工建筑物的观测资料；

3. 地基的断面图、竣工图和有关的施工记录；

4. 隐蔽工程的检查记录；

5. 建筑物和地下工程的总平面图（包括引水沟、电缆预埋件、接地网、下水道、消防用水管道、集水井和排水井、隧道等）；

6. 建筑物的说明书和设计文件，表明主要荷重的图纸及屋顶荷重和楼面荷重的重量标准。

6.3.3.6.2 户外 35kV 及以上开关设备“四防”（不含防止误入带电间隔）

【依据 1】同 6.3.3.6.5 依据中 3.3 ~ 3.13。

【依据 2】《国家电网公司电力安全工作规程　变电部分》（Q/GDW 1799.1—2013）

5.3.5.3 高压电气设备都应安装完善的防误操作闭锁装置。防误操作闭锁装置不得随意退出运行，停用防误闭锁装置应经设备运维管理单位批准；短时间退出防误操作闭锁装置时，应经变电运维班（站）长或发电厂当班值长批准，并应按程序尽快投入。

6.3.3.6.3 户内高压开关设备“五防”

【依据 1】《防止电力生产事故的二十五项重点要求》（国能安全〔2014〕161 号）

3.11 成套高压开关柜、成套六氟化硫（SF_6）组合电器（GIS/PASS/HGIS）五防功能应齐全、性能良好，并与线路侧接地开关实行连锁。

13.3.13 加强带电显示闭锁装置的运行维护，保证其与柜门间强制闭锁的运行可靠性。防误操作闭锁装置或带电显示装置失灵应作为严重缺陷尽快予以消除。

【依据 2】《国家电网公司电力安全工作规程　变电部分》（Q/GDW 1799.1—2013）

5.3.5.3 高压电气设备都应安装完善的防误操作闭锁装置。防误操作闭锁装置不得随意退出运行，停用防误闭锁装置应经设备运维管理单位批准；短时间退出防误操作闭锁装置时，应经变电运维班（站）长或发电厂当班值长批准，并应按程序尽快投入。

5.3.5.5 下列三种情况应加挂机械锁：

a）未装防误操作闭锁装置或闭锁装置失灵的刀闸手柄、阀厅大门和网门。

b）当电气设备处于冷备用时，网门闭锁失去作用时的有电隔离网门。

c）设备检修时，回路中的各来电侧刀闸操作手柄和电动操作刀闸机构箱的箱门。

6.3.3.6.4 闭锁装置电源

【依据】《防止电力生产事故的二十五项重点要求》（国能安全〔2014〕161 号）

3.10 微机防误闭锁装置电源应与继电保护及控制回路电源独立。微机防误装置主机应由不间断电源供电。

6.3.3.6.5 闭锁装置运行维护

【依据】《防止电力生产事故的二十五项重点要求》（国能安全〔2014〕161 号）

第 3 条 防止电气误操作事故

3.1 严格执行操作票、工作票制度，并使“两票”制度标准化，管理规范化。

3.2 严格执行调度指令。当操作中发生疑问时，应立即停止操作，向值班调度员或值班负责人报告，并禁止单人滞留在操作现场，待值班调度员或值班负责人再行许可后，方可进行操作。不准擅自更改操作票，不准随意解除闭锁装置。

3.3 应制定和完善防误装置的运行规程及检修规程，加强防误闭锁装置的运行、维护管理，确保防误闭锁装置正常运行。

3.4 建立完善的解锁工具（钥匙）使用和管理制度。防误闭锁装置不能随意退出运行，停用防误闭锁装置时应经本单位分管生产的行政副职或总工程师批准；短时间退出防误闭锁装置应经变电站站长、操作或运维队长、发电厂当班值长批准，并实行双重监护后实施，并应按程序尽快投入运行。

3.5 采用计算机监控系统时，远方、就地操作均应具备防止误操作闭锁功能。

3.6 断路器或隔离开关电气闭锁回路不应设重动继电器类元器件，应直接用断路器或隔离开关的辅助触点；操作断路器或隔离开关时，应确保待操作断路器或隔离开关位置正确，并以现场实际状态为准。

3.7 对已投产尚未装设防误闭锁装置的发、变电设备，要制订切实可行的防范。

3.8 新、扩建的发、变电工程或主设备经技术改造后，防误闭锁装置应与主设备同时投运。

3.9 同一集控站范围内应选用同一类型的微机防误系统，以保证集控主站和受控子站之间的“五防”信息能够互联互通、“五防”功能相互配合。

3.10 微机防误闭锁装置电源应与继电保护及控制回路电源独立。微机防误装置主机应由不间断电源供电。

3.11 成套高压开关柜、成套六氟化硫（SF_6）组合电器（GIS/PASS/HGIS）五防功能应齐全、性能良好，并与线路侧接地开关实行连锁。

3.12 应配备充足的经国家认证认可的质检机构检测合格的安全工作器具和安全防护用具。为防止误登室外带电设备，宜采用全封闭（包括网状等）的检修临时围栏。

3.13 强化岗位培训，使运维检修人员、调控监控人员等熟练掌握防误装置及操作技能。

6.3.3.7 安全设施

6.3.3.7.1 高压电气设备的贮油（或挡油）和排油设施

【依据 1】《高压配电装置设计技术规程》（DL 5352—2006）

8.5.2 屋内单台电气设备的油量在 100kg 以上，应设置储油设施或挡油设施。挡油设施的容积宜按容纳 20%油量设计，并应有将事故油排至安全处的设施，当不能满足上述要求时，应设置能容纳 100%油量的储油设施。排油管的内径不应小于 150mm，管口应加装铁栅滤网。

【依据 2】《电力设备典型消防规程》（DL 5027—2015）

10.3 油浸式变压器

10.3.1 固定自动灭火系统，应符合下列要求：

1. 变电站（换流站）单台容量为 125MVA 及以上的油浸式变压器应设置固定自动灭火系统及火灾自动报警系统；变压器排油注氮灭火装置和泡沫喷雾灭火装置的火灾报警系统宜单独设置。

2. 火电厂包括燃机电厂单台容量为 90MVA 及以上的油浸式变压器应设置固定自动灭火系统及火灾自动报警系统。

3. 水电厂室内油浸式主变压器和单台容量 12.5MVA 以上的厂用变压器应设置固定自动灭火系统及火灾自动报警系统；室外单台容量 90MVA 及以上的油浸式变压器应设置固定自动灭火系统及火灾自动报警系统。

4. 干式电力变压器可不设置固定自动灭火系统。

10.3.2 采用水喷雾灭火系统时，水喷雾灭火系统管网应有低点放空措施，存有水喷雾灭火水量的消防水池应有定期放空及换水措施。

10.3.3 采用排油注氮灭火装置应符合下列要求：

1. 排油注氮灭火系统应有防误动的措施。

2. 排油管路上的检修阀处于关闭状态时，检修阀应能向消防控制柜提供检修状态的信号。消防控制柜接收到的消防启动信号后，应能禁止灭火装置启动实施排油注氮动作。

3. 消防控制柜面板应具有如下显示功能的指示灯或按钮：指示灯自检，消音，阀门（包括排油阀、氮气释放阀等）位置（或状态）指示，自动启动信号指示，气瓶压力报警信号指示等。

4. 消防控制柜同时接收到火灾探测装置和气体继电器传输的信号后，发出声光报警信号并执行排油注氮动作。

5. 火灾探测器布线应独立引线至消防端子箱。

10.3.4 采用泡沫喷雾灭火装置时，应符合现行国家标准《泡沫灭火系统设计规范》（GB 50151）的有关规定。

10.3.5 户外油浸式变压器、户外配电装置之间及与各建（构）筑物的防火间距，户内外含油设备事故排油要求应符合现行国家标准《火力发电厂与变电站设计防火规范》（GB 50229）的有关规定。

10.3.6 户外油浸式变压器之间设置防火墙时应符合下列要求：

1. 防火墙的高度应高于变压器储油柜，防火墙的长度不应小于变压器的贮油池两侧各 1.0m。

2. 防火墙与变压器散热器外廓距离不应小于 1.0m。

10.3.7 变压器事故排油应符合下列要求：

1. 设置有带油水分离措施的总事故油池时，位于地面之上的变压器对应的总事故油池容量应按最大一台变压器油量的 60%确定；位于地面之下的变压器对应的总事故油池容量应按最大一台主变压器油量的 100%确定。

2. 事故油坑设有卵石层时，应定期检查和清理，以不被淤泥、灰渣及积土所堵塞。

10.3.8 高层建筑内的电力变压器等设备，宜设置在高层建筑外的专用房间内。当受条件限制需与高层建筑贴邻布置时，应设置在耐火等级不低于二级的建筑内，并应采用防火墙与高层建筑隔开，且不应贴邻人员密集场所。受条件限制需布置在高层建筑内时，不应布置在人员密集场所的上一层、下一层或贴邻。并应符合现行国家标准《高层民用建筑设计防火规范》（GB 50045）的相关规定。防火墙应达到一级耐火等级。

10.3.9 油浸式变压器、充有可燃油的高压电容器和多油断路器等用房宜独立建造。当确有困难时可贴邻民用建筑布置，但应采用防火墙隔开，且不应贴邻人员密集场所。油浸式变压器、充有可燃油的高压电容器和多油断路器等受条件限制必须布置在民用建筑内时，不应布置在人员密集场所的上一层、下一层或贴邻，且应符合现行国家标准《建筑设计防火规范》（GB 50016）的相关规定。

10.3.10 变压器防爆筒的出口端应向下，并防止产生阻力，防爆膜宜采用脆性材料。

10.3.11 室内的油浸式变压器，宜设置事故排烟设施。火灾时，通风系统应停用。

10.3.12 室内或洞内变压器的顶部，不宜敷设电缆。室外变电站和有隔离油源设施的室内油浸设备失火时，可用水灭火，无放油管路时，不应用水灭火。发电机–变压器组中间无断路器，若失火，在发电机未停止惰走前，严禁人员靠近变压器灭火。

10.3.13 变压器火灾报警探测器两点报警，或一点报警且重瓦斯保护动作，可认为变压器发生火灾，应联动相应灭火设备。

10.4 油浸电抗器（电容器）、消弧线圈和互感器

10.4.1 油浸电抗器、电容器装置应就近设置能灭油火的消防设施，并应设有消防通道。

10.4.2 高层建筑内的油浸式消弧线圈等设备，当油量大于600kg时，应布置在专用的房间内，外墙开门处上方应设置防火挑檐，挑檐的宽度不应小于1.0m，而长度为门的宽度两侧各加0.5m。

6.3.3.7.2 高压配电室，变压器室及低压动力中心防小动物措施

【依据】《大中型火力发电厂设计规范》（GB 50660—2011）

19.1.2 火力发电厂建筑设计应符合下列规定

1 应根据使用性质、生产流程、功能要求、自然条件、建筑材料和建筑技术等因素，结合工艺设计，做好建筑物的平面布置和空间组合。

2 应贯彻节约、集约用地原则，厂区辅助生产、附属建筑宜采用多层建筑和联合建筑。

3 应积极采用和推广建筑领域的新技术、新材料，并应满足建筑节能等的要求。

4 应将建（构）筑物与工艺设备视为统一的整体，设计建筑造型和内部处理。应注重建筑群体的形象、内外色彩的处理以及与周围环境的协调。

19.3.8 火力发电厂建筑的门窗应符合安全使用、建筑节能的要求，并应符合下列规定：

1 厂房运输用门宜采用电动卷帘门、提升门、推拉门、折叠门等，在大门附近或大门上宜设置人行门。

2 在严寒和寒冷地区应选用保温与密闭性能好的门窗，经常有人员通行的外门宜设门斗。

3 电气设备房间应采用非燃烧材料的门窗，并应采取防止小动物进入的措施。

4 供氢站电解间等有爆炸危险房间的门窗应采用不发火花材料。

5 有侵蚀性物质的房间及位于海滨火力发电厂建筑的门窗应采耐腐蚀门窗。

6.3.3.7.3 高压带电部分的固定遮栏

【依据】《高压配电装置设计技术规程》（DL 5352—2006）

8.4.8 发电厂的屋外配电装置，其周围宜设置高度不低于1500mm的围栏，并在其醒目的地方设置警示牌。

8.4.9 配电装置中电气设备的栅状遮栏高度不应小于1200mm，栅状遮栏最低栏杆至地面的净距，不应大于200mm。

8.4.10 配电装置中电气设备的网状遮栏高度，不应小于1700mm；网状遮栏网孔不应大于40mm×40mm；围栏门应装锁。

8.4.11 在安装有油断路器的屋内间隔内除设置网状遮栏外，对就地操作的断路器及隔离开关，应在其操动机构处设置防护隔板，宽度应满足人员的操作范围，高度不低于1900mm。

6.3.3.7.4 高压配电室、变压器室及低压动力中心内漏雨、漏水或污染等现象

【依据】《火力发电厂设计技术规程》（DL 5000—2000）

16.6 防排水

16.6.1 主厂房底层、除氧器层、煤仓层、管道层与经常有冲洗要求的楼地面（包括运煤栈桥）应考虑组织排水。主厂房屋面（包括露天锅炉的炉顶结构和运转层平台）、控制室和电气设备建筑物的顶板应防水并组织排水。

16.6.2 所有室内沟道、隧道、地下室和地坑等应有妥善的排水设施和可靠的排水设施。当不能保证自流排水时，应采用机械排水并防止倒灌。严禁将电缆沟和电缆隧道作为地面冲洗水和其他水的排水通路。

16.6.3 多雨地区电气建筑物的屋面宜采用现浇钢筋混凝土结构（装配整体结构屋面需加整浇层），应选用优质防水层和有组织排水。

6.3.3.8　控制开关、按钮、仪表、熔断器、二次回路连接片

【依据】《电气装置安装工程盘柜及二次回路接线施工及验收规范》（GB 50171—2012）

5.0.1　盘、柜上的电器安装应符合下列规定

1　电器元件质量应良好，型号、规格应符合设计要求，外观应完好，附件应齐全，排列应整齐，固定应牢固，密封应良好。

2　电器单独拆、装、更换不应影响其他电器及导线束的固定。

3　发热元件宜安装在散热良好的地方，两个发热元件之间的连线应采用耐热导线。

4　熔断器的规格、断路器的参数应符合设计及级配要求。

5　连接片应接触良好，相邻连接片间应有足够的安全距离，切换时不应碰及相邻的连接片。

6　信号回路的声、光、电信号等应正确，工作应可靠。

7　带有照明的盘、柜，照明应完好。

6.3.4　电缆及电缆用构筑物（含热控电缆）

6.3.4.1　2kV 以上电力电缆预防性试验

6.3.4.2　1kV 以下动力电缆绝缘检测

6.3.4.1、6.3.4.2 查评依据如下：

【依据】《电力设备预防性试验规程》（DL/T 596—2005）

第 11 章　电力电缆线路

11.1　一般规定

11.1.1　对电缆的主绝缘作直流耐压试验或测量绝缘电阻时，应分别在每一相上进行。对一相进行试验或测量时，其他两相导体、金属屏蔽或金属套和铠装层一起接地。

11.1.2　新敷设的电缆线路投入运行 3～12 个月，一般应作 1 次直流耐压试验，以后再按正常周期试验。

11.1.3　试验结果异常，但根据综合判断允许在监视条件下继续运行的电缆线路，其试验周期应缩短，如在不少于 6 个月时间内，经连续 3 次以上试验，试验结果不变坏，则以后可以按正常周期试验。

11.1.4　对金属屏蔽或金属套一端接地，另一端装有护层过电压保护器的单芯电缆主绝缘作直流耐压试验时，必须将护层过电压保护器短接，使这一端的电缆金属屏蔽或金属套临时接地。

11.1.5　耐压试验后，使导体放电时，必须通过每千伏约 80kΩ 的限流电阻反复几次放电直至无火花后，才允许直接接地放电。

11.1.6　除自容式充油电缆线路外，其他电缆线路在停电后投运之前，必须确认电缆的绝缘状况良好。凡停电超过一星期但不满一个月的电缆线路，应用绝缘电阻表测量该电缆导体对地绝缘电阻，如有疑问时，必须用低于常规直流耐压试验电压的直流电压进行试验，加压时间 1min；停电超过一个月但不满一年的电缆线路，必须作 50%规定试验电压值的直流耐压试验，加压时间 1min；停电超过一年的电缆线路必须作常规的直流耐压试验。

11.1.7　对额定电压为 0.6/1kV 的电缆线路可用 1000V 或 2500V 绝缘电阻表测量导体对地绝缘电阻代替直流耐压试验。

11.1.8　直流耐压试验时，应在试验电压升至规定值后 1min 以及加压时间达到规定时测量泄漏电流。泄漏电流值和不平衡系数（最大值与最小值之比）只作为判断绝缘状况的参考，不作为是否能投入运行的判据。但如发现泄漏电流与上次试验值相比有很大变化，或泄漏电流不稳定，随试验电压的升高或加压时间的增加而急剧上升时，应查明原因。如系终端头表面泄漏电流或对地杂散电流等因素的影响，则应加以消除；如怀疑电缆线路绝缘不良，则可提高试验电压（以不超过产品标准规定的出厂试验直流电压为宜）或延长试验时间，确定能否继续运行。

11.1.9　运行部门根据电缆线路的运行情况、以往的经验和试验成绩，可以适当延长试验周期。

11.2　纸绝缘电力电缆线路。

11.3　橡塑绝缘电力电缆线路。

11.4　自容式充油电缆线路

6.3.4.3　电缆巡查、记录

【依据】《防止电力生产事故的二十五项重点要求》(国能安全〔2014〕161 号)

17.1.15　运行部门应加强电缆线路负荷和温度的检（监）测，防止过负荷运行，多条并联的电缆应分别进行测量。巡视过程中应检测电缆附件、接地系统等的关键接点的温度。

6.3.4.4　设备增容后电缆载流量计算

【依据】《电力工程电缆设计规范》(GB 50217—2007)

3.7　电力电缆截面

3.7.1　电力电缆导体截面的选择，应符合下列规定。

1　最大工作电流作用下的电缆导体温度，不得超过电缆使用寿命的允许值。持续工作回路的电缆导体工作温度，应符合本规范附录 A 的规定。

2　最大短路电流和短路时间作用下的电缆导体温度，应符合本规范附录 A 的规定。

3　最大工作电流作用下连接回路的电压降，不得超过该回路允许值。

4　10kV 及以下电力电缆截面除应符合上述 1～3 款的要求外，尚宜按电缆的初始投资与使用寿命期间的运行费用综合经济的原则选择。10kV 及以下电力电缆经济电流截面选用方法宜符合本规范附录 B 的规定。

5　多芯电力电缆导体最小截面，铜导体不宜小于 2.5mm^2，铝导体不宜小于 4mm^2。

6　敷设于水下的电缆，当需要导体承受拉力且较合理时，可按抗拉要求选择截面。

3.7.2　10kV 及以下常用电缆按 100%持续工作电流确定电缆导体允许最小截面，宜符合木规范附录 C 和附录 D 的规定，其载流量按照下列使用条件差异影响计入校正系数后的实际允许值应大于回路的工作电流。

1　环境温度差异。

2　直埋敷设时土壤热阻系数差异。

3　电缆多根并列的影响。

4　户外架空敷设无遮阳时的日照影响。

3.7.3　除本规范第 3.7.2 条规定的情况外，电缆按 100%持续工作电流确定电缆导体允许最小截面时，应经计算或测试验证，计算内容或参数选择应符合下列规定：

1　含有高次谐波负荷的供电回路电缆或中频负荷回路使用的非同轴电缆，应计入集肤效应和邻近效应增大等附加发热的影响。

2　交叉互联接地的单芯高压电缆，单元系统中三个区段不等长时，应计入金属层的附加损耗发热的影响。

3　设于保护管中的电缆，应计入热阻影响：排管中不同孔位的电缆还应分别计入互热因素的影响。

4　敷设于封闭、半封闭或透气式耐火槽盒中的电缆，应计入包含该型材质及其盒体厚度、尺寸等因素对热阻增大的影响。

5　施加在电缆上的防火涂料、包带等覆盖层厚度大于 1.5mm 时，应计入其热阻影响。

6　沟内电缆埋砂且无经常性水分补充时，应按砂质情况选取大于 2.0K・m/W 的热阻系数计入对电缆热阻增大的影响。

3.7.4　电缆导体工作温度大于 70℃的电缆，计算持续允许载流量时，应符合下列规定：

1　数量较多的该类电缆敷设于未装机械通风的隧道、竖井时，应计入对环境温升的影响。

2　电缆直埋敷设在干燥或湿土壤中，除实施换土处理等能避免水分迁移的情况外，土壤热阻系数取值不宜小于 2.0K・m/W。

6.3.4.5 电缆隧道、电缆沟堵漏及排水设施

【依据 1】《电力工程电缆设计规范》（GB 50217—2007）

5.5.4 电缆构筑物应满足防止外部进水的要求，且应符合下列规定：

1 对电缆沟或隧道底部低于地下水位、电缆沟与工业水管沟并行邻近、隧道与工业水管沟交叉时，宜加强电缆构筑物防水处理。

2 电缆沟与工业水管沟交叉时，电缆沟宜位于工业水管沟的上方。

3 在不影响厂区排水情况下，厂区户外电缆沟的沟壁宜稍高出地坪。

5.5.5 电缆构筑物应实现排水畅通，且符合下列规定：

1 电缆沟、隧道的纵向持水坡度，不得小于 0.5%。

2 沿排水方向适当距离宜设置集水井及其泄水系统，必要时应实施机械排水。

3 隧道底部沿纵向宜设置泄水边沟。

【依据 2】《电力设备典型消防规程》（DL 5027—2015）

10.5 电缆

10.5.1 防止电缆火灾，延燃的措施应包括封、堵、涂、隔、包、水喷雾、悬挂式干粉等措施。

10.5.2 涂料、堵料应符合现行国家标准《防火封堵材料》GB 23864 的有关规定，且取得型式检验认可证书，耐火极限不低于设计要求。防火材料在涂刷时要注意稀释液的防火。

10.5.3 凡穿越墙壁、楼板和电缆沟道而进入控制室、电缆夹层、控制柜及仪表盘、保护盘等处的电缆孔、洞、竖井和进入油区的电缆入口处必须用防火堵料严密封堵。发电厂的电缆沿一定长度可涂以耐火涂料或其他阻燃物质。靠近充油设备的电缆沟，应设有防火延燃措施，盖板应封堵。防火封堵应符合现行行业标准《建筑防火封堵应用技术规程》CECS154 的有关规定。

10.5.4 在已完成电缆防火措施的电缆孔洞等处新敷设或拆除电缆，必须及时重新做好相应的防火封堵措施。

10.5.5 严禁将电缆直接搁置在蒸汽管道上，架空敷设电缆时，电力电缆与蒸汽管净距应不少于 1.0m，控制电缆与蒸汽管净距应不少于 0.5m，与油管道的净距应尽可能增大。

10.5.6 电缆夹层、隧（廊）道、竖井、电缆沟内应保持整洁，不得堆放杂物，电缆沟洞严禁积油。

10.5.7 汽轮机机头附近、锅炉灰渣孔、防爆门以及磨煤机冷风门的泄压喷口，不得正对着电缆，否则必须采取罩盖、封闭式槽盒等防火措施。

10.5.8 在电缆夹层，隧（廊）道、沟洞内灌注电缆盒的绝缘剂时，熔化绝缘剂工作应在外面进行。

10.5.9 在多个电缆头并排安装的场合中，应在电缆头之间加隔板或填充阻燃材料。

10.5.10 进行扑灭隧（廊）道、通风不良场所的电缆头着火时，应使用正压式消防空气呼吸器及绝缘手套，并穿上绝缘鞋。

10.5.11 电力电缆中间接头盒的两侧及其邻近区域，应增加防火包带等阻燃措施。

10.5.12 施工中动力电缆与控制电缆不应混放、分布不均及堆积乱放。在动力电缆与控制电缆之间，应设置层间耐火隔板。

10.5.13 火力发电厂汽轮机，锅炉房、输煤系统宜使用铠甲电缆或阻燃电缆，不适用普通塑料电缆，并应符合下列要求：

1. 新建或扩建的 300MW 及以上机组，应采用满足现行国家标准《电线电缆燃烧使用方法》GB 12666.5 中 A 类成束燃烧试验条件的阻燃型电缆。

2. 对于重要回路（如直流油泵、消防水泵及蓄电池直流电源线路等）应采用满足现行国家标准《电线电缆燃烧试验方法》GB 12666.6 中 A 类耐火强度试验条件的耐火型电缆。

6.3.4.6 电缆夹层、电缆隧道照明

【依据 1】《发电厂和变电站照明设计技术规定》（DL 5390—2014）

8.1.3 下列场所应采用 24V 及以下的低压照明：

1. 供一般检修用携带式作业灯，其电压应为 24V。

2. 供锅炉本体、金属容器检修用携带式专业灯，其电压应为 12V。

3. 电缆隧道照明电压宜采用 24V。

8.1.4 当电缆隧道照明电压采用 220V 电压时，应有防止触电的安全措施，并应敷设专用接地线。

8.1.5 特别潮湿的场所、高温场所、具有导电灰尘的场所、具有导电地面的场所的照明灯具，当其安装高度在 2.2m 及以下时，应有防止触电了安全措施或采用 24V 及以下电压。

【依据 2】《防止电力生产事故的二十五项重点要求》（国能安全〔2014〕161 号）

2.2.14 电缆通道、夹层应保持清洁，不积粉尘，不积水，采取安全电压的照明应充足，禁止堆放杂物，并有防火、防水、通风的措施。发电厂锅炉、燃煤储运车间内架空电缆上的粉尘应定期清扫。

6.3.4.7 电缆孔洞封堵

【依据 1】《防止电力生产事故的二十五项重点要求》（国能安全〔2014〕161 号）

2.2.6 控制室、开关室、计算机室等通往电缆夹层、隧道、穿越楼板、墙壁、柜、盘等处的所有电缆孔洞和盘面之间的缝隙（含电缆穿墙套管与电缆之间缝隙）必须采用合格的不燃或阻燃材料封堵。

2.2.7 非直埋电缆接头的最外层应包覆阻燃材料，充油电缆接头及敷设密集的中压电缆的接头应用耐火防爆槽盒封闭。

2.2.8 扩建工程敷设电缆时，应与运行单位密切配合，在电缆通道内敷设电缆需经运行部门许可。对贯穿在役变电站或机组产生的电缆孔洞和损伤的阻火墙，应及时恢复封堵，并由运行部门验收。

【依据 2】《电力设备典型消防规程》（DL 5027—2015）

10.5.3 凡穿越墙壁、楼板和电缆沟道而进入控制室、电缆夹层、控制柜及仪表盘、保护盘等处的电缆孔、洞、竖井和进入油区的电缆入口处必须用防火堵料严密封堵。发电厂的电缆沿一定长度可涂以耐火涂料或其他阻燃物质。靠近充油设备的电缆沟，应设有防火延燃措施，盖板应封堵。防火封堵应符合现行行业标准《建筑防火封堵应用技术规程》（CECS154）的有关规定。

6.3.4.8 电缆主隧道及架空电缆主通道分段阻燃措施

【依据 1】《防止电力生产事故的二十五项重点要求》（国能安全〔2014〕161 号）

2.2.9 电缆竖井和电缆沟应分段做防火隔离，对敷设在隧道和主控室或厂房内构架上的电缆要采取分段阻燃措施。

【依据 2】《电力设备典型消防规程》（DL 5027—2015）

10.5.14 电缆隧道的下列部位宜设置防火分隔，采用防火墙上设置防火门的形式：

1 电缆进出主隧道的出入口及隧道分支处。

2 电缆隧道位于电厂、变电站内时，间隔不大于 100m 处。

3 电缆隧道位于电厂、变电站外时，间隔不大于 200m 处。

4 长距离电缆隧道通风区段处，且间隔不大于 500m。

5 电缆交叉、密集部位，间隔不大于 60m。防火墙耐火极限不宜低于 3.0h，防火门应采用甲级防火门（耐火极限不宜低于 1.2h）且防火门的设置应符合现行国家标准《建筑设计防火规范》（GB 50016）的有关规定。

6.3.4.9 电缆敷设

【依据】《电力工程电缆设计规范》（GB 50217—2007）

5 电缆敷设

5.1 一般规定

5.1.1 电缆的路径选择，应符合下列规定：

1 应避免电缆遭受机械性外力、过热、腐蚀等危害；

2 满足安全要求条件下，应保证电缆路径最短；

3 应便于敷设、维护；

4 宜避开将要挖探施工的地方；

5 充油电缆线路通过起伏地形时，应保证供油装置合理配置。

5.1.2 电缆在任何敷设方式及其全部路径条件的上下左右改变部位，均应满足电缆允许弯曲半径要求。

电练的允许弯曲半径，应符合电缆绝缘及其构造特性要求。对自容式铅包充油电缆，其允许弯曲半径可按电缆外径的20倍计算。

5.1.3 同一通道内电缆数量较多时，若在同一侧的多层支架上敷设，应符合下列规定：

1 应按电压等级由高至低的电力电缆、强电至弱电的控制和信号电缆、通信电缆“由上而下”的顺序排列。

当水平通道中含有35kV以上高压电缆，或为满足引入柜盘的电缆符合允许弯曲半径要求时，宜按“由下面上”的顺序排列。

在同一工程中或电缆通道延伸于不同工程的情况，均应按相同的上下排列顺序配置。

2 支架层数受通道空间限制时，35kV及以下的相邻电压级电力电缆，可排列于同一层支架上；1kV及以下电力电缆也可与强电控制和信号电缆配置在同一层支架上。

3 同一重要回路的工作与备用电缆实行耐火分隔时，应配置在不同层的支架上。

5.1.4 同一层支架上电缆排列的配置，宜符合下列规定：

1 控制和信号电缆可紧靠或多层叠置。

2 除交流系统用单芯电力电缆的同一回路可采取品字形（三叶形）配置外，对重要的同一回路多根电力电缆，不宜叠置。

3 除交流系统用单芯电缆情况外，电力电缆相互间宜有1倍电缆外径的空隙。

5.1.5 交流系统用单芯电力电缆的相序配置及其相间距离，应同时满足电缆金属护层的正常感应电压不超过允许值，并宜保证按持续工作电流选择电缆截面小的原则确定。

未呈品字形配置的单芯电力电缆，有两回线及以上配置在同一通路时，应计入相互影响。

5.1.6 交流系统用单芯电力电缆与公用通信线路相距较近时，宜维持技术经济上有利的电缆路径，必要时可采取下列抑制感应电势的措施：

1 使电缆支架形成电气通路，且计入其他并行电缆抑制因素的影响。

2 对电缆隧道的钢筋混凝土结构实行钢筋网焊接连通。

3 沿电缆线路适当附加并行的金属屏蔽线或罩盒等。

5.1.7 明敷的电缆不宜平行敷设在热力管道的上部。电缆与管道之间无隔板防护时的允许距离，除城市公共场所应按现行国家标准《城市工程管线综合规划规范》（GB 50289）执行外，尚应符合表5.1.7的规定。

5.1.8 抑制电气干扰强度的弱电回路控制和信号电缆，除应符合本规范第3.6.6条～第3.6.9条的规定外，当需要时可采取下列措施：

1 与电力电缆并行敷设时相互间距，在可能范围内宜远离；对电压高、电流大的电力电缆间距宜更远。

2 敷设于配电装置内的控制和信号电缆，与耦合电容器或电容式电压互感、避雷器或避雷针接地处的距离，宜在可能范围内远离。

3 沿控制和信号电缆可平行敷设屏蔽线，也可将电缆敷设于钢制管或盒中。

5.1.9 在隧道、沟、浅槽、竖井、夹层等封闭式电缆通道中，不得布置热力管道，严禁有易燃气体或易燃液体的管道穿越。

5.1.10 爆炸性气体危险场所敷设电缆，应符合下列规定：

1 在可能范围应保证电缆距爆炸释放源较远，敷设在爆炸危险较小的场所，并应符合下列规定：

1）易燃气体比空气重时，电缆应埋地或在较高处架空敷设，且对非铠装电缆采取穿管或置于托盘、槽盒中等机械性保护。

2）易燃气体比空气轻时，电缆应敷设在较低处的管、沟内，沟内非铠装电缆应埋砂。

2 电缆在空气中沿输送易燃气体的管道敷设时，应配置在危险程度较低的管道一侧，并应符合下列规定：

1）易燃气体比空气重时，电缆宜配置在管道上方。

2）易燃气体比空气轻时，电缆宜配置在管道下方。

3 电缆及其管、沟穿过不同区城之间的墙、板孔洞处，应采用非燃性材料严密堵塞。

4 电缆线路中不应有接头；如采用接头时，必须具有防爆性。

5.1.11 用于下列场所、部位的非铠装电缆，应采用具有机械强度的管或罩加以下保护：

1 非电气人员经常活动场所的地坪以上 2m 内、地中引出的地坪以下 0.3m 深电缆区段。

2 可能有载重设备移经电缆上面的区段。

5.1.12 除架空绝缘型电缆外的非户外型电缆，户外使用时，宜采取罩、盖等遮阳措施。

5.1.13 电缆敷设在有周期性振动的场所，应采取下列措施：

1 在支持电缆部位设置由橡胶等弹性材料制成的衬垫。

2 使电缆敷设成波浪状且留有伸缩节。

5.1.14 在有行人通过的地坪、堤坝、桥面、地下商业设施的路面，以及通行的隧洞中，电缆不得敞露敷设于地坪或楼梯走道上。

5.1.15 在工厂的风道、建筑物的风道、煤矿里机械提升的除运输机通行的斜井通风巷道或木支架的竖井井筒中，严禁敷设敞露式电缆。

5.1.16 1kV 以上电源直接接地且配置独立分开的中性线和保护地线构成的系统，采用独立于相芯线和中性线以外的电缆作保护地线时，同一回路的该两部分电缆敷设方式，应符合下列规定：

1 在爆炸性气体环境中，应敷设在同一路径的同一结构管、沟或盒中。

2 除上述情况外，宜敷设在同一路径的同一构筑物中。

5.1.17 电缆的计算长度，应包活实际路径长度与附加长度。附加长度，宜计入下列因素：

1 电缆敷设路径地形等高差变化、伸缩节或迂回备用裕量。

2 35kV 及以上电缆蛇形敷设时的弯曲状影响增加量。

3 终端或接头制作所需剥截电缆的预留段、电缆引至设备或装置所需的长度。35kV 及以下电缆敷设度量时的附加长度，应符合本规范附录 G 的规定。

6.3.4.10 电缆清册

【依据】《电气装置安装工程电缆线路施工及验收规范》（GB 50168—2006）

8.0.3 在验收时，应提交下列资料和技术文件：

1. 电缆线路路径的协议文件。

2. 设计资料图纸、电缆清册、变更设计的证明文件和竣工图。

3. 直埋电缆输电线路的敷设位置图，比例宜为 1:500。地下管线密集的地段不应小于 1:100，在管线稀少、地形简单的地段可为 1:1000；平行敷设的电缆线路，宜合用一张图纸。图上必须标明各线路的相对位置，并有标明地下管线的剖面图。

4. 制造厂提供的产品说明书、试验记录、合格证件及安装图纸等技术文件。

5. 电缆线路的原始记录：

1）电缆的型号、规格及其实际敷设总长度及分段长度，电缆终端和接头的型式及安装日期；

2）电缆终端和接头中填充的绝缘材料名称、型号。

6. 电缆线路的施工记录：

1）隐蔽工程隐蔽前的检查记录或签证；

2）电缆敷设记录；

3）质量检验及评定记录。

6.3.4.11　电缆控制室及夹层防火

【依据1】《防止电力生产事故的二十五项重点要求》（国能安全〔2014〕161号）

2.2.14　电缆通道、夹层应保持清洁，不积粉尘，不积水，采取安全电压的照明应充足，禁止堆放杂物，并有防火、防水、通风的措施。发电厂锅炉、燃煤储运车间内架空电缆上的粉尘应定期清扫。

【依据2】《电气装置安装工程电缆线路施工及验收规范》（GB 50168—2006）

7.0.2　电缆的防火阻燃尚应采取下列措施：

1. 在电缆穿过竖井、墙壁、楼板或进入电气盘、柜的孔洞处，用防火堵料密实封堵。

2. 在重要的电缆沟和隧道中，按要求分段或用软质耐火材料设置阻火墙。

3. 对重要回路的电缆，可单独敷设于专门的沟道中或耐火封闭槽盒内，或对其施加防火涂料、防火包带。

4. 在电力电缆接头两侧及相邻电缆2～3m长的区段施加防火涂料或防火包带。必要时采用高强防爆耐火槽盒进行封闭。

5. 按设计采用耐火或阻燃型电缆。

6. 按设计设置报警和灭火装置。

7. 防火重点部位的出入口，应按设计要求设置防火门或防火卷帘。

8. 改、扩建工程施工中，对于贯穿已运行的电缆孔洞、阻火墙，应及时恢复封堵。

6.3.4.12　电缆标牌

【依据】《电气装置安装工程电缆线路施工及验收规范》（GB 50168—2006）

5.1.1.8　电缆敷设时应排列整齐，不宜交叉，加以固定，并及时装设标志牌。

5.1.1.9　标志牌的装设应符合下列要求：1. 生产厂房及变电站内应在电缆终端头、电缆接头处装设电缆标志牌。2. 城市电网电缆线路应在下列部位装设电缆标志牌：1）电缆终端及电缆接头处；2）电缆两端，人孔及工作井处；3）电缆隧道内转弯处、电缆分支处、直线段每隔50～100m。

8.0.1　在验收时，应按下列要求进行检查：1. 电缆规格应符合规定；排列整齐，无机械损伤；标志牌应装设齐全、正确、清晰。2. 电缆的固定、弯曲半径、有关距离和单芯电力电缆的金属护层的接线、相序排列等应符合要求。3. 电缆终端、电缆接头及充油电缆的供油系统应固定牢靠；电缆接线端子与所接设备段子应接触良好；互联接地箱和交叉互联箱的连接点应接触良好可靠；充有绝缘剂的电缆终端、电缆接头及重游电缆的供油系统，不应有渗漏现象；充油电缆的油压及表计整定值应符合要求。4. 电缆线路所有应接地的接点应与接地极接触良好；接地电阻值应符合设计要求。5. 电缆终端的相色应正确，电缆支架等的金属部件防腐层应完好。电缆管口应封堵密实。6. 电缆沟内应无杂物，盖板齐全；隧道内应无杂物，照明、通风、排水等设施应符合设计要求。7. 直埋电缆路径标志，应与实际路径相符。路径标志应清晰、牢固。8. 水底电缆线路两岸，禁锚区内的标志和夜间照明装置应符合设计要求。9. 防火措施应符合设计，且施工质量合格。

6.3.5　专业管理及技术资料

6.3.5.1　运行、检修规程

6.3.5.2　设备检修运行资料

6.3.5.3　设备技术档案

6.3.5.1～6.3.5.3 查评依据如下：

【依据1】《国家电网公司安全工作规定》[国网（安监/2）406—2014]

第30条　公司系统各有关企业应建立健全保障安全生产的各项规程制度：

1. 根据上级颁发的标准、规程、制度、技术原则、反事故技术措施和设备厂商的说明书，编制企业各类设备的现场运行规程、制度，经总工程师批准后执行。

2. 根据上级颁发的检修规程、制度、技术原则，制订本企业的检修管理制度；根据典型技术规程和设备制造说明，编制主、辅设备的检修工艺规程和质量标准，经总工程师批准后执行。

3. 根据国务院颁发的《电网调度管理条例》和国家颁发的有关规定以及上级的调度规程，编制本系统的调度规程，经总工程师批准后执行。

4. 根据上级颁发的施工管理规定，编制工程项目的施工组织设计和安全施工措施，按规定审批后执行。

【依据 2】《汽轮发电机运行导则》（DL/T 1164—2012）

3.1.3　发电机在安装和检修后应按照相关规定对发电机进行性能和参数试验。

3.1.4　每台发电机至少应有下列备品和技术资料：

a）运行维护所需的备品；

b）安装维护使用的技术说明书和随机供应的产品图纸；

c）安装、检查和交接试验的各种记录；

d）运行、检修、试验和停机的记录（包括技术文件）；

e）缺陷和事故的记录；

f）发电机及其附属设备的定期预防性试验及绝缘分析记录；

g）现场运行、检修规程；

h）设备台账。

6.3.5.4　年度反事故技术措施

【依据】《电力工业技术管理法规（试行）》[（80）电技字第 26 号]

1.6.5　发电厂和供电局应经常分析技术经济指标和技术定额，发现有不正常情况时，应及时采取适当改进措施。各生产单位应按规定向上级机关呈报运行技术分析定期报表，并应有专人负责省煤节电工作。

6.3.5.5　交接及出厂试验报告及有关图纸、试验报告

【依据】《电力变压器运行规程》（DL/T 572—2010）

3.3　技术文件

3.3.1　变压器投入运行前，施工单位需向运行单位移交下列技术文件和图纸。

3.3.2　新设备安装竣工后需交：

a）变压器订货技术合同（或技术条件）、变更设计的技术文件等。

b）制造厂提供的安装说明书、合格证、图纸及出厂试验报告。

c）本体、冷却装置及各附件（套管、互感器、分接开关、气体继电器、压力释放阀及仪表灯）在安装时交接试验报告。

d）器身吊检时的检查及处理记录、整体密封试验报告等安装报告。

e）安装全过程（按 GBJ 148 和制造厂的有关规定）记录。

f）变压器冷却系统，有载调压装置的控制及保护回路的安装竣工图。

g）油质化验及色谱分析记录。

h）备品备件及专用工器具清单。

i）设备建造报告。

6.3.5.6　检修记录及大修总结

【依据】《发电企业设备检修导则》（DL/T 838—2003）

10.3　检修施工阶段组织和管理

10.3.1　解体

10.3.1.1　检修人员到现场拆卸设备，应带全所需的工机具与零星耗用材料，并应注意现场的安全设施（如脚手架、平台、围栏等）是否完整。

10.3.1.2　应按照检修文件包的规定拆卸需解体的设备，做到工序、工艺正确，使用工具、仪器、材料正确。对第一次解体的设备，应做好各部套之间的位置记号。

10.3.1.3　拆卸的设备、零部件，应按检修现场定置管理图摆放，并封好与系统连接的管道开口部分。

10.3.2　检查

10.3.2.1　设备解体后，应做好清理工作，及时测量各项技术数据，并对设备进行全面检查，查找设备缺陷，掌握设备技术状况，鉴定以往重要检修项目和技术改造项目的效果。对于已掌握的设备缺陷应进行重点检查，分析原因。

10.3.2.2　根据设备的检查情况及所测的技术数据，对照设备现状、历史数据、运行状况，对设备进行全面评估，并根据评估结果，及时调整检修项目、进度和费用。

10.3.3　修理和复装

10.3.3.1　设备的修理和复装，应严格按照工艺要求、质量标准、技术措施进行。

10.3.3.2　设备经过修理，符合工艺要求和质量标准，缺陷确已消除，经验收合格后才可进行复装。复装时应做到不损坏设备、不装错零部件、不将杂物遗留在设备内。

10.3.3.3　复装的零部件应做好防锈、防腐蚀措施。

10.3.3.4　设备原有铭牌、罩壳、标牌，设备四周因影响检修工作而临时拆除的栏杆、平台等，在设备复装后应及时恢复。

10.3.4　设备解体、检查、修理和复装过程的要求设备解体、检查、修理和复装的整个过程中，应有详尽的技术检验和技术记录，字迹清晰，数据真实，测量分析准确，所有记录应做到完整、正确、简明、实用。

10.3.5　质量控制和监督

10.3.5.1　检修质量管理宜实行质检点检查和三级验收相结合的方式，必要时可引入监理制。

10.3.5.2　质检人员应按照检修文件包的规定，对直接影响检修质量的h点、w点进行检查和签证。

10.3.5.3　检修过程中发现的不符合项，应填写不符合项通知单，并按相应程序处理。

10.3.5.4　所有项目的检修施工和质量验收应实行签字责任制和质量追溯制。

10.3.6　安全管理

10.3.6.1　设备检修过程中应贯彻安全规程，加强安全管理，明确安全责任，落实安全措施，确保人身和设备安全。

10.3.6.2　严格执行工作票制度和发承包安全协议。

10.3.6.3　加强安全检查，定期召开安全分析会。

6.4　电气二次设备及其他

6.4.1　励磁系统

6.4.1.1　励磁系统及设备

【依据1】《同步电机励磁系统大、中型同步发电机励磁系统技术要求》（GB/T 7409.3—2007）

5.6　励磁系统的自动电压调节功能应能保证在发电机空载额定电压的70%～110%范围内稳定、平滑的调节。

5.7　励磁系统的手动励磁调节功能应能保证同步发电机励磁电流在空载励磁电流的20%到额定励磁电流110%范围内稳定地平滑调节。

5.8　同步发电机在空载运行状态下，自动电压调节器和手动励磁调节器的给定值变化引起发电机电压变化的速度在每秒0.3%～1%的发电机额定电压之间。

5.10　励磁系统应保证同步发电机端电压的静差率不大于±1%。

【依据 2】《大型汽轮发电机励磁系统技术条件》（DL/T 843—2010）

5.10.2　自并励静止励磁系统的电压上升时间不大于 0.5s，振荡次数不超过 3 次，调节时间不超过 5s，超调量不大于 30%。

5.13　发电机甩额定无功功率时，机端电压应不大于甩前机端电压的 1.15 倍，振荡不超过 3 次。

5.21　励磁系统在受到现场任何电气操作、雷电、静电、和无线电收发信机等电磁干扰时不应发生误调、失调、误动、拒动等情况。

5.22　因励磁系统故障引起的发电机强迫停运次数不大于 0.25 次/年，励磁系统年强迫切除率不大于 0.1%。

6.4.1.2　励磁调节器

【依据】《大型汽轮发电机励磁系统技术条件》（DL/T 843—2010）

5.14　励磁调节器的调压范围：

5.14.1　自动励磁调节时，发电机空负荷电压能在额定电压的 70%～110%范围内稳定平滑的调节。

5.14.2　手动励磁调节时，上限不低于发电机额定磁场电流的 110%，下限不高于发电机空负荷磁场电流的 20%。

5.24.1　励磁装置能够进行就地、远方的磁场断路器分合，调节方式和通道的切换，以及增减励磁和电力系统稳定器的投退工作。

6.4.1.3　自动电压调节器的保护配置、定值设置

【依据 1】《同步电机励磁系统大、中型同步发电机励磁系统技术要求》（GB/T 7409.3—2007）

5.2　当同步发电机的励磁电压和电流不超过其额定值的 1.1 倍时，励磁系统应能保证能长期连续运行。

5.15　自动电压调节器按用户要求可以全部或部分装设以下附加功能：

a）电压互感器断线保护；

b）无功电流补偿；

c）过励限制；

d）欠励限制；

e）V/Hz 限制；

f）电力系统稳定器（PSS）；

g）过励保护；

h）定子电流限制；

i）其他附加功能。

【依据 2】《防止电力生产事故的二十五项重点要求》（国能安全〔2014〕161 号）

11　防止发电机励磁系统故障

11.1　加强励磁系统的设计管理

11.1.1　励磁系统应保证良好的工作环境，环境温度不得超过规定要求。励磁调节器与励磁变压器不应置于同一场地内，整流柜冷却通风入口应设置滤网，必要时应采取防尘降温措施。

11.1.2　励磁系统中两套励磁调节器的电压回路应相互独立，使用机端不同电压互感器的二次绕组，防止其中一个故障引起发电机误强励。

11.1.3　励磁系统的灭磁能力应达到国家标准要求，且灭磁装置应具备独立于调节器的灭磁能力。灭磁开关的弧压应满足误强励灭磁的要求。

11.1.4　自并励系统中，励磁变压器不应采取高压熔断器作为保护措施。励磁变压器保护定值应与励磁系统强励能力相配合，防止机组强励时保护误动作。

11.1.5　励磁变压器的绕组温度应具有有效的监视手段，并控制其温度在设备允许的范围之内。有条件的可装设铁芯温度在线监视装置。

11.1.6 当励磁系统中过励限制、低励限制、定子过压或过流限制的控制失效后，相应的发电机保护应完成解列灭磁。

11.1.7 励磁系统电源模块应定期检查，且备有备件，发现异常时应及时予以更换。

11.2 加强励磁系统的基建安装及设备改造的管理。

11.2.1 励磁变压器高压侧封闭母线外壳用于各相别之间的安全接地连接应采用大截面金属板，不应采用导线连接，防止不平衡的强磁场感应电流烧毁连接线。

11.2.2 发电机转子一点接地保护装置原则上应安装于励磁系统柜。接入保护柜或机组故障录波器的转子正、负极采用高绝缘的电缆且不能与其他信号共用电缆。

11.2.3 励磁系统的二次控制电缆均应采用屏蔽电缆，电缆屏蔽层应可靠接地。

11.2.4 励磁系统设备改造后，应重新进行阶跃扰动性试验和各种限制环节、电力系统稳定器功能的试验，确认新的励磁系统工作正常，满足标准的要求。控制程序更新升级前，对旧的控制程序和参数进行备份，升级后进行空载试验及新增功能或改动部分功能的测试，确认程序更新后励磁系统功能正常。做好励磁系统改造或程序更新前后的试验记录并备案。

11.3 加强励磁系统的调整试验管理

11.3.1 电力系统稳定器的定值设定和调整应由具备资质的科研单位或认可的技术监督单位按照相关行业标准进行。试验前应制定完善的技术方案和安全措施上报相关管理部门备案，试验后电力系统稳定器的传递函数及自动电压调节器（AVR）最终整定参数应书面报告相关调度部门。

11.3.2 机组基建投产或励磁系统大修及改造后，应进行发电机空载和负载阶跃扰动性试验，检查励磁系统动态指标是否达到标准要求。试验前应编写包括试验项目、安全措施和危险点分析等内容的试验方案并经批准。

11.3.3 励磁系统的 V/Hz 限制环节特性应与发电机或变压器过激磁能力低者相匹配，无论使用定时限还是反时限特性，都应在发电机组对应继电保护装置动作前进行限制。V/Hz 限制环节在发电机空载和负载工况下都应正确工作。

11.3.4 励磁系统如设有定子过压限制环节，应与发电机过压保护定值相配合，该限制环节应在机组保护之前动作。

11.3.5 励磁系统低励限制环节动作值的整定应主要考虑发电机定子边段铁芯和结构件发热情况及对系统静态稳定的影响，并与发电机失磁保护相配合在保护之前动作。当发电机进相运行受到扰动瞬间进入励磁调节器低励限制环节工作区域时，不允许发电机组进入不稳定工作状态。

11.3.6 励磁系统的过励限制（即过励磁电流反时限限制和强励电流瞬时限制）环节的特性应与发电机转子的过负荷能力相一致，并与发电机保护中转子过负荷保护定值相配合在保护之前动作。

11.3.7 励磁系统定子电流限制环节的特性应与发电机定子的过电流能力相一致，但是不允许出现定子电流限制环节先于转子过励限制动作从而影响发电机强励能力的情况。

11.3.8 励磁系统应具有无功调差环节和合理的无功调差系数。接入同一母线的发电机的无功调差系数应基本一致。励磁系统无功调差功能应投入运行。

11.4 加强励磁系统运行安全管理

11.4.1 并网机组励磁系统应在自动方式下运行。如励磁系统故障或进行试验需退出自动方式，必须及时报告调度部门。

11.4.2 励磁调节器的自动通道发生故障时应及时修复并投入运行。严禁发电机在手动励磁调节（含按发电机或交流励磁机的磁场电流的闭环调节）下长期运行。在手动励磁调节运行期间，在调节发电机的有功负荷时必须先适当调节发电机的无功负荷，以防止发电机失去静态稳定性。

11.4.3 进相运行的发电机励磁调节器应投入自动方式，低励限制器必须投入。

11.4.4 励磁系统各限制和保护的定值应在发电机安全运行允许范围内，并定期校验。

11.4.5 修改励磁系统参数必须严格履行审批手续，在书面报告有关部门审批并进行相关试验后，方可执行，严禁随意更改励磁系统参数设置。

11.4.6 利用自动电压控制（AVC）对发电机调压时，受控机组励磁系统应投入自动方式。

11.4.7 加强励磁系统设备的日常巡视，检查内容至少包括：励磁变压器各部件温度应在允许范围内，整流柜的均流系数应不低于 0.9，温度无异常，通风孔滤网无堵塞。发电机或励磁机转子碳刷磨损情况在允许范围内，滑环火花不影响机组正常运行等。

6.4.1.4 励磁调节系统扰动试验

【依据】《大型汽轮发电机励磁系统技术条件》（DL/T 843—2010）

7.1 试验分类：

a）型式试验。

b）出厂试验。

c）交接试验。

d）大修试验。

7.7 型式试验、出厂试验、交接试验和大修试验应进行的励磁系统试验项目见表 3，试验方法可参照附录 E。

6.4.1.5 灭磁装置及励磁控制系统

【依据 1】《同步电机励磁系统大、中型同步发电机励磁系统技术要求》（GB/T 7409.3—2007）

5.18 励磁系统应有灭磁功能，能在正常和下述非正常工况下可靠的灭磁：

a）发电机运行在系统中，其励磁电流不超过额定电流，定子回路外部短路或内部短路；

b）发电机空载误强励（继电保护动作）。

【依据 2】《大型汽轮发电机励磁系统技术条件》（DL/T 843—2010）

6.8.1 灭磁装置应简单可靠。

6.4.1.6 励磁系统设计

【依据】《防止电力生产事故的二十五项重点要求》（国能安全〔2014〕161 号）

11.1.2 励磁系统中两套励磁调节器的电压回路应相互独立，使用机端不同电压互感器的二次绕组，防止其中一个故障引起发电机误强励。

11.1.3 励磁系统的灭磁能力应达到国家标准要求，且灭磁装置应具备独立于调节器的灭磁能力。灭磁开关的弧压应满足误强励灭磁的要求。

11.1.4 自并励系统中，励磁变压器不应采取高压熔断器作为保护措施。励磁变压器保护定值应与励磁系统强励能力相配合，防止机组强励时保护误动作。

6.4.1.7 发电机转子一点接地保护

【依据 1】《国家电网公司发电厂重大反事故措施》（国家电网生〔2007〕883 号）

15.4.1 发电机转子一点接地保护装置原则上应安装于励磁系统柜。如因发电机失磁保护需要，转子正、负极回路已引入发电机保护柜内，转子一点接地保护可安装于发电机保护柜，但应采取必要的安全措施。

【依据 2】《继电保护和安全自动装置技术规程》（GB/T 14285—2006）

4.2.11 对 1MW 及以下发电机的转子一点接地故障，可装设定期检测装置。1MW 以上的发电机应装设专用的转子一点接地保护装置延时动作于信号。

6.4.1.8 励磁变压器

【依据 1】《大型汽轮发电机励磁系统技术条件》（DL/T 843—2010）

6.3 励磁变压器

6.3.1 励磁变压器安装在户内时应采用干式变压器，安装在户外时可采用油浸自冷式变压器，应满足 GB/T 1094\GB/T 10228 的要求。

6.3.2 励磁变压器高压绕组与低压绕组之间应有静电屏蔽。

6.3.3　励磁变压器设计应充分考虑整流负荷电流分量中高次谐波所产生的热量。

6.3.4　励磁变压器应满足发电机空负荷试验和短路试验的要求。

6.3.6　励磁变压器的短路阻抗的选择应使直流侧短路时短路电流小于磁场断路器和功率整流装置快速熔断器最大分断电流。励磁变压器的保护应符合 GB/T 14285 的要求。

【依据 2】《继电保护和安全自动装置技术规程》（GB/T 14285—2006）

4.2.23　自并励发电机的励磁变压器宜采用电流速断保护作为主保护，过电流保护作为后备保护。

6.4.1.9　励磁系统大功率整流器及其交、直流侧保护设备

【依据】《大型汽轮发电机励磁系统技术条件》（DL/T 843—2010）

6.4　功率整流装置

6.4.1　功率整流装置的一个桥（或者一个支路）退出运行时应能满足输出顶置电流和 1.1 倍发电机额定磁场电流连续运行要求，并要求在发电机机端短路时产生的磁场过电流不损坏功率整流装置。

6.4.2　功率整流装置应设交流侧过电压保护和换相过电压保护，每个支路应有快速熔断器保护，快速熔断器动作特性应与被保护元件过流特性相配合。

6.4.3　并联整流柜交、直流侧应有与其他柜及主电路隔断的措施。

6.4.4　功率整流装置可采用开启式风冷、密闭式风冷、直接水冷，或热管自冷等冷却方式。

6.4.5　风冷功率整流装置风机的电源应为双电源，工作电源故障时，备用电源应能自动投入。冷却风机故障时应发出信号。

6.4.6　功率整流装置的均流系数应不小于 0.9。

6.4.1.10　备品、配件

【依据】《发电机励磁系统及装置安装、验收规程》（DL 490—2011）

6.1.2.2　安装单位在验收前应提供清楚、准确、完整的励磁系统及装置的下述资料与文件（竣工图可在装置交接验收后一个月内提交）：

a. 竣工图；

b. 设计修改通知；

c. 主要设备缺陷处理一览表及有关设备缺陷处理的会议文件；

d. 备品、备件清单与实物清单；

e. 安装调试记录。

6.4.1.11　技术改进、改造或设备更换

【依据】《防止电力生产事故的二十五项重点要求》（国能安全〔2014〕161 号）

11.2.4　励磁系统设备改造后应重新进行阶跃扰动试验和各种限制环节、电力系统稳定器功能的试验，确认新的励磁系统工作正常，满足标准的要求，控制程序更新升级前，对旧的控制程序和参数进行备份，升级后进行空载实验及新增功能或改动部分功能的测试，确认程序更新后励磁系统功能正常。做好励磁系统改造或程序更新前后的试验记录并备案。

6.4.1.12　定期校验计划及落实

【依据】《防止电力生产事故的二十五项重点要求》（国能安全〔2014〕161 号）

11.4.4　励磁系统各限制和保护的定值应在发电机安全运行允许范围内，并定期校验。

6.4.2　继电保护

6.4.2.1　配置和运行工况

6.4.2.1.1　主系统保护装置及 3kV 以上厂用电保护配置

【依据】《继电保护和安全自动装置技术规程》（GB/T 14285—2006）

4.2　发电机保护

4.2.1　电压在 3kV 及以上，容量在 600MW 级及以下的发电机，应按本条的规定，对下列故障及异常运行状态，装设相应的保护。容量在 600MW 级以上的发电机可参照执行。

a）定子绕组相间短路；

b）定子绕组接地；

c）定子绕组匝间短路

d）发电机外部相间短路；

e）定子绕组过电压；

f）定子绕组过负荷；

g）转子表层（负序）过负荷；

h）励磁绕组过负荷；

i）励磁回路接地；

j）励磁电流异常下降或消失；

k）定子铁芯过励磁；

l）发电机逆功率；

m）频率异常；

n）失步；

o）发电机突然加电压；

p）发电机起停；

q）其他故障和异常运行。

4.2.2　上述各项保护，宜根据故障和异常运行状态的性质及动力系统具体条件，按规定分别动作于：

a）停机断开发电机断路器、灭磁，对汽轮发电机，还要关闭主汽门；对水轮发电机还要关闭导水翼。

b）解列灭磁断开发电机断路器、灭磁，汽轮机甩负荷。

c）解列断开发电机断路器，汽轮机甩负荷。

d）减出力将原动机出力减到给定值。

e）缩小故障影响范围例如断开预定的其他断路器。

f）程序跳闸对汽轮发电机首先关闭主汽门，待逆功率继电器动作后，再跳发电机断路器并灭磁。对水轮发电机，首先将导水翼关到空载位置，再跳开发电机断路器并灭磁。

g）减励磁将发电机励磁电流减至给定值。

h）励磁切换将励磁电源由工作励磁电源系统切换到备用励磁电源系统。

i）厂用电源切换由厂用工作电源供电切换到备用电源供电。

j）分出口动作于单独回路。

k）信号发出声光信号。

4.2.3　对发电机定子绕组及其引出线的相间短路故障，应按下列规定配置相应的保护作为发电机的主保护：

4.2.3.1　1MW及以下单独运行的发电机，如中性点侧有引出线，则在中性点侧装设过电流保护，如中性点侧无引出线，则在发电机端装设低电压保护。

4.2.3.2　1MW及以下与其他发电机或与电力系统并列运行的发电机，应在发电机端装设电流速断保护。如电流速断灵敏系数不符合要求，可装设纵联差动保护；对中性点侧没有引出线的发电机，可装设低压过流保护。

4.2.3.3　1MW以上的发电机，应装设纵联差动保护。

4.2.3.4　对10MW以下的发电机–变压器组，当发电机与变压器之间有断路器时，发电机与变压器宜分别装设单独的纵联差动保护功能。

4.2.3.5　对10MW及以上发电机–变压器组，应装设双重主保护，每一套主保护宜具有发电机纵联差动保护和变压器纵联差动保护功能。

4.2.3.6　在穿越性短路、穿越性励磁涌流及自同步或非同步合闸过程中，纵联差动保护应采取措施，减轻电流互感器饱和剩磁的影响，提高保护动作可靠性。

4.2.3.7　纵联差动保护，应装设电流回路断线监视装置，断线后动作于信号。电流回路断线允许差动保护跳闸。

4.2.3.8　本条中规定装设的过电流保护、电流速断保护、低电压保护、低压过流和差动保护均应动作于停机。

4.2.4　发电机定子绕组的单相接地故障的保护应符合以下要求：

4.2.4.1　发电机定子绕组单相接地故障电流允许值按制造厂的规定值，如无制造厂提供的规定值可参照表 1 中所列数据。

表 1　发电机定子绕组单相接地故障电流允许值

发电机额定电压（kV）	发电机额定容量（MW）		接地电流允许值（A）
6.3	≤50		4
10.5	汽轮发电机	50～100	3
	水轮发电机	10～100	
13.8～15.75	汽轮发电机	125～200	2[a]
	水轮发电机	40～225	
18～23	300～600		1

[a] 对氢冷发电机为 2.5。

4.2.4.2　与母线直接连接的发电机：当单相接地故障电流（不考虑消弧线圈的补偿作用）大于允许值（参照表 1）时，应装设有选择性的接地保护装置。

保护装置由装于机端的零序电流互感器和电流继电器构成。其动作电流按躲过不平衡电流和外部单相接地时发电机稳态电容电流整定。接地保护带时限动作于信号，但当消弧线圈退出运行或由于其他原因使残余电流大于接地电流允许值，应切换为动作于停机。

当未装接地保护，或装有接地保护但由于运行方式改变及灵敏系数不符合要求等原因不能动作时，可由单相接地监视装置动作于信号。

为了在发电机与系统并列前检查有无接地故障，保护装置应能监视发电机端零序电压值。

4.2.4.3　发电机–变压器组：对 100MW 以下发电机，应装设保护区不小于 90%的定子接地保护，对 100MW 及以上的发电机，应装设保护区为 100%的定子接地保护。保护带时限动作于信号，必要时也可以动作于停机。

为检查发电机定子绕组和发电机回路的绝缘状况，保护装置应能监视发电机端零序电压值。

4.2.5　对发电机定子匝间短路，应按下列规定装设定子匝间保护：

4.2.5.1　对定子绕组为星形接线、每相有并联分支且中性点侧有分支引出端的发电机，应装设零序电流型横差保护或裂相横差保护、不完全纵差保护。

4.2.5.2　50MW 及以上发电机，当定子绕组为星形接线，中性点只有三个引出端子时，根据用户和制造厂的要求，也可装设专用的匝间短路保护。

4.2.6　对发电机外部相间短路故障和作为发电机主保护的后备，应按下列规定配置相应的保护，保护装置宜配置在发电机的中性点侧。

4.2.6.1　对于 1MW 及以下与其他发电机或与电力系统并列运行的发电机，应装设过流保护。

4.2.6.2　1MW 以上的发电机，宜装设复合电压（包括负序电压及线电压）起动的过电流保护。灵敏度不满足要求时可增设负序过电流保护。

4.2.6.3　50MW 及以上的发电机，宜装设负序过电流保护和单元件低压起动过电流保护。

4.2.6.4　自并励（无串联变压器）发电机，宜采用带电流记忆（保持）的低压过电流保护。

4.2.6.5 并列运行的发电机和发电机–变压器组的后备保护，对所连接母线的相间故障，应具有必要的灵敏系数，并不宜低于附录 A 中表 A.1 所列数值。

4.2.6.6 本条中规定装设的以上各项保护装置，宜带有二段时限，以较短的时限动作于缩小故障影响的范围或动作于解列；以较长的时限动作于停机。

4.2.6.7 对于按4.2.8.2和4.2.9.2条规定装设了定子绕组反时限过负荷及反时限负序过负荷保护，且保护综合特性对发电机–变压器组所连接高压母线的相间短路故障具有必要的灵敏系数，并满足时间配合要求，可不再装设 4.2.6.2 规定的后备保护。保护宜动作于停机。

4.2.7 对发电机定子绕组的异常过电压，应按下列规定装设过电压保护：

4.2.7.1 对水轮发电机，应装设过电压保护，整定值根据定子绕组绝缘状况决定，过电压保护宜动作于解列灭磁。

4.2.7.2 对于 100MW 及以上的汽轮发电机，宜装设过电压保护，其整定值根据绕组绝缘状况决定。过电压保护宜动作于解列灭磁或程序跳闸。

4.2.8 对过负荷引起的发电机定子绕组过电流，应按下列规定装设定子绕组过负荷保护：

4.2.8.1 定子绕组非直接冷却的发电机，应装设定时限过负荷保护，保护接一相电流，带时限动作于信号。

4.2.8.2 定子绕组为直接冷却且过负荷能力较低（例如低于 1.5 倍、60s），过负荷保护由定时限和反时限两部分组成。

定时限部分：动作电流按在发电机长期允许的负荷电流下能可靠返回的条件整定，带时限动作于信号，在有条件时，可动作于自动减负荷。

反时限部分：动作特性按发电机定子绕组的过负荷能力确定，动作于停机。保护应反应电流变化时定子绕组的热积累过程。不考虑在灵敏系数和时限方面与其他相间短路保护相配合。

4.2.9 对不对称负荷、非全相运行及外部不对称短路引起的负序电流，应按下列规定装设发电机转子表层过负荷保护：

4.2.9.1 50MW 及以上 A 值（转子表层承受负序电流能力的常数）大于 10 的发电机，应装设定时限负序过负荷保护。保护与 4.2.6.3 的负序过电流保护组合在一起。保护的动作电流按躲过发电机长期允许的负序电流值和躲过最大负荷下负序电流滤过器的不平衡电流值整定，带时限动作于信号。

4.2.9.2 100MW 及以上 A 值小于 10 的发电机，应装设由定时限和反时限两部分组成的转子表层过负荷保护。

定时限部分：动作电流按发电机长期允许的负序电流值和躲过最大负荷下负序电流滤过器的不平衡电流值整定，带时限动作于信号。

反时限部分：动作特性按发电机承受短时负序电流的能力确定，动作于停机。保护应能反应电流变化时发电机转子的热积累过程。不考虑在灵敏系数和时限方面与其他相间短路保护相配合。

4.2.10 对励磁系统故障或强励时间过长的励磁绕组过负荷，100MW 及以上采用半导体励磁的发电机，应装设励磁绕组过负荷保护。

300MW 以下采用半导体励磁的发电机，可装设定时限励磁绕组过负荷保护，保护带时限动作于信号和降低励磁电流。

300MW 及以上的发电机其励磁绕组过负荷保护可由定时限和反时限两部分组成。

定时限部分：动作电流按正常运行最大励磁电流下能可靠返回的条件整定，带时限动作于信号和降低励磁电流。

反时限部分：动作特性按发电机励磁绕组的过负荷能力确定，并动作于解列灭磁或程序跳闸。保护应能反应电流变化时励磁绕组的热积累过程。

4.2.11 对 1MW 及以下发电机的转子一点接地故障，可装设定期检测装置。1MW 及以上的发电机应装设专用的转子一点接地保护装置延时动作于信号，宜减负荷平稳停机，有条件时可动作于程序跳闸。对旋转励磁的发电机宜装设一点接地故障定期检测装置。

4.2.12　对励磁电流异常下降或完全消失的失磁故障，应按下列规定装设失磁保护装置：

4.2.12.1　不允许失磁运行的发电机及失磁对电力系统有重大影响的发电机应装设专用的失磁保护。

4.2.12.2　对汽轮发电机，失磁保护宜瞬时或短延时动作于信号，有条件的机组可进行励磁切换。失磁后母线电压低于系统允许值时，带时限动作于解列。当发电机母线电压低于保证厂用电稳定运行要求的电压时，带时限动作于解列，并切换厂用电源。有条件的机组失磁保护也可动作于自动减出力。当减出力至发电机失磁允许负荷以下，其运行时间接近于失磁允许运行限时时，可动作于程序跳闸。

对水轮发电机，失磁保护应带时限动作于解列。

4.2.13　300MW 及以上发电机，应装设过励磁保护。保护装置可装设由低定值和高定值两部分组成的定时限过励磁保护或反时限过励磁保护，有条件时应优先装设反时限过励磁保护。

定时限过励磁保护：

——低定值部分：带时限动作于信号和降低励磁电流。

——高定值部分：动作于解列灭磁或程序跳闸。

反时限过励磁保护：反时限特性曲线由上限定时限、反时限、下限定时限三部分组成。上限定时限、反时限动作于解列灭磁，下限定时限动作于信号。

反时限的保护特性曲线应与发电机的允许过励磁能力相配合。

汽轮发电机装设了过励磁保护可不再装设过电压保护。

4.2.14　对发电机变电动机运行的异常运行方式，200MW 及以上的汽轮发电机，宜装设逆功率保护。

对燃汽轮发电机，应装设逆功率保护。保护装置由灵敏的功率继电器构成，带时限动作于信号，经汽轮机允许的逆功率时间延时动作于解列。

通常保护动作于信号。当振荡中心在发电机–变压器组内部，失步运行时间超过整定值或电流振荡次数超过规定值时，保护还动作于解列，并保证断路器断开时的电流不超过断路器允许开断电流。

4.2.18　对调相运行的水轮发电机，在调相运行期间有可能失去电源时，应装设解列保护，保护装置带时限动作于停机。

4.2.19　对于发电机起停过程中发生的故障、断路器断口闪络及发电机轴电流过大等故障和异常运行方式，可根据机组特点和电力系统运行要求，采取措施或增设相应保护。

4.2.20.1　差动保护应采用同一套差动保护装置能满足发电机和电动机两种不同运行方式的保护方案。

4.2.20.2　应装设能满足发电机或电动机两种不同运行方式的定时限或反时限负序过电流保护。

4.2.20.3　应根据机组额定容量装设逆功率保护，并应在切换到抽水运行方式时自动退出逆功率保护。

4.2.20.4　应根据机组容量装设能满足发电机运行或电动机运行的失磁、失步保护。并由运行方式切换发电机运行或电动机运行方式下其保护的投退。

4.2.20.5　变频起动时宜闭锁可能由谐波引起误动的各种保护，起动结束时应自动解除其闭锁。

4.2.20.6　对发电机电制动停机，宜装设防止定子绕组端头短接接触不良的保护，保护可短延时动作于切断电制动励磁电流。电制动停机过程宜闭锁会发生误动的保护。

4.2.23　自并励发电机的励磁变压器宜采用电流速断保护作为主保护，过电流保护作为后备保护。

对交流励磁发电机的主励磁机的短路故障宜在中性点侧的 TA 回路装设电流速断保护作为主保护，过电流保护作为后备保护。

4.3　电力变压器保护

4.3.1　对升压、降压、联络变压器的下列故障及异常运行状态，应按本条的规定装设相应的保护装置：

a）绕组及其引出线的相间短路和中性点直接接地或经小电阻接地侧的接地短路；

b）绕组的匝间短路；

c）外部相间短路引起的过电流；

d）中性点直接接地或经小电阻接地电力网中外部接地短路引起的过电流及中性点过电压；

e）过负荷；

f）过励磁；

g）中性点非有效接地侧的单相接地故障；

h）油面降低；

i）变压器油温、绕组温度过高及油箱压力过高和冷却系统故障。

4.3.2　0.4MVA及以上车间内油浸式变压器和0.8MVA及以上油浸式变压器，均应装设瓦斯保护。当壳内故障产生轻微瓦斯或油面下降时，应瞬时动作于信号；当壳内故障产生大量瓦斯时，应瞬时动作于断开变压器各侧断路器。

带负荷调压变压器充油调压开关，亦应装设瓦斯保护。

瓦斯保护应采取措施，防止因瓦斯继电器的引线故障、震动等引起瓦斯保护误动作。

4.3.3　对变压器的内部、套管及引出线的短路故障，按其容量及重要性的不同，应装设下列保护作为主保护，并瞬时动作于断开变压器的各侧断路器：

4.3.3.1　电压在10kV及以下、容量在10MVA及以下的变压器，采用电流速断保护。

4.3.3.2　电压在10kV以上、容量在10MVA及以上的变压器，采用纵差保护。对于电压为10kV的重要变压器，当电流速断保护灵敏度不符合要求时也可采用纵差保护。

4.3.3.3　电压为220kV及以上的变压器装设数字式保护时，除非电量保护外，应采用双重化保护配置。当断路器具有两组跳闸线圈时，两套保护宜分别动作于断路器的一组跳闸线圈。

4.6　110～220kV线路保护

4.6.1　110kV线路保护

4.6.1.1　110kV双侧电源线路符合下列条件之一时，应装设一套全线速动保护。

a）根据系统稳定要求有必要时；

b）线路发生三相短路，如使发电厂厂用母线电压低于允许值（一般为60%额定电压），且其他保护不能无时限和有选择地切除短路时；

c）如电力网的某些线路采用全线速动保护后，不仅改善本线路保护性能，而且能够改善整个电网保护的性能。

4.6.1.2　对多级串联或采用电缆的单侧电源线路，为满足快速性和选择性的要求，可装设全线速动保护作为主保护。

4.6.1.3　110kV线路的后备保护宜采用远后备方式。

4.6.1.4　单侧电源线路，可装设阶段式相电流和零序电流保护，作为相间和接地故障的保护，如不能满足要求，则装设阶段式相间和接地保护，并辅之用于切除经电阻接地故障的一段零序电流保护。

4.6.1.5　双侧电源线路，可装设阶段式相间和接地距离保护，并辅之用于切除经电阻接地故障的一段零序电流保护。

4.6.1.6　对带分支的110kV线路，可按4.6.5的规定执行。

4.6.2　220kV线路保护

220kV线路保护应按加强主保护简化后备保护的基本原则配置和整定。

a）加强主保护是指全线速动保护的双重化配置，同时，要求每一套全线速动保护的功能完整，对全线路内发生的各种类型故障，均能快速动作切除故障。对于要求实现单相重合闸的线路，每套全线速动保护应具有选相功能。当线路在正常运行中发生不大于100Ω电阻的单相接地故障时，全线速动保护应有尽可能强的选相能力，并能正确动作跳闸。

b）简化后备保护是指主保护双重化配置同时，在每一套全线速动保护的功能完整的条件下，带延时的相间和接地Ⅱ、Ⅲ段保护（包括相间和接地距离保护、零序电流保护），允许与相邻线路和变压器的主保护配合，从而简化动作时间的配合整定。如双重化配置的主保护均有完善的距离后备保护，则可以不使用零序电流Ⅰ、Ⅱ段保护，仅保留用于切除经不大于100Ω电阻接地故障的一段定时限和/或反时限零序电流保护。

c）线路主保护和后备保护的功能及作用。

能够快速有选择性地切除线路故障的全线速动保护以及不带时限的线路Ⅰ段保护都是线路的主保护。每一套全线速动保护对全线路内发生的各种类型故障均有完整的保护功能，两套全线速动保护可以互为近后备保护。线路Ⅰ段保护是全线速动保护的近后备保护。通常情况下，在线路保护工段范围外发生故障时，如其中一套全线速动保护拒动，应由另一套全线速动保护切除故障，特殊情况下，当两套全线速动保护均拒动时，如果可能，则由线路Ⅱ段保护切除故障，此时，允许相邻线路保护Ⅱ段失去选择性。线路Ⅲ段保护是本线路的延时近后备保护，同时尽可能作为相邻线路的远后备保护。

4.6.2.1　对 220kV 线路，为了有选择性的快速切除故障，防止电网事故扩大，保证电网安全、优质、经济运行，一般情况下，应按下列要求装设两套全线速动保护，在旁路断路器代线路运行时，至少应保留一套全线速动保护运行。

a）两套全线速动保护的交流电流、电压回路和直流电源彼此独立。对双母线接线，两套保护可合用交流电压回路。

b）每一套全线速动保护对全线路内发生的各种类型故障，均能快速动作切除故障。

c）对要求实现单相重合闸的线路、两套全线速动保护应具有选相功能。

d）两套主保护应分别动作于断路器的一组跳闸线圈。

e）两套全线速动保护分别使用独立的远方信号传输设备。

f）具有全线速动保护的线路，其主保护的整组动作时间应为：对近端故障：≤20ms；对远端故障：≤30ms（不包括通道时间）。

4.6.2.2　220kV 线路的后备保护宜采用近后备方式。但某些线路，如能实现远后备，则宜采用远后备，或同时采用远、近结合的后备方式。

4.6.2.3　对接地短路，应按下列规定之一装设后备保护。

对 220kV 线路，当接地电阻不大于 100Ω 时，保护应能可靠地切除故障。

a）宜装设阶段式接地距离保护并辅之用于切除经电阻接地故障的一段定时限和/或反时限零序电流保护。

b）可装设阶段式接地距离保护，阶段式零序电流保护或反时限零序电流保护，根据具体情况使用。

c）为快速切除中长线路出口短路故障，在保护配置中宜有专门反应近端接地故障的辅助保护功能。

符合 4.6.2.1 规定时，除装设全线速动保护外，还应按本条的规定，装设相间短路后备保护和辅助保护。

4.6.2.4　对相间短路，应按下列规定装设保护装置：

a）宜装设阶段式相间距离保护；

b）为快速切除中长线路出口短路故障，在保护配置中宜有专门反应近端相间故障的辅助保护功能。

符合 4.6.2.1 规定时，除装设全线速动保护外，还应按本条的规定，装设相间短路后备保护和辅助保护。

（2）220kV 及以上电压的电力设备非电量保护相对独立，并具有独立的跳闸出口回路；双重化配置的保护装置的交流电压、交流电流、直流电源、跳闸回路、通道遵循相互独立的原则。

4.8　母线保护

4.8.1　对220kV～500kV电压母线，应装设快速有选择切除故障的母线保护；

a. 对一个半断路器接线，每组母线应装设两套母线保护；

b. 对双母线、双母线分段等接线，为防止母线保护因检修退出失去保护，母线发生故障会危及系统稳定和使事故扩大时，宜装设两套母线保护。

4.8.2　对于发电厂和变电所的35kV～110kV电压的母线，在下列情况下应装设专用母线保护：

a. 110kV双母线；

b. 110kV单母线、重要发电厂或110kV以上重要变电所的35kV～63kV母线，需要快速切除母线上的故障时；

c. 35kV～63kV电力网中，主要变电所的35kV～63kV双母线或分段单母线需快速而有选择性地切除一段或一组母线上的故障，以保证系统安全稳定运行和可靠供电。

4.8.3　对发电厂和主要变电所的3kV～10kV分段母线及并列运行的双母线，一般可由发电机和变压器的后备保护实现对母线的保护。在下列情况下，应装设专用母线保护：

a. 须快速而有选择地切除一段或一组母线上的故障，以保证发电厂及电力网安全运行和重要负荷的可靠供电时；

b. 当线路断路器不允许切除线路电抗器前的短路时。

4.8.4　对3kV～10kV分段母线宜采用不完全电流差动保护，保护装置仅接入有电源支路的电流。保护装置由两段组成，第一段采用无时限或带时限的电流速断保护，当灵敏系数不符合要求时，可采用电压闭锁电流速断保护；第二段采用过电流保护，当灵敏系数不符合要求时，可将一部分负荷较大的配电线路接入差动回路，以降低保护的起动电流。

4.8.5　专用母线保护应考虑以下问题：

a. 保护应能正确反应母线保护区内的各种类型故障，并动作于跳闸。

b. 对各种类型区外故障，母线保护不应由于短路电流中的非周期分量引起电流互感器的暂态饱和而误动作。

c. 对构成环路的各类母线（如一个半断路器接线、双母线分段接线等），保护不应因母线故障时流出母线的短路电流影响而拒动。

d. 母线保护应能适应被保护母线的各种运行方式：

1）应能在双母线分组或分段运行时，有选择性地切除故障母线。

2）应能自动适应双母线连接元件运行位置的切换。切换过程中保护不应误动作，不应造成电流互感器的开路；切换过程中，母线发生故障，保护应能正确动作切除故障；切换过程中，区外发生故障，保护不应误动作。

3）母线充电合闸于有故障的母线时，母线保护应能正确动作切除故障母线。

e. 双母线接线的母线保护，应设有电压闭锁元件。

1）对数字式母线保护装置，可在起动出口继电器的逻辑中设置电压闭锁回路，而不在跳闸出口接点回路上串接电压闭锁触点。

2）对非数字式母线保护装置，电压闭锁触点应分别与跳闸出口触点串接。母联或分段断路器的跳闸回路可不经电压闭锁触点控制。

f. 双母线的母线保护，应保证：

1）母联与分段断路器的跳闸出口时间不应大于线路及变压器断路器的跳闸出口时间；

2）能可靠切除母线或分段断路器与电流互感器之间的故障。

g. 母线保护仅实现三相跳闸出口，且应允许接于本母线的断路器失灵保护共用其跳闸出口回路。

h. 母线保护动作后，除一个半断路器接线外，对不带分支且有纵联保护的线路，应采取措施，使对侧断路器能速动跳闸。

i. 母线保护应允许使用不同变比的电流互感器。

j. 当交流电流回路不正常或断线时应闭锁母线差动保护，并发出告警信号，对3/2断路器接线可以只发告警信号不闭锁母线差动保护。

k. 闭锁元件起动、直流消失、装置异常、保护动作跳闸应发出信号。此外应具有起动遥信及事件记录触点。

4.8.6 在旁路断路器和兼作旁路的母联断路器或分段断路器上，应装设可代替线路保护的保护装置。

在旁路断路器代替线路断路器期间，如必须保持线路纵联保护运行，可将该线路的一套纵联保护切换到旁路断路器上，或者采取其他措施，使旁路断路器仍有纵联保护在运行。

4.8.7 在母联或分段断路器上，宜配置相电流或零序电流保护，保护应具备可瞬时和延时跳闸的回路，作为母线充电保护，并兼作新线路投运时（母联或分段断路器与线路断路器串接）的辅助保护。

4.8.8 对各类双断路器接线方式，当双断路器所连接的线路或元件退出运行而双断路器之间仍联接运行时，应装设短引线保护以保护双断路器之间的连接线故障。

按照近后备方式，短引线保护应为互相独立的双重化配置。

4.9 断路器失灵保护

4.9.1 在220kV～500kV电力网中，以及110kV电力网的个别重要部分，应按下列原则装设一套断路器失灵保护：

a. 线路或电力设备的后备方式采用近后备方式；

b. 如断路器与电流互感器之间发生故障不能由该回路主保护切除形成保护死区，而其他线路或变压器后备保护切除又扩大停电范围，并引起严重后果时，必要时，可为该保护死区增设保护，以快速切除故障；

c. 对220kV～500kV分相操作的断路器，可仅考虑断路器单相拒动的情况。

4.9.2 断路器失灵保护应符合下列要求：

4.9.2.1 为提高动作可靠性，必须同时具备下列条件，断路器失灵保护方可起动；

a. 故障线路或电力设备能瞬时复归的出口继电器动作后不返回（故障切除后，起动失灵的保护返回时间应不大于30ms）。

b. 断路器未断开的判别元件动作后不返回。若主保护出口继电器返回时间不符合要求时，判别元件应双重化。

4.9.2.2 失灵保护的判别元件一般应为相电流元件，发电机–变压器组或变压器断路器失灵保护的判别元件应采用零序电流元件或负序电流元件。判别元件的动作时间和返回时间均不应大于20ms。

4.9.3 失灵保护动作时间应按下述原则整定：

4.9.3.1 一个半断路器接线的失灵保护应瞬时再次动作于本断路器的两组跳闸线圈跳闸，再经一时限动作于断开其他相邻断路器。

4.9.3.2 单、双母线的失灵保护，视系统保护配置的具体情况可以较短时限动作于断开与拒动断路器相关的母联及分段断路器，再经一时限动作于断开与拒动断路器连接在同一母线上的所有有源支路的断路器，变压器断路器的失灵保护还应动作于断开变压器接有电源一侧的断路器。

4.9.4 失灵保护装设闭锁元件的原则是：

4.9.4.1 一个半断路器接线的失灵保护不装设闭锁元件。

4.9.4.2 有专用跳闸出口回路的单母线及双母线断路器失灵保护应装设闭锁元件。

4.9.4.3 与母差保护共用跳闸出口回路的失灵保护不装设独立的闭锁元件，应共用母差保护的闭锁元件，闭锁元件的灵敏度按失灵保护的要求整定；对数字式保护，闭锁元件的灵敏度宜按母线及线路的不同要求分别整定。

4.9.4.4 设有闭锁元件的，闭锁原则同4.8.5e。

4.9.4.5 发电机、变压器及高压电抗器断路器的失灵保护，为防止闭锁元件灵敏度不足，应采取相应措施或不设闭锁回路。

4.9.5 双母线的失灵保护应能自动适应连接元件运行位置的切换。

4.9.6 失灵保护动作跳闸应满足下列要求：

4.9.6.1 对具有双跳闸线圈的相邻断路器，应同时动作于两组跳闸回路。

4.9.6.2 对远方跳对侧断路器的，宜利用两个传输通道传送跳闸命令。

4.9.6.3 应闭锁重合闸。

4.12 并联电抗器保护

4.12.1 对油浸式并联电抗器的下列故障及异常运行方式，应装设相应的保护：

a. 线圈的单相接地和匝间短路及其引出线的相间短路和单相接地短路；

b. 油面降低；

c. 温度升高和冷却系统故障；

d. 过负荷。

4.12.2 当并联电抗器油箱内部产生大量瓦斯时，瓦斯保护应动作于跳闸，当产生轻微瓦斯或油面下降时，瓦斯保护应动作于信号。

4.12.3 对油浸式并联电抗器内部及其引出线的相间短路和单相接地短路，应按下列规定装设相应的保护；

4.12.3.1 66kV 及以下并联电抗器，应装设电流速断保护，瞬时动作于跳闸。

4.12.3.2 220kV～500kV 并联电抗器，除非电量保护，保护应双重化配置。

4.12.3.3 纵联差动保护应瞬时动作于跳闸。

4.12.3.4 作为速断保护和差动保护的后备，应装设过电流保护，保护整定值按躲过最大负荷电流整定，保护带时限动作于跳闸。

4.12.3.5 220kV～500kV 并联电抗器，应装设匝间短路保护，保护宜不带时限动作于跳闸。

4.12.4 对 220kV～500kV 并联电抗器，当电源电压可能升高并引起并联电抗器过负荷时，应装设过负荷保护，保护带时限动作于信号。

4.12.5 对于并联电抗器油温度升高和冷却系统故障，应装设动作于信号或带时限动作于跳闸的保护装置。

4.12.6 接于并联电抗器中性点的接地电抗器，应装设瓦斯保护。当产生大量瓦斯时，保护动作于跳闸，当产生轻微瓦斯或油面下降时，保护动作于信号。

对三相不对称等原因引起的接地电抗器过负荷，宜装设过负荷保护，保护带时限动作于信号。

4.12.7 330kV～500kV 线路并联电抗器的保护在无专用断路器时，其动作除断开线路的本侧断路器外还应起动远方跳闸装置，断开线路对侧断路器。

4.12.8 66kV 及以下干式并联电抗器应装设电流速断保护作电抗器绕组及引线相间短路的主保护；过电流保护作为相间短路的后备保护；零序过电压保护作为单相接地保护，动作于信号。

4.13 异步电动机和同步电动机保护

4.13.1 电压为 3kV 以上的异步电动机和同步电动机，对下列故障及异常运行方式，应装设相应的保护：

a. 定子绕组相间短路；

b. 定子绕组单相接地；

c. 定子绕组过负荷；

d. 定子绕组低电压；

e. 同步电动机失步；

f. 同步电动机失磁；

g. 同步电动机出现非同步冲击电流；

h. 相电流不平衡及断相。

4.13.2　对电动机的定子绕组及其引出线的相间短路故障，应按下列规定装设相应的保护：

4.13.2.1　2MW 以下的电动机，装设电流速断保护，保护宜采用两相式。

4.13.2.2　2MW 及以上的电动机，或 2MW 以下，但电流速断保护灵敏系数不符合要求时，可装设纵联差动保护。纵联差动保护应防止在电动机自起动过程中误动作。

4.13.2.3　上述保护应动作于跳闸，对于有自动灭磁装置的同步电动机保护还应动作于灭磁。

4.13.3　对单相接地，当接地电流大于 5A 时，应装设单相接地保护。

单相接地电流为 10A 及以上时，保护动作于跳闸，单相接地电流为 10A 以下时，保护可动作于跳闸，也可动作于信号。

4.13.4　下列电动机应装设过负荷保护：

a. 运行过程中易发生过负荷的电动机，保护应根据负荷特性，带时限动作于信号或跳闸。

b. 起动或自起动困难，需要防止起动或自起动时间过长的电动机，保护动作于跳闸。

4.13.5　下列电动机应装设低电压保护，保护应动作于跳闸：

a. 当电源电压短时降低或短时中断后又恢复时，为保证重要电动机自起动而需要断开的次要电动机；

b. 当电源电压短时降低或中断后，不允许或不需要自起动的电动机；

c. 需要自起动，但为保证人身和设备安全，在电源电压长时间消失后，须从电力网中自动断开的电动机；

d. 属 I 类负荷并装有自动投入装置的备用机械的电动机。

4.13.6　2MW 及以上电动机，为反应电动机相电流的不平衡，并作为短路主保护的后备保护，可装设负序过流保护。保护动作于信号或跳闸。

4.13.7　对同步电动机失步，应装设失步保护，保护带时限动作，对于重要电动机，动作于再同步控制回路，不能再同步或不需要再同步的电动机，则应动作于跳闸。

4.13.8　对负荷变动大的同步电动机，当用反应定子过负荷的失步保护时，应增设失磁保护。失磁保护带时限动作于跳闸。

4.13.9　对不允许非同步冲击的同步电动机，应装设防止电源中断再恢复时造成非同步冲击的保护。

保护应确保在电源恢复前动作。重要电动机的保护宜动作于再同步控制回路；不能再同步或不需要再同步的电动机保护应动作于跳闸。

5　安全自动装置

5.1　一般规定

5.1.1　在电力系统中应按照 DL 755 和 DL/T 723 标准的要求装设安全自动装置以防止系统稳定破坏或事故扩大造成大面积停电或对重要用户的供电长时间中断。

5.1.2　电力系统安全自动装置是指在电力网中发生故障或异常运行时起控制作用的自动装置。如自动重合闸、备用电源和备用设备自动投入、自动切负荷、自动低频减载、火电厂事故减出力、水电厂事故切机、电气制动、水轮发电机自动起动和调相改发电、抽水蓄能机组由抽水改发电自动解列及自动调节励磁等。

5.1.3　安全自动装置应满足可靠性、选择性、灵敏性和速动性的要求。

5.1.3.1　可靠性是指装置该动作时应动作，不该动作时不动作。为保证可靠性装置应简单可靠，具备必要的检测和监视措施并应便于运行维护。

5.1.3.2　选择性是指安全自动装置应根据故障和异常运行的特点，按预期的要求实现其控制作用。

5.1.3.3　灵敏性是指安全自动装置的起动元件和测量元件，在故障和异常运行时能可靠起动和进行正确判断的性能。

5.1.3.4　速动性是指维持系统稳定的自动装置要尽快动作，限制事故影响，应在保证选择性前提下尽快动作的性能。

5.2 自动重合闸

5.2.1 自动重合闸装置应按下列规定装设：

a. 3kV 及以上的架空线路和电缆与架空混合线路在具有断路器的条件下，如用电设备允许且无备用电源自动投入时应装设自动重合闸装置。

b. 旁路断路器与兼作旁路的母线联络断路器应装设自动重合闸装置。

c. 必要时母线故障可采用母线自动重合闸装置。

5.2.2 自动重合闸装置应符合下列基本要求：

a. 自动重合闸装置可由保护起动和/或断路器控制状态与位置不对应起动。

b. 用控制开关或通过遥控装置将断路器断开或将断路器投于故障线路上并随即由保护将其断开时，自动重合闸装置均不应动作。

c. 在任何情况下（包括装置本身的元件损坏，以及重合闸输出触点的粘住），自动重合闸装置的动作次数应符合预先的规定（如一次重合闸只应动作一次）。

d. 自动重合闸装置动作后，应能经整定的时间后自动复归。

e. 自动重合闸装置应能在重合闸后加速继电保护的动作。必要时，可在重合闸前加速继电保护动作。

f. 自动重合闸装置应具有接收外来闭锁信号的功能。

5.2.3 自动重合闸装置的动作时限应符合下列要求：

5.2.3.1 对单侧电源线路上的三相重合闸装置，其时限应大于下列时间：

a. 故障点灭弧时间（计及负荷侧电动机反馈对灭弧时间的影响）及周围介质去游离时间；

b. 断路器及操动机构复归原状，准备好再次动作的时间。

5.2.3.2 对双侧电源线路上的三相重合闸装置及单相重合闸装置，其动作时限除应考虑第 5.2.3.1 条要求外，还应考虑：

a. 线路两侧继电保护以不同时限切除故障的可能性；

b. 故障点潜供电流对灭弧时间的影响。

5.2.3.3 电力系统稳定的要求。

5.2.4 110kV 及以下单侧电源线路的自动重合闸装置，按下列规定装设：

5.2.4.1 采用三相一次重合闸方式。

5.2.4.2 当断路器断流容量允许时，下列线路可采用两次重合闸方式：

a. 无经常值班人员变电所引出的无遥控的单回线；

b. 给重要负荷供电，且无备用电源的单回线。

5.2.4.3 由几段串联线路构成的电力网，为了补救电流速断等速动保护的无选择性动作，可采用带前加速的重合闸或顺序重合闸方式。

5.2.5 110kV 及以下双侧电源线路的自动重合闸装置，按下列规定装设：

5.2.5.1 并列运行的发电厂或电力系统之间，具有四条以上联系的线路或三条紧密联系的线路，可采用不检查同步的三相自动重合闸方式。

5.2.5.2 并列运行的发电厂或电力系统之间，具有两条联系的线路或三条联系不紧密的线路，同步检定和无电压检定的三相重合闸方式。

5.2.5.3 双侧电源的单回线路，可采用下列重合闸方式：

a. 解列重合闸方式，即将一侧电源解列，另一侧装设线路无电压检定的重合闸方式；

b. 当水电厂条件许可时，可采用自同步重合闸方式；

c. 为避免非同步重合及两侧电源均重合于故障线路上，可采用一侧无电压检定，另一侧采用同步检定的重合闸方式。

5.2.6 220kV～500kV 线路，应根据电力网结构和线路的特点采用下列重合闸方式：

a. 对 220kV 单侧电源线路，采用不检查同步的三相自动重合闸方式；

b. 对 220kV 线路，当满足本标准 5.2.5.1 有关采用三相重合闸方式的规定时，可采用不检查同步的三相自动重合闸方式；

c. 对 220kV 线路，当满足本标准 5.2.5.2 有关采用三相重合闸方式的规定，且电力系统稳定要求能满足时，可采用检查同步的三相自动重合闸方式；

d. 对不符合上述条件的 220kV 线路，应采用单相重合闸方式；

e. 对 330kV～500kV 线路，一般情况下应采用单相重合闸方式；

f. 对可能发生跨线故障的 330kV～500kV 同杆并架双回线路，如输送容量较大，且为了提高电力系统安全稳定水平，可考虑采用按相自动重合闸方式。

注：上述三相重合闸方式也包括仅在单相故障时的三相重合闸。

5.2.7　在带有分支的线路上使用单相重合闸装置时，分支侧的自动重合闸装置采用下列方式；

5.2.7.1　分支处无电源方式

a. 分支处变压器中性点接地时，装设零序电流起动的低电压选相的单相重合闸装置。重合后，不再跳闸。

b. 分支处变压器中性点不接地，但所带负荷较大时，装设零序电压起动的低电压选相的单相重合闸装置。重合后，不再跳闸。当负荷较小时，不装设重合闸装置，也不跳闸.如分支处无高压电压互感器，也可在变压器（中性点不接地）中性点处装设一个电压互感器，当线路接地时，由零序电压保护起动，跳开变压器低压侧三相断路器，然后重合闸。重合后，不再跳闸。

5.2.7.2　分支处有电源方式

a. 如分支处电源不大，可用简单的保护将电源解列后，按第 5.2.7.1 条规定处理。

b. 如分支处电源较大，则在分支处装设单相重合闸装置。

5.2.8　当采用单相重合闸装置时，应考虑下列问题，并采取相应措施

a. 重合闸过程中出现的非全相运行状态，如有可能引起本线路或其他线路的保护装置误动作时，应采取措施予以防止。

b. 如电力系统不允许长期非全相运行，为防止断路器一相断开后，由于单相重合闸装置拒绝合闸而造成非全相运行，应具有断开三相的措施，并应保证选择性。

5.2.9　当装有同步调相机和大型同步电动机时，线路重合闸方式及动作时限的选择，宜按对双侧电源线路的规定执行。

5.2.10　5.6MVA 以上低压侧不带电源的单组降压变压器，如其电源侧装有断路器和过电流保护，且变压器断开后将使重要用电设备断电，可装设变压器重合闸装置。当变压器内部故障时，瓦斯或差动（或电流速断）保护将重合闸闭锁。

5.2.11　当变电所的母线上设有专用的母线保护，必要时，可采用母线重合闸，当重合于永久性故障时，母线保护应能可靠动作切除故障。

5.2.12　重合闸应按断路器配置。

5.2.13　当一组断路器设置有两套重合闸装置（例如线路的两套保护装置均有重合闸功能）且同时投运时，应有措施保证线路故障后仍仅能实现一次重合闸。

5.2.14　使用于电厂出口线路的重合闸装置，应有措施防止重合于永久性故障，以减少发电机可能造成的冲击。

5.3　备用电源自动投入

5.3.1　在下列情况下，应装设备用电源和备用设备的自动投入装置（以下简称自动投入装置）：

a. 装有备用电源的发电厂厂用电源和变电所所用电源；

b. 由双电源供电，其中一个电源经常断开作为备用的变电所；

c. 降压变电所内有备用变压器或有互为备用的母线段；

d. 有备用机组的某些重要辅机。

5.3.2　自动投入装置应符合下列要求：

a. 应保证在工作电源或设备断开后，才投入备用电源或设备；

b. 工作电源或设备上的电压，不论因任何原因消失时，自动投入装置均应动作；

c. 自动投入装置应保证只动作一次。

5.3.3　发电厂用备用电源自动投入装置，除 5.3.2 的规定外，还应符合下列要求；

5.3.3.1　当一个备用电源同时作为几个工作电源的备用时，如备用电源已代替一个工作电源后，另一工作电源又被断开，必要时，自动投入装置仍能动作。

5.3.3.2　有两个备用电源的情况下，当两个备用电源为两个彼此独立的备用系统时，应装设各自独立的自动投入装置，当任一备用电源能作为全厂各工作电源的备用时，自动投入装置应使任一备用电源能对全厂各工作电源实行自动投入。

5.3.3.3　自动投入装置在条件可能时，宜采用带有检定同步的快速切换方式，并采用带有母线残压闭锁的慢速切换方式及长延时切换方式作为后备；条件不允许时，可仅采用带有母线残压闭锁的慢速切换方式及长延时切换方式。

5.3.3.4　当厂用母线速动保护动作、工作电源分支保护动作或工作电源由手动或分散控制系统（DCS）跳闸时，应闭锁备用电源自动投入。

5.3.4　应校核备用电源或备用设备自动投入时过负荷及电动机自起动的情况，如过负荷超过允许限度或不能保证自起动时，应有自动投入装置动作时自动减负荷的措施。

5.3.5　当自动投入装置动作时，如备用电源或设备投于故障，应有保护加速跳闸。

5.4　暂态稳定控制及失步解列

5.4.1　为保证电力系统在发生故障情况下的稳定运行，应依据 DL 755 及 DL/T 723 标准的规定，在系统中根据电网结构、运行特点及实际条件配置防止暂态稳定破坏的控制措施。

5.4.1.1　设计和配置系统稳定控制装置时，应对电力系统进行必要的安全稳定计算以确定适当的稳定控制方案、控制装置的控制策略或逻辑。控制策略可以由离线计算确定，有条件时，可以由装置在线计算定时更新控制策略。

5.4.1.2　稳定控制装置应根据实际需要进行配置，优先采用就地判据的分散式装置，根据电网需要，也可采用多个厂站稳定控制装置及站间通道组成的分布式区域稳定控制系统，尽量避免采用过分庞大负责的控制系统。

5.4.1.3　稳定控制系统应采用模块化结构，以便于适应不同的功能需要，并能适应电网发展的扩充要求。

5.4.2　对稳定控制装置的主要技术性能要求：

a. 装置在系统出现扰动时，如出现不对称分量，线路电路、电压或功率突变等，应能可靠起动；

b. 装置宜由接入的电气量正确判别本厂站线路、主变压器或机组的运行状态；

c. 装置的动作速度和控制内容应能满足稳定控制的有效性；

d. 装置应有能与厂站自动化系统和/或调度中心相关管理系统通信，能实现就地和远方查询故障和装置信息、修改定值等；

e. 装置应具有自检、整组检查试验、显示、事件记录、数据记录、打印等功能。

5.4.3　为防止暂态稳定破坏，可根据系统具体情况采取以下控制措施：

a. 对功率过剩地区采取发电机快速减出力、切除部分发电机或投入动态电阻制动等；

b. 对功率短缺地区采用切除部分负荷（含抽水运行的蓄能机组）等；

c. 励磁紧急控制，串联及并联电容装置的强行补偿，切除并联电抗器和高压直流输电紧急调制等；

d. 在预定地点将某些局部电网解列以保持主网稳定。

5.4.4　当电力系统稳定破坏时出现失步状态时，应根据系统的具体情况采取消除失步振荡的控制措施。

5.4.4.1 为消除失步振荡，应装设失步解列控制装置，在预先安排的输电断面，将系统解列为各自保持同步的区域。

5.4.4.2 对于局部系统，如经验算或试验可能拉入同步、短时失步运行及再同步不会导致严重损失负荷、损坏设备和系统稳定进一步破坏，则可采用再同步控制，使失步的系统恢复同步运行。送端孤立的大型发电厂，在失步时应优先切除部分机组，以利其他机组再同步。

5.5 频率和电压异常控制

5.5.1 电力系统中应设置限制频率降低的控制装置，以便在各种可能的扰动下失去部分电源（如切除发电机、系统解列等）而引起频率降低时，将频率降低限制在短时允许范围内，并使频率在允许时间内恢复至长时间允许值。

5.5.1.1 低频减负荷是限制频率降低的基本措施，电力系统低频减负荷装置的配置及其所断开负荷的容量，应根据系统最不利运行方式下发生事故时，整个系统或其各部分实际可能发生的最大功率缺额来确定。自动低频减负荷装置的类型和性能如下：

a. 快速动作的基本段，应按频率分为若干级，动作延时不宜超过 0.2s。装置的频率整定值应根据系统的具体条件、大型火电机组的安全运行要求，以及由装置本身的特性等因素决定。提高最高一级的动作频率值，有利于抑制频率下降幅度，但一般不宜超过 49.2Hz。

b. 延时较长的后备段，可按时间分为若干级，起动频率不宜低于基本的最高动作频率。装置最小动作时间可为 10～15s，级差不宜小于 10s。

5.5.1.2 为限制频率降低，有条件时应首先将处于抽水状态的蓄能机组切除或改为发电工况，并启动系统中的备用电源，如旋转备用机组增发功率、调相运行机组改为发电运行方式、自动启动水电机组和燃气轮机组等。切除抽水蓄能机组和启动备用电源的动作频率可为 49.5Hz 左右。

5.5.1.3 当事故扰动引起地区大量失去电源（如 20%以上），低频减负荷不能有效防止频率严重下降时，应采用集中切除某些负荷的措施，以防止频率过度降低。集中切负荷的判据应反应受电联络线跳闸、大机组跳闸等，并按功率分挡联切负荷。

5.5.1.4 为了在系统频率降低时，减轻弱互联系统的相互影响，以及为了保证发电厂厂用电和其他重要用户的供电安全，在系统的适当地点应设置低频解列控制。

5.5.2 由于某种原因（联络线事故跳闸、失步解列等）有可能与主网解列的有功功率过剩的独立系统，特别是以水电为主并带有火电机组的系统，应设置自动限制频率升高的措施，保证电力系统：

a. 频率升高不致达到汽轮机危急保安器的动作频率。

b. 频率升高数值及持续时间不应超过汽轮机组（汽轮机叶片）特性允许的范围。限制频率升高控制装置可采用切除发电机或系统解列，例如将火电厂及与其大致平衡的负荷一起与系统其他部分解列。

5.5.3 为防止电力系统出现扰动后，无功功率欠缺或不平衡，某些节点的电压降到不允许的数值，甚至可能出现电压崩溃，应设置自动限制电压降低的紧急控制装置。

5.5.3.1 限制电压降低控制装置作用于增发无功功率（如发电机、调相机的强励，电容补偿装置强行补偿等）或减少无功功率需求（如切除并联电抗器切除负荷等）。

5.5.3.2 低电压减负荷控制作为自动限制电压降低和防止电压崩溃的重要措施，应根据无功功率和电压水平的分析结果在系统中妥善配置。低电压减负荷控制装置反应于电压降低及其持续时间，装置可按动作电压及时间分为若干级装置应在短路、自动重合闸及备用电源自动投入期间可靠不动作。

5.5.3.3 电力系统故障导致主网电压降低，在故障清除后主网电压不能及时恢复时，应闭锁供电变压器的带负荷自动切换抽头装置（OLTC）。

5.5.4 为防止电力系统出现扰动后，某些节点无功功率过剩而引起工频电压升高的数值及持续时间超过允许值，应设置自动防止电压升高的紧急控制。

5.5.4.1　限制电压升高控制装置应根据输电线路工频过电压的要求，装设于 330kV 及以上线路也可装设于长距离 220kV 线路上。

5.5.4.2　对于具有大量电缆线路的配电变电站，如突然失去负荷导致不允许的母线电压升高时宜设置限制电压升高的装置。

5.5.4.3　限制电压升高控制装置的动作时间可分为几段，例如，第 1 段投入并联电抗器，第 2 段切换其充电功率引起电压升高的线路。

5.6　自动调节励磁

5.6.1　发电机均应装设自动调节励磁装置。自动调节励磁装置应具备下列功能：

a. 励磁系统的电流和电压不大于 1.1 倍额定值的工况下，其设备和导体应能连续运行，励磁系统的短时过励磁时间应按照发电机励磁绕组允许的过负荷能力和发电机允许的过励磁特性限定。

b. 在电力系统发生故障时根据系统要求提供必要的强行励磁倍数，强励时间不小于 10s。

c. 在正常运行情况下按恒机端电压方式运行。

d. 在并列运行发电机之间按给定要求分配无功负荷。

e. 根据电力系统稳定要求加装电力系统稳定器（PPS）或其他有利于稳定的辅助控制。PSS 应配备必要的保护和限制器，并有必要的信号输入和输出接口。

f. 具有过励限制、低励磁限制、励磁过电流反时限和 V/F 限制等功能。

5.6.2　对发电机自动电压调节器及其控制的励磁系统性能应符合 GB/T 7409.1—7409.3 的规定，还应满足下列要求：

a. 大型发电机的自动电压调节器应具有下列性能：

1）应有两个独立的自动通道；

2）宜能实现与自动准同步装置（ASS）、数字式电液调节器（DEH）和分布式汽机控制系统 DCS 之间的通信；

3）应附有过励、低励、励磁过电流反时限制和 V/F 限制及保护装置最低励磁限制的动作应能先于励磁自动切换和失磁保护的动作；

4）应设有测量电压回路断相、触发脉冲丢失和强励时的就地和远方信号；

5）电压回路断相时应闭锁强励。

b. 励磁系统的自动电压调节器应配备励磁系统接地的自动检测器。

5.6.4　发电机的自动调节励磁装置应接到两组不同的机端电压互感器上。即励磁专用电压互感器和仪用测量电压互感器。

5.6.5　带冲击负荷的同步电动机宜装设自动调节励磁装置，不带冲击负荷的大型同步电动机也可装设自动调节励磁装置。

5.7　自动灭磁

5.7.1　自动灭磁装置应具有灭磁功能，并根据需要具备过电压保护功能。

5.7.2　在最严重的状态下灭磁时发电机转子过电压不应超过发电机转子额定励磁电压的 3～5 倍。

5.7.3　当灭磁电阻采用线性电阻时灭磁电阻值可为磁场电阻热态值的 2～3 倍。

5.7.4　转子过电压保护应简单可靠，动作电压应高于灭磁时的过电压值、低于发电机转子励磁额定电压的 5～7 倍。

5.7.5　同步电动机的自动灭磁装置应符合的要求，与同类型发电机相同。

6.4.2.1.2　故障录波器

【依据 1】《继电保护和安全自动装置技术规程》（GB/T 14285—2006）

5.8.1　为了分析电力系统事故及继电保护和安全自动装置在事故过程中的动作情况，以及为迅速判定线路故障点的位置在主要发电厂、220kV 及以上变电所和 110kV 重要变电所应装设专用故障记录装置。单机容量为 200MW 及以上的发电机或发电机–变压器组应装设专用故障记录装置。

【依据 2】《电力系统动态装置通用技术条件》(DL/T 553—2013)

5.1.1 装置应能完成线路、变压器、发电机–变压器组个侧断路器、隔离开关及继电保护的开关量和电气量的采集和记录、故障启动判别、信号转换等功能，对于线路，装置还应能记录高频信号量。3/2 接线方式下，装置具有信号合并能力，可将边、中开关电流合成线路电流。

5.1.2 装置应具有线路、变压器、发电机–变压器组的异常或故障数据的触发记录功能，当机组或电网发生大扰动时，能自动的对扰动的全过程要求进行触发记录，并当暂态过程结束后，自动停止触发记录。

【依据 3】《微机型发电机变压器故障录波装置技术要求》(GB/T 14598.301—2010)

4.6.1 装置应具有非故障启动的、数据记录频率不小于 1kHz 的连续录波功能，能完整记录电力系统大面积故障、系统振荡、电压崩溃等事件的全部数据，数据存储时间不小于 7 天。

4.6.2 装置应具有连续录波数据的扰动自动标记功能。当电网或发电机发生较大扰动时，装置能根据内置自动判据在连续录波数据上标记出扰动特征，以便于事件（扰动）提醒和数据检索。

【依据 4】《防止电力生产事故的二十五项重点要求》(国能安全〔2014〕161 号)

18.6.11 220kV 及以上电气模拟量必须接入故障录波器，发电厂发电机、变压器不仅录取各侧的电压、电流，还应录取公共绕组电流、中性点零序电流和中性点零序电压。所有保护出口信息、通道收发信情况及开关分合位情况等变位信息应全部接入故障录波器。

5.8 故障记录及故障信息管理

5.8.1 为了分析电力系统事故及继电保护和安全自动装置在事故过程中的动作情况以及为迅速判定线路故障点的位置，在主要发电厂、220kV 及以上变电所和 110kV 重要变电所应装设专用故障记录装置。单机容量为 200MW 及以上的发电机或发电机–变压器组应装设专用故障记录装置。

5.8.2 故障记录装置的构成可以是集中式也可以是分散式。

5.8.3 故障记录装置除应满足 DL/T 553 标准的规定外，还应满足下列技术要求：

5.8.3.1 分散式故障记录装置应由故障录波主站和数字数据采集单元（DAU）组成。DAU 应将故障记录传送给故障录波主站。

5.8.3.2 故障记录装置应具备外部起动的接入回路，每一 DAU 应能将起动信息传送给其他 DAU。

5.8.3.3 分散式故障记录装置的录波主站容量应能适应该厂站远期扩建的 DAU 的接入及故障分析处理。

5.8.3.4 故障记录装置应有必要的信号指示灯及告警信号输出接点。

5.8.3.5 故障记录装置应具有软件分析、输出电流及电压、有功、无功、频率、波形和故障测距的数据。

5.8.3.6 故障记录装置与调度端主站的通信宜采用专用数据网传输。

5.8.3.7 故障记录装置的远传功能除应满足数据传送要求外，还应满足：

a. 能以主动及被动方式、自动及人工方式传送数据；

b. 能实现远方起动录波；

c. 能实现远方修改定值及有关参数。

5.8.3.8 故障记录装置应能接收外部同步时钟信号（如 GPS 的 IRIG–B 时钟同步信号）进行同步的功能，全网故障录波系统的时钟误差应不大于 1ms，装置内部时钟 24h 误差应不大于±5s。

5.8.3.9 故障记录装置记录的数据输出格式应符合 IEC 60255–24 标准。

5.8.4 为使调度端能全面、准确、实时地了解系统事故过程中继电保护装置的动作行为，应逐步建立继电保护及故障信息管理系统。

5.8.4.1 继电保护及故障信息管理系统功能要求：

a. 系统能自动直接接收直调厂、站的故障录波信息和继电保护运行信息；

b. 能对直调厂、站的保护装置、故障录波装置进行分类查询、管理和报告提取等操作；

c. 能够进行波形分析、相序相量分析、谐波分析、测距、参数修改等；

d. 利用双端测距软件准确判断故障点给出巡线范围；

e. 利用录波信息分析电网运行状态及继电保护动作行为提出分析报告；

f. 子站端系统主要是完成数据收集和分类检出等工作，以提供调度端对数据分析的原始数据和事件记录量。

5.8.4.2 故障信息传送原则要求：

a. 全网的故障信息，必须在时间上同步。在每一事件报告中标定事件发生的时间。

b. 传送的所有信息均应采用标准规约。

6.4.2.1.3 运行工况

【依据】《防止电力生产事故的二十五项重点要求》（国能安全〔2014〕161 号）

18 防止继电保护事故

18.1 在一次系统规划建设中，应充分考虑继电保护的适应性，避免出现特殊接线方式造成继电保护配置及整定难度的增加，为继电保护安全可靠运行创造良好条件。

18.2 涉及电网安全、稳定运行的发电、输电、配电及重要用电设备的继电保护装置应纳入电网统一规划、设计、运行、管理和技术监督。

18.3 继电保护装置的配置和选型，必须满足有关规程规定的要求，并经相关继电保护管理部门同意。保护选型应采用技术成熟、性能可靠、质量优良的产品。

18.4 电力系统重要设备的继电保护应采用双重化配置。双重化配置的继电保护应满足以下基本要求：

18.4.1 依照双重化原则配置的两套保护装置，每套保护均应含有完整的主、后备保护，能反应被保护设备的各种故障及异常状态，并能作用于跳闸或给出信号；宜采用主、后一体的保护装置。

18.4.5 两套保护装置的交流电流应分别取自电流互感器互相独立的绕组；交流电压宜分别取自电压互感器互相独立的绕组，其保护范围应交叉重叠，避免死区。

18.4.6 两套保护装置的直流电源应取自不同蓄电池组供电的直流母线段。

18.4.8 双重化配置的两套保护装置之间不应有电气联系。与其他保护、设备（如通道、失灵保护等）配合的回路应遵循相互独立且相互对应的原则，防止因交叉停用导致保护功能的缺失。

18.4.9 采用双重化配置的两套保护装置应安装在各自保护柜内，并应充分考虑运行和检修时的安全性。

18.5 智能变电站的保护设计应遵循相关标准、规程和反事故措施的要求。

18.6 继电保护设计与选型时须注意以下问题：

18.6.1 保护装置直流空气开关、交流空气开关应与上一级开关及总路空气开关保持级差关系，防止由于下一级电源故障时，扩大失电元件范围。

18.6.2 继电保护及相关设备的端子排，宜按照功能进行分区、分段布置，正负电源之间、跳（合）闸引出线之间以及跳（合）闸引出线与正电源之间、交流电源与直流回路之间等应至少采用一个空端子隔开。

18.6.3 应根据系统短路容量合理选择电流互感器的容量、变比和特性，满足保护装置整定配合和可靠性的要求。新建和扩建工程宜选用具有多次级的电流互感器，优先选用贯穿（倒置）式电流互感器。

18.6.4 差动保护用电流互感器的相关特性宜一致。

18.6.5 应充分考虑电流互感器二次绕组合理分配，对确实无法解决的保护动作死区，在满足系统稳定要求的前提下，可采取启动失灵和远方跳闸等后备措施加以解决。

18.6.6 双母线接线变电站的母差保护、断路器失灵保护，除跳母联、分段的支路外，应经复合电压闭锁。

18.6.7　变压器、电抗器宜配置单套非电量保护，应同时作用于断路器的两个跳闸线圈。未采用就地跳闸方式的变压器非电量保护应设置独立的电源回路（包括直流空气小开关及其直流电源监视回路）和出口跳闸回路，且必须与电气量保护完全分开。当变压器、电抗器采用就地跳闸方式时，应向监控系统发送动作信号。

18.6.8　非电量保护及动作后不能随故障消失而立即返回的保护（只能靠手动复位或延时返回），不应启动失灵保护。

18.6.10　线路纵联保护应优先采用光纤通道。双回线路采用同型号纵联保护，或线路纵联保护采用双重化配置时，在回路设计和调试过程中应采取有效措施防止保护通道交叉使用。分相电流差动保护应采用同一路由收发、往返延时一致的通道。

18.6.11　220kV 及以上电气模拟量必须接入故障录波器，发电厂发电机、变压器不仅录取各侧的电压、电流，还应录取公共绕组电流、中性点零序电流和中性点零序电压。所有保护出口信息、通道收发信情况及开关分合位情况等变位信息应全部接入故障录波器。

18.6.12　对闭锁式纵联保护，“其他保护停信”回路应直接接入保护装置，而不应接入收发信机。

18.6.13　220kV 及以上电压等级的线路保护应采取措施，防止由于零序功率方向元件的电压死区导致零序功率方向纵联保护拒动。

18.6.14　发电厂升压站监控系统的电源、断路器控制回路及保护装置电源，应取自升压站配置的独立蓄电池组。

18.6.15　发电机–变压器组的阻抗保护须经电流元件（如电流突变量、负序电流等）启动，在发生电压二次回路失压、断线以及切换过程中交流或直流失压等异常情况时，阻抗保护应具有防止误动措施。

18.6.17　采用零序电压原理的发电机匝间保护应设有负序功率方向闭锁元件。

18.6.18　并网发电厂均应制定完备的发电机带励磁失步振荡故障的应急措施。

18.6.19　发电机的失磁保护应使用能正确区分短路故障和失磁故障的、具备复合判据的方案。应仔细检查和校核发电机失磁保护的整定范围和低励限制特性，防止发电机进相运行时发生误动作。

18.6.22　发电厂的辅机设备及其电源在外部系统发生故障时，应具有一定的抵御事故能力，以保证发电机在外部系统故障情况下的持续运行。

18.7　继电保护二次回路应注意以下问题：

18.7.1　装设静态型、微机型继电保护装置和收发信机的厂、站接地电阻应按《计算机场地通用规范》（GB/T 2887—2011）和《计算机场地安全要求》（GB 9361—2011）规定；上述设备的机箱应构成良好电磁屏蔽体，并有可靠的接地措施。

18.7.2　电流互感器的二次绕组及回路，必须且只能有一个接地点。当差动保护的各组电流回路之间因没有电气联系而选择在开关场就地接地时，须考虑由于开关场发生接地短路故障，将不同接地点之间的地电位差引至保护装置后所带来的影响。来自同一电流互感器二次绕组的三相电流线及其中性线必须置于同一根二次电缆。

18.7.3　公用电压互感器的二次回路只允许在控制室内有一点接地，为保证接地可靠，各电压互感器的中性线不得接有可能断开的开关或熔断器等。已在控制室一点接地的电压互感器二次绕组，宜在开关场将二次绕组中性点经放电间隙或氧化锌阀片接地，其击穿电压峰值应大于 300V（为电网接地故障时通过变电站的可能最大接地电流有效值，单位为 kA）。应定期检查放电间隙或氧化锌阀片，防止造成电压二次回路多点接地的现象。

18.7.4　来自同一电压互感器二次绕组的三相电压线及其中性线必须置于同一根二次电缆，不得与其他电缆共用。来自同一电压互感器三次绕组的两（或三）根引入线必须置于同一根二次电缆，不得与其他电缆共用。应特别注意：电压互感器三次绕组及其回路不得短路。

18.7.5　交流电流和交流电压回路、交流和直流回路、强电和弱电回路，均应使用各自独立的电缆。

18.7.6　严格执行有关规程、规定及反事故措施，防止二次寄生回路的形成。

18.7.7　直接接入微机型继电保护装置的所有二次电缆均应使用屏蔽电缆，电缆屏蔽层应在电缆两端可靠接地。严禁使用电缆内的空线替代屏蔽层接地。

18.7.8　对经长电缆跳闸的回路，应采取防止长电缆分布电容影响和防止出口继电器误动的措施。在运行和检修中应严格执行有关规程、规定及反事故措施，严格防止交流电压、电流串入直流回路。

18.7.9　如果断路器只有一组跳闸线，失灵保护装置工作电源应与相对应的断路器操作电源取自不同的直流电源系统。

18.7.10　主设备非电量保护应防水、防震、防油渗漏、密封性好。气体继电器至保护柜的电缆应尽量减少中间转接环节。

18.7.11　保护室与通信室之间信号优先采用光缆传输。若使用电缆，应采用双绞双屏蔽电缆并可靠接地。

18.8　应采取有效措施防止空间磁场对二次电缆的干扰，应根据开关场和一次设备安装的实际情况，敷设与厂、站主接地网紧密连接的等电位接地网。等电位接地网应满足以下要求：

18.8.1　应在主控室、保护室、敷设二次电缆的沟道、开关场的就地端子箱及保护用结合滤波器等处，使用截面面积不小于 100mm^2 的裸铜排（缆）敷设与主接地网紧密连接的等电位接地网。

18.8.2　在主控室、保护室柜屏下层的电缆室（或电缆沟道）内，按柜屏布置的方向敷设 100mm^2 的专用铜排（缆），将该专用铜排（缆）首末端连接，形成保护室内的等电位接地网。保护室内的等电位接地网与厂、站的主接地网只能存在唯一连接点，连接点位置宜选择在保护室外部电缆沟道的入口处。为保证连接可靠，连接线必须用至少 4 根以上、截面面积不小于 50m 的铜缆（排）构成共点接地。

18.8.3　沿开关场二次电缆的沟道敷设截面面积不少于 100mm^2 的铜排（缆），并在保护室（控制室）及开关场的就地端子箱处与主接地网紧密连接，保护室（控制室）的连接点宜设在室内等电位接地网与厂、站主接地网连接处。

18.8.4　由开关场的变压器、断路器、隔离开关和电流、电压互感器等设备至开关场就地端子箱之间的二次电缆应经金属管从一次设备的接线盒（箱）引至电缆沟，并将金属管的上端与上述设备的底座和金属外壳良好焊接，下端就近与主接地网良好焊接。上述二次电缆的屏蔽层在就地端子箱处单端使用截面面积不小于 4mm^2 多股铜质软导线可靠连接至等电位接地网的铜排上，在一次设备的接线盒（箱）处不接地。

18.8.5　采用电力载波作为纵联保护通道时，应沿高频电缆敷设 100mm^2 铜导线，在结合滤波器处，该铜导线与高频电缆屏蔽层相连且与结合滤波器一次接地引下线隔离，铜导线及结合滤波器二次的接地点应设在距结合滤波器一次接地引下线入地点 3、5m 处；铜导线的另一端应与保护室的等电位地网可靠连接。

18.9　新建、扩、改建工程与验收工作中应注意的问题：

18.9.1　应从保证设计、调试和验收质量的要求出发，合理确定新建、扩建、技改工程工期。基建调试应严格按照规程规定执行，不得为赶工期减少调试项目，降低调试质量。

18.9.2　新建、扩、改建工程除完成各项规定的分步试验外，还必须进行所有保护整组检查，模拟故障检查保护连接片的唯一对应关系，模拟闭锁触点动作或断开来检查其唯一对应关系，避免有任何寄生回路存在。

18.9.3　双重化配置的保护装置整组传动验收时，应采用同一时刻，模拟相同故障性质（故障类型相同，故障量相别、幅值、相位相同）的方法，对两套保护同时进行作用于两组跳闸线圈的试验。

18.9.4　所有差动保护（线路、母线、变压器、电抗器、发电机等）在投入运行前，除应在能够保证互感器与测量仪表精度的负荷电流条件下，测定相回路和差回路外，还必须测量各中性线的不平衡电流、电压，以保证保护装置和二次回路接线的正确性。

18.9.5 新建、扩、改建工程的相关设备投入运行后，施工（或调试）单位应按照约定及时提供完整的一二次设备安装资料及调试报告，并应保证图纸与实际投入运行设备相符。

18.9.6 验收方应根据有关规程、规定及反措要求制定详细的验收标准。新设备投产前应认真编写保护启动方案，做好事故预想，确保新投设备发生故障能可靠被切除。

18.9.7 新建、扩、改建工程中应同步建设或完善继电保护故障信息管理系统，并严格执行国家有关网络安全的相关规定。

18.10 继电保护定值与运行管理工作中应注意的问题：

18.10.1 依据电网结构和继电保护配置情况，按相关规定进行继电保护的整定计算。当灵敏性与选择性难以兼顾时，应首先考虑以保灵敏度为主，防止保护拒动，并备案报主管领导批准。

18.10.2 发电企业应按相关规定进行继电保护整定计算，并认真校核与系统保护的配合关系。加强对主设备及厂用系统的继电保护整定计算与管理工作，安排专人每年对所辖设备的整定值进行全面复算和校核，注意防止因厂用系统保护不正确动作，扩大事故范围。

18.10.4 过激磁保护的启动元件、反时限和定时限应能分别整定，其返回系数不宜低于 0.96。整定计算应全面考虑主变压器及高压厂用变压器的过励磁能力，并与励磁调节器 V/Hz 限制特性相配合，按励磁调节器 V/Hz 限制首先动作，再由过激磁保护动作的原则进行整定和校核。

18.10.5 发电机负序电流保护应根据制造厂提供的负序电流暂态限值（A 值）进行整定，并留有一定裕度。发电机保护启动失灵保护的零序或负序电流判别元件灵敏度应与发电机负序电流保护相配合。

18.10.6 发电机励磁绕组过负荷保护应投入运行，且与励磁调节器过励磁限制相配合。

18.10.7 严格执行工作票制度和二次工作安全措施票制度，规范现场安全措施，防止继电保护“三误”事故。相关专业人员在继电保护回路工作时，必须遵守继电保护的有关规定。

18.10.8 微机型继电保护及安全自动装置的软件版本和结构配置文件修改、升级前，应对其书面说明材料及检测报告进行确认，并对原运行软件和结构配置文件进行备份。修改内容涉及测量原理、判据、动作逻辑或变动较大的，必须提交全面检测认证报告。保护软件及现场二次回路变更须经相关保护管理部门同意并及时修订相关的图纸资料。

18.10.9 加强继电保护装置运行维护工作。装置检验应保质保量，严禁超期和漏项，应特别加强对基建投产设备及新安装装置在一年内的全面校验，提高继电保护设备健康水平。

18.10.10 配置足够的保护备品、备件，缩短继电保护缺陷处理时间。微机保护装置的开关电源模件宜在运行 6 年后予以更换。

18.10.11 加强继电保护试验仪器、仪表的管理工作，每 1、2 年应对微机型继电保护试验装置进行一次全面检测，确保试验装置的准确度及各项功能满足继电保护试验的要求，防止因试验仪器、仪表存在问题而造成继电保护误整定、误试验。

18.10.12 继电保护专业和通信专业应密切配合，加强对纵联保护通道设备的检查，重点检查是否设定了不必要的收、发信环节的延时或展宽时间。注意校核继电保护通信设备（光纤、微波、载波）传输信号的可靠性和冗余度及通道传输时间，防止因通信问题引起保护不正确动作。

18.10.13 未配置双套母差保护的变电站，在母差保护停用期间应采取相应措施，严格限制母线侧隔离开关的倒闸操作，以保证系统安全。

18.10.14 针对电网运行工况，加强备用电源自动投入装置的管理，定期进行传动试验，保证事故状态下投入成功率。

18.10.15 在电压切换和电压闭锁回路，断路器失灵保护，母线差动保护，远跳、远切、联切回路以及“和电流”等接线方式有关的二次回路上工作时，以及 3/2 断路器接线等主设备检修而相邻断路器仍需运行时，应特别认真做好安全隔离措施。

18.10.16 新投运或电流、电压回路发生变更的 220kV 及以上保护设备，在第一次经历区外故障后，宜通过打印保护装置和故障录波器报告的方式校核保护交流采样值、收发信开关量、功率方向以及差动保护差流值的正确性。

6.4.2.1.4　运行规程

6.4.2.2　反措管理

6.4.2.2.1　反措项目条款的排查及管理台账

【依据】《电力系统继电保护及安全自动装置反事故措施管理规定》（调网〔1994〕143号）

2.7　各级继电保护主管部门，应根据电网运行需要，及时地、有针对性地、有依据地组织反措（或实施细则）的修订、补充或废止，并需履行正式审批手续，报上级管理部门核备。

6.4.2.2.2　补充反措项目的落实

【依据】《电力系统继电保护及安全自动装置反事故措施管理规定》（调网〔1994〕143号）

3.1　各单位根据上级颁发的反措要求，分轻重缓急制定具体的实施计划，反措项目一经确定，应严格按期完成，各单位都应维护执行反措计划的严肃性。

6.4.2.2.3　防止继电保护“三误”（误碰、误接线、误整定）事故的反措

6.4.2.3　保护装置的抗干扰性能和装置箱体、保护屏的接地

【依据1】同6.4.2.1.1查评依据中18.7.1。

【依据2】《国家电网公司十八项电网重大反事故措施》（国家电网生〔2012〕352号）

5.1.1.7　继电保护及安全自动装置应选用抗干扰能力符合有关规程规定的产品，在保护装置内，直跳回路开入量应设置必要的延时防抖回路，防止由于开入量的短暂干扰造成保护装置误动出口。

6.4.2.4　定期检验

6.4.2.4.1　检验计划及落实

【依据1】《继电保护和安全自动装置运行管理规程》（DL/T 587—2016）

7.1　微机继电保护装置检验时，应认真执行DL/T 995及有关微机继电保护装置检验规程、反事故措施和现场工作保安规定。

7.7　微机继电保护装置检验应做好记录，检验完毕后应向运行人员交代有关事项，及时整理检验报告，保留好原始记录。

【依据2】《继电保护和电网安全自动装置检验规程》（DL/T 995—2006）

4.2　定期检验的内容与周期

4.2.1　定期检验应根据本标准所规定的周期、项目及各级主管部门批准执行的标准化作业指导书的内容进行。

4.2.2　定期检验周期计划的制订应综合考虑所辖设备的电压等级及工况，按本标准要求的周期、项目进行。在一般情况下，定期检验应尽可能配合在一次设备停电检修期间进行。220kV 电压等级及以上继电保护装置的全部检验及部分检验周期表见表1和表2，电网安全自动装置的定期检验参照微机型继电保护装置的定期检验周期进行。

4.2.3　制定部分检验周期计划时，装置的运行维护部门可视装置的电压等级、制造质量、运行工况、运行环境与条件，适当缩短其检验周期，增加检验项目。

a）新安装装置投运后一年内必须进行第一次全部检验。在装置第二次全部检验后，若发现装置运行情况较差或已暴露出了需予以监督的缺陷，可考虑适当缩短部分检验周期，并有目的、有重点地选择检验项目。

b）110kV 电压等级的微机型装置宜每2～4年进行一次部分检验，每6年一次全部检验；非微机型装置参照220kV及以上电压等级同类装置的检验周期。

c）利用装置进行断路器的跳、合闸试验宜与一次设备检修结合进行。必要时，可进行补充检验。

表1 全部检验周期表

<table>
<tr><th>编号</th><th>设备类型</th><th>全部检验周期（年）</th><th>定义范围说明</th></tr>
<tr><td>1</td><td>微机型装置</td><td>6</td><td rowspan="2">包括装置引入端子外的交、直流及操作回路以及涉及的辅助继电器、操动机构的辅助触点、直流控制回路的自动开关等</td></tr>
<tr><td>2</td><td>非微机型装置</td><td>4</td></tr>
<tr><td>3</td><td>保护专用光纤通道，复用光纤或微波连接</td><td>6</td><td>指站端保护装置连接用光纤通道及光电转换装置</td></tr>
<tr><td>4</td><td>保护用载波通道的加工设备（包含与通信复用、电网安全自动装置合用且由其他部门负责维护的设备）</td><td>6</td><td>涉及如下相应的加工设备：高频电缆、结合滤波器、差接网络、分频器</td></tr>
</table>

表2 部分检验周期表

<table>
<tr><th>编号</th><th>设备类型</th><th>部分检验周期（年）</th><th>定义范围说明</th></tr>
<tr><td>1</td><td>微机型装置</td><td>2～3</td><td rowspan="2">包括装置引入端子外的交、直流及操作回路以及涉及的辅助继电器、操动机构的辅助触点、直流控制回路的自动开关等</td></tr>
<tr><td>2</td><td>非微机型装置</td><td>1</td></tr>
<tr><td>3</td><td>保护专用光纤通道，复用光纤或微波连接</td><td>2～3</td><td>指光头擦拭、收信裕度测试等</td></tr>
<tr><td>4</td><td>保护用载波通道的加工设备（包含与通信复用、电网安全自动装置合用且由其他部门负责维护的设备）</td><td>2～3</td><td>指传输衰耗、收信裕度测试等</td></tr>
</table>

4.2.4 母线差动保护、断路器失灵保护及电网安全自动装置中投切发电机组、切除负荷、切除线路或变压器的跳合断路器试验，允许用导通方法分别证实至每个断路器接线的正确性。

4.3 补充检验的内容

4.3.1 因检修或更换一次设备（断路器、电流和电压互感器等）所进行的检验，应由基层单位继电保护部门根据一次设备检修（更换）的性质，确定其检验项目。

4.3.2 运行中的装置经过较大的更改或装置的二次回路变动后，均应由基层单位继电保护部门进行检验，并按其工作性质，确定其检验项目。

4.3.3 凡装置发生异常或装置不正确动作且原因不明时，均应由基层单位继电保护部门根据事故情况，有目的地拟定具体检验项目及检验顺序，尽快进行事故后检验。检验工作结束后，应及时提出报告，按设备调度管辖权限上报备查。

6.2 二次回路检验

6.2.1 在被保护设备的断路器、电流互感器以及电压回路与其他单元设备的回路完全断开后方可进行。

6.2.2 电流互感器二次回路检查

6.2.2.1 检查电流互感器二次绕组所有二次接线的正确性及端子排引线螺钉压接的可靠性。

6.2.2.2 检查电流二次回路的接地点与接地状况，电流互感器的二次回路必须分别且只能有一点接地。

由几组电流互感器二次组合的电流回路，应在有直接电气连接处一点接地。

6.2.3 电压互感器二次回路检查

6.2.3.1 检查电压互感器二次、三次绕组的所有二次回路接线的正确性及端子排引线螺钉压接的可靠性。

6.2.3.2 经控制室零相小母线（N600）连通的几组电压互感器二次回路，只应在控制室将N600一点接地，各电压互感器二次中性点在开关场的接地点应断开；为保证接地可靠，各电压互感器的中性线不得接有可能断开的熔断器（自动开关）或接触器等。独立的、与其他互感器二次回路没有直接电气联系的二次回路，可以在控制室也可以在开关场实现一点接地。来自电压互感器二次回路的 4 根开关场引入线和互感器三次回路的 2（3）根开关场引入线必须分开，不得共用。

6.2.3.3 检查电压互感器二次中性点在开关场的金属氧化物避雷器的安装是否符合规定。

6.2.3.4 检查电压互感器二次回路中所有熔断器（自动开关）的装设地点、熔断（脱扣）电流是否合适（自动开关的脱扣电流需通过试验确定）、质量是否良好，能否保证选择性，自动开关线圈阻抗值是否合适。

6.2.3.5 检查串联在电压回路中的熔断器（自动开关）、隔离开关及切换设备触点接触的可靠性。

6.2.3.6 测量电压回路自互感器引出端子到配电屏电压母线的每相直流电阻，并计算电压互感器在额定容量下的压降，其值不应超过额定电压的 3%。

6.2.4 二次回路绝缘检查

在对二次回路进行绝缘检查前，必须确认被保护设备的断路器、电流互感器全部停电，交流电压回路已在电压切换把手或分线箱处与其他单元设备的回路断开，并与其他回路隔离完好后，才允许进行。在进行绝缘测试时，应注意：

（1）试验线连接要紧固。

（2）每进行一项绝缘试验后，须将试验回路对地放电。

（3）对母线差动保护，断路器失灵保护及电网安全自动装置，如果不可能出现被保护的所有设备都同时停电的机会时，其绝缘电阻的检验只能分段进行，即哪一个被保护单元停电，就测定这个单元所属回路的绝缘电阻。

6.2.4.1 新安装装置的验收试验时，从保护屏柜的端子排处将所有外部引入的回路及电缆全部断开，分别将电流、电压、直流控制、信号回路的所有端子各自连接在一起，用 1000V 绝缘电阻表测量下列绝缘电阻，其阻值均应大于 10MΩ。

（1）各回路对地；

（2）各回路相互间。

6.2.4.2 定期检验时，在保护屏柜的端子排处将所有电流、电压、直流控制回路的端子的外部接线拆开，并将电压、电流回路的接地点拆开，用 1000V 绝缘电阻表测量回路对地的绝缘电阻，其绝缘电阻应大于 1MΩ。

6.2.4.3 对使用触点输出的信号回路，用 1000V 绝缘电阻表测量电缆每芯对地及对其他各芯间的绝缘电阻，其绝缘电阻应不小于 1MΩ。定期检验只测量芯线对地的绝缘电阻。

6.2.4.4 对采用金属氧化物避雷器接地的电压互感器的二次回路，需检查其接线的正确性及金属氧化物避雷器的工频放电电压。

定期检查时可用绝缘电阻表检验金属氧化物避雷器的工作状态是否正常。一般当用 1000V 绝缘电阻表时，金属氧化物避雷器不应击穿；而用 2500V 绝缘电阻表时，则应可靠击穿。

6.2.5 新安装二次回路的验收检验

6.2.5.1 对回路的所有部件进行观察、清扫与必要的检修及调整。所述部件包括：与装置有关的操作把手、按钮、插头、灯座、位置指示继电器、中央信号装置及这些部件回路中端子排、电缆、熔断器等。

6.2.5.2 利用导通法依次经过所有中间接线端子，检查由互感器引出端子箱到操作屏柜、保护屏柜、自动装置屏柜或至分线箱的电缆回路及电缆芯的标号，并检查电缆簿的填写是否正确。

6.2.5.3 当设备新投入或接入新回路时，核对熔断器（自动开关）的额定电流是否与设计相符或与所接入的负荷相适应，并满足上下级之间的配合。

6.2.5.4 检查屏柜上的设备及端子排上内部、外部连线的接线应正确，接触应牢靠，标号应完整准确，且应与图纸和运行规程相符合。检查电缆终端和沿电缆敷设路线上的电缆标牌是否正确完整，并应与设计相符。

6.2.5.5 检验直流回路确实没有寄生回路存在。检验时应根据回路设计的具体情况，用分别断开回路的一些可能在运行中断开（如熔断器、指示灯等）的设备及使回路中某些触点闭合的方法来检验。

每一套独立的装置，均应有专用于直接到直流熔断器正负极电源的专用端子对，这一套保护的全部直流回路包括跳闸出口继电器的线圈回路，都必须且只能从这一对专用端子取得直流的正、负电源。

6.2.5.6　信号回路及设备可不进行单独的检验。

6.2.6　断路器、隔离开关及二次回路的检验

6.2.6.1　断路器及隔离开关中的一切与装置二次回路有关的调整试验工作，均由管辖断路器、隔离开关的有关人员负责进行。继电保护检验人员应了解掌握有关设备的技术性能及其调试结果，并负责检验自保护屏柜引至断路器（包括隔离开关）二次回路端子排处有关电缆线连接的正确性及螺钉压接的可靠性。

6.2.6.2　继电保护人员还应了解以下内容：

（1）断路器的跳闸线圈及合闸线圈的电气回路接线方式（包括防止断路器跳跃回路、三相不一致回路等措施）；

（2）与保护回路有关的辅助触点的开、闭情况，切换时间，构成方式及触点容量；

（3）断路器二次操作回路中的气压、液压及弹簧压力等监视回路的工作方式；

（4）断路器二次回路接线图；

（5）断路器跳闸及合闸线圈的电阻值及在额定电压下的跳、合闸电流；

（6）断路器跳闸电压及合闸电压，其值应满足相关规程的规定；

（7）断路器的跳闸时间、合闸时间以及合闸时三相触头不同时闭合的最大时间差，应不大于规定值。

6.2.7　新安装或经更改的电流、电压回路，应直接利用工作电压检查电压二次回路，利用负荷电流检查电流二次回路接线的正确性。

6.3　屏柜及装置检验

6.3.1　检验时须注意如下问题以避免装置内部元器件损坏：

6.3.1.1　断开保护装置的电源后才允许插、拔插件，且必须有防止因静电损坏插件的措施。

6.3.1.2　调试过程中发现有问题要先找原因，不要频繁更换芯片。必须更换芯片时，要用专用起拔器。应注意芯片插入的方向，插入芯片后需经第二人检查无误后，方可通电检验或使用。

6.3.1.3　检验中尽量不使用烙铁，如元件损坏等必须在现场进行焊接时，要用内热式带接地线烙铁或烙铁断电后再焊接。所替换的元件必须使用制造厂确认的合格产品。

6.3.1.4　用具有交流电源的电子仪器（如示波器、频率计等）测量电路参数时，电子仪器测量端子与电源侧绝缘必须良好，仪器外壳应与保护装置在同一点接地。

6.3.2　装置外部检查：

6.3.2.1　装置的实际构成情况，如：装置的配置、装置的型号、额定参数（直流电源额定电压、交流额定电流、电压等）是否与设计相符合。

6.3.2.2　主要设备、辅助设备的工艺质量，以及导线与端子采用材料的质量。

装置内部的所有焊接点、插件接触的牢靠性等属于制造工艺质量的问题，主要依靠制造厂负责保证产品质量。进行新安装装置的检验时，试验人员只作抽查。

6.3.2.3　屏柜上的标志应正确完整清晰，并与图纸和运行规程相符。

6.3.2.4　检查安装在装置输入回路和电源回路的减缓电磁干扰器件和措施应符合相关标准和制造厂的技术要求。在装置检验的全过程应保持这些减缓电磁干扰器件和措施处于良好状态。

6.3.2.5　应将保护屏柜上不参与正常运行的连接片取下，或采取其他防止误投的措施。

6.3.2.6　定期检验的主要检查项目：

（1）检查装置内、外部是否清洁无积尘，清扫电路板及屏柜内端子排上的灰尘。

（2）检查装置的小开关、拨轮及按钮是否良好；显示屏是否清晰，文字清楚。

（3）检查各插件印刷电路板是否有损伤或变形，连线是否连接好。

（4）检查各插件上元件是否焊接良好，芯片是否插紧。

（5）检查各插件上变换器、继电器是否固定好，有无松动。

（6）检查装置横端子排螺钉是否拧紧，后板配线连接是否良好。

（7）按照装置技术说明书描述的方法，根据实际需要，检查、设定并记录装置插件内的选择跳线和拨动开关的位置。

6.3.3　绝缘试验：

6.3.3.1　仅在新安装装置的验收检验时进行绝缘试验。

6.3.3.2　按照装置技术说明书的要求拔出插件。

6.3.3.3　在保护屏柜端子排内侧分别短接交流电压回路端子、交流电流回路端子、直流电源回路端子、跳闸和合闸回路端子、开关量输入回路端子、厂站自动化系统接口回路端子及信号回路端子。

6.3.3.4　断开与其他保护的弱电联系回路。

6.3.3.5　将打印机与装置连接断开。

6.3.3.6　装置内所有互感器的屏蔽层应可靠接地。在测量某一组回路对地绝缘电阻时，应将其他各组回路都接地。

6.3.3.7　用500V绝缘电阻表测量绝缘电阻值，要求阻值均大于20MΩ。测试后，应将各回路对地放电。

6.3.4　上电检查：

6.3.4.1　打开装置电源，装置应能正常工作。

6.3.4.2　按照装置技术说明书描述的方法，检查并记录装置的硬件和软件版本号、校验码等信息。

6.3.4.3　校对时钟。

6.3.5　逆变电源检查：

6.3.5.1　对于微机型装置，要求插入全部插件。

6.3.5.2　有检测条件时，应测量逆变电源的各级输出电压值。测量结果应符合DL/T 527—2002《静态继电保护逆变电源技术条件》。

定期检验时只测量额定电压下的各级输出电压的数值。必要时测量外部直流电源在最高和最低电压下的保护电源各级输出电压的数值。

6.3.5.3　直流电源缓慢上升时的自启动性能检验建议采用以下方法：合上装置逆变电源插件上的电源开关，试验直流电源由零缓慢上升至80%额定电压值，此时逆变电源插件面板上的电源指示灯应亮。固定试验直流电源为80%额定电压值，拉合直流开关，逆变电源应可靠启动。

6.3.5.4　定期检验时还应检查逆变电源是否达到DL/T 527—2002《静态继电保护逆变电源技术条件》所规定的使用年限。

6.3.6　开关量输入回路检验：

6.3.6.1　新安装装置的验收检验时：

（1）在保护屏柜端子排处，按照装置技术说明书规定的试验方法，对所有引入端子排的开关量输入回路依次加入激励量，观察装置的行为。

（2）按照装置技术说明书所规定的试验方法，分别接通、断开连接片及转动把手，观察装置的行为。

6.3.6.2　全部检验时，仅对已投入使用的开关量输入回路依次加入激励量，观察装置的行为。

6.3.6.3　部分检验时，可随装置的整组试验一并进行。

6.3.7　输出触点及输出信号检查：

6.3.7.1　新安装装置的验收检验时：

在装置屏柜端子排处，按照装置技术说明书规定的试验方法，依次观察装置所有输出触点及输出信号的通断状态。

6.3.7.2 全部检验时，在装置屏柜端子排处，按照装置技术说明书规定的试验方法，依次观察装置已投入使用的输出触点及输出信号的通断状态。

6.3.7.3 部分检验时，可随装置的整组试验一并进行。

6.3.8 在6.3.6～6.3.7检验项目中，如果几种保护共用一组出口连接片或共用同一告警信号时，应将几种保护分别传动到出口连接片和保护屏柜端子排。如果几种保护共用同一开入量，应将此开入量分别传动至各种保护。

6.3.9 模数变换系统检验

6.3.9.1 检验零点漂移。进行本项目检验时，要求装置不输入交流电流、电压量。观察装置在一段时间内的零漂值满足装置技术条件的规定。

6.3.9.2 各电流、电压输入的幅值和相位精度检验。

（1）新安装装置的验收检验时，按照装置技术说明书规定的试验方法，分别输入不同幅值和相位的电流、电压量，观察装置的采样值满足装置技术条件的规定。

（2）全部检验时，可仅分别输入不同幅值的电流、电压量。

（3）部分检验时，可仅分别输入额定电流、电压量。

6.4 整定值的整定及检验

6.4.1 整定值的整定检验是指将装置各有关元件的动作值及动作时间按照定值通知单进行整定后的试验。该项试验在屏柜上每一元件检验完毕之后才可进行。具体的试验项目、方法、要求视构成原理而异，一般须遵守如下原则：

6.4.1.1 每一套保护应单独进行整定检验，试验接线回路中的交、直流电源及时间测量连线均应直接接到被试保护屏柜的端子排上。交流电压、电流试验接线的相对极性关系应与实际运行接线中电压、电流互感器接到屏柜上的相对相位关系（折算到一次侧的相位关系）完全一致。

6.4.1.2 在整定检验时，除所通入的交流电流、电压为模拟故障值并断开断路器的跳、合闸回路外，整套装置应处于与实际运行情况完全一致的条件下，而不得在试验过程中人为地予以改变。

6.4.1.3 装置整定的动作时间为自向保护屏柜通入模拟故障分量（电流、电压或电流及电压）至保护动作向断路器发出跳闸脉冲的全部时间。

6.4.1.4 电气特性的检验项目和内容应根据检验的性质，装置的具体构成方式和动作原理拟定。

检验装置的特性时，在原则上应符合实际运行条件，并满足实际运行的要求。每一检验项目都应有明确的目的，或为运行所必须，或用以判别元件、装置是否处于良好状态和发现可能存在的缺陷等。

6.4.2 在定期检验及新安装装置的验收检验时，装置的整定检验要求如下：

6.4.2.1 新安装装置的验收检验时，应按照定值通知单上的整定项目，依据装置技术说明书或制造厂推荐的试验方法，对保护的每一功能元件进行逐一检验。

6.4.2.2 在全部检验时，对于由不同原理构成的保护元件只需任选一种进行检查。建议对主保护的整定项目进行检查，后备保护如相间Ⅰ、Ⅱ、Ⅲ段阻抗保护只需选取任一整定项目进行检查。

6.4.2.3 部分检验时，可结合装置的整组试验一并进行。

【依据3】《防止电力生产事故的二十五项重点要求》（国能安全〔2014〕161号）

18.10.9 加强继电保护装置运行维护工作。装置检验应保质保量，严禁超期和漏项，应特别加强对基建投产设备及新安装装置在一年内的全面校验，提高继电保护设备健康水平。

【依据4】《国家电网公司发电厂重大反事故措施》（国家电网生〔2007〕883号）

16.5.1 发电机主保护、变压器主保护、母线保护、断路器失灵保护、安全自动装置等重要保护运行一年后应进行全部检验，严禁超期和漏项。

6.4.2.4.2　检验规程（条例）

【依据】《继电保护及电网安全自动装置检验规程》（DL/T 995—2006）

6.4.2.5　二次回路和投入试验

6.4.2.5.1　电压互感器检测及定相试验

6.4.2.5.2　差动保护和方向性保护二次回路接线的检验

6.4.2.5.1、6.4.2.5.2 查评依据如下：

【依据】《继电保护及电网安全自动装置检验规程》（DL/T 995—2006）

6.1.2　电流、电压互感器安装竣工后，继电保护检验人员应进行下列检查：

6.1.2.1　电流、电压互感器的变比、容量、准确级必须符合设计要求。

6.1.2.2　测试各绕组间的极性关系，核对铭牌上的极性标志是否正确。检查互感器各次绕组的连接方式及其极性关系是否与设计符合，相别标识是否正确。

6.1.2.3　有条件时，可自电流互感器的一次分相通入电流，检查工作抽头的变化及回路是否正确。

6.2.2.1　检查电流互感器二次绕组所有二次接线的正确性及端子排引线螺钉压接的可靠性。

6.2.2.2　检查电流二次回路的接地点与接地情况，电流互感器的二次回路必须分别且只能有一点接地。

6.2.3.1　检查电压互感器二次、三次绕组的所有二次回路接线的正确性及端子排引线螺钉压接的可靠性。

6.2.3.3　检查互感器二次中性点的金属氧化物避雷器的安装是否符合规定。

6.4.2.5.3　星形接线的差动保护二次中性线不平衡电流

【依据】《防止电力生产事故的二十五项重点要求》（国能安全〔2014〕161 号）

18.9.4　所有差动保护（线路、母线、变压器、电抗器、发电机等）在投入运行前，除应在能够保证互感器与测量仪表精度的负荷电流条件下，测定相回路和差回路外，还必须测量各中性线的不平衡电流、电压，以保证保护装置和二次回路接线的正确性。

6.4.2.5.4　在 80%直流额定电压下工作状况

【依据】《继电保护及电网安全自动装置检验规程》（DL/T 995—2006）

6.3.5.3　直流电源缓慢上升时的自启动性能检验，建议采用以下方法：合上装置逆变电源插件上的电源开关，试验直流电源由零缓慢上升至 80%额定电压值，此时逆变电源插件面板上的电源指示灯应亮。固定试验直流电源为 80%额定电压值拉合直流开关逆变电源应可靠启动。

6.4.2.6　保护技术参数测试

6.4.2.7　电压互感器、电流互感器（包括中间变流器）校验

6.4.2.6、6.4.2.7 查评依据如下：

【依据 1】《继电保护及电网安全自动装置检验规程》（DL/T 995—2006）

6.1.1　新安装电流、电压互感器及其回路的验收检验。

检查电流、电压互感器的铭牌参数是否完整，出厂合格证及试验资料是否齐全。如缺乏上述数据时应由有关制造厂或基建、生产单位的试验部门提供下列试验资料：

a）所有绕组的极性；

b）所有绕组及其抽头的变比；

c）电压互感器在各使用容量下的准确级；

d）电流互感器各绕组的准确级、容量及内部安装位置；

e）二次绕组的直流电阻（各抽头）；

f）电流互感器各绕组的伏安特性。

6.1.2.4　自电流互感器的二次端子箱处向负载端通入交流电流，测定回路的压降，计算电流回路每相与中性线及相间的阻抗。将所测得的阻抗值按保护的具体工作条件和制造厂家提供的出厂资料来验算是否符合互感器 10%误差的要求。

【依据 2】《电力用电流互感器使用技术规范》（DL/T 725—2013）

8.1 例行试验

每台互感器都应承受的试验，试验项目如下：

h）误差测定

6.4.2.8 发电机、主变压器和高压厂用变压器的保护装置的整定计算

【依据 1】《继电保护和安全自动装置运行管理规程》（DL/T 587—2016）

11.1 各级继电保护部门应 DL/T 559、DL/T 584、DL/T 684 的规定制定整定范围内继电保护装置整定计算原则。

11.2 各级调控部门应制定保护装置定值计算管理规定，定值计算应严格执行有关规程、规定，定期交换交界面的整定计算参数和定值，严格执行交界面整定限额，各发电企业和电力用户涉网保护应严格执行调控机构的涉网保护定值限额要求，并将涉网保护定值上报到相应调控机构备案。

11.3.1 各级调控机构和发电厂应结合电网发展变化，定期编制或修订系统《继电保护方案》，整定方案需妥善保存，以便日常运行或事故处理时核对。整定方案内容应包括：

a）对系统近期电源及输电网络发展的考虑。

b）各保护装置的整定原则。

c）变压器中性点接地的安排。

d）正常和特色方式下有关调度运行的注意事项或规定事项。

e）各级调度管辖范围分界点继电保护整定限额。

f）系统主接线图。

g）系统保护运行、配置及整定方面存在的问题和改进意见。

h）系统继电保护装置配置情况及其操作规定。

i）需要做特殊说明的其他问题。

【依据 2】同 6.4.2.1.2 查评依据中 18.10.2 条。

6.4.2.9 定值管理

【依据 1】《继电保护和安全自动装置运行管理规程》（DL/T 587—2016）

11.4 对定值通知单规定如下：

11.4.1 现场保护装置定值的变更，应按定值通知单的要求执行，并依据规定日期完成，如根据一次系统运行方式的变化，需要变更运行中保护装置的整定值时，应在定值通知单上说明。

11.4.2 旁路代送线路应符合以下要求：

a）旁路保护各段定值与代送线路保护各段定值应相同。

b）旁路断路器的微机保护型号与线路微机保护型号相同且两者电流互感器变比亦相同，旁路断路器代送线路时，使用该线路本身型号相同的微机保护定值，否则使用旁路断路器专用于代送线路的微机保护定值。

11.4.3 对定值通知单的控制字宜给出具体数值，为了便于运行管理，各级继电保护部门对直接管辖范围内的每种微机保护装置中每个控制字的选择应尽量统一，不宜太多。

11.4.4 定值通知单应有计算人、审核人、签字并加盖“继电保护专用章”方能有效。定值通知单应按年度编号，注明签发日期、限定执行日期和作废的定值通知单号等，在无效的定值通知单上加盖“作废”章。

11.4.5 定值通知单宜通过网络管理系统实行在线闭环管理，网络化管理定值应同时进行纸质存档，非网络化管理定值通知单宜一式四份，其中下发定值通知单的继电保护部门自存一份、调度一份、运行单位 2 分（现场及继电保护专业各 1 分）。新安装保护装置投入运行后，施工单位应将定值通知单移交给运行单位，运行单位接到定值通知单后，应在限定日期内执行完毕，并在继电保护簿上写出书面交代，并及时填写上报定值回执单。

【依据 2】《国家电网公司发电厂重大反事故措施》（国家电网生〔2007〕883 号）

16.4.1　健全继电保护定值单管理制度，继电保护定值单必须履行相关审批程序后方可执行。

16.4.2　继电保护定值和软件版本应设专人管理。每年根据相关规定、电网调度部门下达的综合电抗及主设备技术条件对所管理的继电保护定值机器配合关系进行校核、计算。

6.4.2.10　二次回路的原理展开图和端子排图及厂家装置说明书管理

【依据】《继电保护和安全自动装置运行管理规程》（DL/T 587—2016）

6.3　微机继电保护装置投运时，应具备如下的技术文件：

a）竣工原理图、安装图、设计说明、电缆清册等设计资料；

b）制造厂商提供的装置说明书、保护柜（屏）电原理图、装置电原理图、故障检测手册、合格证明、出厂试验报告等技术文件；

c）新安装检验报告和验收报告；

d）微机继电保护装置定值通知单；

e）制造厂商提供的软件逻辑框图和有效软件版本说明；

f）微机继电保护装置的专用检验规程或制造厂商保护装置调试大纲。

8.5　应向用户提供与实际保护相符的中文技术手册和用户手册，并提供保护装置各定值项的含义和整定原则。

8.13　制造厂商应在微机保护装置说明中标明使用年限，使用年限不应小于 15 年，对于微机保护装置中的逆变电源模件应单独标明使用年限。

6.4.2.11　保护装置屏状态和标志

【依据】《电气装置安装工程盘、柜及二次回路结线施工及验收规范》（GB 50171—2012）

8.0.1　在验收时，应按下列规定进行检查：

1　盘、柜的固定及接地应可靠，盘柜漆层应完好、清洁整齐、标识规范。

2　盘、柜内所装电器元件应齐全完好，安装位置应正确，固定应牢固。

6.4.2.12　户外端子箱、接线盒的防潮措施

【依据】《电气装置安装工程　盘、柜及二次回路接线施工及验收规范》（GB 50171—2012）

4.0.5　端子箱安装应牢固、封闭良好，并应能防潮、防尘；安装位置应便于检查；成列安装时，应排列整齐。

6.4.2.13　运行统计及事故分析

【依据】《电力系统继电保护及安全自动装置运行评价规程》（DL/T 623—2010）

5.1　综合评价体系

5.1.1　继电保护正确动作率

5.1.1.1　继电保护正确动作率是指继电保护正确动作次数与继电保护动作总次数的百分比。继电保护正确动作率按事件评价继电保护的动作后果。继电保护正确动作率的计算方法为：

继电保护正确动作率=继电保护正确动作次数/继电保护动作总次数×100%　　（1）

继电保护总动作次数包括继电保护正确动作次数、误动次数和拒动次数。

5.1.1.2　评价继电保护正确动作率时，继电保护的动作次数按事件评价：

a）单次故障认定为 1 个事件；

b）线路故障及重合闸过程（包括重合于永久性故障）认定为 1 个事件；

c）对安全自动装置，1 次电网事故（无论故障形态简单或复杂）认定为 1 个事件；

d）系统无故障，继电保护发生不正确动作，认定为 1 个事件。

5.1.1.3　评价继电保护正确动作率时，可以以继电保护装置为单位进行评价，也可以以继电保护装置内含的保护功能为单位进行评价，两者可选其一。

在以继电保护装置内含的保护功能为单位进行评价时，对于 1 个事件，以继电保护装置内含各保护功能为对象评价动作次数，保护功能正确动作，评价继电保护正确动作 1 次；保护功能拒动，评价继电保护拒动 1 次；保护功能误动（含系统无故障保护功能动作），评价继电保护误动 1 次。

在以继电保护装置为单位进行评价继电保护正确率时，继电保护的动作次数按事件评价，一般 1 个事件 1 台继电保护装置只评价动作一次。

对 1 个事件，继电保护正确动作，评价继电保护正确动作一次；继电保护拒动，评价继电保护拒动 1 次；继电保护误动（含无故障继电保护动作），评价继电保护误动 1 次；若在事件过程中主保护应动而误动，由后备保护动作切除故障，则主保护应评价不正确动作（拒动）1 次，后备保护评价正确动作 1 次。

5.1.1.4　对于线路故障，1 个事件可分为故障切除、重合闸重合以及重合于永久性故障再切除 3 个过程，每个过程对相关继电保护装置的动作行为分别进行评价。

5.1.1.5　双重化配置的两台继电保护分别进行评价。

5.3　运行分析评价体系

5.3.1　继电保护百台不正确动作次数

继电保护百台不正确动作次数的计算为：

继电保护百台不正确动作次数=评价周期中继电保护百台不正确动作次数/评价周期中继电保护总台数×100%　（5）

继电保护百台不正确动作次数单位为次/(百台・评价周期)。

评价周期内继电保护总台数按评价周期末在运继电保护台数计算。

5.3.2　主保护投运率

主保护投运率的评价范围包括：线路纵联保护、变压器差动保护、母线差动保护、高压电抗器差动保护。主保护投运率是指主保护投入电网处于运行状态的时间与评价周期时间的百分比。主保护投入率的计算为：

主保护投运率=(1−主保护停运时间/主保护应投运时间)×100%　（6）

主保护应投运时间和主保护停运时间单位为 h。

主保护停运时间是指主保护退出运行时间（因计划检修而停运的时间除外），评价周期时间为年初至评价截止日的小时数。

5.3.3　继电保护故障率

继电保护故障率是指继电保护由于装置硬件损坏和软件错误等原因造成继电保护故障次数与继电保护总台数之比。继电保护故障率的计算为：

继电保护故障率=评价周期中继电保护故障次数/评价周期中继电保护总台数×100%　（7）

继电保护故障率单位为次/(百台・评价周期)。

继电保护故障次数的计算方法：凡由于继电保护器件损坏、工艺质量和软件问题、绝缘损坏、抗干扰性能差等造成继电保护异常退出运行的，均评价为继电保护故障 1 次。

5.3.4　继电保护故障停运率

继电保护故障停运率是指为处理继电保护缺陷或故障而退出运行的时间与继电保护应投运时间之百分比。

继电保护故障停运率的计算为：

继电保护故障停运率=继电保护停运时间/继电保护应投运时间×100%　（8）

继电保护应投运时间指评价周期内扣除因计划检修而停运的时间，评价周期时间单位为台・h。

5.4　录波完好率及故障测距动作良好率

故障录波装置的录波完好率是指故障录波装置在系统异常工况及故障情况下启动录波完好次数与故障录波装置应启动录波次数之百分比。录波完好率的计算为：

录波完好率=故障录波装置录波完好次数/故障录波装置应评价次数×100%　（9）

保护装置内置的故障录波功能不在评价范围之内。

故障测距装置的动作良好率是指故障测距装置在线路发生故障情况下启动测距，并能够得到有效故障点位置的次数与故障测距装置应启动测距次数之百分比。故障测距动作良好率的计算为：

故障测距动作良好率=测距装置动作良好次数/故障测距装置应评价次数×100%　　（10）

5.5　安自装置的评价

安自装置的评价重在描述其事件、装置的动作过程和所起的作用。根据安自装置动作情况是否符合预定功能和动作要求，评价为正确动作、拒动或误动。

安自装置的评价可参照保护装置的评价方法，并进一步制定符合安自装置特点的评价方法。

6　继电保护动作记录与评价

6.1　动作评价原则

6.1.1　凡接入电网运行的继电保护的动作行为都应进行记录与评价。

6.1.2　继电保护在运行中，其动作行为应满足 GB/T 14285—2006 中 4.1.2 的要求。

6.1.3　继电保护的动作评价按照继电保护动作结果界定“正确动作”与“不正确动作”，其中不正确动作包括“误动”和“拒动”。每次故障以后，继电保护的动作是否正确，应参照继电保护动作信号（或信息记录）及故障录波图，对故障过程综合分析给予评价。

6.1.4　继电保护的动作按 5.1～5.3 三个评价体系进行分析评价。

6.1.5　线路纵联保护按两侧分别进行评价。

6.1.6　远方跳闸装置按两侧分别进行评价。

6.1.7　变压器纵差、重瓦斯保护及各侧后备保护按高压侧归类评价。

6.1.8　发电机–变压器组单元的继电保护按发电机保护评价。

6.1.9　错误地投、停继电保护造成的继电保护不正确动作应进行分析评价。

6.1.10　继电保护的动作虽不完全符合消除电力系统故障或改善异常运行情况的要求，但由于某些特殊原因，事先列有方案，经总工程师批准，并报上级主管部门备案，认为此情况是允许的，视具体情况做具体分析，但造成电网重大事故者仍应评价。

6.2　继电保护“正确动作”的评价方法

6.2.1　被保护设备发生故障或异常、符合系统运行和继电保护设计要求的保护正常动作，应评价为”正确动作”。

6.2.2　在电力系统故障（接地、短路或断线）或异常运行（过负荷、振荡、低频率、低电压、发电机失磁等）时，继电保护的动作能有效地消除故障或使异常运行情况得以改善，应评价为“正确动作”。

6.2.3　双母线接线母线故障，母差保护动作，利用线路纵联保护促使其对侧断路器跳闸，消除故障，母差保护和线路两侧纵联保护应分别评价为“正确动作”。

6.2.4　双母线接线母线故障，母差保护动作，由于母联断路器拒跳，由母联失灵保护消除母线故障，母差保护和母联失灵保护应分别评价为“正确动作”。

6.2.5　双母线接线母线故障，母差保护动作，断路器拒跳，利用变压器保护跳各侧，消除故障，母差保护和变压器保护应分别评价为“正确动作”。

6.2.6　继电保护正确动作，断路器拒跳，继电保护应评价为“正确动作”。

6.3　继电保护“不正确动作”的评价方法

6.3.1　被保护设备发生故障或异常，保护应动而未动（拒动），以及被保护设备无故障或异常情况下的保护动作（误动），应评价为“不正确动作”。

6.3.2　在电力系统发生故障或异常运行时，继电保护应动而未动作，应评价为“不正确动作（拒动）”。

6.3.3　在电力系统发生故障或异常运行时，继电保护不应动而误动作，应评价为“不正确动作（误动）”。

6.3.4　在电力系统正常运行情况下，继电保护误动作跳闸，应评价为“不正确动作（误动）”。

6.3.5　线路纵联保护在原理上是由线路两侧的设备共同构成一整套保护装置，若保护装置的不正确动作是因一侧设备的不正确状态引起的，引起不正确动作的一侧应评价为“不正确动作”，另一侧不再评价；若两侧设备均有问题，则两侧应分别评价为“不正确动作”。

6.3.6　不同的保护装置因同一原因造成的不正确动作，应分别评价为“不正确动作”。

6.3.7　同一保护装置因同一原因在 24h 内发生多次不正确动作，按 1 次不正确动作评价，超过 24h 的不正确动作，应分别评价。

6.4　特殊情况的评价

如遇下列情况，继电保护的动作可不计入动作总次数中，但对其动作行为仍应进行分析评价：

a）厂家新开发挂网试运行的继电保护，在投入跳闸试运行期间（不超过半年），因设计原理、制造质量等非运行部门责任原因而发生不正确动作，事前经过主管部门的同意；

b）因系统调试需要设置的临时保护，调试中临时保护的动作。.

6.5　线路重合闸动作的评价

6.5.1　重合闸装置的动作情况单独进行评价，其动作次数计入保护装置动作总次数中。重合闸装置动作行为的评价与保护装置评价原则一致。

6.5.2　下列情况重合闸的动作不予评价：

a）由于继电保护选相不正确致重合闸未动作，该继电保护的动作行为评价为不正确动作，重合闸不予评价。

b）连续性故障使重合闸充电不满未动作，则重合闸不予评价。

6.5.3　线路重合成功次数按下述方法计算：

a）单侧投重合闸的线路，若单侧重合成功，则线路重合成功次数为 1 次。

b）两侧（或多侧）投重合闸线路，若两侧（或多侧）均重合成功，则线路重合成功次数为 1 次；若一侧拒合（或重合不成功），则线路重合成功次数为 0 次。

c）重合闸停用以及因为系统要求或继电保护设计要求不允许重合的均不列入重合成功率评价。

6.6　故障录波及测距装置的评价

6.6.1　与故障元件直接连接的故障录波装置和接入故障线路的测距装置必须进行评价。

6.6.2　故障录波所记录时间与故障时间吻合、数据准确、波形清晰完整、标记正确、开关量清楚、与故障过程相符，应评价为“录波完好”。完好的录波可作为故障分析的依据。

6.6.3　在线路故障时，测距装置能自动或手动得到有效的故障点位置应评价为“动作良好”。

6.6.4　故障录波装置录波不完好、故障测距装置得不到测距结果必须说明原因及状况。

6.6.5　故障录波及测距装置的动作次数单独计算，不计入保护装置动作的总次数中。

6.7　安自装置的评价

6.7.1　安自装置的动作应根据是否符合电网安全稳定运行所提的要求进行评价。

6.7.2　评价安自装置时，按事件评价，1 个事件安全自动装置只评价 1 次。例如，发生系统故障，无论故障形态简单复杂，均计算为 1 个事件。双重化配置的 2 台安自装置分别评价。

6.7.3　安自装置按台评价动作次数，不计入保护装置动作的总次数中。

6.4.3　自动装置

6.4.3.1　自动准同期装置

【依据】《自动准同期装置通用技术条件》（DL/T 1348—2014）

6.4.3.2　失步解列装置

【依据 1】《继电保护和安全自动装置技术规程》（GB/T 14285—2006）

5.5　频率和电压异常控制

5.5.1　电力系统中应设置限制频率降低的控制装置，以便在各种可能的扰动下失去部分电源如切除发电机、系统解列等，而引起频率降低时将频率降低限制在短时允许范围内并使频率在允许时间内恢复至长时间允许值。

5.5.1.4　为了在系统频率降低时减轻弱互联系统的相互影响，以及为了保证发电厂厂用电和其他重要用户的供电安全在系统的适当地点应设置低频解列控制。

5.5.3　为防止电力系统出现扰动后无功功率欠缺或不平衡某些节点的电压降到不允许的数值，甚至可能出现电压崩溃应设置自动限制电压降低的紧急控制装置。

【依据 2】《电力系统自动低频减负荷技术规定》（DL/T 428—2010）

8.1　在系统中的如下地点，可考虑设置低频解列装置：

a）系统间联络线上的适当地点。

b）地区系统中由主系统受电的终端变电站母线联络断路器。

c）地区电厂的高压侧母线联络断路器。

d）专门划作系统紧急启动电源专带厂用电的发电机组母线联络断路器。

6.4.3.3　备用电源自投

【依据】《继电保护和安全自动装置技术规程》（GB/T 14285—2016）

5.3　备用电源自动投入

5.3.1　在下列情况下，应装设备用电源和备用设备的自动投入装置（以下简称自动投入装置）：

a. 装有备用电源的发电厂厂用电源和变电所所用电源；

b. 由双电源供电，其中一个电源经常断开作为备用的变电所；

c. 降压变电所内有备用变压器或有互为备用的母线段；

d. 有备用机组的某些重要辅机。

5.3.2　自动投入装置应符合下列要求：

a. 应保证在工作电源或设备断开后，才投入备用电源或设备；

b. 工作电源或设备上的电压，不论因任何原因消失时，自动投入装置均应动作；

c. 自动投入装置应保证只动作一次。

5.3.3　发电厂用备用电源自动投入装置，除第 5.3.2 条的规定外，还应符合下列要求：

5.3.3.1　当一个备用电源同时作为几个工作电源的备用时，如备用电源已代替一个工作电源后，另一工作电源又被断开，必要时，自动投入装置应仍能动作。

5.3.3.2　有两个备用电源的情况下，当两个备用电源为两个彼此独立的备用系统时，应各装设独立的自动投入装置，当任一备用电源都能作为全厂各工作电源的备用时，自动投入装置应使任一备用电源都能对全厂各工作电源实行自动投入。

5.3.3.3　自动投入装置，在条件可能时，可采用带有检定同期的快速切换方式；也可采用带有母线残压闭锁的慢速切换方式及长延时切换方式。

5.3.4　应校验备用电源和备用设备自动投入时过负荷的情况，

以及电动机自起动的情况，如过负荷超过允许限度，或不能保证自起动时，应有自动投入装置动作于自动减负荷。

5.3.5　当自动投入装置动作时，如备用电源或设备投于故障，应使其保护加速动作。

6.4.3.4　自动重合闸

【依据】《继电保护和安全自动装置技术规程》（GB/T 14285—2016）

5.2　自动重合闸

5.2.1　自动重合闸装置应按下列规定装设：

a. 3kV 及以上的架空线路及电缆与架空混合线路，在具有断路器的条件下，如用电设备允许且无备用电源自动投入时，应装设自动重合闸装置；

b. 旁路断路器与兼作旁路的母线联络断路器，应装设自动重合闸装置；

c. 必要时母线故障可采用母线自动重合闸装置。

5.2.2　自动重合闸应符合下列基本要求：

a. 自动重合闸装置可由保护启动或由断路器控制状态和位置不对应启动；

b. 用控制装置或遥控装置将断路器断开，或将断路器投于故障线路上并随机由保护将其断开时，自动重合闸装置均应不动作；

c. 在任何情况下（包括装置本身的元件损坏，以及重合闸输出触点的粘住），自动重合闸装置的动作次数应符合预先的规定（如一次重合闸只应动作一次）；

d. 自动重合闸装置动作后，应能经整定的时间后自动复归；

e. 自动重合闸装置，应能在重合闸后加速继电保护的动作，必要时，可在重合闸前加速继电保护动作；

f. 自动重合闸装置应具有接收外来闭锁信号的功能。

5.2.3　自动重合闸装置的动作时限应符合下列要求：

5.2.3.1　对单侧电源线路上的三相重合闸装置，其时限应大于下列时间：

a. 故障点灭弧时间（计算负荷侧电动机反馈对灭弧时间的影响）及周围介质去游离时间；断路器及操动机构准备好再动作的时间。

6.4.3.5　调速系统低油压、电气过速保护装置

【依据 1】《防止电力生产重大事故的二十五项重，重点要求》(国电发〔2000〕589 号)

10.2.1　汽轮机的辅助油泵及其自起动装置，应按运行规程要求定期进行试验，保证处于良好的备用状态。机组起动前辅助油泵必须处于联动状态。机组正常停机前，应进行辅助油泵的全容量起动、联锁试验。

10.2.6　油位计、油压表、油温表及相关的信号装置，必须按规程要求装设齐全、指示正确，并定期进行校验。

10.2.9　润滑油压低时应能正确、可靠的联动交流、直流润滑油泵。为确保防止在油泵联动过程中瞬间断油的可能，要求当润滑油压降至 0.08MPa 时报警，降至 0.07～0.075MPa 时联动交流润滑油泵，降至 0.06～0.07MPa 时联动直流润滑油泵，并停机投盘车，降至 0.03MPa 时停盘车。

10.2.10　直流润滑油泵的直流电源系统应有足够的容量，其各级熔断器应合理配置，防止故障时熔断器熔断使直流润滑油泵失去电源。

10.2.11　交流润滑油泵电源的接触器，应采取低电压延时释放措施，同时要保证自投装置动作可靠。

10.2.13　安装和检修时要彻底清理油系统杂物，并严防检修中遗留杂物堵塞管道。

【依据 2】《防止电力生产重大事故的二十五项重点要求》(国电发〔2000〕589 号)

9.1.2　各种超速保护均应正常投入运行，超速保护不能可靠动作时，禁止机组起动和运行。

9.1.3　机组重要运行监视表计，尤其是转速表，显示不正确或失效，严禁机组起动。运行中的机组，在无任何有效监视手段的情况下，必须停止运行。

9.1.5　机组大修后必须按规程要求进行汽轮机调节系统的静止试验或仿真试验，确认调节系统工作正常。在调节部套存在有卡涩、调节系统工作不正常的情况下，严禁起动。

9.1.9　机械液压型调节系统的汽轮机应有两套就地转速表，有各自独立的变送器（传感器），并分别装设在沿转子轴向不同的位置上。

6.4.3.6　电磁铁、电磁阀可靠动作

【依据】《防止电力生产重大事故的二十五项重点要求》(国能安全〔2014〕161 号)

8.1.17　电液伺服阀（包括各类电液转换器）的性能必须符合要求否则不得投入运行。运行中要严密监视其运行状态，不卡涩、不泄漏和系统稳定。

6.4.3.7　自动装置屏状态和标志

【依据】《继电保护及电网安全自动装置检验条例》[原水电部（87）水电生军队院校第 108 号]

4.1.6　屏上的标志应正确完整清晰。如在电器、辅助设备和切换设备上以及所有光指示信号、信号牌上都应有明确的标志。且实际情况应与图纸和运行规程相符。

涂去装置上闲置连接片的原有标志或加“闲置”字样。该闲置连接片端子上的连线应与图纸相符合。图上没有的应拆掉。

6.4.4 调度自动化

6.4.4.1 远动通道

【依据】《电力系统调度自动化设计技术规程》(DL 5003—2005)

5.3 信息传输方式和通道

5.3.1 调度端与远动信息系统通信采用网络、专线方式。

1 各级调度对直接调度的厂站通过远动直接收集信息;对非直接调度的厂站,如需要信息,通过其他调度转发。

2 承担自动发电控制任务的电厂(含梯调),远动信息宜直接传送。

3 远动通道应在通信设计中统一组织。单机容量为300MW及以上或电厂总容量为800MW及以上的电厂,以及参加自动发电控制的电厂和330kV及以上电压等级的枢纽变电站,应有2个独立的远动通道,当1个通道故障时,可进行自动切换或人工切换。220kV枢纽变电站有条件时也可有2个独立通道。

6.4.4.2 调度自动化装置的功能及技术指标

【依据】《电力系统调度自动化设计技术规程》(DL 5003—2005)

1 计算机通信。

2 数据采集和监视、控制。

3 自动发电控制。

4 经济调度。

5 网络拓扑。

6 状态估计。

7 调度员潮流。

8 符合预测。

9 静态安全分析。

10 实用的调度员仿真培训。

4.2.2 省级及以上调度自动化系统可根据调度职责范围,结合实际应用需要,实现以下扩展功能:

1 自动电压控制。

2 安全约束调度。

3 组织措施最优潮流。

4 短路电流计算。

5 动态安全分析。

6 其他应用功能。

4.3 技术要求

4.3.1 调度自动化系统调度端应具有接收多种远动规约的能力,与厂站端的通信方式宜采用问答式。调度端采用网络通信方式时,通信规约宜采用GB 18007.1、GB 18007.2、GB 18007.3、GB 18007.4和DL/T 634.5104;调度端与厂站端的专线通信方式,通信规约宜采用DL/T 634.5101。

4.3.4 数据采集、处理和控制类型有:

1 遥测量:模拟量、脉冲量、数字量。

2 遥信量:状态信号。

3 遥控命令:数字量、脉冲量。

4 遥调命令:模拟量、脉冲量、数字量。

5 时钟对时信号。

6　计算量。

7　人工输入量。

4.3.5　调度自动化系统时间与标准时间的误差应不大于1ms。

4.3.6　遥测量指标如下：

1　遥测综合误差不大于±1.0%（额定值）。

2　越死区传送整定最小值不小于0.25%（额定值）。

4.3.7　遥信量指标如下：

1　正确动作率不小于99.9%。

2　事件顺序记录系统分辨率应小于10ms。

4.3.8　当进行遥控时，调度自动化系统应先确认当前设备的位置信号或状态信号，当设备位置状态发生变化未被调度端确认时，遥控命令应予以可靠闭锁。遥控正确率要求达到100%，遥调正确率要求不低于99.9%。

4.3.9　实时性指标如下：

1　遥测传送时间不大于4s。

2　遥信变化传送时间不大于3s。

3　遥控、遥调命令传送时间不大于4s。

4　自动发电控制命令发送周期为4s～16s。

5　经济功率分配计算周期为5min～15min。

6　画面调用响应时间：85%的画面不大于2s，其他画面不大于3s。

7　画面实时数据刷新周期为5s～10s。

8　模拟屏数据刷新周期为6s～12s。

9　大屏幕投影数据刷新周期为8s～12s。

10　双机自动切换基本监控功能恢复时间不大于20s。

4.3.10　系统可用率不小于99.8%。

4.3.11　应用软件运行指标要求如下：

1　网络拓扑单次计算时间≤10s。

2　状态估算单次计算时间≤15s。

3　调度员潮流计算误差≤2.5%。

4　调度员潮流单次执行时间≤5s。

6.4.4.3　远动设备电源可靠性

【依据】《电力系统调度自动化设计技术规程》（DL 5003—2005）

4.4.1　调度自动化系统硬件选型和配置原则：

d）专用不间断电源。

6.4.4.4　远动设备通信可靠性

【依据】《防止电力生产重大事故的二十五项重点要求》（国能安全〔2014〕161号）

19.1.3　调度自动化主站系统应采用专用的、冗余配置的不间断电源供电，不应与信息系统、通信系统合用电源，不间断电源涉及的各级低压开关过流保护定值整定应合理。交流供电电源应采用两路来自不同电源点供电。

6.4.4.5　时钟系统

【依据】《防止电力生产重大事故的二十五项重点要求》（国能安全〔2014〕161号）

19.1.16　调度端及厂站应配备全站统一的卫星时钟设备和网络授时设备，对站内各种系统和设备进行统一校正。

6.4.4.6　远动设备（包括RTU、变送器和电厂计算机监控系统、PMU、AVC、AGC、数据网等）

【依据】《电力系统调度自动化设计技术规程》（DL 5003—2005）

5.2.11　远动系统应满足远动信息采集和传送的要求。工程设计中应选用性能优良、可靠性高的定型产品。

5.2.12　各厂站端宜采用一套远动系统。远动系统包含远动终端单元（RTU）和在变电站（包括开关站、直流换流站）计算机监控系统、发电厂升压站的计算机监控中远动工作站、采集控制单元等设备。远动系统设备应符合 GB/T 13729 和 GB/T 9813 对远动设备功能和技术的相关技术要求。

6.4.4.7　远动设备安全应急措施和故障处理措施

【依据】《防止电力生产重大事故的二十五项重点要求》（国能安全〔2014〕161 号）

19.1.11　应制定和落实调度自动化系统应急于案和故障恢复措施，系统和运行数据应定期备份。

6.4.4.8　技术管理及运行状况

【依据】《防止电力生产重大事故的二十五项重点要求》（国能安全〔2014〕161 号）

19.1.10　调度自动化系统运行维护部门应结合本网实际，建立健全各项管理办法和规章制度，必须制定和完善自动化系统运行管理规程、管理考核办法、运行值班与交接班制度、系统运行维护制度、运行与维护岗位职责和工作标准。

6.4.5　电力监控系统安全防护

6.4.5.1　物理安全

【依据】《电力监控系统安全防护总体方案》（36 号文，附录 1）

3.1　物理安全

电力监控系统机房所处建筑应采取有效防水、防潮、防火、防静电、防雷击、防盗窃、防破坏措施，应当配置电子门禁系统以加强物理访问控制，必要时应当安排专人值守，应当对关键区域实施电磁屏蔽。

6.4.5.2　安全分区

【依据】《防止电力生产重大事故的二十五项重点要求》（国能安全〔2014〕161 号）

19.1.13　安全防护体系完整可靠，具有数据安全防护方案和网络安全隔离措施，分区合理、隔离措施完备、可靠。

6.4.5.3　网络专用

【依据】《防止电力生产重大事故的二十五项重点要求》（国能安全〔2014〕161 号）

19.2.2　集控中心（站）、重要变电站、直调发电厂和重要风电场之间应具有两个及以上独立通信路由，应具有两种及以上通信方式的调度电话。

6.4.5.4　横向隔离

【依据】《防止电力生产重大事故的二十五项重点要求》（国能安全〔2014〕161 号）

19.1.15　连接生产控制大区和管理信息大区间应安装单相横向隔离装置。

6.4.5.5　纵向认证

【依据】《防止电力生产重大事故的二十五项重点要求》（国能安全〔2014〕161 号）

19.1.15　发电厂至上一级电力调度数据网之间安装纵向加密认证装置，以上两装置应经过国家权威机构的测试和安全认证。

6.4.5.6　系统本体安全

【依据】《防止电力生产重大事故的二十五项重点要求》（国能安全〔2014〕161 号）

19.1.14　电力二次系统安全防护策略从边界防护逐步过渡到全过程安全防护，禁止选用经国家相关管理部门检测存在信息安全漏点的设备，安全四级主要设备应满足电磁屏蔽的要求，全面形成具有纵深防御的安全防护体系。

6.4.5.7　安全管理

【依据】《电力监控系统安全防护规定》（国家发改委 2014 年第 14 号令）

第三章　安全管理

第十四条　电力监控系统安全防护是电力安全生产管理体系的有机组成部分。电力企业应当按照“谁主管谁负责，谁运营谁负责”的原则，建立健全电力监控系统安全防护管理制度，将电力监控系统安全防护工作及其信息报送纳入日常安全生产管理体系，落实分级负责的责任制。电力调度机构负责直接调度范围内的下一级电力调度机构、变电站、发电厂涉网部分的电力监控系统安全防护的技术监督，发电厂内其他监控系统的安全防护可以由其上级主管单位实施技术监督。

第十五条　电力调度机构、发电厂、变电站等运行单位的电力监控系统安全防护实施方案必须经本企业的上级专业管理部门和信息安全管理部门以及相应电力调度机构的审核，方案实施完成后应当由上述机构验收。接入电力调度数据网络的设备和应用系统，其接入技术方案和安全防护措施必须经直接负责的电力调度机构同意。

第十六条　建立健全电力监控系统安全防护评估制度，采取以自评估为主、检查评估为辅的方式，将电力监控系统安全防护评估纳入电力系统安全评价体系。

第十七条　建立健全电力监控系统安全的联合防护和应急机制，制定应急预案。电力调度机构负责统一指挥调度范围内的电力监控系统安全应急处理。当遭受网络攻击，生产控制大区的电力监控系统出现异常或者故障时，应当立即向其上级电力调度机构以及当地国家能源局派出机构报告，并联合采取紧急防护措施，防止事态扩大，同时应当注意保护现场，以便进行调查取证。

6.4.6　直流系统

6.4.6.1　蓄电池、充电装置、直流屏（柜）、接线方式、网络设计、保护与监测接线及电缆的设计配置

【依据 1】《电力工程直流电源系统设计技术规程》（DL/T 5044—2014）

7.2.1　充电装置的技术特性要求

1　应满足蓄电池组的充电和浮充电要求。

2　应为长期连续工作制。

3　充电装置应具有稳压、稳流及限流性能。

4　应具有自动和手动浮充电、均衡充电和稳流、限流充电等功能。

5　充电装置的交流电源输入宜为三相制，额定频率为 50Hz，额定电压为 380（1±10%）V。小容量充电装置的交流电源输入电压可采用单相 220（1±10%）V。

6　1 组蓄电池配置 1 套充电装置的直流系统，充电装置的交流电源宜设 2 个回路，运行中 1 回路工作，另 1 回路备用。当工作电源故障时，应自动切换到备用电源。

7　充电装置的主要技术参数应满足表 7.2.1 的要求。

表 7.2.1　充电装置的主要技术参数表

技术参数	晶闸管		高频开关
	Ⅰ型	Ⅱ型	
稳压精度	≤±0.5%	≤±1%	≤±0.5%
稳流精度	≤±1%	≤±2%	≤±1%
波纹系统	≤1%	≤1%	≤0.5%
效率	≥75%	≥75%	≥90%
噪声	<60dB	<60dB	<55dB

8　高频开关电源模块选择和配置要求（参见附录 C.2）。

9　高频开关电源模块基本性能要求如下：

1）均流：在多个模块并联工作状态下运行时，各模块承受的电流应能做到自动均分负载，实现均流；在 2 台及以上模块并联运行时，其输出的直流电流为额定值时，均流不平衡度应不大于±5%额定电流值。

2）功率因数：功率因数应不小于 0.90。

3）谐波电流含量：在模块输入端施加的交流电源符合标称电压和额定频率要求时，在交流输入端产生的各高次谐波电流含有率应不大于 30%。

4）振荡波抗扰度：应能承受 GB/T 17626.12—1998 表 2 中规定的三级的振荡波抗扰度。

5）静电放电抗扰度：应能承受 GB/T 17626.2—1998 表 2 中规定的三级的静电放电抗扰度。

【依据 2】《电力系统直流电源柜订货技术条件》（DL/T 459—2000）

5.16 保护及报警功能要求

5.16.1 绝缘监察要求

5.16.1.1 设备的绝缘监察装置绝缘监察水平应满足表 6 的规定。

5.16.1.2 当设备直流系统发生接地故障（正接地、负接地或正负同时接地）其绝缘水平下降到低于表 6 规定值时，应满足以下要求：

a）设备的绝缘监察应可靠动作；

b）能直读接地的极性；

c）设备应发出灯光信号并具有远方信号触点以便引接屏（柜）的端子。

表 6 绝缘水平整定值

输出电压 V	普通绝缘监察装置 kΩ	输出电压 V	普通绝缘监察装置 kΩ
220	25	48	17
110	7		

5.16.2 电压监察要求

设备内的过压继电器电压返回系数应不小于 0.95，欠压继电器电压返回系数应不大于 1.05。

当直流母线电压高于或低于规定值时应满足以下要求：

a）设备的电压监察应可靠动作；

b）设备应发出灯光信号，并具有远方信号触点以便引接屏（柜）的端子；

c）设备的电压监察装置应配有仪表并具有直读功能。

5.16.3 闪光报警要求

当用户需要时，设备可设置完善的闪光信号装置和相应的试验按钮。

5.16.4 故障报警要求

当交流电源失压（包括断相）、充电浮充电装置故障或蓄电池组熔断器熔断时，设备应能可靠发出报警信号。

【依据 3】《国家电网公司十八项电网重大反事故措施》（国家电网生〔2012〕352 号）

5.1.1.18.3 新建或改造的变电所，直流系统绝缘检测装置，应具备交流窜直流故障的测记和报警功能。原有的直流系统绝缘检测装置，应逐步进行改造，使其具备交流窜直流故障的测记和报警功能。

6.4.6.2 蓄电池

6.4.6.2.1 端电压

【依据】《电力系统用蓄电池直流电源装置运行与维护技术规程》（DL/T 724—2000）

6.3 阀控蓄电池组的运行及维护

6.3.1 b）阀控蓄电池组的运行方式及监视

阀控蓄电池组在正常运行中以浮充方式运行，浮充电压值宜控制为（2.23～2.28）V·*N*，均衡充电电压值宜控制为（2.3～2.35）V·*N*，在运行中主要监视蓄电池组的端电压值，每只蓄电池的电压值、蓄电池组及直流母线的对地电阻值和绝缘状态。

6.4.6.2.2　运行状况

6.4.6.2.3　充放电试验

【依据】《电力系统用蓄电池直流电源装置运行与维护技术规程》(DL/T 724—2000)

6.3.2　b）阀控蓄电池的恒压充电

在（2.3～2.35）V·N的恒压充电下，I_{10}充电电流逐渐减小，当充电电流减小至 $0.1I_{10}$ 电流时，充电装置的倒计时开始启动，当整定的倒计时结束后，充电装置将自动或手动的转为正常的浮充电运行，浮充电压值宜控制为（2.23～2.28）V·N。

6.3.3　阀控蓄电池的核对性放电

b）一组阀控蓄电池

发电厂中只有一组蓄电池，不能退出运行、也不能作全核对性放电，只能用 I_{10} 电流恒流放出额定容量的 50%，在放电过程中，蓄电池组端电压不得低于 2V·N。放电后立即用 I_{10} 电流进行恒压充电——浮充电，反复（2～3）次，蓄电池存在的缺陷也能找出和处理。

6.4.6.2.4　蓄电池室

【依据】《电力系统用蓄电池直流电源装置运行与维护技术规程》(DL/T 724—2000)

4.8　防酸蓄电池室的窗户，应安装避光玻璃或者涂有带色油漆的玻璃，以免阳光直射在蓄电池上。

4.9　防酸蓄电池室的照明，应使用防爆灯，并至少有一个接在事故照明母线上，开关、插座、熔断器应安装在蓄电池室外。室内照明线采用耐酸绝缘导线。

4.10　防酸蓄电池室应安装抽风机，除了设置抽风系统外，蓄电池室还应设置自然通风气道。通风气道应是独立管道，不可将通风气道引入烟道或建筑物的总通风系统中。

4.11　防酸蓄电池室若安装暖风设备，应安装在蓄电池室外、经风道向室内送风。在室内只允许安装无接缝的或无汽水门的暖气设备。取暖设备与蓄电池的距离应大于 0.75m。

4.12　蓄电池室的温度应经常保持在 5℃～35℃之间，并保持良好的通风和照明。

4.13　抗震设防烈度大于或等于 7 度的地区，蓄电池组应有抗震加固措施。

6.4.6.3　运行工况

【依据】《电力系统用蓄电池直流电源装置运行与维护技术规程》(DL/T 724—2000)

5.4.1　绝缘状态监视

运行中的直流母线对地绝缘电阻值应不小于 10MΩ。值班员每天应检查正母线和负母线对地的绝缘值。若有接地现象，应立即寻找和处理。

5.4.2　电压及电流监视

值班员对运行中的直流电源装置，主要监视交流输入电压值、充电装置输出的电压值和电流值，蓄电池组电压值、直流母线电压值、浮充电流值及绝缘电压值等是否正常。

5.4.3　信号报警监视

值班员每日应对直流电源装置上的各种信号灯、声响报警装置进行检查。

5.4.4　自动装置监视

5.4.5　直流断路器及熔断器监视

a）在运行中，若直流断路器动作跳闸或者熔断器熔断，应发出报警信号。运行人员应尽快找出事故点，分析出事故原因，立即进行处理和恢复运行。

b）若需更换直流断路器或熔断器时，应按图纸设计的产品型号、额定电压值和额定电流值去选用。

6.4.6.4　各熔断器和空气小开关定值管理

【依据 1】《防止电力生产事故的二十五项重点要求》(国能安全〔2014〕161 号)

19.2.15　通信设备应采用独立的空气开关或直流熔断器供电，禁止多台设备共用一只分路开关或熔断器。各级开关或熔断器保护范围应逐级配合，避免出现分路开关或熔断器与总开关或熔断器同时跳开或熔断，导致故障范围扩大的情况发生。

【依据 2】《国家电网公司发电厂重大反事故措施》（国家电网生〔2007〕883 号）

18.3.3.1　各级熔断器的定值整定应保证级差合理配合，防止越级熔断。上、下级熔体之间（同一系列产品）额定电流值，应保证 2～4 级级差，电源端选上限，网络末端选下限。

18.3.3.2　总熔断器与分熔断器之间应保证 3～4 级级差，防止事故情况下总熔断器无选择性熔断。

6.4.6.5　直流屏（柜）上的元件标志

6.4.6.6　现场熔断器和小空气开关备件管理

6.4.6.7　直流系统图、直流接线图和直流系统熔断器（直流空气小开关）定值一览表

6.4.6.5～6.4.6.7 查评依据如下：

【依据 1】《防止电力生产事故的二十五项重点要求》（国能安全〔2014〕161 号）

19.2.15　通信设备应采用独立的空气开关或直流熔断器供电，禁止多台设备共用一只分路开关或熔断器。各级开关或熔断器保护范围应逐级配合，避免出现分路开关或熔断器与总开关或熔断器同时跳开或熔断，导致故障范围扩大的情况发生。

【依据 2】《国家电网公司发电厂重大反事故措施》（国家电网生〔2007〕883 号）

18.3.3.1　各级熔断器的定值整定应保证级差合理配合，防止越级熔断。上、下级熔体之间（同一系列产品）额定电流值，应保证 2～4 级级差，电源端选上限，网络末端选下限。

18.3.3.2　总熔断器与分熔断器之间应保证 3～4 级级差，防止事故情况下总熔断器无选择性熔断。

【依据 3】《电气装置安装工程　盘、柜及二次回路接线施工及验收规范》（GB 50171—2012）

8.0.1　在验收时，应按下列规定进行检查：

1　盘、柜的固定及接地应可靠，盘柜漆层应完好、清洁整齐、标识规范。

2　盘、柜内所装电器元件应齐全完好，安装位置应正确，固定应牢固。

【依据 4】《防止电力生产事故的二十五项重点要求》（国能安全〔2014〕161 号）

18.9.5　新建、扩、改建工程的相关设备投入运行后，施工（或调试）单位应按照约定及时提供完整的一二次设备安装资料及调试报告，并应保证图纸与实际投入运行设备相符。

6.4.6.8　直流系统的检修试验规程和运行规程

【依据】国能生物发电集团有限公司企业标准《发电机组电气检修规程 A 版》（Q/NBE J0001—2013）

6.4.7　通信

6.4.7.1　运行维护管理

6.4.7.1.1　通信障碍或重大故障

6.4.7.1.2　通信设备运行率和复用保护通道非计划停运次数

6.4.7.1.1、6.4.7.1.2 查评依据如下：

【依据】《电力通信运行管理规程》（DL/T 544—2012）

14.1.1　通信机构应由专人负责电力通信运行统计和分析工作。

14.3.1　通信运行统计和分析工作主要包括通信电路、通信设备、光缆线路、业务保障等统计和分析。

14.3.2　通信运行统计和分析工作为月度统计和分析。

14.4　统计指标

电力通信运行统计宜采用如下指标：

a）通信电路运行统计指标如下：电路运行率、实用电路运行率。

b）通信设备运行统计指标如下：设备运行率。

c）光缆线路运行统计指标如下：光缆线路运行率、光缆线路百千米运行率。

e）平均故障处理时间指标。

6.4.7.1.3　通信设备的维护和检修

【依据】《电力通信运行管理规程》（DL/T 544—2012）

11.1.2　通信设备与电路的维护要求

a）通信设备的运行维护管理应实行专责制，应落实设备维护责任人。

b）通信设备应有序整齐，标识清晰准确。承载继电保护及安全稳定装置业务的设备及缆线等应有明显区别于其他设备的标识。

c）通信设备应定期维护，维护内容应包括设备风扇滤网清洗、蓄电池充放电、网管数据备份等。

d）通信机构应配备相应的仪器、仪表、工具。仪器仪表应按有关规定定期进行质量检测，保证计量精度。

e）仪器仪表、备品备件、工器具应管理有序。

11.1.3　通信设备与电路的测试内容及要求

a）通信运行维护机构应定期组织人员对通信电路、通信设备进行测试，保证电路、设备、运行状态良好。

b）通信设备测试内容应包括网管与监视功能测试、设备性能等。

c）通信电路测试内容应包括误码率、电路保护切换等。

d）应对通信设备测试结果进行分析，发现存在的问题，及时进行整改。

6.4.7.1.4　复用保护通信设备及通道的管理规定和安全技术措施

【依据】《电力载波通信运行管理规程》（DL/T 546—2012）

6.4.7.1.5　电网调度和厂内通信系统

【依据】《防止电力生产事故的二十五项重点要求》（国能安全〔2014〕161 号）

19.2.25　调度交换机运行数据应每月进行备份，调度交换机数据发生改动前后，应及时做好数据备份工作。调度录音系统应每月进行检查，确保运行可靠、录音效果良好、录音数据准确无误，存储容量充足。

6.4.7.1.6　通信设备缺陷管理制度

【依据】《电力通信运行管理规程》（DL/T 544—2012）

10.4　通信机构应建立健全以下管理制度：

a）岗位责任制。

b）设备责任制。

c）值班制度。

d）交接班制度。

e）技术培训制度。

f）工具、仪表、备品、配件及技术资料管理制度。

g）根据需要制定的其他制度。

10.5　通信机构应具备以下通信站基本运行资料

h）通信事故、缺陷处理记录。

6.4.7.1.7　通信设备的主要备品、备件和备盘

【依据】《电力通信运行管理规程》（DL/T 544—2012）

12.1　通信设备应配备满足系统故障处理、检修所需的备品备件，并在一定区域范围内建立备品备件库，应能在故障处理时间内送至故障现场。

12.2　备品备件应定期进行检测，确保性能指标满足运行要求。

12.3　光缆线路备品备件应包括光缆、金具、光缆接线盒等。

12.4　通信设备备品备件应按照网络规模、设备构成单元、设备运行状态和业务重要性配置。

12.5　通信机构应根据本单位实际情况配置足够数量的常用运行维护材料。

6.4.7.1.8　通信设备的测试仪器仪表

【依据】《电力通信运行管理规程》（DL/T 544—2012）

11.1.2　d）通信机构应配备相应的仪器、仪表、工具：仪器仪表应按有关规定定期进行质量检测，保证计量精度。

6.4.7.1.9　通信主要设备和告警信号管理

【依据】《防止电力生产事故的二十五项重点要求》（国能安全〔2014〕161号）

19.2.18　通信站内主要设备的告警信号（声、光）及装置应真实可靠。通信机房动力环境和无人值班机房内主要设备的告警信号应接到有人值班的地方或接入通信综合监测系统。

6.4.7.2　通信电源系统

6.4.7.2.1　蓄电池定期检查

【依据】同6.4.3.2.1查评依据中6.3.1。

6.4.7.2.2　蓄电池核对性放电试验或全容量放电试验

【依据】同6.4.3.2.3查评依据中6.3.2、6.3.3。

6.4.7.2.3　充电装置（限指高频开关电源）检查试验，交流备用电源自动投入检查

【依据1】《防止电力生产事故的二十五项重点要求》（国能安全〔2014〕161号）

19.1.3　调度自动化主站系统应采用专用的、冗余配置的不间断电源供电，不应与信息系统、通信系统合用电源，不间断电源涉及的各级低压开关过流保护定值整定应合理。交流供电电源应采用两路来自不同电源点供电。发电厂、变电站远动装置、计算机监控系统及其测控单元、变送器等自动化设备应采用冗余配置的不间断电源或站内直流电源供电。具备双电源模块的装置或计算机，两个电源模块应由不同电源供电。相关设备应加装防雷（强）电击装置，相关机柜及柜间电缆屏蔽层应可靠接地。

【依据2】《电力系统用蓄电池直流电源装置运行与维护技术规程》（DL/T 724—2000）

7.2.1　充电装置的运行监视

a）运行参数监视

运行人员及专职维护人员，每天应对充电装置进行如下检查：三相交流输入电压是否平衡或缺相，运行噪声有无异常，各保护信号是否正常，交流输入电压值、流输出电压值、直流输出电流值等各表计显示是否正确。正对地和负对地的绝缘状态是否良好。

b）运行操作

交流电源中断，蓄电池组将不间断地供出直流负荷，若无自动调压装置，应进行手动调压，确保母线电压稳定，交流电源恢复送电，应立即手动启动或自动启动充电装置，对蓄电池组进行恒压充电——浮充电正常运行。

c）维护检修

运行维护人员每月应对充电装置作一次清洁除尘工作。

6.4.7.2.4　通电设备的供电电源

【依据1】《防止电力生产事故的二十五项重点要求》（国能安全〔2014〕161号）

19.2.4　同一条220kV及以上线路的两套继电保护和同一系统的有主/备关系的两套安全自动装置通道应由两套独立的通信传输设备分别提供，并分别由两套独立的通信电源供电，重要线路保护及安全自动装置通道应具备两条独立的路由，满足“双设备、双路由、双电源”的要求。

【依据2】《国家电网公司发电厂重大反事故措施》（国家电网生〔2007〕883号）

17.2.3　通信站应配置专用不停电通信电源系统，及两路可靠的交流电源输入，并且能够自动切换。

6.4.7.2.5　通信电源系统接线图和操作说明

【依据】《电力线载波通信运行管理规程》（DL/T 546—2012）

8　资料管理

电力线载波通信的资料管理应符合DL/T 544的规定，且具备下列资料和记录：

a）标有线路名称、电压等级、结合相序、设备型号、通道编号和工作频率的电力载波通信系统图。

b）电力线载波设备和通道的测试记录。

c）电路及设备的安装、调试、检测、改进、维修及缺陷记录。

6.4.7.3　通信站防雷

6.4.7.3.1　通信所有设备的接地

【依据 1】《防止电力生产事故的二十五项重点要求》（国能安全〔2014〕161 号）

19.2.22　每年雷雨季节前应对接地系统进行检查和维护。检查连接处是否紧固、接融是否良好、接地引下线有无锈蚀、接地体附近地面有无异常，必要时应开挖地面抽查地下隐蔽部分锈蚀情况。独立通信站、综合大楼接地网的接地电阻应每年进行一次测量，变电站通信接地网应列入变电站接地网测量内容和周期。微波塔上除架设本站必需的通信装置外，不得架设或搭挂可构成雷击威胁的其他装置，如电缆、电线、电视天线等。

【依据 2】《电力系统通信站过电压防护规程》（DL/T 548—2012）

4.1.1.3　通信机房内的接地

4.1.1.3.1　通信机房内应围绕机房敷设环形接地母线。环形接地母线应采用截面不小于 $90mm^2$ 的铜排或 $120mm^2$ 镀锌扁钢。

4.1.1.3.2　机房内接地线可采用辐射式或平面网络格式多点与环形接地母线连接，各种通信设备单独以最短距离就近引接地线，交直流配电设备机壳、配线架分别单独从接地汇集排上直接接到接地母线。

4.1.1.3.3　交流配电屏的中性线汇集排应与机架绝缘，不应采用中性线作交流保护地线。

4.1.1.3.4　直流电源工作地应从接地汇集排直接接到接地母线上。

4.1.1.3.5　各类设备保护地线宜用多股铜导线，其截面积应根据最大故障电流来确定，一般为 $16mm^2$～$95mm^2$；导线屏蔽层的接地线截面面积，可为屏蔽层截面面积 2 倍以上。接地线的连接应保证电气接触良好，连接点应进行防腐处理。

4.1.1.3.6　机房内走线架，各种线缆的金属外皮，设备的金属外壳和框架、进风道、水管等不带金属部分，门窗等建筑物金属结构以及保护接地、工作接地等，应以最短距离与环形接地母线相连。连接时应加装接线端子（铜鼻），线径与接线端子尺寸吻合、压焊牢固。螺栓连接部位可采用含银环氧树脂导电胶黏合连接。

4.1.1.3.7　金属管道引入室内前应平直地埋 15m 以上，埋深应大于 0.6m，并在入口接入接地网，接地电阻应小于 10Ω。电缆沟道、竖井内的金属支架至少应两点接地，接地点距离不应大于 30m。

4.1.1.3.8　通信电缆宜采用地下出、入站的方式，其屏蔽层应作保护接地，缆内芯线（含空线对）应在引入设备前分别对地加装保安装置。

5.4.2　通信机房接地引入点应有明显标志。

5.4.3　每年雷雨季节前应对通信站接地系统进行检查维护，主要检查连接处是否紧固，接触是否良好、接地引下线是否锈蚀、接地体附近地面有无异常，必要时应挖开地面抽查地下隐蔽部分的锈蚀情况。如发现问题应及时处理。

5.4.4　每年雷雨季节前应对运行中的过电压防护（防雷）装置进行一次检测，雷雨季节中应加强外观巡视，发现异常应及时处理。

6.4.7.3.2　通信电缆

【依据】《电力系统通信站过电压防护规程》（DL/T 548—2012）

4.2.3　室外通信电缆应采用屏蔽电缆，屏蔽层应等电位接地；对于既有铠装又有屏蔽层的电缆，在机房内应将铠带和屏蔽层同时接地，而在另一端只将屏蔽层接地。电缆进入室内前应水平直埋 15m 以上，埋地深度应大于 0.6m。非屏蔽电缆应穿镀锌钢管和水平直埋 15m 以上，铁管应等电位接地。

4.2.4 电力电缆、通信缆线不宜共用金属桥架或金属管。当电力电缆、通信缆线的金属桥架及金属管线平行敷设时，其间距不宜小于20cm。机房内的线缆宜采用屏蔽电缆，或敷设在金属管内，屏蔽层或金属管应就近等电位接地。

6.4.7.3.3 通信电缆接入

【依据】《电力系统通信站过电压防护规程》（DL/T 548—2012）

4.2.2 架空电力线由终端杆引下后应更换为屏蔽电缆，进入室内前应水平直埋15m以上，埋地深度应大于0.6m。屏蔽层等电位接地。

4.3.7 室外通信电缆进入机房首先应接入保安配线架（箱）。

6.4.7.3.4 通信配电屏或整流器入端三相对地

【依据】《电力系统通信站过电压防护规程》（DL/T 548—2012）

4.3.1 高压架空配电线路终端杆体金属部分应接地，如距主接地网接地端较远，可做独立接地，接地电阻不应大于30Ω，杆上三相对地应分别装设避雷器。

4.3.2 配电变压器高低压侧应在靠近变压器处装设避雷器。

4.3.3 对通信设备的供配电系统应采取多级过电压防护。在进入机房的低压交流配电柜入口处具备第一级防护，整流设备入口或不间断电源入口处具备第二级防护，在整流设备出口或不间断电源出口的供电母线上具备工作电压适配的电源浪涌保护器作为末级防护。

6.4.7.3.5 通信直流电源

6.4.7.3.6 通信站接地网、室内均压网的施工工艺

6.4.7.3.5、6.4.7.3.6 查评依据如下：

【依据】《电力系统通信站过电压防护规程》（DL/T 548—2012）

4.1.1.4 通信站的接地与均压

4.1.1.4.1 通信站应有防止各种雷击的接地防护措施，在房顶上应敷设闭合均压网（带）并与接地网连接。房顶平面任何一点到均压带的距离不应大于5m。

4.1.1.4.2 调度通信楼内的通信站应与同一楼内的动力装置、建筑物避雷装置共用一个接地网，大楼及通信机房接地引下线可利用建筑物主体钢筋，刚进自身上、下连接点应采用搭焊接，且其上端应与房顶避雷装置、下端应与接地网、中间应与各层均压网或环形接地母线焊接成电气上连通的笼式接地系统。在机房外，应围绕机房建筑敷设闭合环形接地网，机房环形接地母线及接地网和房顶闭合均压带间，至少应用4条对称布置的连接线（或主钢筋）相连，相邻连接线间的距离不宜超过18m。

4.1.1.4.3 设置与发电厂、变电站（开关站、换流站）内的通信站过电压防护，在满足DL/T 620、DL/T 621有关规定的同时，宜共用发电厂、变电站（开关站、换流站）的接地网。若通信站设置独立的接地网应至少用两根规格不小于40mm×4mm的镀锌扁钢与发电厂、变电站的接地网均压相连。

4.1.1.4.4 设置在电力调度通信楼内的通信机房，建筑物的防雷设计应符合GB 50057的规定，当对建筑物电子信息系统防雷有要求时，还应执行GB 50343的有关规定。

6.4.7.4 保安措施

6.4.7.4.1 通信设备机架的固定及防震措施

【依据1】《电力通信运行管理规程》（DL/T 544—2012）

10.2 通信站运行要求

b）防火、防盗、防雷、防洪、防震、防鼠、防虫等安全措施完备。

【依据2】《电力系统用蓄电池直流电源装置运行与维护技术规程》（DL/T 724—2000）

4.13 抗震设防烈度大于或等于7度的地区，蓄电池组应有抗震加固措施。

6.4.7.4.2 运行设备及主要辅助设备的标志牌

【依据】《电力通信运行管理规程》（DL/T 544—2012）

11.1.2 b）通信设备应有序整齐，标识清晰准确。承载继电保护及安全稳定装置业务的设备及缆线等应有明显区别于其他设备的标识。

6.4.7.5 专业管理及技术资料

6.4.7.5.1 通信专业的管理

【依据】《电力通信运行管理规程》（DL/T 544—2012）

11.1.2 a）通信设备的运行维护管理应实行专责制，应落实设备维护责任人。

11.1.5 维护界面

a）电力线载波。

1）电力线载波通信设备、高频电缆和结合滤波器的运行维护检测由通信专业负责，保护专用的由继电保护专业负责。

2）线路阻波器、耦合电容器（或兼作通信用电容式电压互感器）和接地开关的运行维护及耦合电容器、放电器和避雷器的高压电气性能试验，均由设备所在地的高压电气专业负责。线路阻波器的阻抗–频率特性的测试与调整及接地开关的操作由通信专业负责，保护专用的由继电保护专业负责。

3）装在电力线载波设备内的复用远动、继电保护和安全稳定控制装置的接口设备及引出电缆端子内侧（连接电力线载波设备侧）的运行维护由通信专业负责。引出电缆端子外侧（连接其他专业设备侧）的运行维护由相关专业负责。

4）合相运行并装设在户外的分频滤波器、高频差接网络、结合滤波器和高频电缆公用部分的运行维护检测，由通信专业负责，保护专用的由继电保护专业负责。

5）专业在复用的电力线载波设备、分频滤波器上进行操作时，应事先征得相关专业的同意。

b）与其他二次专业。

1）通过通信机房音频配线架（VDF）连接的业务电路，分界点为机房音频配线架。

2）通过通信机房数字配线架（DDF）连接的业务电路，分界点为机房数字配线架。

3）通过通信机房光纤配线架（ODF）连接的业务电路，分界点为机房光纤配线架。

4）不经过通信机房配线架而直接由通信设备连接至用户设备的，分界点为通信设备输入输出端口，如图 1 所示。

6.4.7.5.2 通信规程、制度、反措文件和安全技术措施

【依据】《电力通信运行管理规程》（DL/T 544—2012）

10.3 通信机构应符合以下规程、规定的要求

a）DL 408、DL 409。

b）本站有关通信专业运行管理制度。

c）上级主管部门颁发的有关规程、制度。

10.4 通信机构应建立健全以下管理制度

a）岗位责任制。

b）设备责任制。

c）值班制度。

d）交接班制度。

e）技术培训制度。

f）工具、仪表、备品、配件及技术资料管理制度。

g）根据需要制定的其他制度。

6.4.7.5.3 通信设备的日常管理

【依据】《电力通信运行管理规程》（DL/T 544—2012）

10.5　通信机构应具备以下通信站基本运行资料

h）设备检测、蓄电池充放电记录。

i）通信事故、缺陷处理记录。

j）仪器仪表、备品备件、工器具保管使用记录。

k）值班日志（注：指有人值班通信站）。

l）定期巡检记录（注：指无人值班通信站）。

m）通信站应急预案。

n）通信站综合监控系统资料。

6.4.7.5.4　通信的技术资料

【依据 1】《电力通信运行管理规程》（DL/T 544—2012）

10.5　通信机构应具备以下通信站基本运行资料

a）通信站、设备及相应电路竣工验收资料。

b）站内通信设备图纸、说明书、操作手册。

c）交、直流电源供电示意图。

d）接地系统图。

e）通信电路、光缆路由图。

f）电路分配使用资料。

g）配线资料。

【依据 2】《电力系统通信站管理及评定标准》（能源部调度通信局 1991 年 11 月颁发）

2.3　表报资料

项　　目	保 存 期 限
2.3.1 通信站应建立健全以下表报资料	长期
a）通信站竣工验收资料（包括防雷资料）	长期
b）设备履历本、图纸、说明书	长期
c）话路分配使用资料	长期
d）配线资料	长期
e）交直流电源供电示意图	长期
f）通信电路路由示意图	长期
g）设备检测记录本（包括站内电源设备）	三年
h）通信故障、障碍、故障记录本	长期
i）仪表、工具、备品、备件保管使用登记本	长期
j）机、线设备操作、测试及故障处理原则	长期
k）值班日志	二年

6.5　热工设备

6.5.1　数据采集系统（DAS）

6.5.1.1　数据采集系统功能、实时性和精度

6.5.1.1.1　输入参数真实性判断功能

【依据】《火力发电厂分散控制系统验收测试规程》（DL/T 659—2016）

5.2.2　输入参数真实性判断功能的检查。在输入通道接入超过量程信号，检查系统的故障诊断功能，应能在操作员站上正确显示。人为断开输入通道的回路，检查 CRT 的显示是否正确。

6.5.1.1.2　显示画面响应时间

【依据】《火力发电厂分散控制系统验收测试规程》（DL/T 659—2016）

6.8.1　系统操作响应时间的测试。

系统操作响应时间应符合如下规定要求：

a）开关量操作信号响应时间测试。将系统开关量信号的输出接入该对象的反馈信号输入，测量通过操作员站键盘发出操作指令，到操作员站上显示信号反馈的时间。重复数次的平均值应不大于 1s。

b）模拟量操作信号的响应时间测试。将模拟量输出信号接入该对象的反馈信号输入，测量操作员站键入一数值，到操作员站反馈信号变化接近停止的时间。重复数次的平均值应不大于 2.5s。

6.5.1.1.3　打印制表功能

【依据】《火力发电厂分散控制系统验收测试规程》（DL/T 659—2016）

5.5　打印和制表功能的检查

5.5.1　检查制表管理功能应正常，检查制表的格式、内容和时间等应符合要求。

5.5.2　检查制表打印功能。检查请求打印的内容，包括模拟量一览打印、成组打印、定时打印等，打印结果应与显示结果相同。

6.5.1.1.4　事件顺序记录和事故追忆功能

【依据】《火力发电厂分散控制系统验收测试规程》（DL/T 659—2016）

5.6　事件顺序记录和事故追忆功能的检查

5.6.1　检查 SOE 内容、时间和时间分辨能力，时间分辨能力不大于 1ms。

5.6.2　人为触发一主保护信号动作，检查事故追忆功能，其表征机组主设备特征的变量记录应完整；重要变量在跳闸前 10min 和跳闸后 5min，应以不超过 1s 时间间隔快速记录。

6.5.1.1.5　历史数据的存储和检索功能

【依据】《火力发电厂分散控制系统验收测试规程》（DL/T 659—2016）

5.7　历史数据存储功能的检查

检查存储数据内容、存储容量、时间分辨能力是否达到合同要求及检索数据的方法是否达到合同要求。

6.5.1.2　锅炉主要检测参数

6.5.1.2.1　锅炉汽包水位测量系统

【依据 1】《国家电力公司电站锅炉汽包水位测量系统配置、安装和使用若干规定》

2　水位测量系统的配置

2.1　新建锅炉汽包应配备 2 套就地水位表和 3 套差压式水位测量装置，2 套就地水位表中的 1 套可用电极式水位测量装置替代。在役锅炉汽包可根据现场实际和新建锅炉的配置要求进行相应的配置。

2.2　锅炉汽包水位的调节、报警和保护应分别取自 3 个独立的差压变送器进行逻辑判断后的信号，并且该信号应进行压力、温度修正。

2.3　就地水位表可采用玻璃板式、云母板式、牛眼式。

3　水位测量装置的安装

3.1　每个水位测量装置都应具有独立的取样孔。不得在同一取样孔上并联多个水位测量装置，以避免相互影响，降低水位测量的可靠性。

3.2　水位测量装置安装时，均应以汽包同一端的几何中心线为基准线，采用水准仪精确确定各水位测量装置的安装位置，不应以锅炉平台等物作为参比标准。

3.3　安装水位测量装置取样阀门时，应使阀门阀杆处于水平位置，水位测量装置汽侧取样管与水侧取样管间可加装连通管。

3.4　水位测量装置的开孔位置、取样管的管径应根据锅炉汽包内部部件的结构、布置和锅炉的运行方式，由锅炉制造厂负责确定和提供。

3.5　就地水位表的安装

3.5.1　就地水位表的零水位线应比汽包内的零水位线低，降低的值取决于汽包工作压力，若现役锅炉就地水位表的零水位线与锅炉汽包内的零水位线相一致，应根据锅炉汽包内工作压力重新标定就地水位表的零水位线，具体降低值应由锅炉制造厂负责提供。

3.5.2　安装汽水侧取样管时，应保证管道的倾斜度不小于 100:1，对于汽侧取样管应使取样孔侧高，对于水侧取样管应使取样孔侧低。

3.5.3　汽水侧取样管、取样阀门和连通管均应良好保温。

3.6　差压式水位测量装置的安装

3.6.1　差压式水位测量装置的平衡容器应为单室平衡容器，即直径约 100mm 的球体或球头圆柱体（容积为 300mL～800mL），容器前汽水侧取样管可有连通管。

3.6.2　安装汽水侧取样管时，应保证管道的倾斜度不小于 100:1，对于汽侧取样管应使取样孔侧低，对于水侧取样管应使取样孔侧高。

3.6.3　禁止在连通管中段开取样孔作为差压式水位测量装置的汽水侧取样点。

3.6.4　汽水侧取样管、取样阀门和连通管均应良好保温。平衡容器及容器下部形成参比水柱的管道不得保温。引到差压变送器的两根管道应平行敷设共同保温，并根据需要采取防冻措施。

4　水位测量装置的运行和维护

4.1　差压式水位测量装置进行温度修正所选取的参比水柱平均温度应根据现场环境温度确定，并且应定期根据环境温度变化对修正回路进行设定。

4.2　锅炉启动前，应确保差压式水位测量装置参比水柱的形成。锅炉汽包水位的监视应以差压式水位测量装置显示值为准。

4.3　定期（每班）核对额定汽压下差压式水位测量装置零水位与就地水位表的零水位，若其偏差过大，应以额定汽压下就地水位表的零水位为基准，校正差压水位测量装置的零水位。

5　锅炉的高、低水位保护

5.1　锅炉水位保护未投入，严禁锅炉启动。

5.2　锅炉汽包水位保护在锅炉启动前应进行实际传动试验，严禁用信号短接方法进行模拟试验。

5.3　锅炉汽包水位保护的设置、整定值和延时值随炉型和汽包内部部件不同而异，具体数值由锅炉制造厂负责确定，各单位不得自行确定。

【依据 2】《防止电力生产事故的二十五项重点要求》（国能安全〔2014〕161 号）

6.4.1　汽包锅炉至少配置两只彼此独立的就地汽包水位计和两只远传汽包水位计。水位计的配置应采用两种以上工作原理共存的配置方式，以保证在任何运行工况下锅炉汽包水位的正确监视。

6.5.1.2.2　炉膛火焰观测装置

【依据】《火力发电厂锅炉炉膛安全监控系统技术规程》（DL/T 1091—2008）

4.3.2.1　火焰检测器对燃烧器的视角在炉膛设计时就应考虑，最后通过现场试验确定，并应对视角的有效角度范围进行校核。

6.5.1.2.3　温度参数

6.5.1.2.4　压力参数

6.5.1.2.5　流量参数

6.5.1.2.3～6.5.1.2.5 查评依据如下：

【依据】《发电厂热工仪表及控制系统技术监督导则》（DL/T 1056—2007）

8.10　主要热工检测参数（参见附录 B）应定期进行现场校验，其误差应不大于该系统允许综合误差的 2/3。主蒸汽温度、主蒸汽压力在常用段范围内的系统综合误差应不大于测量系统允许综合误差的 1/2。主要热工检测参数的现场抽检应定期进行，300MW 及以上的 DCS 机组每季度每台机组以抽检 5 点为宜，300MW 以下的 DCS 机组每季度每台机组以抽检 3 点为宜，非 DCS 机组应加大抽检量，每季度每台机组宜在 5 点～10 点间。

附录 B（资料性附录） 主要热工仪表及控制系统

B.1 火电厂主要热工检测参数

B.1.1 锅炉

a）汽包水位、汽包饱和蒸汽压力、汽包壁温；

b）主蒸汽压力、温度、流量；

c）再热蒸汽压力、温度、流量；

d）主给水压力、温度、流量；

e）直流炉中间点温度、直流炉汽水分离器水位；

f）排烟温度、烟气氧量、炉膛压力、一次风压力；

g）磨煤机出口风粉混合温度、煤粉仓煤粉温度；

h）过热器、再热器管壁温度；

i）风量、煤量；

j）流化床床温。

6.5.1.2.6 报警点

【依据】《大中型火力发电厂设计规范》（GB 50660—2011）

15.5 热工报警

15.5.1 热工报警应包括下列内容。

1 工艺系统参数偏离正常运行范围。

2 保护动作及主要辅助设备故障。

3 监控系统故障。

4 电源、气源故障。

5 电气设备故障。

6 火灾探测区域异常。

7 有毒有害气体的泄漏。

6.5.1.3 汽轮机主要检测参数

6.5.1.3.1 汽轮机本体及辅机系统重要参数

【依据】《发电厂热工仪表及控制系统技术监督导则》（DL/T 1056—2007）

B.1.2 汽轮机、发电机

a）主蒸汽压力、温度、流量；

b）再热蒸汽温度、压力；

c）各级抽汽压力、监视段蒸汽压力、轴封蒸汽压力；

d）汽轮机转速、轴承温度、轴承回油温度、推力瓦温度、排气真空、排汽温度、调速油压力、润滑油压力、轴承振动、轴向位移、差胀、汽缸膨胀、汽缸及法兰螺栓温度；

e）调速级压力、凝汽器压力；

f）供热流量、凝结水流量；

g）发电机定子绕组及铁芯温度，发电机氢气压力，发电机定子、转子冷却水压力、流量；

h）氢冷发电机密封油压力、氢油压差、密封油箱油位、润滑油箱油位。

B.1.3 辅助系统

a）除氧器蒸汽压力、除氧器水箱水位；

b）给水泵润滑油压力、汽动给水泵转速、高压给水泵轴承温度；

c）热网汽、水母管温度、流量、压力以及公用系统重要测量参数。

6.5.1.3.2 报警点

【依据】《大中型火力发电厂设计规范》（GB 50660—2011）

15.5 热工报警

15.5.1 热工报警应包括下列内容。

1 工艺系统参数偏离正常运行范围。

2 保护动作及主要辅助设备故障。

3 监控系统故障。

4 电源、气源故障。

5 电气设备故障。

6 火灾探测区域异常。

7 有毒有害气体的泄漏。

6.5.1.4 电气主要检测参数

【依据】同 6.5.1.3.1 依据中 B.1.2 条。

6.5.2 模拟量控制系统（MCS）

6.5.2.1 协调控制系统

6.5.2.1.1 协调控制功能

【依据 1】《大中型火力发电厂设计规范》（GB 50660—2011）

15.8.6 单元机组宜采用机、炉协调控制。

15.8.7 协调控制系统应能协调锅炉和汽轮机，满足机组快速响应负荷命令，平稳控制汽轮机及锅炉的要求，应具有下列供运行选择的控制方式：

1 机炉协调控制。

2 汽轮机跟随控制

3 锅炉跟随控制。

4 手动控制。

【依据 2】《发电厂热工仪表及控制系统技术监督导则》（DL/T 1056—2007）

8.11 模拟量控制系统应做定期扰动试验，试验周期不宜超过半年。除定期试验外，出现设备大修、控制策略变动、调节参数有较大修改、控制系统发生异常等情况也应进行扰动试验。调节机构特性试验应在调节机构新投入使用或调节机构检修后进行。所有试验报告中应将试验日期、试验人员、审核人及试验数据填写完整、规范，并附有相应的趋势曲线，试验报告保存三个周期备查。模拟量控制系统的调节品质和调节机构的质量要求应满足 DL/T 657 和 DL/T 774 的要求。

6.5.2.1.2 一次调频

【依据 1】《火力发电厂模拟量控制系统验收测试规程》（DL/T 657—2015）

3.3.2 机组调节性能应符合下列规定：

1 并网发电机组均应参与一次调频。机组一次调频的基本性能指标应符合下列规定：

1）电液型汽轮机调节控制系统的发电机组死区应控制在±0.033Hz 内，机械、液压调节控制系统的发电机组死区应控制在±0.10Hz 内。

2）转速不等率应为 4%～5%。

3）最大负荷限幅应为机组额定出力的 6%～10%。

4）投用范围应为机组核定的出力范围。

5）当电网频率变化超过机组一次调频死区时，机组应在 15s 内根据机组响应目标完全响应。

在电网频率变化超过机组一次调频死区的 45s 内，机组实际出力与机组响应目标偏差的平均值应在机组额定有功出力的±3%以内。

【依据 2】《火力发电厂热工自动化系统检修运行维护规程》（DL/T 774—2015）

8.6.2.7.3　品质指标：

a）机组进行一次调频功能分项试验时，其参数波动范围应不危及机组及设备安全和不引起机组保护动作跳闸；

b）一次调频功能试验项目宜按设计的功能全部进行，动作的负荷积分面积应大于设计需要的负荷积分面积的 60%以上，时间以 1min 为宜；

c）当电网频率变化超过机组一次调频死区时，机组响应时间应不大于 3s；

d）在电网频率变化超过机组一次死区时开始的 15s 内，机组出力实际调节量应达到理论调节量的 60%以上；

e）机组参与一次调频过程中，在电网频率稳定后，机组负荷达到稳定所需的时间为一次调频稳定时间，应小于 60s；

f）机组参与一次调频的负荷变化幅度可以加以限制，200MW 及以下的火电机组，限制幅度不小于机组额定负荷的±6%；

g）转速不等率不高于 5%；

h）在电网频率变化超过机组一次调频死区时，开始的 60s 内，机组实际出力与响应目标的偏差的平均值应在理论计算的调整幅度的±8%内。

【依据 3】《发电厂热工仪表及控制系统技术监督导则》（DL/T 1056—2007）

8.15　应不断提高机组的整体控制水平，以满足电网对自动发电控制（AGC）和一次调频的要求。AGC 控制和一次调频的具体指标应满足并网调度协议或其他有关规定的要求。

6.5.2.1.3　机组负荷指令保位、闭锁功能、机组负荷迫升、迫降功能和 RB 功能

【依据 1】《火力发电厂热工控制系统设计技术规定》（DL/T 5175—2003）

5.1.3　125MW 及以上机组应配置汽轮机电调系统。汽轮机电调系统应具有调节汽轮机功率和频率、自动升速、停机等功能。当电网要求机组热工控制系统接收电网调度指令时，在汽轮机控制系统与协调控制系统有可靠接口的条件下，300MW 及以上单元机组还宜配置汽轮机热应力监视功能。

5.1.4　机、炉协调控制系统应能协调控制锅炉和汽轮机，满足机组快速响应负荷指令、平稳控制汽轮机及锅炉的要求，并有下列几种可选的控制方式：机炉协调控制、汽轮机跟踪控制、锅炉跟踪控制、手动控制。

6.5.2.2　燃烧调节系统（包括燃料、送风、引风和 BF 方式时主压力）是否正常投入自动，满足有关技术指标，具备安全运行的功能，做定期试验。

6.5.2.3　给水调节系统是否全程投入自动，满足有关技术指标，具备安全运行的功能，做定期试验。

6.5.2.4　过热汽温度调节是否投入自动，满足有关技术指标，具备安全运行功能，做定期试验。

6.5.2.5　汽轮机轴封、高低加水位、除氧器水位、凝汽器水位和高低旁路是否投入自动，满足有关技术指标，具备安全运能。做定期试验。

【依据 2】《火力发电厂热工自动化系统检修运行维护规程》（DL/T 774—2015）

8.2　给水控制系统

8.2.1　系统组成

汽包锅炉的给水控制系统，由启动给水泵出口旁路调节门、电动调速给水泵和汽动调速泵（或者由给水泵出口调节门、定速给水泵）组成单/三冲量给水控制系统、给水泵最小流量再循环控制系统。

直流锅炉的给水控制系统，锅炉启动阶段，由给水控制系统配合锅炉启动系统共同完成对锅炉的上水与分离器水位调节，给水泵的出口压力由出口调阀控制；正常负荷运行时，由给水泵完成锅炉给水的控制，给水泵再循环控制系统控制给水泵进口最小流量（本规程仅以“采用给水控制中间点温度系统”为例，其他锅炉给水控制策略参照执行）。

8.2.4　品质指标

控制系统正常运行时，品质指标应满足下列要求：

a）给水流量应随蒸汽流量迅速变化；汽包水位（或湿态分离器水位和干态中间点温度）正常时，给水流量与蒸汽流量应基本相等。

b）汽包锅炉给水控制稳态品质指标：±25mm。控制系统的执行机构不应频繁动作。

c）汽包水位定值扰动，在扰动量为±60mm，过渡过程衰减率 $\Psi=0.75\sim0.9$ 时，稳定时间应小于 5min。

d）机组启停过程中，汽包水位控制的动态品质指标：单冲量方式运行时的汽包水位允许动态偏差不大于±80mm，三冲量给水控制运行时的汽包动态偏差不大于±60mm，见表 22。

e）直流锅炉给水流量控制及汽包水位串级内回路的给水流量控制，过渡过程衰减率 $\Psi=0.75\sim0.9$，稳定时间小于 1min。

8.3　蒸汽温度控制系统

8.3.4　AGC 调节范围内，品质指标应满足下列要求：

a）稳态品质指标：过热汽温度为±3℃，再热蒸汽温度为±4℃，执行器不应频繁动作；

b）过热汽温度和再热汽温度给定值改变±5℃，过渡过程衰减率 $\Psi=0.75\sim0.9$ 时，过热汽温度稳定时间应小于 15min，再热汽温稳定时间应小于 30min；

c）机炉协调控制方式下的动态、稳态品质指标见表 22。

8.4　燃烧控制系统

表 22　各类型机组各主要被调参数的动态、稳态品质指标

指标类型	负荷变动试验及 AGC 负荷跟随试验动态品质指标			稳态品质指标
机组类型	煤粉锅炉机组	循环流化床机组	燃机机组	各类型机组
负荷指令变化速率 $\%P_e$/min	≥1.5	≥1	≥3	0
实际负荷变化速率 $\%P_e$/min	≥1.2	≥0.8	≥2.5	—
负荷响应纯迟延时间 s	60	60	30	—
负荷偏差率 $\%P_e$	±2	±2	±1.5	±1
主汽压力偏差 $\%P_0$	±3	±3	±3	±2
主汽温度 ℃	±8	±8	±8	±3
再热汽温度 ℃	±10	±10	±10	±4
中间点温度（直流炉） ℃	±10	—	—	±5
床温（循环流化炉） ℃	—	±30	—	±15
汽包水位（汽包炉） mm	±60	±60	±60	±25
炉膛压力 Pa	±200	—	—	±100
烟气含氧量 $\%O_2$	—	—	—	±0.5
注：P_0 为机组额定主蒸汽压力值。				

8.4.1　系统组成

燃烧控制系统包括燃料量控制及热值（BTU）校正、给煤量控制、风量氧量控制（送风机动叶风量控制/二次风挡板风量控制、风箱与炉膛差压控制/二次风压控制、氧量校正、燃料风控制、燃烬风控制）、炉膛压力控制、一次风压控制、磨煤机控制（直吹制粉系统一次风量控制/中储式制粉系统钢球磨煤机入口风压控制、出口温度控制、分离器转速控制、液压加载力控制）等控制系统。

8.4.2　炉膛压力控制系统

8.4.2.3　品质指标（AGC 调节范围内）：

a）稳态品质指标：±100Pa；

b）炉膛压力给定值扰动±200Pa 时，控制过程衰减率 Ψ=0.9～0.95，稳定时间应小于 3min；

c）机炉协调控制方式下的动态、稳态品质指标见表 22。

8.4.3　风量氧量控制系统

8.4.3.1　系统组成：

风量氧量控制系统包括送风机动叶风量、二次风门风量、风箱与炉膛差压、二次风压、氧量校正、燃料风、燃尽风等控制子系统。

8.4.3.4　品质指标（AGC 调节范围内）：

a）氧量稳态品质指标：±1%；

b）燃烧率指令增加时，风量应能在 30s 内变化；

c）二次风箱和炉膛差压定值扰动，在扰动量±100Pa，控制过程衰减率 Ψ=0.9～0.95 时，稳定时间应小于 60s；

d）二次风总风量定值扰动，在扰动量±100t/h，过渡过程衰减率 Ψ=0.9～0.95 时，稳定时间应小于 60s。

8.4.4　一次风压控制系统运行维护

8.4.4.3　品质指标（AGC 调节范围内）：

a）稳态品质指标：±100Pa；

b）一次风压给定值改变 500Pa，控制过程衰减率 Ψ=0.9～0.95 时，稳定时间应小于 60s。

8.5　辅助设备控制系统

8.5.1　系统组成

辅助设备控制系统包括除氧器水位、压力、加热器水位、凝汽器水位、轴封压力、凝结水再循环流量控制、旁路压力控制、旁路温度控制、其他辅助设备控制系统等。其中其他辅助设备控制系统包括的单回路控制子系统主要有：空气预热器冷端温度、凝结水再循环流量、燃油压力、辅助蒸汽温度、暖风器疏水箱水位、闭式水压力、闭式水温度、闭式水膨胀水箱水位、汽轮机润滑油温度、发电机定冷水温度、发电机氢气温度、发电机密封油温度、电动给水泵工作油温度、汽动给水泵润滑油温度、直接空冷机组汽机背压、燃机调压站、燃机性能加热器温度和脱硝、脱硫、化水、吹灰等控制系统。

8.5.2　除氧器水位控制系统

8.5.2.3　品质指标（AGC 负荷范围内）：

a）稳态品质指标：±20mm；

b）当水位给定值改变 60mm，过渡过程衰减率 Ψ=0.75～0.9 时，稳定时间应小于 10min。

8.5.3　除氧器压力控制系统

8.5.3.3　品质指标（AGC 负荷范围内）：

a）稳态品质指标：±20kPa；

b）当除氧器压力给定值改变 50kPa 时，控制系统应在 1min 内将压力稳定在新的给定值，过渡过程衰减率 Ψ=0.75～1。

8.5.4　加热器水位控制系统

8.5.4.2　品质指标：

a）稳态品质指标：±20mm（立式），±10mm（卧式）；

b）给定值扰动时（立式 50mm，卧式 30mm），过渡过程衰减率 Ψ=0.75～0.9。

8.5.5　汽轮机凝汽器水位控制系统

8.5.5.2　品质指标：

a）稳态品质指标：±20mm；

b）凝汽器给定值改变 50mm 时，上升方向过渡过程衰减率 Ψ=0.75～0.9 时，稳定时间应小于 8min。

8.5.6　其他辅助设备模拟量控制系统（AGC 调节范围内）

8.5.6.2　品质指标：

a）稳态品质指标：给定值附近，不振荡；

b）定值扰动时，控制系统衰减率 Ψ=0.75～0.95。

6.5.3　顺序控制系统（SCS）

6.5.3.1　锅炉顺序控制系统

6.5.3.2　汽机顺序控制系统

6.5.3.1、6.5.3.2 查评依据如下：

【依据 1】《大中型火力发电厂设计规范》（GB 50660—2011）

15.7.2　顺序控制应按驱动级、子功能组级、功能组级三级水平设计。

15.7.3　顺序控制的设计应符合保护、联锁操作优先的原则。在顺序控制过程中出现保护、联锁指令时，应将控制进程中断，并应使工艺系统按保护、联锁指令执行。

15.7.4　顺序控制在自动运行期间发生任何故障或运行人员中断时，应使正在进行的程序中断，并应使工艺系统处于安全状态。

15.7.5　顺序控制的设计应采取防止误操作的有效措施。

15.7.6　顺序控制的功能应满足机组的启动、停止及正常运行工况的控制要求，并应能实现机组在事故和异常工况下的控制操作。顺序控制应具备下列功能：

1　实现主/辅机、阀门、挡板、电气发电机–变压器组厂用电设备等的顺序控制、控制操作及试验操作。

2　辅机及其相关的冷却系统、润滑系统、密封系统等的联锁控制。

3　重要运行设备故障跳闸时，联锁启动备用设备。

4　实现状态报警、联动及单台转机的保护。

15.7.7　下列项目宜纳入机组控制系统的锅炉部分顺序控制；

1　空预器系统。

2　送风机系统。

3　引风机系统。

4　一次风机系统。

5　流化风机系统。

6　磨煤机系统。

7　给煤机系统。

8　锅炉排污、疏水、放气系统。

9　暖风机系统。

10　燃油系统。

11　给水泵系统。

15.7.8　下列项目宜纳入机组控制系统的汽机部分顺序控制：

1　汽机润滑油和控制油系统。

2　凝结水系统。

3　凝汽器抽真空系统。

4　汽机轴封系统。

5　低压加热器系统。

6　高压加热器系统。

7　汽机蒸汽管道疏水系统。

8　辅助蒸汽系统。

9　循环水系统和辅机冷却水系统。

10　开式循环冷却水系统。

11　闭市循环冷却水系统。

15.7.14　循环流化床锅炉辅机联锁应包括下列项目：

1　循环流化床的一次风机、二次风机、流化风机、空预器、除尘器以及引风机在启停及事故跳闸时的顺序联锁。

2　循环流化床的一次风机、二次风机、流化风机、空预器、除尘器以及引风机之间的跳闸顺序及与烟、风道中有关阀门、挡板的启闭联锁。

3　燃料系统投入与切除以及与风道燃烧器、床上燃烧器和床枪之间的启停顺序及联锁。

15.7.15　汽轮机辅机应有下列联锁：

1　润滑油系统中的交流润滑油泵、直流润滑油泵、顶轴油泵和盘车装置与润滑油压之间的联锁。

2　给水泵、凝结水泵、真空泵、循环水泵/辅机冷却水泵、疏水泵以及其他各类水泵与其相应系统的压力之间的联锁。

运行泵事故跳闸时备用泵自启动的联锁。

各类泵与其进出口阀门间的联锁。

【依据 2】《发电厂热工仪表及控制系统技术监督导则》（DL/T 1056—2007）

B.4　火电厂主要顺序控制系统

B.4.1　DCS 系统内的功能组

锅炉风烟系统功能子组、锅炉吹灰功能子组、汽动给水泵功能子组、电动给水泵功能子组、汽轮机油系统子组、凝结水系统子组、凝汽器真空系统子组、汽轮机轴封系统子组、低压加热器子组、高压加热器子组、汽轮机抽汽系统子组、循环水系统子组、锅炉排污功能子组。

B.4.2　PLC 装置实现的顺序控制系统

输煤顺序控制，除灰、除渣顺序控制，化学水顺序控制等。

C.5　顺序控制系统的统计方法

C.5.2　顺序控制系统的投入标准：其全部功能，即正常启、停、备用、故障处理及人工远方操作等符合生产流程实际要求，投入使用后其动作的正确率应达到 100%。

C.5.3　进入 DCS 的顺序控制功能组和未进入 DCS 的辅机程序控制系统宜分开统计，指标要求相同。

【依据 3】《火力发电厂热工控制系统设计技术规定》（DL/T 5175—2003）

6.3.3　锅炉燃烧系统应设下列连锁：

1）引风机、回转式空气预热器和送风机之间在启停及跳闸时的顺序连锁。

2）引风机、回转式空气预热器、送风机与相关的烟风挡板之间的启、闭连锁。

3）两台并列运行的引风机（送风机）中的一台跳闸时，应自动隔离已跳闸的风机；在两台运行的引风机均跳闸时，必须连锁跳闸所有运行的送风机和一次风机，并保证炉膛自然通风。

4）一台风机送粉时，全部一次风机跳闸应连锁停止全部给粉机。排粉机送粉时，任一台排粉机跳闸应连锁停止相应的给粉机。

5）烟气再循环风机跳闸时，应自动关闭该风机的入、出口挡板。

6）燃油（燃气）锅炉的燃油（燃气）压力低于规定值时，应连锁切断燃油（燃气）供应。

6.5.4 锅炉炉膛安全监控系统（FSSS）

6.5.4.1 锅炉炉膛安全保护系统配置

【依据 1】《大中型火力发电厂设计规范》（GB 50660—2011）

15.6.1 机组保护系统个设计应符合下列规定：

4 在控制台上必须设置总燃料跳闸、停止汽轮机和解列发电机的跳闸按钮，并应采用双重按钮或带盖的单按钮；跳闸按钮应直接接至停炉、停机的驱动回路。

15.6.4 锅炉应符合下列保护：

1 锅炉给水系统应设有下列保护：

1）汽包锅炉的汽包水位保护。

2 锅炉蒸汽系统应设有下列保护：

1）主蒸汽压力高保护。

3 锅炉炉膛安全保护应包括下列功能：

1）锅炉吹扫。

2）炉膛压力保护。

【依据 2】《电站煤粉锅炉炉膛防爆规程》（DL/T 435—2004）

3.2.9 炉膛安全监控系统

a）炉膛安全监控系统的要求是：

炉膛安全监控系统不同于锅炉生产蒸汽过程中的各种生产过程（调节）系统（如燃烧、给水、汽温等），与燃烧系统、燃烧器的总数目及布置、运行中燃烧器数目及位置等密切相关。因此，应根据具体的燃烧系统的要求及运行特性专门设计。总的安全功能应包括，但也不限于下列功能：

1）炉膛吹扫连锁及定时；

2）点火试验定时；

3）火焰检测及强制性安全停炉等。

也可根据锅炉容量大小，增减其功能。如容量较小，只有单台送、引风机的锅炉，炉膛吹扫及定时的要求，可规定在现场运行规程中，由运行人员按规程的要求对炉膛进行吹扫。而对容量较大的锅炉，炉膛安全监控可按有关设备（如点火系统、燃烧系统）的启、停条件，跳闸条件及强制性总燃料跳闸的各种条件，进行炉膛安全运行的控制。

b）炉膛安全监控系统的核心是逻辑部分，总的要求是：根据外部输入和内部逻辑运算，正确判断提供输出，同时不会因逻辑部分发生某一单一故障时而危及锅炉安全运行，也不应为此而要求立即停炉处理。

c）逻辑部分的设计应满足以下要求：

1）设计者至少对下述故障的影响应有评估并编址：① 电源条件变化的影响，包括电压波动、瞬时中断、部分失电；② 信息传输错误和信息丢失；③ 输入和输出错误；④ 信号错误或对信号不能识别；⑤ 寻址错误；⑥ 处理器故障；⑦ 计时器故障；⑧ 如果用继电器，则应考虑由于线圈故障所产生的影响或继电器误接触所产生的影响等。

2）设计中必须包含诊断功能，以监控处理器的逻辑功能。

3）逻辑部分故障应不排除操作人员适当的干预。

4）应能防止未经批准而修改逻辑，同时当有关设备在运行时，不能修改逻辑。

5）系统响应时间（输入到输出信息的时间）必须非常短，以免引起负面效应。

6）具有较强的抗干扰能力，以防止误动作。

7）逻辑系统内任何个别部件故障，不得妨碍强制性的总燃料跳闸。

8）应提供由运行人员专用的手操开关，以便独立和直接操作总燃料继电器。

9）以下独立性的要求还应满足：① 执行炉膛安全监控系统功能的逻辑系统，不得与任何其他逻辑系统组合在一起；② 一套逻辑系统应只限于用在一台锅炉上，其输入/输出系统的电源必须独立，并与其他逻辑系统（如锅炉燃烧调节系统）分开；③ 允许炉膛安全监控系统与其他逻辑系统使用同一种型式的硬件和与其他系统间采用数据传输通信，触发强制性总燃料跳闸的信号必须是硬接线的。

10）用于安全停止燃烧器运行的逻辑程序或装置一旦触动，应使有关的燃烧器跳闸或总燃料跳闸，跳闸后是否恢复运行应由运行人员根据检查的结果决定，任何逻辑程序或装置均不应运行主燃烧器或点火器的燃料控制阀门瞬时关闭后，随即又重新开启。

6.5.4.2　防止火焰探头烧毁、污染失灵，炉膛压力取样管堵的安全技术措施

【依据 1】《电站煤粉锅炉炉膛防爆规程》（DL/T 435—2004）

3.2.10　c）为保证火焰检测器探头工作稳定，不受烟尘污染的影响，应有足够风量与压头的专用风机（并有备用）向探头供给经过滤的清洁冷却风，并保证炉膛在出现正压时，烟气不会直接接触探头，使其探头不被污染和温度不超过允许值。

【依据 2】《发电厂热工仪表及控制系统技术监督导则》（DL/T 1056—2007）

6.2.1.10　加强锅炉灭火保护装置的维护与管理，确保锅炉灭火保护装置可靠投用。防止发生火焰探头烧毁、污染失灵、炉膛负压管堵塞等问题。

6.5.4.3　锅炉主燃料跳闸系统（MFT）

6.5.4.4　信号及逻辑要求

6.5.4.3、6.5.4.4 查评依据如下：

【依据】《火力发电厂锅炉炉膛安全监控系统技术规程》（DL/T 1091—2008）

4.3.2.2　跳闸系统：

a）触发 MFT 动作的检测元件和回路，除火焰检测器和在模拟量控制系统进行预处理的风量信号、汽包水位外，应独立于其他控制元件和回路。

b）应采用比其他控制回路更可靠的硬件和设计（如冗余、三取二等），三取二或三取中的信号中的三个信号及处理逻辑应独立分布在不同的硬件内，以提高其可靠性。

c）MFT 跳闸系统在失电时应产生锅炉跳闸信号以使机组处于安全状态。

d）炉膛压力保护应采用过程压力直接驱动的压力开关，应有三个独立取样的“压力高”开关和三个独立取样的“压力低”开关，压力保护动作信号应按“三取二”逻辑产生。

e）炉膛压力取样孔应与吹灰器和看火孔有足够的距离，并应采取适当的防堵措施，防堵措施不能影响炉膛压力的取样精度。

f）跳闸条件中的汽包水位保护信号应按“三取二”逻辑设计。

g）触发 MFT 的跳闸应采用硬接线接入，需要通过逻辑运算产生的 MFT 信号应在处理逻辑中采取冗余或表决的方式提高可靠性。

h）MFT 跳闸输出指令应以硬接线接入其他系统（如 MCS/OCS/ETS 等）和相应动作设备的跳闸回路，以保证足够的可靠性。

i）应防止因跳闸连锁系统电源中断或恢复引起系统的拒动作和误动作。

6.5.4.5　其他的 MFT 保护条件

【依据】《大中型火力发电厂设计规范》（GB 50660—2011）

4　在运行中锅炉发生下列情况之一时，应发出总燃料跳闸、紧急停炉保护：

1）手动停炉指令；

2）炉膛压力过高/过低；

3）汽包水位过高/过低；

4）全部送风机跳闸；

5）全部引风机跳闸；

6）总风量过低；

7）锅炉炉膛安全监控系统失电；

8）根据锅炉特点要求的其他停炉保护条件。

6.5.5 汽轮机控制

6.5.5.1 汽轮机停机保护

【依据1】《大中型火力发电厂设计规范》（GB 50660—2011）

15.6.5 汽轮机保护应符合下列规定：

1 在运行中发生下列情况之一时，应发出汽轮机跳闸指令：

1）汽轮机超速。

2）凝汽器真空过低。

3）润滑油压力过低。

4）控制油压力过低。

5）轴承振动大。

6）轴向位移大。

7）手动停机指令。

8）锅炉总燃料跳闸。

9）发电机事故跳闸。

10）外部系统故障引起发电机解列。

11）汽轮机数字电液控制系统失电。

12）汽轮机制造厂提供的其他保护项目。

【依据2】国家能源局《防止电力生产事故的二十五项重点要求》（国能安全〔2014〕161号）

8.2.9 建立机组试验档案，包括投产前的安装调试试验、大小修后的调整试验、常规试验和定期试验。

6.5.5.2 汽轮机紧急跳闸系统（ETS）

【依据1】《大中型火力发电厂设计规范》（GB 50660—2011）

15.6.1 机组保护系统的设计应符合下列规定：

2 当机组保护系统采用分散控制系统或可编程控制器时，应符合下列规定：

1）机炉跳闸保护系统的逻辑控制器应单独冗余配置。

2）保护系统应有独立的I/O通道，并有隔离措施。

3）冗余的I/O信号应通过不同的I/O模件引入。

15.6.2 火力发电厂锅炉和汽轮机的跳闸保护系统可采用电子逻辑系统或继电器硬逻辑系统，系统宜采用经认证的SIL3级的安全相关系统。安全相关系统应符合现行国家标准《电气/电子/可编程电子安全相关系统的功能安全》（GB/T 21109）的相关规定。

【依据2】国家能源局《防止电力生产事故的二十五项重点要求》（国能安全〔2014〕161号）

9.4.3 所有重要的主、辅机保护都应采用“三取二”的逻辑判断方式，保护信号应遵循从取样点到输入模件全程相对独立的原则，确因系统原因测点数量不够，应有防保护误动措施。

9.4.7 汽轮机紧急跳闸和汽轮机监视仪表应加强定期巡视检查，所配电源应可靠，电压波动值不得大于±5%，且不应含有高次谐波。汽轮机监视仪表的中央处理器及重要跳机保护信号和通道必须冗余配置，输出继电器必须可靠。

9.4.8 汽轮机紧急跳闸系统跳机继电器应设计为失电动作，硬手操设备本身要有防止误操作、动作不可靠的措施。手动停机保护用具有独立于分散控制系统（或可编程控制器 PLC）装置的硬跳闸控制回路，配置有双通道四跳闸线圈汽轮机紧急跳闸系统的机组，应定期进行汽轮机紧急跳闸在线试验。

6.5.5.3 汽轮机其他保护

【依据】《大中型火力发电厂设计规范》(GB 50660—2011)

15.6.5 汽轮机应设有下列保护：

2 汽轮机还应有下列热工保护：

1）抽汽防逆流保护；

2）低压缸排汽防超温保护；

3）汽轮机防进水保护；

4）汽轮机真空低保护等。

6.5.5.4 数字式电液控制与监视（DEH、TSI）

6.5.5.4.1 转速控制功能

【依据】《火力发电厂汽轮机控制及保护系统验收测试规程》(DL/T 656—2016)

5.1 转速控制功能

5.1.1 控制系统在转速控制方式下，使机组启动升速的各阶段设置目标转速和升速率进行升速，升速过程应平稳、可控。当机组升速到额定转速时，机组实际稳定转速与设定转速的偏差应小于额定转速的±0.1%。

5.1.2 检查控制系统自动快速冲过临界转速区的功能，其过临界转速区时的升速率应满足制造厂的技术要求。

5.1.3 结合机组的超速试验，由控制系统从额定转速升速到机组超速保护的转速定值，其转速控制性能亦满足 5.1.1 的要求。

5.1.4 按技术条件规定的最大升速率升（降）速，升（降）速过程应平稳、可控，其转速到达目标转速后的超调量应小于额定转速的 0.2%。

5.1.5 具有主汽门启动方式的控制系统，在进行阀门切换时，转速波动范围应不大于额定转速的±1%。

5.1.6 当机组升速至额定转速时，检查 DEH 系统与自动同期装置的接口功能。控制系统应能根据自动同期装置的指令完成发电机的转速匹配以保证发电机能自动并网，并给出机组应带的初负荷，不应产生逆功率工况。

5.1.7 首台新型机组或进行了汽轮机调节系统改造后机组应做常规甩负荷试验，其他机组可按测功法进行试验。试验要求、方法和安全措施等应按 DL/T 711 执行。

6.5.5.4.2 负荷控制功能

【依据】《火力发电厂汽轮机控制及保护系统验收测试规程》(DL/T 656—2016)

5.2 负荷控制功能

5.2.1 在机组带负荷运行的情况下，锅炉压力稳定并满足负荷变化的要求，消除一次调频的影响，按给定的负荷指令和变负荷率改变负荷给定值，使机组改变负荷，实际负荷与负荷指令的稳态偏差应不大于规定负荷的±0.5%。

5.2.2 按照机组的不同运行方式可进行控制回路切换，切换过程中不应引起扰动。

5.2.3 负荷指令可以由运行人员给定，也可以由协调控制系统的负荷指令确定，各种方式的负荷调节精度均应能满足 5.2.1 的要求。

5.2.4 负荷变化率可以有运行人员给定。当具有热应力监控系统时，可以通过汽轮机热应力计算来确定和修改负荷变化率。在机组带负荷运行的条件下，按确定的负荷变化率改变机组负荷，以检查系统适应负荷变化率变化的功能。

5.2.5 检查负荷和负荷变化率限制功能。当设置超过可调的机组最大、最小负荷和负荷变化率时，应能将负荷和负荷变化率限制在最大、最小值内。

5.2.6 阀位限制功能检查。机组在阀位限制方式下运行，应能满足机组的正常运行要求。

5.2.7 压力控制功能检查。在定压运行方式下，DEH 系统通过压力控制器将主汽压力维持在设定值，实际压力与设定值之间的差值应满足 DL/T 657 主蒸汽压力稳态品质指标的要求。

5.2.8 控制系统与旁路匹配检查。机组在旁路配合运行的方式下，通过试验检查 DEH 系统与旁路的配合情况，控制系统应能发出正确的指令，且与旁路之间有可靠的接口，控制系统与旁路配合应能满足机组运行的要求。

5.2.9 一次调频功能测试。机组参与一次调频控制时，在负荷给定值不变的情况下，机组所带实际负荷应随电网的频率改变而改变，其控制指标需满足 GB/T 30370 的要求。

6.5.5.4.3 电液控制系统的供电和控制器

【依据】《火力发电厂汽轮机控制及保护系统验收测试规程》（DL/T 656—2016）

4.6 系统应具有可靠的两套电源供电，供电品质应符合制造厂的技术要求。

5.10.3 DEH 控制器的处理周期应满足汽轮机控制响应速度的要求，其转速控制回路的处理周期不应大于 50ms。对于无专用模件完成超速保护（OPT）和超速保护控制（OPC）功能的系统，宜采用独立的控制器，其处理周期不应大于 20ms。

6.5.5.4.4 防超速保护控制及跳闸保护

【依据】《火力发电厂汽轮机控制及保护系统验收测试规程》（DL/T 656—2016）

5.5 机组保护控制功能

5.5.1 超速保护控制（OPC）功能检查。按制造厂设计的功能逐项检查测试，如使汽轮机转速达到规定值（例如 103%额定转速）时，OPC 正确动作，关闭高中压调节汽门，待转速达到预定条件时重新开启这些阀门，维持正常额定转速。OPC 动作时的转速与设定转速的偏差应不超过 2r/min。

5.6 机组保护功能

5.6.1 超速保护跳闸（OPT）功能检查。当转速达到机组超速遮断保护动作值时，能发出信号，控制系统应能可靠接受汽轮机保护装置发出的指令，迅速关闭主汽门和调节汽门，使机组安全停机。超速跳闸动作转速与设定值偏差应在±2r/min 以内。

5.10.3 DEH 控制器的处理周期应满足汽轮机控制响应速度的要求，其转速控制回路的处理周期不应大于 50ms。对于无专用模件完成超速保护（OPT）和超速保护控制（OPC）功能的系统，宜采用独立的控制器，其处理周期不应大于 20ms。

6.5.5.4.5 甩负荷试验

【依据】《火力发电厂汽轮机控制及保护系统验收测试规程》（DL/T 656—2016）

5.5.2 在机组带负荷的工况下，汽轮机控制系统能接受 RB 指令，快速降低机组负荷，或投入遥控方式，执行 CCS 的汽轮机主控指令，与机组 RB 运行工况相适应，并满足 DL/T 1213 中的相关要求。

6.5.5.4.6 跳闸电磁阀的试验、监测

【依据】《火力发电厂汽轮机控制及保护系统验收测试规程》（DL/T 656—2016）

7.1 测量仪表元件抽查

接入 ETS 系统的现场仪表元件如压力开关、变送器、温度测量元件等，在最终验收进行必要的抽查测试时，应随意选取现场安装的压力开关、变送器、温度测量元件，在实验室中采用标准校验台进行校验，合格率应为 100%。

7.2 跳闸回路绝缘

7.2.1 检测跳闸回路的绝缘，用 500V 绝缘电阻表（对直流 110V、220V 供电线圈应采用 1000V 绝缘电阻表）测试，其绝缘电阻应不小于 1MΩ；

7.2.2　检测跳闸电磁阀，用500V绝缘电阻表（对直流110V、220V供电线圈应采用1000V绝缘电阻表）测试，其绝缘电阻应不小于2MΩ。

7.4　跳闸电磁阀动作试验

跳闸电磁阀动作测试应在机组启动前进行。测试方法应采用汽轮机挂闸后使单个通道跳闸电磁阀或单个阀门跳闸电磁阀失电的方式进行。

6.5.5.4.7　TSI监视功能

【依据】《火力发电厂汽轮机监视和保护系统验收测试规程》（DL/T 1012—2016）

5　汽轮机监测仪表系统

5.1.1　轴向位移监视功能测试

5.1.1.1　试验前轴向位移应按制造厂的要求正确调整零位。

5.1.1.2　测量传感器安装间隙电源，应符合制造厂的规定。

5.1.1.3　调整传感器间隙，利用塞尺或千分尺进行检查，并记录前置器对应的输出电压及轴向位移监视器示值。其系统测量误差在±3%以内。

5.1.2　胀差监视功能测试

5.1.2.1　试验前胀差应按制造厂的要求正确调整零位。

5.1.2.2　测量传感器安装间隙电源，应符合制造厂的规定。

5.1.2.3　调整传感器间隙，利用塞尺或千分尺进行检查，并记录前置器对应的输出电压及胀差监视器示值。其系统测量误差在±3%以内。

5.1.3　转子偏心及键相监视功能测试

5.1.3.1　测量传感器安装间隙电源，应符合制造厂的规定。

5.1.3.2　在盘车状态和升速状态，将前置器对应的输出电压及监视器示值与就地安装的机械千分表或者偏心度指示表示值进行比较。其综合误差应在±8%。

5.1.4　振动监视功能测试

5.1.4.1　用塞尺检查轴振动传感器安装间隙或者用万用表测量前置器对应的间隙电压值，用万用表测量轴承座振动传感器的阻值，应符合制造厂的规定。

5.1.4.2　利用专用函数发生器给监视器输出相应的信号，记录振动监视器示值，与理论值进行比较。其系统测量误差应在±3%。

5.1.5　转速及零转速监视功能测试

5.1.5.1　用塞尺检查传感器安装间隙，应符合制造厂的规定。

5.1.5.2　转速监测器示值全量程精度在±1r/min之内。

5.1.6　缸胀监视功能测试

5.1.6.1　试验前缸胀传感器应按制造厂的要求正确地调整零位。

5.1.6.2　调整传感器使之伸长或缩短，利用游标卡尺进行检查，并记录前置器对应的输出电压及缸胀监视器示值。其系统测量误差应在±3%。

5.1.7　监视器状态、旁路、报警及危急指示功能测试

该项仅对具有类似功能的监测仪表系统进行测试。当测量回路正确连接，传感器间隙调整在监视器指示量程范围内时，其指示应正常，否则应有故障指示；当线路发生故障或者人为切除监视器通道时，该通道应发出旁路指示；当监视器发出报警和停机输出信号时，监视器发出相应的报警和停机指示，当报警消失后，复位监视器，报警和停机指示应消失。

5.2.1　模件在线维护性能测试

TSI装置应具有模件在线更换功能，将模件设置为通道旁路、危险旁路方式，对有关线路进行维修，更换监视器模件时危险继电器不会动作。

5.2.2　通、断电抑制功能测试

在电源接通或者断开的瞬间，监视器不会误发信号。

5.2.3　监视器在线自诊断功能测试

根据装置具有的自诊断功能（上电自诊断、周期性自诊断及用户启动自诊断），按照制造厂提供的说明，人为设置部分故障方式测试装置的在线自诊断功能，查看自诊断结果，并做好记录。

6.5.6　分散控制系统（DCS）及可编程控制系统（PLC）

6.5.6.1　电子设备间环境

【依据 1】国家能源局《防止电力生产事故的二十五项重点要求》（国能安全〔2014〕161 号）

9.1.10　分散控制系统电子间环境满足相关标准要求，不应有 380V 及以上动力电缆及产生较大电磁干扰的设备。机组运行时，禁止在电子间使用无线通信工具。

【依据 2】《火力发电厂热工自动化系统检修运行维护规程》（DL/T 774—2015）

4.1.2.1　a）电子设备室、工程师室和控制室内的环境应符合 GB 2887 的要求或制造厂规定。

6.5.6.2　控制系统电源及接地

6.5.6.2.1　控制系统电源

a）控制系统双路 UPS 冗余配置

b）控制装置柜（盘）的交、直流电源配置

c）UPS 容量及使用

d）分散控制系统各控制站空气开关或熔断器

e）供电系统切换试验

6.5.6.2.1a）～e）查评依据如下：

【依据 1】国家能源局《防止电力生产事故的二十五项重点要求》（国能安全〔2014〕161 号）

9.1.6　分散控制系统电源应设计有可靠的后备手段，电源的切换时间应保证控制器不被初始化；操作员站如有双路电源切换装置，则必须将两路供电电源分别连接于不同的操作员站；系统电源故障应设置最高级别的报警；禁止非分散控制系统用电设备接到分散控制系统的电源装置上；公用分散控制系统电源，应分别取自不同机组的不间断电源系统，且具备无扰切换功能。分散控制系统电源的各级电源开关容量和熔断器熔丝应匹配，防止故障越级。

【依据 2】《火力发电厂热工自动化系统检修运行维护规程》（DL/T 774—2015）

3.2.1　供电系统

3.2.1.1　不间断电源（UPS）

a）分散控制系统正常运行时，应由 UPS 供电。对于未设冗余 UPS 备用电源的情况，当 UPS 故障时，允许短时直接取自保安电源作为备用电源。每路进线应分别接在不同供电的母线段上。

b）UPS 二次侧不经批准不得随意接入新的负载。最大负荷情况下，UPS 容量应有 20%～30% 余量。

c）UPS 供电主要技术指标：

电压波动＜10%额定电压

频率范围 50Hz±0.5Hz

波形失真≤5%

备用电源切投时间＜5ms

电压稳定度稳态时≤±5%，动态时≤±10%

频率稳定度稳态时≤±1%，动态时≤±10%

UPS 应有过电流、过电压、输入浪涌保护功能，并有故障切换报警显示。

【依据 3】《大中型火力发电厂设计规范》（GB 50660—2011）

15.11.3　分散控制系统、汽轮机数字电液控制系统、锅炉保护系统、汽轮机跳闸保护系统、火检装置等重要系统的供电电源应有两路，并应互为备用。一路应采用交流不间断电源，一路应采用交流不间断电源或厂用保安段电源。

15.11.4　辅助车间集中控制网络应有两路供电电源，宜分别引自不同机组的交流不间断电源，各辅助车间控制系统应有两路供电电源，供电电源宜引自各辅助车间配电柜。

DL/T 774—2015 请在下面分别写出在新标准中所引用内容。

6.1.1.1.1　计算机监控系统应由来自两路不同的电源系统冗余供电，电源自动投入装置应切换可靠，正常运行时应由 UPS 供电，其容量应有大于 30%的余量，质量应符合 6.1.1.2 的要求；采用隔离变压器的电源，应检查隔离变压器无异常发热，二次侧接地良好。

6.1.1.1.2　供电回路中不应接有任何大功率用电设备，未经批准不得随意接入新负载。

6.1.1.1.3　各电源开关（包括 UPS 输出侧电源分配盘电源开关），熔断器和熔丝座，应无破裂缺陷，开关扳动灵活无卡涩无发热异常和放电烧焦痕迹，检查其断、合阻值应符合要求。

6.1.1.1.4　检查各电源开关和熔断器的额定电流、熔丝的熔断电流以及上、下级间熔丝容量的配置，应符合使用设备及系统的要求，标志应正确、清晰的标明容量与用途，更换损坏的熔丝前应查明熔丝损坏原因。

6.1.1.1.5　线路和端子应完整无破损，连接处应安全可靠，导线或电缆外皮完好，无过热烧焦痕迹。

6.1.1.1.6　用 500V 绝缘电阻表测量电源系统对地绝缘，绝缘电阻应大于 20MΩ。

6.1.1.2.4　UPS 装置技术指标：

a）电压稳定度，稳态时应不大于额定电压的±2%，动态时应不大于额定电压的±10%；

b）频率稳定度，稳态时应不大于额定电压的±1%，动态时应不大于额定电压的±2%；

c）波形失真度应不大于 5%；

d）在频率 1KHz 以上，杂波幅值应不大于额定电压的 0.1%；

e）备用电源切投时间应小于 5ms；

f）厂用交流电源中断情况下，不停电电源系统应能保证连续供电 30min；

g）检查最大负荷情况下，UPS 的容量应有约 30%容量。

UPS 装置的过电流、过电压、输入浪涌保护和故障切换报警显示功能应试验正常，可靠投入运行。

6.5.6.2.2　接地要求

a）分散控制系统接地

b）I/O 屏蔽线接地

6.5.6.2.2a）、b）查评依据如下：

【依据 1】国家能源局《防止电力生产事故的二十五项重点要求》（国能安全〔2014〕161 号）

9.1.7　分散控制系统接地必须严格遵守相关技术要求，接地电阻满足标准要求；所有进入分散控制系统的控制信号电缆必须采用质量合格的屏蔽电缆，且可靠单端接地；分散控制系统与电气系统共用一个接地网时，分散控制系统接地线与电气接地网只允许有一个连接点。

【依据 2】《火力发电厂热工自动化控制系统检修运行维护规程》（DL/T 774—2015）

3.2.2　分散控制系统接地

3.2.2.1　DCS 接地系统应满足下列要求

a）DCS 机柜外壳不允许与建筑物钢筋直接相连，机柜外壳、电源地、屏蔽地与屏蔽地应分别接到机柜各地线上，并将各机柜相应地线连接后，再用两根铜芯电缆引至接地极（体）。电缆铜芯截面应满足制造厂的规定。

b）应保证 DCS 系统满足“一点接地”的要求，整个接地系统最终只有一点接到接地地网上；并满足接地电阻的要求。

c）DCS 输入输出信号屏蔽线要求单端接地，信号端不接地，屏蔽线应直接接在机柜地线上；信号端接地，屏蔽线应在信号端接地。

【依据 3】《火力发电厂热工自动化控制系统检修运行维护规程》（DL/T 774—2015）

6.1.2 接地

6.1.2.2 计算机监控系统的接地检修与质量要求

6.1.2.2.1 计算机监控系统的接地应符合制造厂的技术条件，接地电阻应定期进行检测。当采用独立接地网时，应尽可能远离防雷接地网，若制造厂无特殊要求，接地电阻（包括接地引线电阻在内）应不大于 2Ω；当与电厂电气系统共用一个接地网时，热控系统地线与电气接地网的连接应用低压绝缘动力电缆，且只允许有一个连接点，接地电阻不大于 0.5Ω。

6.1.2.2.2 不允许与建筑物钢筋直接相连的机柜，其外壳地、电源地和屏蔽地应分别接到本机柜各地线上；各机柜的地线，根据控制系统要求连接后，再用二芯铜芯电缆引至总接地板。每个机柜的交流地与直流地之间的电阻应小于 0.1Ω。

6.1.2.2.3 地线与地极连接的焊接点应无断裂、虚焊、腐蚀；固定机柜间地线的垫片、螺栓等应紧固无松动、锈蚀；机柜内接地线应用绝缘铜芯线（线芯面积不小于 $4mm^2$）直接与公共地线连接，不得通过由螺钉固定的中间物体连接；除制造厂有明确规定外，整个计算机监控系统内各种不同性质的接地，均应经绝缘电缆或绝缘线引至总接地板，以保证“一点接地”。

6.1.2.3 电缆、补偿导线屏蔽层接地的检修与质量要求

6.1.2.3.1 屏蔽层接地的位置应符合设计规定，当信号源浮空时，应在表盘或计算机侧接地；当信号源接地时，应靠近信号源处接地；当放大器浮空时，屏蔽层的一端与屏蔽罩连接，另一端接在信号源接地上（当信号源接地时），或接在现场接地上（当信号源浮空时）。

6.5.6.3 功能站

6.5.6.3.1 键盘、鼠标

【依据】《火力发电厂分散控制系统验收测试规程》（DL/T 659—2016）

6.2.1 键盘操作的容错测试。在操作员站的键盘上操作任何未经定义的键时，系统不得出错或出现死机情况。

6.5.6.3.2 供电电源

【依据】同 6.5.6.2.1a）～e）依据 1 中 9.1.6 条。

6.5.6.3.3 工程师站、操作员站及少数重要操作按钮的配置

6.5.6.3.4 GPS 时间

6.5.6.3.3、6.5.6.3.4 查评依据如下：

【依据 1】国家能源局《防止电力生产事故的二十五项重点要求》（国能安全〔2014〕161 号）

9.1.1 分散控制系统配置应能满足机组任何工况下的监控要求（包括紧急故障处理），控制站及人机接口站的中央处理器负荷率、系统网络负荷率、分散控制系统与其他相关系统的通信负荷率、控制处理器周期、系统响应时间、事件顺序记录分辨率、抗干扰性能、控制电源质量、全球定位系统（GPS）时钟等指标应满足相关标准的要求。

9.1.2 分散控制系统的控制器、系统电源、为 I/O 模件供电的直流电源、通信网络等均应采用完全独立的冗余配置，且具备无扰切换功能；采用 B/S、C/S 结构的分散控制系统的服务器应采用融入配置，服务器或其他供电电源在切换时应具备无扰切换功能。

9.1.8 机组应配备必要的、可靠的、独立于分散控制系统的硬手操（如紧急停机停炉按钮），以确保安全停机停炉。

【依据 2】《火力发电厂热工自动化系统检修运行维护规程》（DL/T 774—2015）

4.2.1.5 系统存储余量和负荷率的测试

4.2.1.5.1　通过系统工具或其他由制造厂提供的方法，检查每个控制站的内存和历史数据站的外存余量，应满足下列要求：

a）内存余量应大于总内存容量的 50%；

b）外存余量应大于总存储器容量的 60%。

4.2.1.5.2　负荷率测试方法与要求：

通过系统工具或其他由制造厂提供的方法，测试计算机监控系统的负荷率和数据通信总线的负荷率。各负荷率应在不同工况下测试 5 次，每次测试时间 10s，取平均值，应满足下列要求：

a）所有控制站的中央处理器单元的负荷率不大于 60%；

b）操作员站、服务站的中央处理单元的负荷率应不大于 40%；

c）数据通信总线的负荷率，以太网应不大于 20%，其他网络应不大于 40%。

【依据 3】《火力发电厂分散控制系统验收测试规程》（DL/T 659—2016）

5.13　卫星时钟校时功能检查

5.13.1　检查卫星时钟输出信号精度达到合同规定要求。

5.13.2　卫星时钟与 DCS 之间应每秒进行一次时钟同步，偏差应小于 0.1μs。当 DCS 时钟与卫星时钟失锁时，DCS 应有输出报警。

6.10　时钟同步精度的测试。

各控制站输入同一开关量信号，时间误差应小于保证的站间时间分辨能力。

6.5.6.4　过程控制站

6.5.6.4.1　过程控制站配置

【依据 1】同 6.5.6.3.4［依据 1］中 9.1.2 条。

【依据 2】《火力发电厂热工自动化系统检修运行维护规程》（DL/T 774—2015）

4.2.1.5　系统存储余量和负荷率的测试

4.2.1.5.1　通过系统工具或其他由制造厂提供的方法，检查每个控制站的内存和历史数据站的外存余量，应满足下列要求：

c）内存余量应大于总内存容量的 50%；

d）外存余量应大于总存储器容量的 60%。

4.2.1.5.2　负荷率测试方法与要求：

通过系统工具或其他由制造厂提供的方法，测试计算机监控系统的负荷率和数据通信总线的负荷率。各负荷率应在不同工况下测试 5 次，每次测试时间 10s，取平均值，应满足下列要求：

d）所有控制站的中央处理器单元的负荷率不大于 60%；

e）操作员站、服务站的中央处理单元的负荷率应不大于 40%；

f）数据通信总线的负荷率，以太网应不大于 20%，其他网络应不大于 40%。

6.5.6.4.2　机柜内温度及冷却风扇

【依据】《火力发电厂热工自动化系统检修运行维护规程》（DL/T 774—2015）

4.3.2.2.1　运行过程中，应定期检查和试验下列内容：

a）操作员站、通信接口、主控制器状态、通信网络工作状态、系统切换状况、电源主备用工作状态应正常；

d）检查各散热风扇应运转正常，若发现散热风扇有异音或停转，应查明原因，即时处理。

4.3.2.2.2　定期清扫机柜滤网和通风口，保持清洁，通风无阻。

6.5.6.5　通信网络

6.5.6.5.1　通信速率

【依据】《火力发电厂厂级监控信息系统技术条件》（DL/T 924—2016）

7.1.2　网络主干通信速率不小于 1000Mbit/s，功能站通信速率不小于 100Mbit/s，接口设备与生产过程控制网络接口通信速率相匹配。

7.1.3　数据通信总线的负荷率不得超过 30%，数据库服务器和应用功能站的 CPU 平均负荷率，不大于以太网的负荷率不得超过 40%。

6.5.6.5.2　通信网络配置

【依据 1】《火力发电厂厂级监控信息系统技术条件》（DL/T 924—2016）

7.1.4　网络主干的信息传输介质以及核心交换机采用冗余配置，冗余配置的设备具有故障在线自动切换功能；数据库服务器的配置应满足 6.1.4 的要求。对于装设单机容量 200MW 及以下的火力发电厂，其数据库服务器可不采用冗余配置。

【依据 2】同 6.5.6.3.4［依据 1］中 9.1.2 条。

6.5.6.5.3　交换机配置

【依据】《火力发电厂厂级监控信息系统技术条件》（DL/T 924—2016）

7.2　交换机

7.2.1　核心交换机应具有高度的稳定性及可扩充性，应选配热插拔的冗余电源及热插拔的冗余风扇。

7.2.2　非核心交换机可以依据具体情况选配。

6.5.6.5.4　数据采集接口计算机和硬件形式的防火墙

【依据 1】《防止电力生产事故的二十五项重点要求》（国能安全〔2014〕161 号）

9.1.9　分散控制系统与管理信息大区之间必须设置经国家指定部门检测认证的电力专用横向单向安全隔离装置。分散控制系统与生产大区之间应当采用具有访问控制功能的设备、防火墙或者相当功能的设施，实现逻辑隔离。分散控制系统与广域网的纵向交接处应当设置经过国家指定部门检测认证的电力专用纵向加密认证装置或者加密认证网关及相应设施。分散控制系统禁止采用安全风险高的通用网络服务功能。分散控制系统的重要业务系统应当采用认证加密机制。

【依据 2】《火力发电厂厂级监控信息系统技术条件》（DL/T 924—2016）

9.2.2　当 SIS 网路独立于 MIS 网络时，应在 SIS 网络与 MIS 网络之间安装硬件的网络单向传输装置（单向物理隔离装置）。该装置使 SIS 网络发送到 MIS 网络的数据在确保数据传输的正确性和要求的速率的前提下正常通过，而阻断从 MIS 网络发送到 SIS 网络的任何数据。

9.2.3　当 SIS 与 MIS 共用同一网络时，应在生产过程控制系统与 SIS 之间安装硬件的网络单向传输装置（单向物理隔离装置）。该装置使生产过程控制系统发送到 SIS 网络的数据在确保数据传输的正确性和要求的速率的前提下正常通过，而阻断从 SIS 网络发送到生产控制系统的任何数据。在 SIS 与 MIS 之间还应加装防火墙。

9.2.4　SIS 网络结构应通过国家计算机安全部门测试，应能有效组织外网病毒和非法入侵对 SIS 及生产过程控制系统的破坏。

6.5.6.6　控制系统的抗干扰测试

【依据 1】同 6.5.6.3.4［依据 1］中 9.1.1 条。

【依据 2】《火力发电厂分散控制系统验收测试规程》（DL/T 659—2016）

7.2.1　用瞬时或短暂时间功率为 4.8W～5.0W、频率为 400MHz～500MHz 的步话机作干扰源，距敞开柜门的分散控制系统机柜 1.5m 处工作，DCS 应正常工作。

7.2.2　用不同制式手机作干扰源发出信号，逐渐接近敞开柜门的机柜进行试验，记录计算机系统出现异常或测量信号示值有明显变化时的距离。

【依据 3】《火力发电厂热工自动化系统检修运行维护规程》（DL/T 774—2016）

4.2.1.6　抗射频干扰能力的测试

使用频率为 400MHz～500MHz 的步话机，其持续发射功率为 4.0W，瞬时或短暂时间功率可达到 4.8W～5.0W，在距敞开柜门的机柜 1.2m 连续和断续发出信号进行干扰试验，计算机系统应正常工作，记录测量信号示值变化范围应不大于测量系统允许综合误差的两倍。

6.5.6.7 热工声光报警系统

【依据 1】《火力发电厂热工自动化系统检修运行维护规程》（DL/T 774—2015）

10 热控信号与热控保护系统

10.2.2 报警信号系统试验

10.2.2.1 报警信号分级：

a）应列入一级报警的信号。

1）机组跳闸信号；

2）重要控制系统的任一路电源失去或故障、气源故障信号；

3）主重要参数越限、重要自动信号在联锁保护信号作用时的自动切手动信号；

4）可能引起机组跳闸的其他故障信号。

b）应列入二级报警的信号。

1）主要辅机跳闸、一般联锁保护、主要测量与控制设备故障信号；

2）测量值与设定值、控制系统输出与执行器位置反馈偏差大、控制参数越限或偏差大信号；

3）故障减负荷、冗余信号中任一信号故障等影响机组正常运行控制的信号。

c）一级报警信号应通过独立信号牌、大屏幕显示块直接显示并声光提示；二级报警信号应通过共用信号牌、大屏幕显示块或特定显示窗口显示并声光提示，并提供进一步了解具体报警信号的手段。

【依据 2】《发电厂热工仪表与控制系统技术监督导则》（DL/T 1056—2007）

8 运行监督

8.1 运行中热控系统应符合下列要求：

信号光字牌上的文字正确、清晰，灯光和音响报警正确、可靠。

6.5.7 工业监视

6.5.7.1 系统可用率及存储时间

6.5.7.2 系统管理方式

6.5.7.1、6.5.7.2 查评依据如下：

【依据 1】《火力发电厂辅助系统（车间）热工自动化设计技术规定》（DL/T 5227—2005）

4.1.5 采用车间集中控制的辅助系统（车间）宜在无人值班车间（区域）设置闭路电视监视系统，并与主厂房闭路电视监视系统同一考虑，以便于就地设备的监视。

【依据 2】《工业电视系统工程设计规范》（GB 50115—2009）

3.0.2 工业电视系统设计应符合下列要求：

1 应按工艺流程、生产操作和管理等要求进行系统配置。

2 在正常情况下应保证系统连续工作。

3 在不同的环境条件下，应清晰传送监视目标的图像信息。

4 采用不同的传输方式均应保证系统图像质量。

5 与企业其他视频监控系统应资源共享。

6 利用互联网、局域网等网络传输时，应符合网络通信协议的要求。

3.0.4 工业电视系统应在下列场所设置：

1 生产操作中需要边监视边操作的生产部位。

2 生产过程中需要经常监视的设备运行状况。

3 生产和管理需要监视的目标。

6.5.7.3 系统防护

6.5.7.4 实时监视功能

6.5.7.5 历史画面回放功能

6.5.7.6 安全管理

6.5.7.3～6.5.7.6 查评依据如下：

【依据】《工业电视系统工程设计规范》（GB 50115—2009）

4.2 摄像机防护

4.2.1 设置在环境温度高、含尘量大于 10mg/m^3 等场合的摄像机，其防护罩选型应符合下列规定：

1 环境温度在+40℃及以下时，应采用防尘型防护罩。

2 环境温度在+40℃以上时，应采用风冷型防护罩。

3 环境温度在+80℃以上时，应采用水冷、风冷型防护罩。

4 环境温度在+350℃以上时，应采用针孔型防护罩。

5 环境温度在+800℃以上时，应采用高温型防护罩。

4.2.2 设置在环境温度高于+80℃高温区的摄像机，应设置工作温度上限时的超温报警装置，并对摄像机采取相应的防护措施。

4.2.3 设置在炉壁上或炉内监视高温炽热物体的摄像机，应配置专用高温透镜，采用具有冷却功能的防护装置。

4.2.4 设置在环境温度低于–10℃低温区的摄像机，应采用具有保温性能的防护装置。

4.2.5 设置在水下的摄像机，应配备密闭、耐压及渗水报警等防护装置。

4.2.6 设置在钻孔孔壁的摄像机，应配置管状耐压外罩、牵引等防护装置。

4.2.7 设置在盐雾环境下的摄像机，应配备耐盐雾腐蚀的防护装置。

4.2.8 设置在强腐蚀、剧烈振动等环境下的摄像机，应采取防腐、防振等措施。

4.2.9 设置在矿井下的摄像机，应采取防潮、防腐的措施。

4.2.10 设置在室外分摄像机，应采用全天候防护罩。

4.2.11 设置在爆炸危险区域的摄像机及其配套设备，必须采用与爆炸危险介质相适应的防爆产品。

4.4.2 监视目标的图像信息有记录和回放要求时，应设置录像设备。对设置录像设备的系统，其图像信息保存应符合下列规定：

1 应保存原始场景的监视记录。

2 监视记录应有原始监视日期和时间等信息。

3 重要系统或重要场所的图像信息存储或复制备份的资料。其保存时间应在 30 天以上。

4 一般系统的图像信息存储或复制备份的资料，其保存时间应在 7 天以上。

4.4.3 在监视目标的图像信息时，需同步监听现场声音的系统应设拾音装置。

4.4.4 监视目标的图像信息有切换、画面有合成等要求时，应配置相应的设备。

4.4.5 有数据分析和处理要求时，应设置数据存储分析处理设备。

6.5.8 现场设备

6.5.8.1 现场盘柜

【依据】《火力发电厂热工自动化系统检修运行维护规程》（DL/T 774—2015）

6.2.1.8.2 机柜外观检修，检修工作完毕后，应满足：

a）机柜应清洁无积灰、无污渍，机柜无明显破损变形，安装端正稳固，螺钉齐全，底脚无锈蚀，柜内外油漆完好无缺损。

b）柜门密封条、柜底密封完好，柜门把手、门锁、插销等附件齐全可用。

c）机柜内仪表排污连接至柜外排污槽，引入地沟，并确保通畅无堵塞。

d）柜内的电缆和穿管等的孔洞封堵严密。机柜内电缆、进出线套管和软管，排列整齐，接头紧固。

e）露天安装的机柜，防水措施可靠。采取底部进线，做好防护的情况下可侧面进线。

f）机柜内检修插座、照明灯具完好，照明开关动作灵活。

g）保温箱内保温层和防冻伴热原件完好，温控装置接线正确，投切开关无卡涩，调温旋钮可靠灵活，线路无破损。

6.2.1.8.3　柜内设备及部件检修。检修工作完毕后，应满足：

a）柜内设备及部件完好无损，安装整齐、牢固，螺钉齐全，仪表安装倾斜度不大于 2°。

b）模件安装机架槽位外观无损伤，插槽无变形，接插件无破损，插针无弯曲断裂。

c）模件无断裂、机械损伤，元件无松动、脱落，印刷线路板无烧伤痕迹。

d）模件、接插件的插拔顺畅无阻碍；恢复连接后接插牢固，各紧固部件无松动。

e）按有关规程检查和校验柜内各继电器：

1）外观无过热或烧坏现象；

2）触点的接触电阻、动作和释放时间及电压范围符合制造厂规定；

3）触点动作切换可靠、无抖动；

4）触点的动作次数和使用期限在允许范围内。

f）检查所有电源开关的断、合阻值符合产品说明书要求。

g）各柜内电源开关动作灵活，包括故障报警等在内的接点动作可靠，熔丝容量及上下级熔丝匹配符合规定要求。

h）设备与部件的绝缘检查符合规定要求。

6.2.1.8.4　机柜接线检修：

a）机柜内的外壳地（保护地）、电源地（逻辑地）、屏蔽地（模拟地）的连接方式应符合有关规定或制造厂的要求。

b）对有“一点”接地要求的计算机控制系统，检修中应逐一松开信号屏蔽线与地的连接，测量信号屏蔽线与地间绝缘应完好，否则应查明原因予以消除。

c）对控制屏、台、机柜、各接线盒的接线混乱部件进行整理；整理后排线绑扎应整齐牢固，电缆和接线头标志应齐全、内容正确、字迹清晰。

d）接线端子螺钉应齐全，无放电烧焦痕迹；导线与端子或绕线柱接触应良好、正确、美观，用手轻拉接线应松动；如是压接线或是绕接线，应保证线与端子和线针接触良好。

e）多股软线芯与端子连接应加接线片或镀锡。端子每侧的接线以一根为宜，不宜多于两根。

f）裸露线查明原因后予以恢复，经确认无用的裸线应包扎后放入接线槽中；检修完工验收时应无裸露线头遗留。

g）检修中接线回路如有变更和整改，应执行规定的管理流程，并按正确的图纸，对相应的控制回路接线重新进行核对、试验，确保实际接线与图纸相符。

6.2.1.8.5　机柜及设备标识完善：

a）屏、台仪表标志，机柜名称及编号应正确、齐全、清晰；重要机柜应有醒目的标志。

b）柜内安装设备及机架槽位应有明确的标识。

c）柜门内侧应附有设备布置图或接线图，字迹清晰。

6.5.8.2　现场仪表

6.5.8.2.1　通用检测仪表

【依据 1】《火力发电厂热工自动化系统检修运行维护规程》（DL/T 774—2015）

5.1.1　单体检测仪表

5.1.1.1　检修项目与质量要求：

5.1.1.1.1　进行仪表的清扫和常规检修，检修后仪表应符合下列要求：

a）被检仪表（或装置）外壳、外露部件（端钮、面板、开关等）表面应光洁完好，铭牌标志应清楚。

b）仪表刻度线、数字和其他标志应完整、清晰、准确；表盘上的玻璃应保持透明，无影响使用和计量性能的缺陷；用于测量温度的仪表还应注明分度号。

c）各部件应清洁无尘、完整无损，不得有锈蚀、变形。

d）坚固件应牢固可靠，不得有松动、脱落等现象，可动部分应转动灵活、平衡，无卡涩。

e）各调节器部件应操作灵敏，响应正确，在规定的状态时，具有相应的功能和一定的调节范围。

f）接线端子板的接线标志应清晰，引线孔、表门及玻璃的密封应良好。

g）电源熔丝容量符合要求。

h）绝缘电阻检查应符合表4规定（章节中有单独要求的除外）。

表4　绝缘电阻测量条件与阻值表

<table>
<tr><th colspan="2" rowspan="2">被测对象</th><th rowspan="2">环境温度
℃</th><th rowspan="2">相对湿度
%</th><th rowspan="2">被测仪表电源电压
V</th><th rowspan="2">绝缘表输出直流电压
V</th><th rowspan="2">绝缘表读数前稳定时间
s</th><th colspan="4">绝缘电阻 MΩ</th></tr>
<tr><th>信号[c]
|
信号</th><th>信号
|
接地</th><th>电源
|
接地</th><th>电源
|
信号</th></tr>
<tr><td colspan="2">热电偶</td><td rowspan="4">15～35</td><td rowspan="4">≤80</td><td></td><td>500</td><td></td><td>≥100</td><td>≥100</td><td></td><td></td></tr>
<tr><td colspan="2">铠装热电偶[a]</td><td></td><td>500</td><td></td><td>≥1000</td><td>≥1000</td><td></td><td></td></tr>
<tr><td rowspan="2">热电阻/
壁温专用</td><td>铂</td><td></td><td>250/100</td><td></td><td>≥100</td><td>≥100</td><td></td><td></td></tr>
<tr><td>铜</td><td></td><td>250/100</td><td></td><td>≥50</td><td>≥50</td><td></td><td></td></tr>
<tr><td colspan="2">直读式仪表</td><td>5～35</td><td>≤80</td><td>＞60</td><td>500</td><td></td><td>≥20</td><td>≥0</td><td>≥20</td><td>≥20</td></tr>
<tr><td colspan="2">压力开关</td><td>15～35</td><td>45～75</td><td>＞60</td><td>500</td><td rowspan="2">10</td><td></td><td></td><td>≥20</td><td>≥20</td></tr>
<tr><td colspan="2">动圈式仪表</td><td>15～35</td><td>45～75</td><td>＞60</td><td>500</td><td></td><td>≥40</td><td>≥20</td><td>≥20</td></tr>
<tr><td colspan="2" rowspan="2">常规仪表[b]</td><td>15～35</td><td>45～75</td><td>＞60</td><td>500</td><td rowspan="4">10</td><td></td><td>≥20</td><td>≥20</td><td>≥20</td></tr>
<tr><td>15～35</td><td>45～75</td><td>≤60</td><td>100</td><td></td><td>≥7</td><td>≥7</td><td>≥7</td></tr>
<tr><td colspan="2">调节、控制仪表</td><td>15～35</td><td>45～75</td><td></td><td>500</td><td>≥20</td><td>≥20</td><td>≥50</td><td></td></tr>
<tr><td colspan="2" rowspan="2">变送器</td><td rowspan="2">15～35</td><td rowspan="2">45～75</td><td>＞60</td><td>500</td><td>≥20</td><td>≥20</td><td>≥50</td><td>≥50</td></tr>
<tr><td>≤60</td><td>100</td><td rowspan="11"></td><td></td><td></td><td></td><td></td></tr>
<tr><td colspan="2">执行机构</td><td>−25～+75</td><td>＜95</td><td>＞60</td><td>500</td><td></td><td>≥20</td><td></td><td>≥50</td></tr>
<tr><td colspan="2">伺服放大器</td><td>0～50</td><td>10～70</td><td>＞60</td><td>500</td><td></td><td>≥20</td><td></td><td>≥50</td></tr>
<tr><td colspan="2">电接点水位计</td><td>15～35</td><td>45～75</td><td>＞60</td><td>500</td><td>≥50</td><td>≥20</td><td>≥50</td><td>≥50</td></tr>
<tr><td colspan="2">电磁阀</td><td>15～35</td><td>≤85</td><td>＞60</td><td>500</td><td></td><td></td><td>≥20</td><td></td></tr>
<tr><td colspan="2">电涡流传感器</td><td>15～35</td><td>45～75</td><td>＞60</td><td></td><td>≥5</td><td>≥100</td><td>≥100</td><td></td></tr>
<tr><td colspan="2">分析仪表</td><td>15～35</td><td>45～75</td><td>＞60</td><td>500</td><td>≥2</td><td>≥2</td><td>≥20</td><td>≥20</td></tr>
<tr><td colspan="2">发电机检漏仪</td><td>15～35</td><td>45～75</td><td>＞60</td><td>250</td><td>≥100</td><td>≥100</td><td>≥100</td><td>≥100</td></tr>
<tr><td colspan="2">工业摄像机[d]</td><td></td><td></td><td></td><td>100/500</td><td></td><td>≥1</td><td>≥20</td><td></td></tr>
<tr><td rowspan="2">皮带秤</td><td>显示仪表</td><td rowspan="2">15～35</td><td rowspan="2">70～75</td><td>＞60</td><td>500V</td><td></td><td>≥20</td><td>≥20</td><td>≥20</td></tr>
<tr><td>传感器</td><td>≤60</td><td>100V</td><td></td><td>≥20</td><td></td><td></td></tr>
</table>

a　其他绝缘电阻的单位是MΩ·m。
b　通常指显示、记录、计算、转换仪表。
c　信号—信号指互相隔离的输入间、输出间、测量元件以及相互间的信号，视被测对象而定。
d　探头使用100V绝缘电阻表，电源回路使用500V绝缘电阻表。

5.1.1.1.2　检查性校验，应按下列步骤进行：

a）按仪表制造厂规定的时间进行预热；制造厂未作规定时，可预热 15min（具有参考端温度自动补偿的仪表，预热 30min）后，进行仪表的调校前校验。

b）校验在主刻度线或整数点上进行；其校验点数除有特殊规定外，应包括上限、下限和常用点在内不少于 5 点。

c）校验从下限值开始，逐渐增加输入信号，使指针或显示数字依次缓慢地停在各被检表主刻度值上（避免产生任何过冲和回程现象），直到量程上限值，然后再逐渐减小输入信号进行下行程的检定，直至量程下限值，过程中分别读取并记录标准器示值（压力表校验除外）。其中上限值只检上行程，下限值只检下行程。

d）非故障被检仪表，在调校前校验未完成前，不得进行任何形式的调整。

e）调校前校验结果，若示值最大误差小于示值允许误差的仪表，可不再进行 5.1.1.2.1 和 5.1.1.2.2 项工作。

【依据 2】《火力发电厂热工自动化系统检修运行维护规程》（DL/T 774—2015）

5.2　通用检测仪表检修与校准

5.2.1　数显仪表

5.2.1.1　检修项目与质量要求：

5.2.1.1.1　基本检查按照 5.1.1.1.1 要求进行。

5.2.1.1.2　仪表性能检查：

a）显示应能按照该仪表所设定的编码顺序作连续的变化，数字、亮度、小数点和状态显示应正确无误。

b）仪表零点和满量程刻度处的示值变化，在 1h 内不大于±1 个字。

c）符号的检查：输入低于零位对应的电信号，仪表应出现“–”的极性符号，输入超测量范围值对应的电信号，仪表应显示过载的符号或状态，如有报警装置，应有报警声响。

d）电源电压变化 10%时，指示值的变化应不大于仪表的允许误差。

e）巡检仪表增加以下性能检查：

1）准确度自检：有准确度自检的仪表，按下自检点时，应显示自检点规定值。

2）返零检查：按下“返零”按键后，仪表应从“0”开始巡检。

3）手动选点检查：按下手动选点按键后，应显示出相应的测点序号及该点示值，并与巡视时的该点示值相同。

4）巡检周期的校准：连续进行 3 次，取 3 次的平均值作为巡检仪的巡检周期，其值应符合说明书上的要求。

5）报警定值检查：当工作选择开关置于“试验”位置时，其显示应符合规定值。

6）试验挡检查：当工作选择开关置于“试验”位置时，其显示应符合规定值。

5.2.2　检测开关和控制器

5.2.2.1　检查项目与质量要求：

5.2.2.1.1　一般检查应进行下列工作：

a）外观检查，按 5.1.1.1.1 的要求进行。

b）开关或控制器内部的微动开关或机械触点应无明显氧化和烧损。

c）绝缘检查应符合表 4 要求。

5.2.2.1.2　检查性校验方法与要求：

a）连接开关（或控制器）触点与可显示其通断状况的外电路。

b）温度开关（或控制器）校验。将被检热电阻型温度开关（或控制器）放入石英管并插入油槽（或水槽），标准温度计插入槽中心深度 300mm 左右，设置油槽控制温度比温度开关（或控制器）动作温度值略高 1℃～2℃，开启油槽（或水槽）升温，记录温度开关（或控制器）在槽温升过程中设定点动作值，然后再降低油槽（或水槽）温度，记录槽温降过程中触点恢复值。

c）压力开关（或控制器）校验。将开关（或控制器）与压力校准器紧密连接后，缓慢平稳地（避免产生任何过冲和回程现象）加压，直至设定点动作（或恢复），记录设定点动作（或恢复）值；继续加压至测量上限，关闭校准器通往被检开关的阀门，耐压 3min 应无漏泄；然后缓慢平稳地降压，直至设定点恢复（或动作），记录设定点恢复（或动作）值。

d）差压开关（或控制器）校验。将压力校准器与差压开关（或控制器）的正压室（正压开关）或负压室（负压开关）紧密连接后，缓慢平稳地（避免产生任何过冲和回程现象）加压，直至设定点动作，记录设定点动作值；然后缓慢平稳地降压，直至设定点再次动作，记录设定点恢复值；差压开关正负压室同时加上允许工作压力的 1.25 倍，关闭校准器通往被检开关的阀门，耐压 3min 应无泄漏。

e）振动试验检查。在开关设定点切换前后，对开关进行少许振动，其触点不应产生抖动。

5.2.3　压力（差压）变送器

5.2.3.1　检修项目与质量要求：

5.2.3.1.1　一般性检查，按 5.1.1.1.1 要求进行。

5.2.3.1.2　检查性校验，方法与要求：

a）校准低量程变送器时，应注意消除液注差影响，若有水柱修正，校准时应加上水柱的修正值，当传压介质为液体时，应保持变送器取压口的几何中心与活塞式压力计的活塞下端面（或标准器取压口的几何中心）在同一水平面上。

b）按照第 5.1.1.1.2 条进行。

5.2.3.1.3　变送器密封性检查，方法与要求：

a）变送器与压力校验器紧密连接后，平衡地升压（或疏空），使变送器测量室压力至测量上限值（或当地大气压力 90%的疏空度）后，关闭隔离阀，密封 15min，在最后 5min 内，其压力值下降（或上升）不得超过测量上限的 2%。

b）差压变送器进行密封性试验时，其高、低压力容室连通，同时加入额定工作压力进行观察。

5.2.3.1.4　差压变送器静压误差试验（该项是否进行视变送器而定）：

a）差压变送器在更换弹性元件、重新组装机械部件及改变测量范围以后，均应进行静压误差试验。

b）用活塞式压力计作压力源时，接变送器前应加接油水隔离装置。

c）将差压变送器高、低压力容室连通后通大气，测量输出上限值。

d）引入静压力，从大气压力缓慢改变至额定工作压力，稳定 3min 后，测量输出下限值。

e）该值与在大气压力时输出下限值的差值，即为静压影响，其值应小于表 5 规定值。

表 5　差压变送器静压允许误差表

准确度等级	0.2（0.25）	0.5	1.0	1.5	2.5
下限值和量程变化量 %	0.1	0.25	0.4	0.6	1.0

f）若变送器的实际工作静压力小于其额定静压力时，静压力误差可按实际工作静压力试验求得。

g）若静压误差超过规定值，应在泄压后将零点迁回，重新进行静压误差调整。

6.5.8.2.2　温度检测仪表

【依据】《火力发电厂热工自动化系统检修运行维护规程》（DL/T 774—2015）

5.3.1　感温元件

5.3.1.1　检修项目与质量要求：

5.3.1.1.1　感温元件检查应满足以下要求：

a）保护套管不应有弯曲、压偏、扭斜、裂纹、沙眼、磨损和显著腐蚀等缺陷，套管上的固定螺钉应光洁完整，无滑牙或卷牙现象，接线盒、螺钉、盖板等应完整，铭牌标志应清楚。

b）保护套管安装位置及方式，插入深度、插入方向和安装位置及方式均应符合相应测点的技术要求，并随被测系统做1.25倍工作压力的严密性试验时，5min内应无泄漏。

c）保护套管插入深度应符合保护套管深度的要求，管内不应有杂质，感温元件绝缘瓷套管孔内外应光滑，能顺利地从中取出和插入。

d）热电偶感温元件应满足：

1）测量端焊接应牢固，呈球状，表面光滑，无气孔等缺陷；

2）铂铑—铂等贵金属热电偶电极，不应有任何可见损伤，清洗后不应有色斑或发黑现象；

3）镍铬—镍硅等廉金属热电偶电极，不应有严重的腐蚀、明显的缩径和机械损伤等缺陷。

e）热电阻感温元件应满足：

1）感温元件应装配正确，完整无损，不应有凹痕、划痕和锈蚀现象；

2）感温元件的骨架不得破裂，不得有显著的弯曲现象；

3）热电阻不得短路或断路。

5.3.1.1.2　绝缘与材质检查，应满足下列要求：

1）感温元件的绝缘电阻测试，应符合表4要求。

2）新安装于高温高压介质中的套管，应具有材质检验报告，其材质的钢号及指标应符合规定要求。

5.3.2　直读式温度计

5.3.2.1　双金属式度计

5.3.2.2.1　一般检查与质量要求：安装螺纹光洁无损；其余外观检查应满足第5.1.1.1.1条要求。

5.3.2.2　压力式温度计

5.3.2.2.1　一般检查与质量要求：

a）按第5.1.1.1.1条进行。

b）测量温包不应有弯曲、腐蚀、破裂和压扁等现象，安装螺纹应光洁无损。

c）毛细管固定牢靠，盘曲弯度适当，无硬伤、扭曲破裂和压扁现象，毛细管与温包密封完好。

d）表计指针转动时，游丝均匀收缩，圈隙距离相等，不与固定部件相撞。

e）零位与报警调节螺钉，应调节灵活。

5.3.3　温度变送器

5.3.3.1　检查项目与质量要求：

5.3.3.1.1　一般检查：

a）外观检查：执行第5.1.1.1.1条。

b）绝缘检查：应符合表4要求。

6.5.8.2.3　压力测量仪表

【依据】《火力发电厂热工自动化系统检修运行维护规程》（DL/T 774—2015）

5.4　压力测量仪表检修与校准

5.4.1　直读式压力表

5.4.1.1　检修项目与质量要求：

5.4.1.1.1　外观检查与检修：

a）压力表表盘应平整清洁，玻璃完好、嵌装严密、分度线、数字以及符号等完整、清晰。测量特殊气体的压力，应有明显的相应标记。

b）压力表接头螺纹无滑扣、错扣，紧固螺母无滑牙现象。

c）压力表指针平直完好，轴向嵌装端正，与铜套嵌接牢固，与表盘或玻璃不碰擦。

6.5.8.2.4　液位测量仪表

【依据】《火力发电厂热工自动化系统检修运行维护规程》（DL/T 774—2015）

5.5　液位测量仪表检修与校准

5.5.1　电接点水位计

5.5.1.1　检修项目与质量要求：

5.5.1.1.1　电接点筒的检查与质量要求见第 6.2.1.4 条。

5.5.1.1.2　水位转换器及显示表的检查与质量要求：

a）检修后外观应符合第 5.1.1.1.1 条要求。

b）测量水位转换器相应点的电压应符合制造厂说明书要求。

c）通电后，各发光二极管显示无异常。有试验按钮的仪表，按下试验按钮，面板上所有发光二极管及数码管应发亮无故障。

5.5.1.1.3　绝缘电阻检查：

a）显示计绝缘电阻应符合表 4 要求：电极芯对筒臂的绝缘电阻应不小于 20MΩ。

b）测量显示表计绝缘电阻和线路绝缘电阻检查应满足表 4 要求。

5.5.1.1.4　线路检查：

a）按第 6.2.2 条进行。

b）逐根核对电接点至水位转换器或显示表的连接线，应正确无误。

注：其他类型液位计按 5.1.1.1.1 的要求进行检查。

6.5.8.2.5　流量测量仪表

【依据】《火力发电厂热工自动化系统检修运行维护规程》（DL/T 774—2015）

5.6　流量测量仪表检修与校准

5.6.1　检查项目与质量要求

5.6.1.1　标准孔板检查应满足下列要求：

a）孔板上游侧端面上，连接任意两点的直线与垂直于中心线平面之间的斜率应小于 1%；孔板上游端面应无可见损伤，在离中心 1.5*d*（*d* 为孔板孔径）范围内的不平度不得大于 0.000 3*d*，相当于 3.2 的表面粗糙度；孔板下游侧端面，应与上游侧端面平行，其表面粗糙度可较上游侧端面低一级。

b）孔板开孔上游侧直角入口边缘应锐利，无毛刺和划痕；孔板开孔下游侧出口边缘应无毛刺、划痕和可见损伤。

c）孔板孔径（*d*）的计算，应选取不少于 4 个单测值的算术平均值，这 4 个单侧值的测点之间应有大致相等的角距，而任一单测值与平均值之差不得超过 0.05%。

d）孔径 *d* 的允许公差见表 14。

表 14　孔径 *d* 的允许公差表（mm）

d	5＜*d*≤6	6＜*d*≤10	10＜*d*≤25	*d*＞25
公差	±0.008	±0.010	±0.013	*d* 值每增加 25，公差增大±0.013

5.6.1.2　标准喷嘴检查应满足下列要求：

a）标准喷嘴上游侧端面应光滑，其表面不平度不得大于 0.000 3*d*，相当于不低于 3.2 的表面粗糙度。喷嘴下游侧端面应与喷嘴上游侧端面平行，其表面粗糙度可较上游侧端面低一级。

b）圆筒形喉部直径的计算，应选取不少于 8 个单测值的算术平均值，其中 4 个是在圆筒形喉部的始端、4 个是在终端、在大致相距 450 度角的位置上测得的。任一单测值与平均值之差不得超过 0.05%。*d* 的公差要求为：当 $\beta \leqslant 2/3$ 时，$d \pm 0.001d$；当 $\beta > 2/3$ 时，$d \pm 0.000\,5d$。

c）从喷嘴的入口平面到圆筒形喉部的全面流通表面应平滑，不得有任何可见或可检验出的边棱凸凹不平。圆筒形喉部的出口边缘应锐利，无毛刺和可见损伤，并无明显倒角。

5.6.1.3　长径喷嘴检查应满足下列要求：

a）长径喷嘴的直径的计算，应选取不少于 4 个单测值的算术平均值，这 4 个单测值的测点之间应有大致相等的角距，而任一单测值与平均值之差不得超过 0.05%。在圆筒形喉部出口处 *d* 值可有负偏差，即允许喉部有顺流向的微小收缩，而不允许有扩大。

b）节流件上游侧的流量管长度不小于 10D（D 为测量管公称内径），下游侧的测量管长度不小于 5D。

c）测量管段的内径的计算，应选取于 4 个单测值的算术平均值，这 4 个单测值的测点之间应有大致相等的角距，任一单测值与平均值之差，对于上游应不大于±0.3%，对于下游侧应不大于±2%。

d）测量管内表面应清洁，无凹陷、沉淀物及结垢。若测量管段由几根管段组成，其内径尺寸应无突变，连接处不错位，在内表面形成的台阶应小于 0.3%。

5.6.1.4　角接取压装置检查应满足下列要求：

a）取压孔应为圆筒形，其轴线应尽可能与管道轴线垂直，与孔板上下游侧端面形成的夹角允许小于或等于 30，在夹紧环内壁的出口边缘必须与夹紧环内壁平齐，无可见的毛刺和突出物。

b）取压孔前后的夹紧的内径 D_t 应相等，并等于管道内径 D，允许 $1D \leqslant D_t \leqslant 1.02D$，但不允许夹紧环内径小于管道内径。

c）取压孔在夹紧环内壁出口处的轴线分别与孔板上下游侧端面的距离等于取压孔直径的 1/2。上下游侧取压孔直径应相等。取压孔应按等角距配置。

d）采用对焊法兰紧固节流装置时，法兰内径必须与管道内径相等。球室取压的前后环室开孔直径 D' 应相等，并等于管道内径 D，允许 $1D=D_t=1.02D$，但不允许环室开孔直径小于管道内径。

e）单独钻孔取压的孔板和法兰取压的孔板，其外缘应有安装手柄。安装手柄上应刻有表示孔板安装方向的符号（+、–）、孔板出厂编号、安装位号和管道内径 D 的设计尺寸值和孔板开孔 d 的实际尺寸值。

5.6.1.5　法兰取压装置检查应满足下列要求：

a）上下游侧取压孔的轴纹必须垂直于管道轴线，直径应相等，并按等角距配置。

b）取压孔在管道内壁的出口边缘应与管道内壁平齐，无可见的毛刺或突出物。

c）上下游侧取压孔的轴线分别与孔板上下游侧端面之间的距离等于（25.4±0.8）mm。

d）法兰与孔板的接触应平齐，外圆表面上应刻有表示安装方向的（+、–）、孔板出厂编号、安装位号和管道内径 D 的设计尺寸值。

5.6.2　流量测量仪表

5.6.2.1　检修项目与质量要求：

a）一般检查，按 5.1.1.1.1 要求进行。

b）绝缘检查，应符合表 4 要求。

6.5.8.2.6　氧化锆氧量分析仪

【依据】《火力发电厂热工自动化系统检修运行维护规程》（DL/T 774—2015）

5.7　氧化锆氧量分析器

5.7.1　检修项目与质量要求：

5.7.1.1　基本检查：

a）变送器的外观检查见第 5.1.1.1.1 条。

b）常温下，用 500V 绝缘电阻表测量探头的绝缘电阻，热电偶对外壳绝缘电阻应大于 100MΩ，加热丝对外壳绝缘电阻应大于 500MΩ，内电极引线对外壳绝缘电阻应大于 200MΩ。

c）常温下，用 500V 绝缘电阻表测量变送器的绝缘电阻，应不大于 40MΩ。

5.7.1.2　采样气路系统检查：

a）取样烟道应流畅、不漏风，保温良好。若为旁路烟道应进行吹扫，保证管道畅通。

b）气泵、空气过滤器、流量计应完好，必要时解体清洗，保证其清洁、畅通和密封性。

5.7.1.3　氧化锆探头检查：

a）外观检查：碳化硅滤尘器透气性应良好，无堵死、积灰、机械损伤现象；氧化锆管应清洁，无裂纹、弯曲、严重磨损和腐蚀；铂电极引线应完好，黏结剂无脱落；氧化锆管和氧化铝管封接应严密、不漏气；法兰接合面应无腐蚀，密封垫完好，法兰螺钉紧固；接线盒应无积灰、锈蚀。

b）探头内阻检查：在探头温度为700℃时，以离子传导方式为依据的测量探头，其内阻一般应不大于100Ω。

c）探头本底电势检查：在探头温度为700℃时，从工作气口和参比气口分别通往300mL/h的清洁空气，测量探头的本底电势应不大于±5mV。

d）探头安装后，参比气孔与标准气孔应朝下；探头至转换器的屏蔽线应完好。

6.5.8.2.7　机械量仪表

【依据】《火力发电厂热工自动化系统检修运行维护规程》（DL/T 774—2015）

5.8.1　电涡流式检测保护装置

5.8.1.1.1　电缆绝缘与一点接地检查：

a）当环境温度为15℃～35℃，相对湿度为45%～75%，选用直流电压为500V绝缘电阻表，测量发电机、励磁机处传感器对地电阻不小于20MΩ，测量前置器输入输出端子对地电阻不小于20MΩ。

b）机柜处断开屏蔽电缆接地连接，屏蔽层对地电阻应不小于20MΩ；恢复接地连接，屏蔽层对地电阻应不大于1Ω。

c）与其他系统连接时，TSI系统和被连接系统应作为一个整体考虑，并保证屏蔽层一点接地。

5.8.1.1.2　现场维护检查

a）被测体表面应该平整光滑，不应存在凸起、洞眼、刻痕、凹槽等缺陷。

b）传感器应清洁、固定牢固、螺纹无损，其调整螺杆的转动应能使传感器平衡均匀移动，与被测物体间的安装间隙，应满足厂家设计要求。

c）传感器的安装支架应牢固，有足够刚性：安装支架的固有频率应是测试最大频率的10倍以上，当探头保护套管的长度大于300mm时，需要有辅助支承，以防止套管共振。

d）振动探头外壳应接地；若发电机、励磁机的轴承座要求与地绝缘时，则探头底部应垫绝缘层并用胶木螺钉固定，探头的引出线若使用金属保护管时不应与轴承座有直接接触。

e）探头延伸电缆应与探头和前置器配置使用，其固定与走向不存在损伤电缆的隐患；探头电缆引出轴承箱前应用专用电缆卡可靠固定，引出轴承箱时密封可靠，连接延伸至接线盒的全程应远离强电磁干扰源和高温区，保持与地间的绝缘，并有可靠的全程金属防护措施，盘放直径应不小于规定值。

f）安装前置放大器的金属盒，应选择在较小振动并便于检修的位置，并可靠接地；盒体底座应垫100mm左右橡皮后固定牢固，周围环境应满足要求，箱体上不应附有多余的电缆；前置器外部应清洁，固定应牢固，无松动；延伸电缆应采用接线鼻子压接后连接前置器，屏蔽层应和输出电缆的屏蔽线可靠相连。

g）输出信号电缆宜采用（0.5～1.0）mm^2的普通三芯屏蔽电缆，其屏蔽层在汽机现场侧应绝缘浮空（若采用四芯屏蔽电缆，备用芯应在机柜端接地），在监测装置侧应直接延伸到机架的接线端子旁，屏蔽线接机架的COM或Shield端，并确保全程单点接地。

h）缸胀与轴向位移的报警和跳闸输出，选择了总线输出方式时，应进行断开回路检查确认。

5.8.1.1.4　监测装置检查：

a）监测装置外观检查，应满足5.1.1.1.1的要求；

b）检查监测装置主板编程短接块位置（或软件组态），应符合实际使用要求；

c）在电源接通或断开的瞬间，检查监视模件应具有通、断电抑制功能，不会误发信号；

d）通电后，用万用表检测线路板各点电源和前置器工作电源，应符合标称值；

e）进行可维护性功能检查，将模件设置为通道旁路、危险旁路方式，对有关线路进行维修、更换装置模件时，危险继电器应不会动作；

f）输入信号通道，应设置断线自动退出保护的逻辑判断与报警功能；

g）前置器输出信号与对应的监视器缓冲输出信号应保持一致，满足精度要求。

6.5.8.2.8 执行机构

【依据】《火力发电厂热工自动化系统检修运行维护规程》（DL/T 774—2015）

5.11 执行设备检修与调校

5.11.1 电动执行机构

5.11.1.1 检修项目与质量要求：

5.11.1.1.1 一般检查：

a）执行机构外观应完好无损，行程范围内无阻，开关方向标志明确，铭牌与标志牌完好、正确、字迹清楚。

b）润滑油应无泄漏，油位显示正常；有油质要求的执行机构应进行油质检查，若发现油质变差则应及时更换润滑油（通常情况下一个大修周期宜更换一次润滑油）。

c）安装基础稳固，刹车装置可靠，手动与电动间的切换灵活；在手动位置时摇手柄手感均匀，连杆或传动机构动作平稳、无卡涩。

d）执行机构的行程应保证阀门、挡板全程运行，并符合系统控制的要求；通常情况下，转角执行机构的输出轴全程旋转角应调整为 0°～90°，其变差一般不大于 5°；转角位置调好后，拧紧限位块，在手动或电动冲力下无滑动现象。

e）接线牢固、无松动，插头与插座连接可靠。

f）智能型执行机构内熔丝容量符合要求，层叠电池电压正常。

g）控制硬件为计算机监控系统的，可在显示画面信息窗口上检查各条故障提示。

h）绝缘检查，应符合表 4 要求。

5.11.2 气动执行机构

5.11.2.1 检修项目与质量要求

5.11.2.1.1 一般性检查：

a）执行机构及其附件应完好，紧固件不得有松动和损伤。

b）阀门、执行机构全行程方向标志清楚，执行机构作用方向规定：输入信号增加时阀门开度增加，为正作用；输入信号增加时阀门开度减小，为反作用；如不符合使用要求，应按说明书规定的方法进行调整。

5.11.3 电磁阀

5.11.3.1 检修项目与质量要求

c）检查气源管路无漏气；

5.11.3.2 调试项目与技术标准

a）电磁阀送电，远方操作该电磁阀，电磁阀动作应正确可靠，灵活无卡涩，吸合时应无异常声音。

b）检查行程开关，应动作可靠，正确反映阀门的开、关方向。

6.5.8.2.9 取源部件

【依据 1】《火力发电厂热工自动化系统检修运行维护规程》（DL/T 774—2015）

6.2.1 取源部件检修

6.2.1.1 基本要求

6.2.1.1.1 感温与取源部件的安装应牢固，位置、朝向便于检修。

6.2.1.1.2 取源部件的材质宜与主管道材质相同。

6.2.1.1.3 取源处管道和取源部件的外露部分保温应一致，完好。

6.2.1.1.4 测量系统设备、部件及全程连接处均应有标志牌，接线牢固且标号牌齐全，标志牌或标号牌应字迹清楚、正确。

6.2.1.2 感温元件

6.2.1.2.1 一般管道中安装感温元件时，保护套管端部进入管道距离应符合要求（高温高压大容量机组的主蒸汽管道，感温元件的插入深度宜在 70mm～100mm 之间，或采用热套式感温元件，其他情况宜略超过管道中心）。

6.2.1.2.2　其他容器中安装感温元件时，其插入深度，应能较准确反映被测介质的实际温度。

6.2.1.2.3　丝扣型热电偶在主蒸汽管道上严禁采用焊接方式。

6.2.1.2.4　感温元件保护套管的垫圈应按表 18 选用。

表 18　垫圈材质选用表

垫片种类	垫片材料	工作范围		
		工作介质	最大压力 MPa	最高温度 ℃
绝缘纸	青壳纸	水、油		＜120
橡胶垫	天然橡胶	水、海水、空气	≈6	–60～100
	普通橡胶板	水、空气		–40～100
夹布橡胶垫		海水、空气	≈6	-30～60
软聚氯乙烯垫		稀酸、酸溶液、具有氧化性蒸汽及气体	≤16	60
聚四氯乙烯垫		浓酸、碱、溶剂、油类、抗燃油	≤30	–180～250
橡胶石棉垫	高压橡胶石棉垫	水、海水、酸、盐、蒸汽、惰性气体、空气、压缩空气	≤60	≤450
	中压橡胶石棉垫		≤40	≤350
	低压橡胶石棉垫		≤15	≤220
	耐油橡胶石棉垫		≤40	≤400
缠绕垫片 金属包平垫或 波形垫	金属部分：铜、铝、08 钢、1Cr13、1Cr18Ni9Ti 非金属部分：石棉带、聚氯乙烯	蒸汽、空气、油、水、氢	≤64	≈600
金属平垫	A3、10、20 号钢	水、汽	≈200	450
	1Cr13 合金钢	水、汽	≈200	450
	1Cr18Ni9Ti 合金钢	汽	≈200	600
	紫铜、铝	水	100	250
		汽	64	425
金属齿形垫	08 钢、1Cr13	水、汽	≈200	450
	合金钢	抗燃油	≥40	600
	软钢		≥40	600

6.2.1.2.5　为保护煤粉管道和烟道上的感温件保护套管，应套管面向煤、烟流动方向安装保护罩。

6.2.1.2.6　直径小于 76mm 的管道上安装感温件时，应加装扩大管或选用小型感温元件。

6.2.1.2.7　测量金属表面温度的热电偶、热电阻，应与被测表面接触良好，靠热端的热电偶电极应沿被测表面敷设不小于 50 倍热电极直径的长度，并确保保温和电极之间的绝缘良好。

6.2.1.2.8　从护套中抽出热电偶进行校验时，要及时合上护套盖子，以免灰尘等杂物进入护套管内。检修后的热电偶保温要确保良好。

6.2.1.2.9　隐蔽测量元件的检修应同时有两人以上工作并进行复核、记录和签证；感温元件应安装牢固，安装位置和方法应能确保测温正确；测量过热器管壁温度的感温元件，应装于保温层与联箱之间的中部附近（顶棚管以上 50mm 的保温层内），沿途隐蔽电缆应固定牢固。

6.2.1.3　取压部件检修与质量要求

6.2.1.3.1　风压取压部件安装，应垂直向上偏角小于 45°，取压口应垂直向上，测量设备若安装于取压部件的下方，取压管应向上一定距离后再下弯。

6.2.1.3.2　拧开取压部件检修孔密封螺帽，对其内壁进行检查、清扫；检修后取压部件口及内壁应无积垢。

6.2.1.3.3　清扫、检修防堵灰吹扫装置。若为电动防堵灰吹扫装置，则：

a）关闭装置电源，拆下电动机接线，用 500V 绝缘电阻表测试电动机线圈对外壳的绝缘电阻，应不小于 20MΩ。

b）用万用表测量电动机线圈电阻，应符合制造厂要求。

c）检查定时器时间设定应正确；电动机添加适量的润滑油，应转动灵活，无卡涩。

d）检查装置的各螺钉无缺少，并予以紧固；恢复并紧固接线。

e）系统送电，启动电动机应无异音异味。

6.2.1.3.4　排除吹扫装置过滤减压阀积水，调整过滤减压阀使吹扫空气压力至 0.1MPa 左右，调节浮子流量计使风量至 60L/h 左右。

6.2.1.3.5　检修后，吹扫装置应无积灰、积垢，吹扫管路应畅通。

6.2.1.4　电接点水位测量筒检修与质量要求

6.2.1.4.1　电接点座的封焊口不得有气孔、裂纹和较明显的腐蚀现象。测量筒应垂直安装，垂直偏差不得大于 2°，其中点零水位孔与汽包正常水位处于同一水平面。

6.2.1.4.2　公用线须接地良好。为防止公用线接地连接处高温氧化，应通过筒体接地螺柱焊接接地条，接地条上的接地点应在保温层外。

6.2.1.4.3　电极丝口和压接面应完好无缺陷。电极表面应清洁、光滑、无肉眼可见的横沟和机械损伤、残斑。在环境温度 5℃～35℃、相对湿度不大于 85%的条件下，用 500V 绝缘电阻表测试电极芯对筒壁的绝缘电阻，应大于 20μΩ。

6.2.1.4.4　安装电极时，垫圈应完好，其平面无径向沟纹，丝扣上应涂抹二硫化钼或铅粉油。

6.2.1.4.5　电极芯线应伸出孔 2mm，瓷套管应完整；与电接点芯线的连接引线，应采用耐高温的氟塑料线，每根线应编号清楚、校对正确、连接紧固。

6.2.1.4.6　检修后，电接点水位测量筒应进行保温。

6.2.1.5　水位测量筒检修与质量要求

6.2.1.5.1　检查水位平稳容器中点（零水位）与压力容器正常水位线，应处于同一水平面。

6.2.1.5.2　增装或更换水位测量筒时，应核实水位测量筒的内部结构和尺寸。汽包水位测量宜建立专项记录（包括水位计平衡容器图纸、水位补偿公式、安装、调试及试运报告）。

6.2.1.5.3　平衡容器与压力容器间的连接管应有足够大的流通截面，外部应保温，一次阀门应横装以免内部积聚气泡影响测量。压力容器汽侧至平衡容器的导管应水平略有向上坡度，水侧引出管应水平。引至差压仪表的正、负压管应水平引出 400mm 后再向下并列敷设。

6.2.1.5.4　平衡容器顶部用作冷凝蒸汽的部分裸露外，其余部分应有良好保温。

6.2.1.5.5　平衡容器经排污阀连接至压力容器下降管的排水管，应有适当的膨胀弯曲。

6.2.1.6　流量取源部件检修与质量要求

6.2.1.6.1　机组检修中，热工人员配合机务人员完成对流量取源部件的检修与安装。

6.2.1.6.2　节流件在管道中安装时，其上游端面应与管道轴线垂直，不垂直度不得超过±1°，与管道的不同心度不得超过 $0.015D\ (1/\beta—1)$；节流件的法兰与管道的连接面应平齐，使用的密封垫片，在夹紧后不得突入管道内壁。

6.2.1.6.3　转子流量计垂直安装时，1.0 级和 1.5 级的流量计的倾斜度应不大于 2°，低于 1.5 级的流量计倾斜度应不大于 5°。

6.2.1.6.4　翼形风量测量装置安装时，其中心线应与风道中心线重合。

6.2.1.6.5　均速管的轴线，应与管道轴线垂直相交，插入管道时，动压孔应迎着介质流动方向，静压孔中心线应与管道中轴线重合。

6.2.1.6.6　速度式流量计的中心线偏离水平线或垂直线的角度应不大于 3°。

6.2.1.6.7　多点矩阵式风量测量装置探头，应垂直向下插入管道中心，斜剖面应在迎风面上，迎风面为“+”侧，背风面为“–”侧。检查防堵振打装置的完好性，风道内引出的取样管应保证足够管径。

【依据 2】《防止电力生产事故的二十五项重点要求》(国能安全〔2014〕161 号)

2.3　防止汽机油系统着火事故

2.3.1　油系统应尽量避免使用法兰连接，禁止使用铸铁阀门。

2.3.2　油系统法兰禁止使用塑料垫、橡皮垫（含奶油橡皮垫）和石棉垫。

2.3.3　油管道法兰、阀门及可能漏油部位附近不准有明火，必须明火作业时要采取有效措施，附近的热力管道或其他热体的保温应紧固完整，并包好铁皮。

2.3.4　禁止在油管道上进行焊接工作。在拆下的油管道上进行焊接时，必须实现将管子冲洗干净。

2.3.5　油管道法兰、阀门及轴承、调速系统等应保持严密不漏油，如有漏油应及时消除，严禁漏油渗透至下部蒸汽管和阀门保温层。

2.3.6　油管道法兰、阀门的周围及下方，如敷设有热力管道或其他热体，这些热体保温必须齐全，保温外面应包铁皮。

6.5.9　仪表控制气源

6.5.9.1　气源要求

6.5.9.2　气源管路

6.5.9.1、6.5.9.2 查评依据如下：

【依据 1】《火力发电厂热工自动化系统检修运行维护规程》(DL/T 774—2015)

6.1.4　仪用气源

6.1.4.1　检修项目及质量要求

6.1.4.1.1　仪用气源母管至仪表设备的分支表管应采用不锈钢管，仪表设备后的支管应采用紫铜管、不锈钢管或尼龙管，如安装不符合要求应及时予以更换。

6.1.4.1.2　气源储气罐和管路低凹处的自动疏水器，应保证灵活可靠。

6.1.4.1.3　启动仪用空气系统，气源压力能自动保持在 0.6MPa～0.8MPa 范围，否则应检修处理。

6.1.4.1.4　途径高温到低温，室内到室外的气源管路，低温侧管路应保温。

6.1.4.1.5　工作环境温度可能低于 0℃的气动控制装置及管路，保温和伴热系统应完好，防止结露、结冰引起设备拒动或误动。

6.1.4.1.6　检查气管道中各部件自身及连接处，应通常无泄漏；过滤减压阀气压设定值应符合运行要求。

6.1.4.1.7　具有自动排污功能的空气过滤器或过滤减压阀，其排污、排水功能应正常，性能应符合制造厂的技术要求。

【依据 2】《工业自动化仪表　气源压力范围和质量》(GB/T 4830—2015)

4.2　露点

在线压力下的气源露点≤环境温度下限值–10℃。

4.3　含尘粒径

气源中含尘粒径≤3μm。

4.4　含油量

气源中油分含量≤10mg/m^3。

6.5.10　热工管理

6.5.10.1　热工监督

6.5.10.1.1　完好率

6.5.10.1.2　合格率

6.5.10.1.3　投入率

6.5.10.1.4　技术监督体系

6.5.10.1.1～6.5.10.1.4 查评依据如下：

【依据】《发电厂热工仪表及控制系统技术监督导则》（DL/T 1056—2007）

附录 A（规范性附录）　热控技术监督考核指标

A.1　热控技术监督指标应达到如下要求。

a）热工仪表校前合格率≥96%；

b）主要热工检测参数现场抽查合格率≥98%；

c）数据采集系统（DAS）测点完好率≥99%；

d）DCS 机组模拟量控制系统（MCS）投入率≥95%；

e）非 DCS 机组模拟量控制系统投入率≥80%；

f）模拟量控制系统的可用率≥90%；

g）热工保护投入率=100%；

h）热工保护正确动作率=100%；

i）顺序控制系统投入率≥90%。

A.2　模拟控制系统的试验项目及品质指标应满足 DL/T 657 和 DL/T 774 的规定。

4　体系与专责

4.1　监督机构

4.1.1　发电集团公司、电网公司是热控技术监督的领导机构。应成立以总工程师为首的技术监督归口管理部门，在总工程师的领导下管理本公司的热控技术监督工作。

4.1.2　电力试验研究院（所）是热控技术监督支持单位，接受委托以合同方式承担相关发电集团公司、电网公司或发电企业的热控技术监督工作。应设立热控技术监督专责工程师，在主管院（所）长或总工程师的领导下开展热控技术监督工作。

4.1.3　发电企业是热控技术监督的主体单位，生产管理部门是本单位热控技术监督的管理机构，应设热控技术监督专责工程师，在主管生产的副总经理或总工程师的领导下负责本单位的热控技术监督工作。

4.2　监督职责

4.2.1　发电集团公司、电网公司监督职责

a）在本公司内贯彻执行国家和行业有关热控技术监督的方针、政策、法规、标准、规程、制度等。

b）组织制定本公司有关热控技术监督的标准、制度、条例、技术措施等。

c）掌握本公司的热控技术监督状况，对存在的问题进行研究并采取对策。

d）负责组织对本公司内重大热控事故的调查、分析和处理。

e）制定本公司热控技术监督的工作规划，督促、检查和推动热控技术监督工作。

4.2.2　电力试验研究院（所）监督职责

a）贯彻执行国家、行业及相关集团公司颁布的各种技术监督的方针、政策、法规、标准、规程、导则及制度等。

b）协助相关发电企业开展热控技术监督工作。对相关发电企业热工设备的配置、选型等提供意

见和建议，对相关发电企业热工计量标准的建立、配置、管理和调整提出建议。

c）研究和解决热控技术监督工作中重大和关键的技术问题；参加相关发电企业热工设备的技术改造、试验和测评等工作；参加相关发电企业重大热控事故的调查分析和鉴定工作，对有关技术问题提出反事故措施。

d）对相关发电企业的技术监督工作进行咨询、检查和考核，并提交报告。

e）承担相关发电企业新建、扩建电力工程的设计审查、设备选型、安装调试、试生产和质量验收等全过程的热控技术监督工作，参加相关发电企业热控专业重大技术改造方案与措施的审查。

f）承担相关发电企业的热工量值传递工作，开展热工标准仪器的校验工作。

g）组织相关发电企业热控专业人员的技术培训及热工计量检定人员的考核。

h）专责本地区技术监督网的工作，组织本地区技术监督网的活动。定期发布本地区的热控技术监督信息。定期分析、汇总本地区的热控技术监督报表，并按有关要求进行报送。

4.2.3　发电企业的监督职资

a）建立健全总工程师负责的企业内部厂级、专业级和班组级的热控技术监督三级网络，贯彻执行热控技术监督的有关规程、制度和规定等。定期召开本企业热控监督网工作会议，检查、落实和协调本企业的热控技术监督工作。

b）组织相关人员制定本企业的热控技术监督计划、专业技术改造计划，设备、材料、备品等的购置计划和检修计划。组织有关部门对检修项目进行验收。

c）组织制定本企业热控专业各项规章制度，建立健全热控设备技术档案。

d）建立本企业的热工计量标准装置及配套设施，根据周期检定计划，按时送检标准计量器具，保证热工计量标准值准确。

e）组织和实施本企业在用计量器具的周期检定、热工仪表的定期校验、模拟量控制系统试验、保护系统试验以及顺控系统试验等，确保运行中仪表的系统综合误差、模拟量控制系统的调节品质、保护系统的动作情况和顺控系统的功能等符合相关规程的要求。

f）组织有关人员对本企业的热控事故进行调查分析，制定反事故措施。组织讨论热控工作存在的重大技术问题，研究解决方案并制定有关技术措施。

g）组织有关单位和部门对本企业新建、扩建和改建的热控项目进行全过程监督管理。

h）参加地区性技术监督网络及网络组织的有关活动，包括技术监督会议及技术监督检查等。

i）组织本企业热控专业人员进行技术培训并参加上级计量检定机构组织的人员考核。

j）向技术监督支持机构提供新建、改扩建机组以及在役机组热控系统的配置情况、系统改造的技术方案及实施办法等。

k）按时报送本企业的热控技术监督报告（含报表、年度计划、年度总结、大修监督总结等），重大问题与事故分析报告及时上报。

6.5.10.2　规程、规章制度

6.5.10.3　图纸及资料

6.5.10.3.1　清册、台账、技术资料

6.5.10.3.2　设计图纸

6.5.10.3.3　初始原始技术数据记录

6.5.10.3.4　运行参数记录

6.5.10.3.1～6.5.10.3.4 查评依据如下：

【依据】《发电厂热工仪表及控制系统技术监督导则》（DL/T 1056—2007）

11.7　资料档案管理

11.7.1　发电企业应按国家及行业有关制度、规范、规程和标准等，结合本单位实际情况制定和执行下列相应的规程、制度：

a）热控系统检修、运行维护规程；
b）热控系统调试规程；
c）试验用仪器仪表操作使用规程；
d）施工质量验收规程；
e）安全工作规程；
f）岗位责任制度；
g）工作票制度和质量验收制度；
h）巡回检查制度和文明生产制度；
i）定期试验、校验和抽检制度；
j）热控设备缺陷和事故管理制度；
k）热控设备、备品备件及工具、材料管理制度；
l）热控设备的反事故措施；
m）技术资料、图纸管理及计算机软件管理制度；
n）热控人员技术考核、培训制度；
o）设备质量监督检查签字验收制度；
p）热工计量管理制度；
q）热控技术监督实施细则；
r）热控技术监督考核奖励制度。

11.7.2 发电企业应建立健全电力建设和电力生产全过程的热工设备技术档案，应包括：

a）各机组热工设备台账、清册及出厂说明书；
b）热工设备的备品备件及零部件清册；
c）DCS 系统硬件配置清册；
d）热工参数报警值及保护定值清册；
e）热工设备系统图、原理图、安装接线图、电源系统图和主要热工参数测点布置图等；
f）热工设备常用部件（如热电偶保护套管和插座等）、一次元件加工图，流量测量装置（如孔板、喷嘴等）设计、计算原始资料和加工图；
g）技术改进资料及图纸；
h）热工设备运行日志；
i）热工设备缺陷及处理记录；
j）热工设备异常、障碍、事故记录；
k）热工设备检修、调整、检定和试验记录；
1）计算机系统软件和应用软件备份；
m）DCS 系统故障记录。

11.7.3 技术监督支持机构应建立下列制度及技术档案：

a）监督检查报告签字验收制度；
b）热控人员技术培训制度；
c）热工计量管理制度；
d）标准仪器使用及管理制度；
e）监督检查记录及报告；
f）年度技术监督总结；
g）技术监督报表；
h）相关发电企业热控技术监督指标情况及存在的问题；
i）相关发电企业主要热工设备的事故分析报告及改进措施；
j）相关发电企业计量标准装置技术档案。

6.5.10.4　量值传递

6.5.10.4.1　热工计量标准室

6.5.10.4.2　计量标准装置及检定人员

6.5.10.4.3　标准器具

6.5.10.4.1～6.5.10.4.3 查评依据如下：

【依据】《发电厂热工仪表及控制系统技术监督导则》（DL/T 1056—2007）

10　量值传递

10.1　各级计量检定机构的计量标准装置及检定人员，应按照国家及行业的有关规定进行考核、取证，方能进行工作。

10.2　各级计量检定机构的最高计量标准装置应经上一级计量主管部门考核，取得计量标准合格证书后，方可进行量值传递。

10.3　各级标准计量装置的标准器应按周期进行检定，检定不合格或超周期的标准器均不能使用。

10.4　上级计量检定机构应建立下级机构的标准器档案，并按下级机构的申请制定年度周检计划，计划一经下达不得随意拖延或不送检。

10.5　各单位的热工计量室应对其所管辖范围的热工仪表制定周检计划，并按照检定规程和周检计划进行检定，做到不漏检，不误检。

10.6　暂时不使用的计量标准装置和标准器可报上级检定机构封存，再次使用时需经上级检定机构检定合格后，方可使用。

10.7　计量标准试验室应设专人管理，对试验室用标准器、环境条件及检定记录、技术档案等统一管理，做到账、卡、物相符。

10.8　计量标准装置在使用过程中，应确保检测能力保持考核认证时的技术水平。并应依据JJF1033 和相关检定规程的要求对装置的稳定性和重复性每年进行考核试验，试验记录应规范，并存档备查。

10.9　为了保证各级量值传递的正确性，上一级计量监督管理机构随时可以对下级计量检定的情况进行抽查。

10.10　各级检定机构应主动参加上级机构组织的能力验证，以确保试验室的量值准确一致。

10.11　热工试验室的设施、计量标准装置的配置和环境要求应按 DL/T　5004 执行，并应符合所开展项目的计量检定规程的要求。

6.5.10.5　异常质量传递

6.5.10.5.1　异常记录

6.5.10.5.2　技术监督重大质量问题传递记录表

6.5.10.5.1、6.5.10.5.2 查评依据如下：

【依据】《发电厂热工仪表及控制系统技术监督导则》（DL/T 1056—2007）

11　技术监督管理

11.1　全过程技术监督

11.1.1　发电企业应坚持全过程技术检定的原则，在电力生产的各个阶段均应实施热控技术监督。

11.1.2　对于严重影响安全生产的热控问题或重大的热控设备改造，宜实施专项技术监督。

11.2　技术监督的签字验收及责任处理制度

11.2.1　发电企业应建立健全热控系统全过程监督的签字验收制度。在电力生产与建设的各个阶段，对质量不符合规定的设备、材料以及安装、检修、改造工程，技术监督部门和人员有权拒绝签字，并可以越级上报。

11.2.2　由于技术监督不当或自行减少监督项目、降低监督指标标准而造成严重后果的，应追究相应责任。

11.3　技术监督定期检查制度

11.3.1　应建立技术监督的定期检查制度，发电企业应与技术监督支持机构协商确定检查周期，热控技术监督的检查周期以一年为宜。

11.3.2　技术监督检查应有完整的检查记录或检查报告，对技术监督检查过程中发现的问题应提出整改建议。对严重影响安全生产的隐患或故障应提出预警或告警。

11.4　技术监督报表及报告管理

11.4.1　技术监督工作及技术监督指标完成情况应实行定期报告制度。

11.4.2　热控技术监督指标是各级监督管理机构考核电厂的重要指标之一，发电企业的生产管理部门应按技术监督指标统计方法（见附录 C）及报表格式（参见附录 D）的要求做好热控技术监督报表的统计工作，并对各项指标完成情况进行分析，经确认签字后在规定时间内报送技术监督支持机构。

11.4.3　技术监督支持机构应认真汇总分析所承担发电企业的监督报表，指出存在的问题及监督指标的完成情况，按相关要求上报发电企业的主管单位。

11.4.4　技术监督年度总结、年度计划、大修监督总结、专项监督总结等应按要求在规定的时间内报有关单位。重大问题与事故分析报告应及时上报。

6.6　化学设备

6.6.1　设备状况

6.6.1.1　预处理设备

6.6.1.1.1　取水、沉淀、絮凝、澄清设备

【依据】《发电厂化学设计规范》（DL 5068—2014）

3.1.4　当来水水温影响预处理效果时，应采取加热或降温措施。

3.2.6　各类过滤器进水水质应符合表 3.2.6–1 的规定，超/微滤装置进水宜符合表 3.2.6–2 的规定。

表 3.2.6–1　过滤器进水水质要求

项　　目	细砂过滤器	双介质过滤器	石英砂过滤器	纤维过滤器	活性炭过滤器
悬浮物（mg/L）	3～5	≤20	≤20	—	—
浊度（NTU）	—	—	—	≤20	≤3

注：活性炭过滤器进水余氯不宜大于 1mg/L。经沉降（混凝）处理后的管道或 RO 系统进水管道宜采用防腐管道。

表 3.2.6–2　超/微滤系统的进水要求

项　　目	进　水　水　质	
水温（℃）	10～40	
pH 值（25℃）	2～11	
浊度（NTU）	压力式	＜5
	浸没式	以膜制造商设计导则为准

3.3.1　澄清池的形式应根据原水水质、处理水量、处理工艺和水质要求等结合当地条件选用。澄清池的出力应经必要的核算。澄清池的设计参考附录 B 选择：

1. 澄清池不宜少于两台。当有一台澄清池检修时，其余的应保证正常供水。

2. 用于短期、季节性处理时，可只设一台。

3. 澄清池的上升流速应根据澄清池的类型、原水水质、水温、处理药剂和剂量，以及类似厂的运行经验或通过实验确定。

4. 选用澄清池时，应注意进水温度波动对水处理效果的影响。当设有原水加热器时，应装设温度自动调节装置和澄清池的温差监测仪。

附录 B　澄清池设计参考数据

名称	主要设计数据		备　注
斜板澄清池	进水悬浮物（mg/L）	＜500	可应用于给水、工业污水、废水等，其特点是占地小、效率高
	悬浮物除去率（%）	＞95	
	排泥浓度（%）	2～4	
接触絮凝澄清池	进水浊度（NTU）	＜2000	反应时间短，产生絮花大而密实，易于沉降。适应性强，对微污染及低温、低浊度水处理效果好；上升流速高，表面负荷大
	絮凝时间（min）	5～10	
	上升流速（mm/s）	2.0～3.5	
	有效水深（m）	3.6～4.1	

6.6.1.1.2　常规过滤器

【依据】《发电厂化学设计规范》（DL 5068—2014）

3.3.2　过滤器（池）的类型应根据进水水质、处理水量、处理系统和水质要求等，结合当地条件确定。

1. 过滤器（池）不应少于两台。当有一台检修时，其余过滤器应保证正常供水。

2. 过滤器（池）反洗次数，可根据进出口水质、滤料的截污能力等因素考虑。每昼夜反洗次数不宜超过 2 次。

3. 过滤器应设置反洗水泵、反洗水箱或连接可供反洗的水源。反洗方式应根据滤池型式决定，并根据需要选用空气擦洗。后续系统对过滤器出水压力稳定性有要求时，应有相应措施或设置正洗水泵。

5. 各类过滤器的反洗、正洗进水或排水应有限流措施。

6.6.1.1.3　超滤

【依据】《火力发电厂超滤水处理装置验收导则》（DL/T 952—2013）

7.3.2　超滤水处理装置的试验项目及要求见表 1。超滤水处理装置出水水质参考指标见表 2。

表 1　超滤水处理装置的试验项目及要求

序号	项　目	要　求
1	平均回收率	达到合同要求，一般大于或等于 90%
2	产水量	额定压力时，达到相应水温条件下的设计值
3	透膜压差	满足合同要求
4	化学清洗周期	符合合同值，一般大于或等于 30 天
5	制水周期	小于或等于合同值
6	反洗历时	小于或等于合同值

表 2　超滤水处理装置出水水质

序号	项　目	指　标
1	SDI	＜3
2	浊度	＜0.4NTU
3	悬浮物	＜1mg/L

6.6.1.1.4　反渗透

【依据 1】《火电厂反渗透水处理装置验收导则》（DL/T 951—2005）

4　配置要求

4.1　反渗透水处理装置包括的范围是从保安过滤器的进口法兰至反渗透淡水出水法兰之间的整

套单元设备。此外还附有反渗透膜化学清洗装置和反渗透附属加药装置。

4.2 反渗透膜元件的选择应充分考虑进水的水质特点。当用于废水处理时，宜采用抗污染膜。

4.3 反渗透膜元件的型号和数量的选择应充分考虑水温和使用过程中膜通量衰减的影响，保证在使用期间不会因设备设计缺陷带来产水量不足的问题。

4.3.1 设计膜通量值的选取不应该超出膜制造厂家规定的相应型号膜通量的范围。

4.3.2 设计水温对产水量影响很大，配置的膜元件数量应该能够保证在最低设计水温运行时，产水量可以达到设计值。

4.3.3 常规反渗透水处理装置在设计使用条件下，反渗透本体初始运行最大进水压力宜小于1.5MPa；海水淡化反渗透装置在设计使用条件下，反渗透本体初始最大进水运行压力宜小于6.9MPa。

4.4 保安过滤器的过滤精度一般不低于5μm。滤芯的设计流速不宜过高，在正常运行条件下，滤芯更换周期不宜小于3个月。

4.5 应设置反渗透本体的进水高压保护连锁和高压泵的进水低压保护连锁，并应有防止反渗透水处理装置启动时对反渗透膜形成瞬间高压冲击的设施。

4.6 反渗透本体应具有自动低压水冲洗功能。

4.7 应设置化学清洗装置，且具有分段清洗的功能。

4.8 反渗透水处理装置应该配有进水流量计、淡水流量计、浓水流量计、进水电导率仪、淡水电导率仪，各段都应配有压力表。如果进水有加热装置，则应设置反渗透进水在线温度监测仪表（应带有上限报警信号）；若进水加碱或加酸，则应设置在线pH计（应带有超限报警信号）。若预处理部分加氯或其他氧化型杀菌剂，则应配置在线余氯仪或ORP表（应带有超限报警信号），以保证进水余氯不超过反渗透膜的允许值。各仪表应选取合适的量程，保证测试精度。

4.9 反渗透本体的淡水管路需要设置排污阀。

4.10 每只反渗透膜组件都应设有淡水取样口及取样阀，以备故障分析之用。

4.11 加药计量泵应有1台备用。

12 性能指标

12.1 保安过滤器的流量和压差应达到设计值，新滤元投运初期压差一般小于0.05MPa。

【依据2】《发电厂化学设计规范》（DL 5068—2014）

4.1.2 当水源的温度低于10℃，反渗透装置给水应采取加热措施。

4.1.4 淡水RO装置的脱盐率和回收率的取值宜符合下表规定：

项　目	脱　盐　率	回　收　率
第一级反渗透装置	96%～97%（运行三年内）	60%～80%
第二季反渗透装置	90%～95%（25℃）	85%～90%

5.2.10 除二氧化碳器的设置应根据处理工艺和进水水质合理确定，并应符合下列规定：

当一级反渗透给水加酸调节，其后续工艺宜设除二氧化碳器。除二氧化碳器在工艺中的设置位置宜根据反渗透产水水质及后续处理工艺确定。

5.3.8 除二氧化碳器及附属设施的设计应符合下列规定：

2）除二氧化碳器出水口应设置水封管，排气口宜设水气分离装置，排气管应接到室外，并应有防止雨水回流的措施。

3）当除二氧化碳器风机由室外吸风时，宜有滤尘措施。

6.6.1.2 化学除盐设备

6.6.1.2.1 除盐水箱及排水沟道

【依据】《发电厂化学设计规范》（DL 5068—2014）

5.1.6 除盐水箱应与除盐系统的出力、机组的容量和机组的扩建条件相协调，其总有效容积应满足全厂最大一台锅炉启动或事故阶段的用水量要求，水箱数量不应少于 2 台，且汽包炉凝汽式机组宜为最大一台锅炉 2h～3h 的最大连续蒸发量。

5.4.5　除盐水箱宜布置在室外。寒冷地区的室外水箱及附件应有防冻和保温措施。

16.0.2　凡接触腐蚀性介质或对水质有影响的设备、管道、阀门、构筑物及沟道的内表面，以及受腐蚀环境影响的设备、管道、阀门和构筑物的外表面均应涂合适的防腐涂料或采用合适的耐腐蚀材料。

6.6.1.2.2　EDI（电去离子）设备

【依据 1】《火力发电机组及蒸汽动力设备水汽质量》（GB/T 12145—2016）

8　锅炉补给水质量标准

锅炉补给水的质量，以不影响给水质量为标准，可参照下表规定控制。

锅炉过热蒸汽压力 MPa	二氧化硅 μg/L	除盐水箱进水电导率（25℃） μS/cm		除盐水箱出口电导率 （25℃）μS/cm	TOC μg/L
		标准值	期望值		
5.9～12.6	—	≤0.20	—		—
12.7～18.3	≤20	≤0.20	≤0.10	≤0.40	≤400
＞18.3	≤10	≤0.15	≤0.10		≤200

【依据 2】《发电厂化学设计规范》（DL 5068—2014）

5.3.9　电除盐装置的设计应符合下列规定：

1）给水泵、保安过滤器、电除盐装置的连接宜采用单元制连接方式，当采用母管制连接时，电除盐装置进水管宜设置流量控制阀。

3）保安过滤器的滤芯过滤孔径不应大于 3μm。

4）电除盐回收率应根据进水水质经计算确定，宜为 90%～95%。

5）每个电除盐模块的给水管、浓水进水管、给水进水管与产水管、浓水出水管、极水出水管均宜设置隔离阀，每个模块的产水管上宜设置取样阀。

8）电除盐模块设计应确保给水不断流，并应设有断流时自动断电的保护措施；设备及给水、产水、浓水、极水等管道均应有可靠的接地设计。

9）电除盐装置设计宜采用每一模块单独直流供电方式，当模块数量多时，也可 4 块～6 块模块配制一台整流装置；每一个电除盐模块应设置电流表。

6.6.1.3　辅机冷却水系统与热网系统

【依据 1】《工业循环冷却水处理设计规范》（GB 50050—2007）

3.1.2　循环冷却水量应根据生产工艺的最大小时用水量确定。开式系统给水温度应根据生产工艺要求并结合气象条件确定，闭式系统给水温度应结合冷却介质温度确定。

3.1.3　制冷系统循环冷却水的回水量、水温、水质和间冷开式、闭式系统循环冷却水回水水温应按工艺要求确定。

3.1.5　补充水水质应以逐年水质分析数据的平均值作为设计依据，并以最不利水质校核设备能力。

3.1.6　间冷开式系统循环冷却水换热设备的控制条件和指标应符合下列规定：

3）设备传热面水侧污垢热阻值应小于 $3.44\times10^{-4}m^2\cdot K/W$；

4）设备传热面水侧黏附速率不应大于 15mg/（$cm^2\cdot$月）；

6）碳钢设备传热面水侧腐蚀速率应小于 0.075mm/a，铜合金和不锈钢设备传热面水侧腐蚀速率应小于 0.005mm/a。

【依据 2】《发电厂化学设计规范》（DL/T 5068—2014）

10.0.1　热网补给水处理系统的选择应根据原水水质、热网不给水水质要求、水量，结合全厂水处理系统情况，技术经济比较确定。

10.0.2　热网补给水可采用锅炉排污扩容器后的排污水，或采用软化水、反渗透装置出水或除盐水。

6.6.1.4　循环水处理设备

6.6.1.4.1　防腐防垢处理设备

【依据 1】《工业循环冷却水处理设计规范》（GB 50050—2007）

3.3　阻垢缓蚀处理

3.3.2　阻垢缓蚀剂应选择高效、低毒、化学稳定性及复配性能良好的环境友好型水处理药剂，但采用含锌盐药剂配方时，循环冷却水中的锌盐含量应小于 2.0mg/L（以 Zn^{2+}计）。

3.3.3　循环冷却水系统中有铜合金换热设备时，水处理药剂配方应有铜缓释剂。

8.1.7　加药间、药剂贮存间、酸贮罐附近应设置安全洗眼淋浴器等防护措施。

8.2.2　浓硫酸贮罐应设安全围堰或放置于事故池内，围堰或事故池的容积应能容纳最大一个酸贮罐的容积，围堰内应做防腐处理并应设集水坑。酸贮罐应设防护型液位计和通气管，通气管上应设通气除湿设施。

8.2.3　采用硫酸调节循环冷却水的 pH 值时，宜直接投加。

8.3.1　固体药剂应经溶解并调配成一定浓度，均匀地投加到循环冷却水中。

8.3.2　液体药剂宜直接投加。

8.3.4　药液输送应采用耐腐蚀管道。

8.3.5　药剂管道宜架空或在管沟内敷设，不宜直接埋地。

【依据 2】《国家电网公司电力安全工作规程（火电厂动力部分）》（国家电网安监〔2008〕23 号）

13.4.1　在进行酸碱类工作的地点，应备有自来水、喷淋器及洗眼器、毛巾、药棉及急救时中和用的药液。

13.4.11　地下或半地下的酸碱罐的顶部不准站人。酸碱罐周围应设有围栏及明显的标志。

6.6.1.4.2　杀菌灭藻处理设备

【依据】《工业循环冷却水处理设计规范》（GB 50050—2007）

3.5　微生物控制

3.5.1　循环冷却水微生物控制宜以氧化型杀生剂为主，非氧化型杀生剂为辅。杀生剂的品种应进行经济技术比较确定。

3.5.2　氧化型杀生剂宜采用氯酸钠等。

3.5.3　非氧化型杀生剂应具有高效、低毒、广谱，pH 值适用范围宽，与阻垢剂、缓蚀剂不互相干扰，易于降解，使生物黏泥易于剥离等性能。非氧化型杀生剂宜选择多种交替使用。

8.4.1　氧化型和非氧化型杀生剂应贮存在避光、通风、防潮、防腐的贮存间内。

8.4.2　液体制剂宜采用计量泵投加，固体制剂宜直接投加。

8.5.6　加氯点宜在正常水位下 2/3 水深处。

6.6.1.5　废水处理设备

【依据】《防止电力生产事故的二十五项重点要求及编制释义》（国能安全〔2014〕161 号）

25.3.1　电厂内部应做到废水集中处理，处理后的废水应回收利用，正常工况下，禁止废水外排。环评要求厂区不得设置废水排放口的企业，一律不准设置废水排放口。环评允许设置废水排放口的企业，其废水排放口应规范化设置，满足环保部门的要求。同时应安装废水自动监控设施。

25.3.2　应对电厂废（污）水处理设施制定严格的运行维护和检修制度，加强对污水处理设备的维护、管理，确保废（污）水处理运转正常。

25.3.3 做好电厂废（污）水处理设施运行记录，并定期监督废水处理设施的投运率、处理效率和废水排放达标率。

6.6.1.6 水处理设备控制系统

6.6.1.6.1 水处理设备控制系统及设备

【依据】《发电厂化学设计规范》（DL 5068—2014）

17.0.1 发电厂化学部分的仪表及控制的设计应根据各工艺流程及工艺控制要求，合理配置检测仪表和控制装置，仪表的控制水平应与电厂的整体控制水平相当。

17.0.6 化学系统控制用气应从全厂仪用压缩空气系统引接。

17.0.7 原水预处理、预脱盐系统和除盐水制备系统宜采用程序控制。自动控制范围及内容应根据工艺要求设计，主要包括：澄清器的排泥、过滤器（池）的反洗、药品的投加、膜装置的运行及保护、各类水箱（池）的液位控制、各类离子交换器的运行及再生等。

当水源采用再生水等回收用水时，其处理系统最终出水应根据水质情况选择设置余氯仪、COD 测定仪、工业酸度计等。

6.6.1.6.2 水处理设备仪表

【依据】《发电厂化学设计规范》（DL 5068—2014）

17.0.10 各水处理系统在线仪表的配制宜符合本规范附录表 Q–1。

表 Q–1 原水预处理系统在线仪表配置

位　置	压力	温度	流量	浊度	pH	液位	备注
原水池						○	
原水泵出口母管			○				
澄清池进口		母管○	○				
澄清池出口				○			
滤池进水					石灰处理○		
滤池						○	
清水箱						○	
清水泵出口	●				石灰处理○		
压力式过滤器进口	●		○				正洗水非进水时，流量表也可设在出口
压力式过滤器出口	●			母管○			
活性炭过滤器进口	●		○				正洗水非进水时，流量表也可设在出口
活性炭过滤器出口	●						
加热器出水		○					
加热器进汽	○	○					
超滤给水泵出口	●						
超滤保安过滤器进口	○						
超滤保安过滤器出口	○						
超滤给水	○		○			浸没式膜池○	
超滤产水	○		错流○	母管○			
超滤水箱						○	

续表

位　　置	压力	温度	流量	浊度	pH	液位	备注
超滤反洗水泵出口	○						
过滤器、超滤反洗水泵出口母管			○				
超滤产水泵出口	○						浸没式超滤需设高、低压保护开关
清洗箱		●				●	
清洗泵出口	●		●				
清洗保安过滤器进口	●						
清洗保安过滤器出口	●						
各类罐、箱、池						●○	
各类泵、风机出口	●						

注：1. ●为就地仪表，○为远传仪表。
2. pH 值测量装置仅用于加酸或加碱后的检测。
3. 各类过滤器的进、出口压差可通过进、出口压力表获取。

6.6.1.6.3　加药、取样设备

【依据 1】《化学监督导则》（DL/T 246—2015）

5.1.11　给水加药处理装置宜采用自动控制方式。

【依据 2】《火力发电厂水汽分析方法　第 2 部分：水汽样品的采集》（DL/T 502.2—2006）

3　取样装置

3.1　取样器的安装和取样点的布置，应根据机炉的类型、参数、水汽监督的要求（或试验要求）进行设计、制造、安装和布置，以保证采集的水汽样品有充分的代表性。

3.2　电站锅炉除氧水、给水和蒸汽的取样管，均应采用不锈钢制造。

3.4　取样冷却器应定期检修和清除水垢。记录大修时，应安排检修取样冷却器和所属阀门。取样管道应定期冲洗（至少每周一次）。

3.5　测定溶解氧的除氧水和汽机凝结水，其取样门的盘根和管路应严密不漏空气。

4.1　采集接有取样冷却器的水样，应调节取样阀门开度，使水样流量在 500mL/min～700mL/min，并保持流速稳定，同时调节冷却水量，使水样温度为 30℃～40℃。蒸汽样品的采集，应根据设计流速取样。

4.2　给水、炉水、蒸汽样品，应保持常流。采集其他水样时，应把管道中的积水放尽并冲洗后方能取样。

6.6.2　运行工况

6.6.2.1　预处理水

【依据】《发电厂化学设计规范》（DL 5068—2014）

4.1.3　反渗透装置要求的进水应根据所选膜的种类，结合膜厂商的设计导则要求以及类似工程的经验确定。反渗透装置宜选用卷式复合膜，卷式复合膜的进水要求应符合表 4.1.3 规定。

表 4.1.3　反渗透膜的进水要求

项　　目	指　　标
pH 值（25℃）	4～11（运行），2～12（清洗）
浊度（NTU）	<1.0

续表

项　　目	指　　标
淤泥密度指数 SDI_{15}	<5
游离余氯（mg/L）	<0.1①，控制为 0.0
铁（mg/L）	<0.05（溶氧>5mg/L）②
锰（mg/L）	<0.3
铝（mg/L）	<0.1
水温（℃）	5～45

① 同时满足在膜寿命期内总剂量小于 1000h·mg/L。

② 铁的氧化速度取决于铁的含量、水中溶解氧浓度和水的 pH 值，当 pH<6，溶氧<0.5mg/L，Fe^{2+}允许最大溶氧<4mg/L。

6.6.2.2　常规过滤出水

6.6.2.3　超滤出水

6.6.2.4　RO 出水

6.6.2.5　EDI 出水

6.6.2.2～6.6.2.5 查评依据如下：

【依据】《发电厂化学设计规范》（DL 5068—2014）

表 5.1.3　电除盐装置进水水质要求

项　　目	期　望　值	控　制　值
水温（℃）	—	5～40
电导率（25℃）（μS/cm）	<20	<40
总可交换阴离子（mmol/L）	—	0.5
硬度（mmol/L）	<0.01	<0.02
二氧化碳（mg/L）	<2	<5
二氧化硅（mg/L）	<0.25	≤0.5
铁（mg/L）	<0.01	—
锰（mg/L）	<0.01	—
TOC（mg/L）	<0.5	—
pH 值（25℃）	5～9	

6.6.2.6　水汽系统在线化学仪表

6.6.2.6.1　水汽在线仪化学仪表

【依据】《化学监督导则》（DL/T 246—2015）

5.1.2　对于连续监督的水汽项目，应参照附录 A 配备在线化学监督仪表，配备的在线化学仪表宜具有自动采集、实时显示、数据储存、异常报警等功能。

5.1.4　在线化学仪表应按 DL/T 677 的规定进行检验，仪表投入率不应低于 98%、准确率不应低于 96%，宜配置在线化学仪表的在线检验装置，加强对仪表的校验工作。

附录 A

A.1　汽包锅炉机组水汽取样点及在线化学仪表配置

项　　目	应设置的取样点位置	超高压机组
		配置仪表及手工取样
凝结水	凝结水泵出口	CC、O_2、M

续表

项　　目	应设置的取样点位置	超高压机组
		配置仪表及手工取样
给水	除氧器入口	SC、M
	除氧器出口	M
	省煤器入口	CC、O_2、pH、M
锅炉水	汽包锅炉水左、右侧	SC、pH、PO_4^{3-}、M
饱和蒸汽	饱和蒸汽左、右侧	CC、M
过热蒸汽	过热蒸汽左、右侧	CC、SiO_2、M
注1：CC—带有氢离子交换柱的电导率仪；O_2—溶氧表；pH—pH表；SiO_2—硅表；SC—电导率表；M—人工取样。 2：每个监测项目的样品流量为300mL/min～500mL/min，或根据仪表制造商要求。		

6.6.2.6.2　水汽采样架

【依据1】《化学监督导则》（DL/T 246—2015）

5.2.2　机组启动时应对取样器进行冲洗，并调节取样水流量、温度至规定值。手工取样的水温不应高于40℃，在线仪表样水温度应控制在25℃±2℃。

【依据2】《国家电网公司电力安全工作规程（火电厂动力部分）》（国家电网安监〔2008〕23号）

13.1　取样工作

13.1.1　汽、水取样地点，应有良好的照明。取样时应戴手套。

13.1.2　汽水取样应通过冷却装置，应保持冷却水管畅通和冷却水量充足。

13.1.3　取样时，应先开启冷却水门，再慢慢开启取样管汽水门，使样品温度一般保持在30℃以下。调整阀门开度时，应避免有蒸汽冒出，以防烫伤。

6.6.3　技术资料

6.6.3.1　规程、制度及技术管理

【依据】《化学监督导则》（DL/T 246—2015）

6.1　规程制度管理

6.1.1　发电、供电单位应具备与化学监督有关的国家、行业的技术规程和标准。

6.1.2　发电、供电单位根据化学监督的需要可制定下列规章制度：

a）化学监督实施细则；

b）化学设备运行规程；

c）化学设备检修工艺规程；

d）在线化学仪表检验规程；

e）化学专业人员岗位责任制；

f）运行设备巡回检查制度；

g）化学监督试验规程；

h）油品质量管理制度；

j）化学药品（及危险品）管理制度；

k）大宗材料及大宗药品的验收、保管制度；

l）化学仪器仪表管理制度。

6.2　技术资料和图纸管理

6.2.1　发电、供电单位宜具备下列图纸

a）全厂水汽系统图（包括取样点、测点、加药点、排污系统等）；

b）化学水处理设备系统图及其电源系统图；

d）给水及锅炉水加药系统图；

h）工业废水处理系统图；

i）汽轮机油系统图。

6.2.2　发电、供电单位宜具备下列技术资料

b）化学设备说明书及其培训教材；

c）有关仪器、设备的说明书；

d）有关专业技术书籍。

6.6.3.2　各类表单与记录

【依据】《化学监督导则》（DL/T 246—2015）

6.3　原始记录和试验报告

发电、供电单位宜具备下列原始记录和试验报告。

a）用油设备的台账；

b）化学仪器仪表的台账；

c）大宗药品、材料及设备验收试验记录及报告；

d）各种运行记录；

e）热力设备的化学清洗和停（备）用防锈蚀记录及总结；

f）化学仪器及在线化学仪表的检修、校验报告；

g）凝汽器管的泄漏及处理记录；

f）化学实验室水汽质量查定试验数据、文件资料及技术报告（应以电子文档和纸质文档形式长期保存）。

6.4　报表和总结及其报送规定

6.4.1　发电企业宜有下列报告和报表：

a）水汽质量合格率统计月报表；

b）水汽平衡统计表；

c）锅炉补给水及水处理药剂消耗统计表；

d）热力设备启动、停（备）用保护及检修检查情况报告；

f）油品质量监督报表；

g）化学仪表配备率、投入率、合格率（“三率”）统计报表；

i）水处理设备可用率统计报表；

l）与化学监督有关的事故（异常）分析报告；

m）化学清洗总结；

n）年度报表及化学监督工作总结。

6.6.3.3　人员培训工作

6.6.3.4　检修技术管理

6.6.3.5　化学实验室技术管理

6.6.3.3～6.6.3.5 查评依据如下：

【依据】同 6.6.3.2 依据中 6.3、6.4。

6.6.4　技术监督

6.6.4.1　水汽监督

6.6.4.1.1　疏水

【依据】《火力发电机组及蒸汽动力设备水汽质量》（GB/T 12145—2016）

10　疏水和生产回水质量标准

疏水和生产回水质量以不影响给水质量为前提，按下表控制。

名　称	硬度 μmol/L		铁 μg/L	油 mg/L
	标准值	期望值		
疏水	≤2.5	≈0	≤50	—
生产回水	≤5.0	≤2.5	≤100	≤1（经处理后）

6.6.4.1.2　除盐水

【依据】《火力发电机组及蒸汽动力设备水汽质量》（GB/T 12145—2016）

8　锅炉补给水质量标准

锅炉补给水的质量，以不影响给水质量为标准，可参照下表规定控制。

锅炉过热蒸汽压力 MPa	二氧化硅 μg/L	除盐水箱进水电导率（25℃） μS/cm		除盐水箱出口电导率 （25℃） μS/cm	TOC μg/L
		标准值	期望值		
5.9～12.6	—	≤0.20	—	≤0.40	—
12.7～18.3	≤20	≤0.20	≤0.10		≤400
＞18.3	≤10	≤0.15	≤0.10		≤200

6.6.4.1.3　主给水

【依据】《火力发电机组及蒸汽动力设备水汽质量》（GB/T 12145—2016）

5　锅炉给水质量标准

5.1　给水的溶解氧、硬度、铁、铜、钠、二氧化硅的含量和氢电导率，应符合下表规定。

炉型	过热蒸汽 压力 MPa	氢电导率（25℃） μS/cm		硬度	溶解氧	铁		铜		钠		二氧化硅	
				μmol/L	μg/L								
		标准值	期望值			标准值	期望值	标准值	期望值	标准值	期望值	标准值	期望值
汽包炉	3.8～5.8	—	—	≤2.0	≤15	≤50	—	≤10	—	—	—	应保证蒸汽二氧化硅符合标准	
	5.9～12.6	≤0.30	—	—	≤7	≤30	—	≤5	—	—	—		
	12.7～15.6	≤0.30	—	—	≤7	≤20	—	≤5	—	—	—		
	＞15.6	≤0.15	≤0.10	—	≤7	≤15	≤10	≤3	≤2	—	—	≤20	≤10

注：没有凝结水精处理除盐装置的机组，给水氢电导率应不大于0.3μS/cm。

5.2　全挥发处理给水的pH值、联氨和总有机碳（TOC）应符合下表的规定。

炉型	锅炉过热蒸汽 MPa	pH（25℃）	联氨 μg/L	TOC μg/L
汽包炉	3.8～5.8	8.8～9.3	—	—
	5.9～15.6	8.8～9.3（有铜给水系统）或 9.2～9.6（无铜给水系统）	≤30	≤500
	＞15.6			≤200
1）对于凝汽器管为铜管，其他换热器管均为钢管的机组，给水pH值控制范围为9.1～9.4。 2）对于TOC，必要时进行监测。				

6.6.4.1.4　凝结水

【依据】《火力发电机组及蒸汽动力设备水汽质量》（GB/T 12145—2016）

6　凝结水质量标准

凝结水（凝结水泵出口水质）的硬度、钠和溶解氧的含量和氢电导率应符合下表的规定。

锅炉过热蒸汽压力 MPa	硬度 μmol/L	钠 μg/L	溶解氧 μg/L	氢电导率（25℃） μS/cm	
				标准值	期望值
3.8～5.8	≤2	—	≤50	—	
5.9～12.6	≤1	—	≤50	≤0.30	—
12.7～15.6	≤1	—	≤40	≤0.30	≤0.20
15.7～18.3	≈0	≤5	≤30	≤0.30	≤0.15
＞18.3	≈0	≤5	≤20	≤0.20	≤0.15

6.6.4.1.5 炉水

【依据】《火力发电机组及蒸汽动力设备水汽质量》（GB/T 12145—2016）

7 锅炉炉水质量标准

7.1 汽包炉炉水的电导率、二氧化硅和氯离子含量根据制造厂的规范并通过水汽品质专门试验确定，参照下表执行。

锅炉汽包压力 MPa	处理方式	二氧化硅	氯离子	电导率
		mg/L		μS/cm
5.9～10.0	炉水固体碱化剂处理	≤2.00	—	＜150
10.1～12.6		≤2.00	—	＜60
12.7～15.8		≤0.45	≤1.5	＜35

注：汽包内有蒸汽清洗装置时，其控制指标可以适当放宽。炉水二氧化硅浓度指标应保证蒸汽二氧化硅浓度符合标准。

7.2 汽包炉炉水磷酸根含量和 pH 应符合下表标准。

锅炉汽包压力 MPa	处理方式	磷酸根 mg/L	pH（25℃）	
		标准值	标准值	期望值
3.8～5.8	炉水固体碱化剂处理	5～15	9.0～11.0	
5.9～10.0		2～10	9.0～10.5	9.5～10.0
10.1～12.6		2～6	9.0～10.0	9.5～9.7
12.7～15.8		≤3	9.0～9.7	9.3～9.7

6.6.4.1.6 饱和蒸汽与过热蒸汽

【依据】《火力发电机组及蒸汽动力设备水汽质量》（GB/T 12145—2016）

4 蒸汽质量标准

汽包炉的饱和蒸汽和过热蒸汽质量应符合下表规定。

过热蒸汽压力 MPa	钠 μg/kg		氢电导率（25℃） μS/cm		二氧化硅 μg/kg		铁 μg/kg		铜 μg/kg	
	标准值	期望值	标准值	期望值	标准值	期望值	标准值	期望值	标准值	期望值
3.8～5.8	≤15	—	≤0.30	—	≤20	—	≤20	—	≤5	—
5.9～15.6	≤5	≤2	≤0.15	≤0.10	≤20	≤10	≤15	≤10	≤3	≤2
15.7～18.3	≤5	≤2	≤0.15	≤0.10	≤20	≤10	≤10	≤5	≤3	≤2
＞18.3	≤3	≤2	≤0.15	≤0.10	≤10	≤5	≤5	≤3	≤2	≤1
注　没有凝结水精处理除盐装置的机组，蒸汽的氢电导率标准值不大于 0.30μS/cm，期望值不大于 0.15μS/cm。										

6.6.4.1.7 循环水

【依据】《工业循环冷却水处理设计规范》(GB 50050—2007)

3.1.8 间冷开式系统循环冷却水水质指标应根据补充水水质及换热设备的结构型式、材质、工况条件、污垢热阻值、腐蚀速率并结合水处理药剂配方等因素综合确定，并宜符合下表的规定。

项　目	单　位	要求或使用条件	许　用　值
浊度	NTU	根据生产工艺要求确定	≤20
		换热设备为板式、翅片管式、螺旋板式	≤10
pH	—	—	6.8～9.5
总铁	mg/L		≤1.0
游离氯	mg/L	循环回水总管处	0.2～1.0

3.1.12 间冷开式系统的设计浓缩倍数不宜大于 5.0，且不应小于 3.0。

6.6.4.1.8 外排废水

【依据】《污水综合排放标准》(GB 8978—2015)

火力发电厂排水为第二类污染物，其最高允许排放浓度必须达到下表要求（单位 mg/L）。

序号	污　染　物	一级标准	二级标准	三级标准
1	pH	6～9	6～9	6～9
2	色度（稀释倍数）	50	80	—
3	五日生化需氧（BOD_5）	20	30	300
4	化学需氧量（COD）	100	150	500
5	氨氮	15	25	—
6	氟化物	10	10	20
7	磷酸盐	0.5	1.0	—
8	总有机碳（TOC）	20	30	—
9	悬浮物（SS）	70	150	400

6.6.4.2 油品管理与油质监督

6.6.4.2.1 油品管理

【依据 1】《电力用油（变压器油、汽轮机油）取样方法》(GB/T 7597—2007)

3.1 常规分析用取样瓶

3.1.1 500mL～1000mL 磨口具塞试剂瓶

3.1.2 取样瓶的准备：取样瓶先用洗涤剂进行清洗，再用自来水冲洗，最后用蒸馏水洗净，烘干、冷却后，盖紧瓶塞，粘贴标签待用。

3.2 油中水分含量的测定和油中溶解气体（油中总含气量）分析用注射器

3.2.1 注射器的要求

油中溶解气体，总含气量分析用 100mL 玻璃注射器，油中水分分析用 10mL 或 20mL 玻璃注射器。注射器应气密性好，注射器芯塞应无卡涩，可自由滑动，应装在一个专用盒内，该盒应避光、防震、防潮。

3.2.2 注射器的准备

取样注射器使用前，应顺序用有机溶剂、自来水、蒸馏水洗净，在 105℃下充分干燥，或采用吹风机热风干燥。干燥后立即用小胶头盖住头部，粘贴标签待用（最好保存在干燥器中）。

4.1 常规分析取样

4.1.1 油桶中取样

4.1.1.1　试油应从污染最严重的底部取样，必要时可抽查上部油样。

4.1.1.2　开启桶盖前需用干净甲级棉纱或布将桶盖外部擦净，开盖后用清洁、干燥的取样管取样。

4.1.1.3　从整批油桶内取样时，取样的桶数应能足够代表该批油的质量，具体规定见表1。

表1　油桶总数与应取桶数

取样数	1	2	3	4	5	6	7	8
油桶总数	1	2～5	6～20	21～50	51～100	101～200	201～400	＞400
取样桶数	1	2	3	4	7	10	15	20

4.1.1.4　每次试验应按表1规定取数个单一油样，均匀混合成一个混合油样。

a）单一油样就是从某一个容器底部取得油样。

b）混合油样就是取有代表性的数个容器底部的油样再混合均匀的油样。

4.1.3　电气设备中取样

4.1.3.1　对于变压器、油开关或其他充油电气设备，应从下部阀门处取样。取样前油阀门应先用干净的甲级棉纱或纱布擦净，旋开螺帽，接上取样用耐油管，再放油将管路冲洗干净，将排出的废油用废油容器收集，废油不应直接排至现场。然后用取样瓶取样，取样结束，旋紧螺帽。

4.1.3.2　对需要取样的套管，在停电检修时，从取样孔取样。

4.1.3.3　没有放油管或取样阀门的充油电气设备，可在停电或检修时设法取样。进口全密封无取样阀的设备，按制造厂规定取样。

4.1.4　汽轮机油系统中取样

4.1.4.1　正常监督试验由冷油器取样。

4.1.4.2　检查油的脏污及水分时，由主油箱底部取样。

4.1.4.3　在取样时应严格遵守用油设备的现场安全规程。

4.1.4.4　基建或进口设备的油样除一部分试验外，另一部分尚应保存适当时间，以备考察。

4.1.4.5　对有特殊要求的项目，应按试验方法要求进行取样。

4.2　变压器油中水分和油中溶解气体分析取样

4.2.1　取样方法

4.2.1.1　取样的要求

取样应符合下列要求：

a）油样应能代表设备本体油，应避免在油循环不够充分的死角处取样。一般应从设备底部的取样阀取样，在特殊情况下可在不同取样部位取样。

b）取样过程要求全密封，即取样链接方式可靠，既不能让油中溶解水分和气体逸散，也不能混入空气（必须排净取样接头内的空气），操作时油中不得产生气泡。

c）取样应在晴天进行。取样后要求注射器芯子能自由活动，以免形成负压空腔。

d）油样应避光保存。

4.2.2　取样量

取样量应符合下列要求：

a）进行油中水分含量测定用的油样，可同时进行溶解气体分析，不必单独取样。

b）常规分析根据设备油量情况采取样品，以够试验用为限。

c）做溶解气体分析时，取样量为50mL～100mL。

d）专用于测定油中水分含量的油样，可取10mL～20mL。

4.2.3　样品标签

标签的内容有：单位、设备名称、型号、取样日期、取样部位、取样天气、运行负荷、油牌号及油量备注等。

5　油样的运输和保存

油样应尽快进行分析，做油中溶解气体分析的油样不得超过 4 天；做油中水分含量的油样不得超过 7 天。油样在运输中应尽量避免剧烈震动，防止容器破碎，尽可能避免空运。油样运输和保存期间，必须避光，并保证注射器芯能自由滑动。

【依据 2】《电厂用运行矿物汽轮机油维护管理导则》（GB/T 14541—2017）

5.1　新油交货时的监督与验收

5.1.1　在新油交货时，应对接收的油品进行监督，防止出现差错或交货时带入污染物。

5.1.2　所有的油品应及时检查外观，对于国产新汽轮机油应按 GB 11120 标准验收。

5.1.3　也可按有关国际标准或按 ISO8068 验收，或按双方约定的指标验收，验收试验应在设备注油前全部完成。

5.2　新油注入设备后的试验程序

5.2.1　当新油注入设备后进行系统冲洗时，应在连续循环中定期取样分析，直到油中洁净度经检查达到 NAS1638 标准中 7 级的要求，方能停止油系统的连续循环。

5.2.2　在新油注入设备或换油后，应在经过 24h 循环后，取约 4L 样品按 6.1.1 要求检验，用这些样品的分析结果做基准，同以后的试验数据进行比较。若新油和 24h 循环后的样品之间能够检测出质量差异，就应进行调查，寻找原因并消除。

6.1　新机组投运前及投运一年内的检验

6.1.1　汽轮机油的检验及周期

新油注入设备后的检验项目与要求：

油样：经循环 24h 后的油样，保留 4L 油样；

外观：清洁、透明；

颜色：与新油颜色相似；

黏度：应与新油结果相一致；

酸值：同新油；

水分：无游离水存在；

洁净度：≤NAS 7 级；

破乳化度和泡沫特性：同新油要求。

【依据 3】《运行变压器油维护管理导则》（GB/T 14542—2017）

4.1　新油验收，应对接受的全部油样进行监督，以防止出现差错或带入脏物。所有样品应进行外观检查，国产新变压器油应按 GB 2536 标准验收；进口设备用油，应按合同规定验收。

4.2　新油在脱气注入设备前的检验，新油注入设备前必须用真空滤油设备进行过滤净化处理，以脱除油中的水分、气体和其他颗粒杂质，在处理过程中应按表 1 的规定随时进行有质检验，达到表 1 中要求后方可注入设备。对互感器和套管用油的评定，可根据用油单位具体情况自行决定检验项目。

表 1　新油净化后的检验

项　目	设备电压等级 kV		
	500 及以上	330～220	≤110
击穿电压 kV	≥60	≥55	≥45
水分 gm/kg	≤10	≤15	≤20
介质损耗因数 90℃	≤0.002	≤0.005	≤0.005

6.1　电气设备充油不足需要补油时，应优先选用符合相关新油标准的未使用过的变压器油。最好补加同一油基、同一牌号及同一添加剂类型的油品。补加油品的各项特性指标都不应低于设备内的油。当新油补入量较少时，例如小于5%时，通常不会出现任何问题；但如果新油的补入量较多，在补油前应先做油泥析出试验，确认无油泥析出，酸值、介质损耗因数值不大于设备内油时，方可进行补油。

6.2　不同油基的油原则上不宜混合使用。

6.6　在进行混油试验时，油样的混合比应与实际使用的比例相同；如果混油比无法确定，则采用1:1质量比例混合进行试验。

6.6.4.2.2　油质监督

【依据1】《运行中变压器油质量》（GB/T 7595—2017）

4.4　运行中变压器油质量标准

序号	项　目	设备电压等级（kV）	质　量　指　标		检验方法
			投入运行前	运行油	
1	外状		透明、无杂质或悬浮物		外观目测
2	水溶性酸（pH值）		≥5.4	≥4.2	GB/T 7598
3	酸值 mgKOH/g		≤0.03	≤0.1	GB/T 264
4	闪点（闭口） ℃		≥135		GB/T 261
5	水分 mg/L	110及以下	≤20	≤35	GB/T 7600、7601
6	界面张力（25℃） mN/m		≥35	≥19	GB/T 6541
7	介质损耗因数（90℃）	≤330	≤0.010	≤0.040	GB/T 5654
8	击穿电压 kV	66～220 35及以下	≥40 ≥35	≥35 ≥30	GB/T 507
9	体积电阻率（90℃） Ω·m	≤330	$\geq 6\times10^{9}$	$\geq 50\times10^{9}$	GB/T 5654或 DL/T 421
10	油中溶解气体分析				GB/T 7252

4.5　运行中断路器油质量标准

序号	项　目	质　量　指　标	检　验　方　法
1	外装	透明、无游离水分、无杂质或悬浮物	外观目视
2	水溶性酸（pH值）	≥4.2	GB/T 7598
3	击穿电压/kV	投运前或大修后≥35	GB/T 507
		运行中≥30	

5　检验周期和检验项目

设备名称	设备规范	检　验　周　期	检　验　项　目
变压器、电抗器	66kV～220kV	设备投运前或大修后	1～9
		每年至少一次	1、5、7、8
		必要时	3、6、7或自行规定
	＜35kV	设备投运前或大修后	自行规定
		三年至少一次	

续表

设备名称	设备规范	检 验 周 期	检 验 项 目
互感器、套管		设备投运前或大修后	自行规定
		1年～3年	
		必要时	
断路器	≤110kV，油量60kg以下	设备投运前或大修后	1～3
		每年至少一次	4

注：检验项目是指4.4、4.5中的检验项目。

【依据2】《电厂运行中汽轮机油质量》（GB 7596—2017）

3.2　运行中汽轮机油质量应符合表1规定。

表1　运行中汽轮机油质量

序号	项　　目		设备规范	质量标准	检验方法
1	外状			透明	DL/T 429.1
2	运动黏度（40℃）mm²/s	32[a]		28.8～35.2	每六个月
		46[a]		41.4～50.6	
3	闪点（开口）℃			≥180，且比前次测定值不低于10℃	GB/T 267 GB/T 3536
4	机械杂质		200MW以下	无	GB/T 511
5	洁净度[b]（NAS1638）级		200MW及以上	≤8	DL/T 432
6	酸值 mgKOH/g	未加防锈剂油		≤0.2	每三个月
		加防锈剂油		≤0.3	
7	液相锈蚀			无锈	GB/T 11143
8	起泡沫试验mL	24℃		500/10	每年或必要时
		93.5℃		50/10	
		后24℃		500/10	
9	破乳化度（54℃）min			≤30	GB/T 7605
10	水分 mg/L			≤100	GB/T 7600
11	空气释放值（50℃）mm			≤10	SH/T 0308
12	旋转氧弹值 min			报告	SH/T 0193

[a] 32、46为汽轮机油的黏度等级。

[b] 对于润滑油系统和调速系统共用一个油箱，也用矿物汽轮机油的设备，此时油中洁净度指标应参考设备制造厂提出的控制指标执行。

【依据3】《变压器油中溶解气体分析和判断导则》（GB/T 7252—2001）

5.1　出厂设备的检测

66kV以上的变压器、电抗器、互感器和套管在出厂试验全部完成后要做一次色谱分析。制造过程中的色谱分析由用户和制造厂商协商解决。

5.2 投运前的检测

新的设备及大修后的设备，投运前应至少做一次色谱检测。

9.2 出厂和新设备的投运

对出厂和新投运的变压器和电抗器要求为：出厂试验前后的两次分析结果以及投运前后的两次分析结果不应有明显区别，此外气体含量应符合表 1 要求。

表 1 对出厂和投运前的设备气体含量的要求

气　　体	变压器和电抗器	互　感　器	套　　管
氢	<30	<50	150
乙炔	0	0	0
总烃	<20	<10	<10

6.6.4.3 凝汽器管腐蚀、结垢、泄漏

6.6.4.3.1 凝汽器管腐蚀

【依据】《火力发电厂机组大修化学检查导则》(DL/T 1115—2009)

6.1 水侧

6.1.1 检查水室淤泥、杂物的沉积及微生物生长、附着情况。

6.1.2 检查凝汽器管管口冲刷、污堵、结垢和腐蚀情况。检查管板防腐层是否完整。

6.1.3 检查水室内壁、内部支撑构件的腐蚀情况。

6.1.5 记录凝汽器灌水查漏情况。

6.2 汽侧

6.2.1 检查顶部最外层凝汽器管有无砸伤、吹损情况，重点检查受汽轮机启动旁路排汽、高压疏水等影响的凝汽器管。

6.2.2 检查最外层管隔板处的磨损或隔板间因振动引起的裂纹情况。

6.2.3 检查凝汽器管外壁腐蚀产物的沉积情况。

6.2.4 检查凝汽器壳体内壁锈蚀情况。

6.2.5 检查凝汽器底部沉积物的堆积情况。

8.1 腐蚀评价标准

腐蚀评价标准用腐蚀速率或腐蚀深度表示，具体评价标准见表 1。

表 1 热力设备腐蚀评价标准

部　　位	类　　别		
	一　　类	二　　类	三　　类
省煤器	基本没有腐蚀或点蚀深度小于 0.3mm	轻微均匀腐蚀或点蚀深度 0.3mm～1mm	有局部溃疡性腐蚀或点蚀深度大于 1mm
水冷壁	基本没有腐蚀或点蚀深度小于 0.3mm	轻微均匀腐蚀或点蚀深度 0.3mm～1mm	有局部溃疡性腐蚀或点蚀深度大于 1mm
过热器	基本没有腐蚀或点蚀深度小于 0.3mm	轻微均匀腐蚀或点蚀深度 0.3mm～1mm	有局部溃疡性腐蚀或点蚀深度大于 1mm
汽轮机转子叶片、隔板	基本没有腐蚀或点蚀深度小于 0.1mm	轻微均匀腐蚀或点蚀深度 0.1mm～0.5mm	有局部溃疡性腐蚀或点蚀深度大于 0.5mm
凝汽器不锈钢管	无局部腐蚀，均匀腐蚀速率小于 0.005mm/a	均匀腐蚀速率 0.000 5mm/a～0.02mm/a 或点蚀深度不大于 0.2mm	均匀腐蚀速率大于 0.02mm/a 或点蚀、沟槽深度大于 0.2mm 或已有部分管子穿孔

注：1. 均匀腐蚀速率可用游标卡尺测量管壁厚度的减少量除以时间得出。
2. 凝汽器管为不锈钢管时，如果凝汽器未发生泄漏，一般不进行抽管检查。

6.6.4.3.2 凝汽器结垢与污堵

【依据】同 6.6.4.3.1 依据中 6.1、6.2。

8.2 结垢、积盐评价标准

结垢、积盐评价标准用沉积速率或总沉积量或垢层厚度表示，具体评价标准见表 2。

表 2 热力设备结垢、积盐评价标准

部 位	类 别		
	一 类	二 类	三 类
省煤器	结垢速率小于 40g/（m^2 • a）	结垢速率 40g/（m^2 • a）～80g/（m^2 • a）	结垢速率大于 80g/（m^2 • a）
水冷壁	结垢速率小于 40g/（m^2 • a）	结垢速率 40g/（m^2 • a）～80g/（m^2 • a）	结垢速率大于 80g/（m^2 • a）
汽轮机转子叶片、隔板	结垢、积盐速率小于 1mg/（cm^2 • a）或沉积物总量小于 5mg/cm^2	结垢、积盐速率 1mg/（cm^2 • a）～10mg/（cm^2 • a）或沉积物总量 5mg/cm^2～20mg/cm^2	结垢、积盐速率大于 10mg/（cm^2 • a）或沉积物总量大于 25mg/cm^2
凝汽器不锈钢管	垢层厚度小于 0.1mm 或沉积量小于 8mg/cm^2	垢层厚度 0.1mm～0.5mm 或沉积量 8mg/cm^2～40mg/cm^2	垢层厚度大于 0.5mm 或沉积量大于 40mg/cm^2

注：1. 锅炉化学清洗后一年内省煤器和水冷壁割管检查评价标准：一类，结垢速率小于 80g/（m^2 •a）；二类，结垢速率 80g/（m^2 •a）～120g/（m^2 • a）；三类，结垢速率大于 120g/（m^2 • a）。

2. 对于省煤器、水冷壁和凝汽器的垢量均指多根管样中垢量最大的一侧（通常为向火侧、向烟侧、汽轮机备汽侧、凝汽器管迎汽测），一般用化学清洗法测量计算；对于汽轮机的垢量指某级叶片局部最大的结垢量。

3. 取结垢、积盐速率或沉积物总量垢量进行评价（汽轮转子叶片、隔板，凝汽器管）。

4. 计算结垢、积盐速率所用的时间为运行时间与停运时间之和。

6.6.4.3.3 凝汽器泄漏

【依据】《火力发电机组及蒸汽动力设备水汽质量》（GB/T 12145—2016）

6 凝结水质量标准

凝结水（凝结水泵出口水质）的硬度、钠和溶解氧的含量和氢电导率应符合下表的规定。

锅炉过热蒸汽压力 MPa	硬度 μmol/L	钠 μg/L	溶解氧 μg/L	氢电导率（25℃）μS/cm	
				标准值	期望值
3.8～5.8	≤2	—	≤50	—	
5.9～12.6	≤1	—	≤50	≤0.30	—
12.7～15.6	≤1	—	≤40	≤0.30	≤0.20
15.7～18.3	≈0	≤5	≤30	≤0.30	≤0.15
＞18.3	≈0	≤5	≤20	≤0.20	≤0.15

6.6.4.4 水冷壁管、过热器管腐蚀结垢

6.6.4.4.1 水冷壁管

【依据】同 6.6.4.3 依据中 8.1、8.2。

6.6.4.4.2 过热器管

【依据】同 6.6.4.3 依据中 8.1。

6.6.4.5 汽轮机结盐与腐蚀

【依据】同 6.6.4.3 依据中 8.1、8.2。

6.6.4.6　机组启动水冲洗与异常水质处理

【依据】《火力发电机组及蒸汽动力设备水汽质量》（GB/T 12145—2016）

14.1　锅炉启动后，并汽或汽轮机冲转前的蒸汽质量，可参照表 14 的规定控制，并在机组并网 8 小时内达到正常标准。

表 14　汽轮机冲转前的蒸汽质量

炉型	锅炉过热蒸汽压力 MPa	电导率（氢离子交换柱后 25℃）μS/cm	二氧化硅	铁	铜	钠
			μg/kg			
汽包炉	3.8～5.8	=3.0	=80	—	—	=50
	＞5.8	=1.0	=60	=50	=15	=20

14.2　锅炉启动时，给水质量应符合表 15 规定，在热启动 2h 内，冷启动 8h 内达到正常运行的标准值。

表 15　给　水　质　量

炉型	锅炉过热蒸汽压力 MPa	硬度 μmol/L	电导率（氢离子交换柱后 25℃）μS/cm	铁	溶解氧
				μg/L	
汽包炉	3.8～5.8	≤10.0	—	≤150	≤50
	5.9～12.6	≤5.0	—	≤100	≤40
	＞12.6	≤5.0	≤1.0	≤75	≤30

14.4　机组启动时，凝结水质量按表 16 的规定开始回收。

表 16　凝 结 水 回 收 标 准

外　　状	硬度 μmol/L	铁	二氧化硅	铜
		μg/L		
无色透明	≤10.0	≤80	≤80	≤30

14.5　机组启动时，应严格监督疏水质量。当高、低压加热器的疏水含铁量不大于 400μg/L 时，可回收。

6.6.4.7　热力设备停备用保护

【依据】《火力发电厂停（备）用热力设备防锈蚀导则》（DL/T 956—2005）

3.1　火力发电厂热力设备停（备）用期间应采取有效的防锈措施。

3.2　火力发电厂热力设备防锈蚀监督和工作制度。

热力设备防锈蚀监督和工作制度为：

a）停（备）热力设备的防锈蚀保护措施应由当值值长组织实施，并实行操作票制度；

b）化学专业应负责制定保护方案，检验防锈蚀药剂，进行加药和保护期间的化学监督，并对保护效果进行检查、评价和总结；

c）热机专业应负责防锈蚀设备和系统的安装、操作和维护，并建立操作台账。

3.3　停（备）用热力设备的防锈蚀率和防锈蚀指标合格率：

各火力发电厂应统计停（备）用热力设备的防锈蚀率和防锈蚀指标合格率，并达到如下要求：

a）停（备）用热力设备的防锈蚀率达到 80%以上，防锈蚀率（η）按下式计算，即：

$$\eta = (df/dt) \times 100\%$$

式中：

η——防锈蚀率，%；

df——防锈蚀时间，d；

dt——停（备）用时间，d。

b）防锈蚀指标合格率达到90%及以上。

防锈蚀指标合格率指主要监督指标的合格率，根据所采用的防锈蚀方法，主要监督指标可为溶解氧浓度、除氧剂浓度、缓蚀剂浓度、pH值等。

3.4 热力设备在停（备）用期间的防锈蚀方法的选择。

3.4.1 防锈蚀方法分类

根据防锈蚀原理不同，防锈蚀方法有：

a）阻止空气进入热力设备水汽系统；

b）降低热力设备水汽系统的相对湿度；

c）加缓释剂；

d）除去水中的溶解氧；

e）使金属表面形成保护膜。

根据热力设备在停（备）用期间的防锈蚀状态不同，防锈蚀方法分为干法和湿法两大类。

3.4.2 防锈蚀方法的选择原则

主要选择原则是：机组的参数和类型，机组给水、炉水处理方式，停（备）用时间的长短和性质，现场条件，可操作性和经济性。另外还应考虑下列因素：

a）停（备）用所采用的化学条件和运行期间的化学水工况之间的兼容性。

b）防锈蚀保护方法不会破坏运行中所形成的保护膜。

c）防锈蚀保护方法不应影响机组按电网要求随时启动运行。

d）有废液处理设施，废液排放应符合GB 8978的规定。

e）冻结的可能性。

f）当地大气条件。

g）所采用的保护方法不影响检修工作和检修人员的安全。

4.1 热炉放水余热烘干法

4.1.1 技术要点

锅炉停运后，压力降至锅炉制造厂规定值时，迅速放尽锅内存水，利用炉膛余热烘干锅炉受热面。

4.1.2 保护方法

4.1.2.1 停炉后，迅速关闭锅炉各风门、挡板，封闭炉膛，防止热量过快散失。

4.1.2.2 固态排渣汽包炉，当汽包压力降至0.6MPa～1.6MPa时，迅速放尽炉水。

4.1.2.3 放水过程中全开空气门、排汽门和放水门，自然通风排出锅内湿气，直至锅内空气相对湿度达到70%或等于环境相对湿度。

4.1.2.4 放水结束后，一般情况下应关闭空气门、排汽门和放水门，封闭锅炉。

4.1.3 注意事项

a）在烘干过程中，应定时用湿度计测定锅内空气相对湿度。

b）在炉膛温度降至105℃时，测定锅内空气相对湿度仍低于控制标准，锅炉应点火继续烘干。

c）汽包锅炉降压、放水过程中，应严格控制汽包上、下壁温差不超过制造厂允许值。

4.7 氨、联氨钝化烘干法

4.7.1 锅炉停炉前2h，利用给水、炉水加药系统，向给水、炉水加氨和联氨，提高pH值和联氨浓度，在高温下形成保护膜，然后热炉放水，余热烘干。

4.7.2 保护方法

4.7.2.1 汽包锅炉停炉前2h，加大给水和凝结水氨、联氨的加入量，使省煤器入口给水pH值和联氨含量达到9.4～10.0，联氨浓度为0.5mg/L～10mg/L。

4.7.2.2 炉水采用磷酸盐处理时，停炉前2h停止向炉水加磷酸盐，改为加浓联氨，使炉水联氨浓度达到200mg/L～400mg/L。停炉过程中，在汽包压力将至4.0MPa时保持2h。然后继续降压，按4.1.2.2的规定放尽锅内存水，余热烘干锅炉。

停炉保护时间与联氨浓度关系，见下表：

保 护 时 间	联 氨 浓 度
小于1周	30mg/L
1周～4周	200mg/L
5周～10周	50mg/L×周数
大于10周	500mg/L

4.7.3 注意事项

a）停炉期间每小时测定给水、炉水pH和联氨浓度；

b）在保证金属壁温差不超过制造厂允许值的前提下，尽量提高放水压力和温度。

6.6.4.8 入厂药剂及水处理材料质量检验

【依据1】《火力发电厂循环冷却水用阻垢缓蚀剂》（DL/T 806—2013）

3 固体含量：试样在（120±2）℃下干燥6h后的质量与试样原质量百分比。

4.1 外观：无色、淡黄色或棕色透明液体，与水混溶前后均无沉淀。

4.2 火力发电厂循环冷却水用含有有机膦阻垢缓释剂应符合表1要求。

表1 循环冷却水用阻垢缓释剂验收标准

项 目	A类	B类	C类
唑类（以C4H4NHN：N计）含量（%）	—	≥1.0	≥3.0
磷酸盐（以PO_4^{3-}计）含量（%）	≥6.8		
亚磷酸（以PO_4^{3-}计）含量（%）	≤2.25		
正磷酸盐（以PO_4^{3-}计）含量（%）	≤0.75		
固体含量（%）	≥32		
pH（1%水溶液）	3.0±1.5		
密度（20℃）（g/cm^3）	≥1.15		
注：1. A类阻垢缓蚀剂可用于不锈钢管、钛管循环冷却水处理，也可用于碳钢管冲灰水系统等。 2. B类阻垢缓蚀剂可用于铜管循环冷却水处理系统。 3. C类阻垢缓蚀剂可用于要求有较高唑类含量的铜管循环冷却水处理系统。			

4.3 表1指标只做产品的验收，应用前应结合水质做性能实验，合格后方可使用。

【依据2】《工业磷酸三钠》（DL/T 806—2013）

4.1 外观：白色或微黄色结晶。

4.2 工业磷酸三钠应符合表1的要求。

表1 工业磷酸三钠指标

项 目	指 标
磷酸三钠（以$Na_3PO_4^{3-}\cdot 12H_2O$计）$\omega$（%）	≥98
硫酸盐（以SO_4^{2-}计）ω（%）	≤0.5
氯化物（以Cl计）ω（%）	≤0.4

续表

项　　目	指　　标
砷（As）ω（%）	≤0.005
铁（Fe）ω（%）	≤0.01
不溶物 ω（%）	≤0.1
pH 值（10g/L 溶液）	11.5～12.5

【依据 3】《工业水合肼》（HG 3259—2012）

4.1　外观：55%及以上水合肼为无色透明发言液体，40%水合肼为无色透明或微带浑浊的液体。

4.2　工业水合肼应符合表 1 的要求。

表 1　工业水合肼指标

项　　目	指　　标			
	100	80	55	40
水合肼质量分数（$N_2H_4 \cdot H_2O$）（%）≥	99.0	80.0	55.0	40.0
不挥发物质量分数（%）≤	0.01			
铁（Fe）质量分数（%）≤	0.000 5			
重金属（以 Pb 计）质量分数（%）≤	0.000 5			
氯化物（以 Cl 计）质量分数（%）≤	0.003			0.05
硫酸盐（以 SO_4 计）质量分数（%）≤	0.000 5			
总有机碳（TOC）（mg/L）	协议			

【依据 4】《工业硫酸》（GB/T 534—2014）

4　浓硫酸应符合表 1 要求。

表 1　浓硫酸技术要求

项　　目	指　　标		
	优　等　品	一　等　品	合　格　品
硫酸（H_2SO_4）ω（%）≥	92.5 或 98.0	92.5 或 98.0	92.5 或 98.0
灰分 ω（%）≤	0.02	0.03	0.10
铁（Fe）ω（%）≤	0.005	0.010	—
砷（As）ω（%）≤	0.000 1	0.001	0.01
铅（Pb）ω（%）≤	0.005	0.02	—
汞（Hg）ω（%）≤	0.001	0.01	—
透明度（mm）≥	80	50	—
色度	不深于标准色度	不深于标准色度	—
注：指标中的“—”表示该类别产品的技术要求中没有此项目。			

【依据 5】《氨水》(GB/T 631—2007)

表1 氨水的规格

项　目	指　标
外观	无色透明
氨(NH_3)含量 %	25～28
氯化物(Cl) %	≤0.000 1
钠(Na) %	≤0.000 5

6.7 料场

6.7.1 料场基础设施

6.7.1.1 料场围墙

【依据】《电力设备典型消防规程》(DL 5027—2015)

9.3.3 厂外收贮站宜设置在天然水源充足的地方，四周宜设置实体围墙，围墙高度应为2.2m。

6.7.1.2 避雷设施

【依据】《电力设备典型消防规程》(DL 5027—2015)

9.3.9 厂外收贮站应符合下列要求

20）秸秆堆场应当设置避雷装置，使整个堆垛全部置于保护范围内。避雷装置的冲击接地电阻应不大于10Ω。

21）避雷装置与堆垛、电气设备、地下电缆等应保持3m以上距离。避雷装置的支架上不准架设电线。

6.7.1.3 排水

【依据】《国能生物发电公司料场建设导则》(NBE–FMD–FMP1–001—2012)

6.3 建设标准

6.3.6 料场四周应设置排水明沟，不具备自然排水条件的，应配置排水泵。

6.7.1.4 垛基

【依据】《造纸行业原料场消防安全管理规定》(在1990.08.24由轻工业部、公安部颁布)

第二章第九条　原料场地应当平坦、不积水，垛基需比自然地面高出三十厘米（水中储料场国能生物发电公司除外）。

6.7.1.5 监控

【依据】《国能生物发电公司料场建设导则》(NBE–FMD–FMP1–001—2012)

6.3 建设标准

6.3.2 料场门口应当设置警卫室，其位置便于观察场内情况，警卫室内要安装消防专用电话或报警设备，场内应安装照明系统和监控设施，监控范围应覆盖全部区域。计量室需安装视频监控装置和网络通信设施。

6.7.1.6 功能区域划分

【依据】《国能生物发电公司料场安全工作规程》

9.6 拆垛及掺配上料安全

9.6.2 燃料掺配上料区应与卸料区严格分开，严禁在掺配上料区卸料。

6.7.2 技术资料

6.7.2.1 规章制度

6.7.2.2 图标记录

6.7.2.1、6.7.2.2 查评依据如下：

【依据】《造纸行业原料场消防安全管理规定》（在1990.08.24由轻工业部、公安部颁布）

第八章六十一条　原料场应当建立健全各项消防安全制度和制定防火安全检查表。

一、防火安全制度：

1. 防火安全岗位责任制；

2. 值班、巡逻、查岗制度；

3. 动火、临时用电审批制度；

4. 草类原料堆垛测温、记录及监测制度；

5. 防火安全教育制度；

6. 防火安全检查制度；

7. 火灾事故报告制度；

8. 火险隐患整改制度；

9. 防火安全奖惩制度。

二、防火安全检查表：

1. 防自燃安全检查表；

2. 电气防火安全检查表；

3. 设备安全检查表；

4. 车辆安全检查表；

5. 避雷装置安全检查表；

6. 消防设施检查表。

6.7.3　门禁管理

6.7.3.1　门岗

【依据】《电力设备典型消防规程》（DL 5027—2015）

9.3.9　厂外收贮站应符合下列要求：

1）收贮站应当设置警卫岗楼，其位置要便于观察警卫区域，岗楼内应安装消防专用电话或报警设备。

6.7.3.2　检查登记

【依据】《电力设备典型消防规程》（DL 5027—2015）

9.3.9　厂外收贮站应符合下列要求：

2）秸秆堆场内严禁吸烟，严禁使用明火，严谨焚烧物品。在出入口和适当的地点必须设立醒目的防火安全标志牌和“禁止吸烟”的警示牌。门卫对入场车辆要严格检查、登记并收缴火种。

3）秸秆入场前，应当设专人对秸秆进行严格检查，确认无火种隐患后，方可进入原料区。

7）汽车、拖拉机等机动车进入原料厂时，易产生火花部位要加装防护装置，排气管必须戴性能良好的防火帽。配备有催化换流器的车辆禁止在场内使用。严禁机动车辆在场内加油。

6.7.3.3　火种存储

【依据】《造纸行业原料场消防安全管理规定》（在1990.08.24由轻工业部、公安部颁布）

第四章第二十二条　原料场出入口和适当地点必须设立醒目的防火安全标志牌和禁止吸烟的警示牌。门卫对入场人员和车辆要严格检查、登记并收缴火种。

6.7.4　电器设备管理

6.7.4.1　临时用电审批

【依据】《电力设备典型消防规程》（DL 5027—2015）

9.3.9　厂外收贮站应符合下列要求：

14）秸秆堆场内用当采用直埋式电缆配电。埋设深度应当不小于0.7m，其周围架空线路与堆垛的水平距离应当不小于杆高的 1.5 倍，堆垛上空严禁拉设临时线路。

6.7.4.2 现场作业规范

【依据】《电力设备典型消防规程》（DL 5027—2015）

9.3.9 厂外收贮站应符合下列要求：

19）秸秆堆场内作业结束后，应拉开除消防用电以外的电源。秸秆堆场内使用的用电设备，必须由持有有效操作证的电工负责安装、检查和维护。

6.7.4.3 用电设备保护

【依据】《电力设备典型消防规程》（DL 5027—2015）

9.3.9 厂外收贮站应符合下列要求：

18）电动机应当设置短路、过负荷、失压保护装置。各种电器的金属外壳和金属隔离装置，必须接地或接零保护。门式起重机、装卸桥的轨道至少应当有两处接地。

6.7.4.4 照明

【依据】《电力设备典型消防规程》（DL 5027—2015）

9.3.6 粉尘飞扬、积粉较多的场所宜选用防尘灯、探照灯等待有护照的安全灯具，并对镇流器采取隔热、散热等防火措施。

6.7.4.5 电缆

【依据】《电力设备典型消防规程》（DL 5027—2015）

9.3.9 厂外收贮站应符合下列要求：

13）秸秆堆场内用当采用直埋式电缆配电。埋设深度应当不小于 0.7m，其周围架空线路与堆垛的水平距离应当不小于杆高的 1.5 倍，堆垛上空严禁拉设临时线路。

14）秸秆堆垛场内机电设备的配电导线，应当采用绝缘性能良好、坚韧的电缆线。秸秆堆场内严禁拉设临时线路和使用移动式照明灯具。因生产必须使用时，应当经安全技术、消防管理部门审批，并采取相应的安全措施，用后立即拆除。

6.7.4.6 配电箱

【依据】《电力设备典型消防规程》（DL 5027—2015）

9.3.9 厂外收贮站应符合下列要求：

16）秸秆堆场内的电源开关、插座灯，必须安装在封闭式配电箱内。配电箱应当采用非燃材料制作。配电箱应当设置防撞措施。

17）使用移动时用电设备时，其电源应当从固定分路配电箱内引出。

6.7.5 料垛管理

6.7.5.1 堆垛苫盖

【依据 1】《造纸行业原料场消防安全管理规定》（在 1990.08.24 由轻工业部、公安部颁布）

第三章第十五条　稻草、麦秸、芦苇等易燃材料堆场每个总储量不得超过二万吨，堆场与堆场之间的防火间距应当不小于四十米。垛顶披檐到结顶应当有滚水坡度。

第四章第二十七条　在原料场内进行吊装、运输、上垛等作业时，现场必须设专人监护。机器设备必须经常维修保养。

【依据 2】《电力设备典型消防规程》（DL 5027—2015）

9.3.9 厂外收贮站应符合下列要求：

9）稻草、麦秸等易发生自燃的原料，堆垛时需留有通风口或散热洞、散热沟，并要设有防止通风口、散热洞塌陷的措施。发现堆垛出现凹陷变形或有异味时，应当立即拆垛检查，并清除霉烂变质的原料。

6.7.5.2　垛温管理

6.7.5.2.1　测温设置及检查

6.7.5.2.2　温度预警

6.7.5.2.1、6.7.5.2.2 查评依据如下：

【依据】《电力设备典型消防规程》（DL 5027—2015）

9.3.9　厂外收贮站应符合下列要求：

7）秸秆码垛后，要定时测温。当温度上升到 40℃～50℃时，要采取预防措施，并做好测温记录；当温度达到 60℃～70℃时，必须拆垛散热，并做好灭火准备。

6.7.6　采暖管理

【依据】《造纸行业原料场消防安全管理规定》（在 1990.08.24 由轻工业部、公安部颁布）

第四章第二十三条　警卫岗楼内应当采用无明火方式取暖，若必须采用明火方式取暖的，一定要采取以下防火安全措施：

1）用火点距原料堆垛最近处应当不小于五十米；

2）专人管理火源，炉灰用水浸灭后放到指定地点；

3）烟囱要安装防飞火装置；

4）用火点要配备灭火器材。

6.7.7　标志牌设置

【依据】《电力设备典型消防规程》（DL 5027—2015）

2）秸秆堆场内严禁吸烟，严禁使用明火，严谨焚烧物品。在出入口和适当的地点必须设立醒目的防火安全标志牌和“禁止吸烟”的警示牌。门卫对入场车辆要严格检查、登记并收缴火种。

6.7.8　动火作业

【依据 1】《造纸行业原料场消防安全管理规定》（在 1990.08.24 由轻工业部、公安部颁布）

第四章二十五条　原料场内禁止明火作业。因生产必须使用明火，应当经单位安全技术、消防部门批准，并采取以下防火安全措施：

（一）清除作业点周围的可燃物，备好灭火器材，现场设专人监护；

（二）作业结束时，由专人清理现场，确认安全后，方可离去。

第四章二十六条　风力达四级（含四级）以上时，原料场内严禁明火作业。

【依据 2】《电力设备典型消防规程》（DL 5027—2015）

1）秸秆堆场内因生产必须使用明火，应当经单位消防管理、安监部门批准，必须采取可靠的安全措施。

6.7.9　定期工作

【依据】《国能生物发电公司料场安全工作规程》

6.4　防火检查

6.4.1　料场应当每日进行防火巡查，巡查周期应不大于 2 小时，并明确巡查人员、内容、部位和频次，建立巡检记录。

6.4.2　单位主要负责人不少于每周两次，归口管理部门负责人和安监部负责人每天不少于一次抽查料场巡查情况，并在巡检记录上签字。

6.4.3　每周至少组织一次料场防火检查。火灾多发季节、重大节假日、重大活动前或期间，应组织专项检查。

6.4.4　防火检查应当填写检查记录，记录包括发现的消防安全违法违章行为、责令改正的情况等。

6.7.10　设备管理

6.7.10.1　加工设备

6.7.10.2　场内作业车辆

6.7.10.1、6.7.10.2 查评依据如下：

【依据 1】《造纸行业原料场消防安全管理规定》（在 1990.08.24 由轻工业部、公安部颁布）

第四章第二十八条　凡使用电锯、上垛机、运输机、吊装机等机械设备时，必须将其转动部位上的可燃杂物消除干净。

【依据 2】《电力设备典型消防规程》（DL 5027—2015）

9.3.2　秸秆仓库、露天堆场、半露天堆场应有完备的消防系统和防止火灾快速蔓延的措施。消火栓位置应考虑防撞击和防秸秆自燃影响使用的措施。

9.3.6　粉尘飞扬、积粉较多的场所宜选用防尘灯、探照灯等带有护照的安全灯具，并对镇流器采取隔热、散热等防火措施。

9.3.9　厂外收贮站应符合下列要求：

1）收贮站应当设置警卫岗楼，其位置要便于观察警卫区域，岗楼内应安装消防专用电话或报警设备。

2）秸秆堆场内严禁吸烟，严禁使用明火，严谨焚烧物品。在出入口和适当的地点必须设立醒目的防火安全标志牌和“禁止吸烟”的警示牌。门卫对入场车辆要严格检查、登记并收缴火种。

3）秸秆入场前，应当设专人对秸秆进行严格检查，确认无火种隐患后，方可进入原料区。

4）秸秆堆场内因生产必须使用明火，应当经单位消防管理、安监部门批准，必须采取可靠的安全措施。

5）码垛时要严格控制水分，稻草、麦秸、芦苇含水量不应超过 20%，并做好记录。

6）稻草、麦秸等易发生自燃的原料，堆垛时需留有通风口或散热洞、散热沟，并要设有防止通风口、散热洞塌陷的措施。发现堆垛出现凹陷变形或有异味时，应当立即拆垛检查，并清除霉烂变质的原料。

7）秸秆码垛后，要定时测温。当温度上升到 40℃～50℃时，要采取预防措施，并做好测温记录；当温度达到 60℃～70℃时，必须拆垛散热，并做好灭火准备。

8）汽车、拖拉机等机动车进入原料厂时，易产生火花部位要加装防护装置，排气管必须戴性能良好的防火帽。配备有催化换流器的车辆禁止在场内使用。严禁机动车辆在场内加油。

9）秸秆运输船上所设的生活用火炉必须安装防飞火装置。当船只停靠秸秆堆场码头时，不得生火。

10）常年在秸秆堆场内装卸作业的车辆要经常清理防火帽内的积炭，确保性能安全可靠。

11）秸秆堆场内装卸作业结束后，一切车辆不准在秸秆堆场内停留或保养、维修。发生故障的车辆应当拖出场外修理。

12）秸秆堆场消防用电设备应当采用单独的供电回路，并在发生火灾切断生产、生活用电时仍能保证消防用电。

13）秸秆堆场内当采用直埋式电缆配电。埋设深度应当不小于 0.7m，其周围架空线路与堆垛的水平距离应当不小于杆高的 1.5 倍，堆垛上空严禁拉设临时线路。

14）秸秆堆垛场内机电设备的配电导线，应当采用绝缘性能良好、坚韧的电缆线。秸秆堆场内严禁拉设临时线路和使用移动式照明灯具。因生产必须使用时，应当经安全技术、消防管理部门审批，并采取相应的安全措施，用后立即拆除。

15）照明灯杆与堆垛最近水平距离应当不小于灯杆高的 1.5 倍。

16）秸秆堆场内的电源开关、插座灯，必须安装在封闭式配电箱内。配电箱应当采用非燃材料制作。配电箱应当设置防撞措施。

17）使用移动时用电设备时，其电源应当从固定分路配电箱内引出。

18）电动机应当设置短路、过负荷、失压保护装置。各种电器的金属外壳和金属隔离装置，必须接地或接零保护。门式起重机、装卸桥的轨道至少应当有两处接地。

19）秸秆堆场内作业结束后，应拉开除消防用电以外的电源。秸秆堆场内使用的用电设备，必须由持有有效操作证的电工负责安装、检查和维护。

20）秸秆堆场应当设置避雷装置，使整个堆垛全部置于保护范围内。避雷装置的冲击接地电阻应不大于 10Ω。

21）避雷装置与堆垛、电气设备、地下电缆等应保持 3m 以上距离。避雷装置的支架上不准架设电线。

6.8 信息网络安全

6.8.1 基础管理

6.8.1.1 组织机构与岗位职责

6.8.1.1.1 信息管理组织结构

6.8.1.1.2 信息管理岗位职责

6.8.1.1.1、6.8.1.1.2 查评依据如下：

【依据】《国家电网公司信息系统安全管理办法》（国家电网信息〔2008〕201 号）

第二章 信息系统安全管理职责第九条

1. 落实国家有关信息系统安全法规、方针、政策，联系有关部门落实系统安全管理相关工作；
2. 组织制定公司信息系统安全规章制度和标准规范；
3. 指导、协调各单位信息系统安全工作。

6.8.1.2 制度体系建设

6.8.1.2.1 国网信息通用制度的宣贯

6.8.1.2.2 执行手册

6.8.1.2.1、6.8.1.2.2 查评依据如下：

【依据】《国家电网公司标准体系建设方案》

（三）7 组织标准的宣贯实施。公司各单位按照公司统一部署，协助制定相关业务领域和岗位标准，组织宣贯落实公司发布的标准。

6.8.2 技术管理

6.8.2.1 网络安全防护

6.8.2.1.1 网络拓扑结构

【依据】《电力通信网信息安全 第 2 部分：传输网》（Q/GDW/Z 11345.2—2014）

5.1.3 网络安全

5.1.3.1 概述

网络安全主要包括 SDH/MSTP、OTN、ASON 及微波通信涉及的安全要求等。

5.1.3.2 SDH/MSTP

SDH/MSTP 网络安全防护要求如下：

a）传输网络拓扑设计合理，各级 SDH 通信网络结构宜形成网状网和多环形相交的结构，环与环之间宜采用两点相交方式。不成环支路节点应采用“1+1”链路接入。

b）对于非公司系统的并网电厂等外部单位，不宜作为网络的重要节点，宜作为末端节点并入电力通信网。

c）对于 220kV 及以上等级的变电（换流）站、重要调度机构应采用“双设备、双路由”覆盖，以提高网络的安全性。

d）应能根据业务需求提供相应的网络保护能力，如支持子网连接保护（SNCP）、复用段共享环保护（MS-SPRING）、复用段保护（MSP）和双节点互联保护（DNI）保护方式中的一种或几种。复用段保护（MSP1+1）：保护倒换时间不超过 50ms。子网连接保护（SNCP）：保护倒换时间不超过 50ms。

e）复用段共享保护环（MS-Spring）：环长小于 1200km 时，保护倒换应在 50ms 内切换完成。环长大于 1200km 时，保护倒换应在 150ms 内切换完成。

f）双节点互联保护（DNI）：当一个网上存在多个像复用段共享保护环或 SNCP 保护环时，应支持环间双节点互连，具体要求应满足 ITU-T 建议 G.842。

g）传统 TDM 业务保护直接采用 SDH 物理层保护，包括复用段保护倒换和子网连接保护倒换，保护倒换时间小于 50ms。

h）基于 SDH 的 MSTP 设备以太网业务保护倒换要求如下：

1）以太网透传业务直接利用 SDH 提供的保护。

2）以太环网采用 SDH 层、MAC 层分层保护方式。当 MAC 层倒换与 SDH 层同时使时，宜优先采用 SDH 层保护倒换。保护倒换时间小于 50ms。

i）网络保护倒换机制应满足插入告警、插入越限误码、拔纤和网管人工强制倒换等。

j）工作路径与保护路径的网络抖动、色散容限、光信噪比（OSNR）等满足设计要求。

6.8.2.1.2　地址段分配

6.8.2.1.3　网络隔离

6.8.2.1.2、6.8.2.1.3 查评依据如下：

【依据】《国家电网公司网络与信息系统安全管理办法》[国网（信息/2）401—2014]

第二十七条 （八）强化公司统一漏洞及补丁工作，加强对公司各级单位漏洞的采集、分析、发布、描述的集中统一管理，实现全网漏洞扫描策略的统一制定、扫描任务的统一执行，实现对各级单位漏洞情况以及内外网补丁下载、安装情况的监管。加强各种典型漏洞、补丁的测试验证及整改工作。

6.8.2.1.4　安全分区

6.8.2.1.5　网络用户接入控制

6.8.2.1.4、6.8.2.1.5 查评依据如下：

【依据】《国家电网公司信息网络运行管理办法》[国网（信息/4）434—2014]

第三十四条　网络内部应按层级和业务类型不同进行有效的安全隔离，内网与外网间应物理隔离或强逻辑隔离；外网与互联网间应逻辑隔离；专网访问信息内网时，应接入网络安全接入平台。

国网（信息/2）401—2014《国家电网公司网络与信息系统安全管理办法》

第三章　管理要求第二十七条（八）

强化公司统一漏洞及补丁工作，加强对公司各级单位漏洞的采集、分析、发布、描述的集中统一管理，实现全网漏洞扫描策略的统一制定、扫描任务的统一执行，实现对各级单位漏洞情况以及内外网补丁下载、安装情况的监管。加强各种典型漏洞、补丁的测试验证及整改工作。

第四章　技术措施第二十九条

（二）加强信息内外网架构管控，做好分区分域安全防护，进一步提升用户服务体验。公司管理信息大区划分为信息外网和信息内网，信息内外网采用逻辑强隔离设备进行安全隔离。信息内外网内部根据业务分类划分不同业务区。各业务区按照信息系统防护等级以及业务系统类型进一步划分安全域，加强区域间用户访问控制，按最小化原则设置用户访问暴露面，防止非授权的跨域访问，实现业务分区分域管理。

（六）具有控制功能的系统或模块，控制类信息必须通过生产控制大区网络或专线传输，严格遵守电力二次系统安全防护方案，实现系统主站与终端间基于国家认可密码算法的加密通信，基于数字证书体系的身份认证，对主站的控制命令和参数设置指令须采取强身份认证及数据完整性验证等安全防护措施。

（九）信息外网用无线组网的单位，应强化无线网络安全防护措施，无线网络要启用网络接入控制和身份认证，进行 IP/MAC 地址绑定，应用高强度加密算法，防止无线网络被外部攻击者非法进入，确保无线网络安全。

6.8.2.2　主机存储

6.8.2.2.1　安全加固

6.8.2.2.2　操作系统访问控制

6.8.2.2.1、6.8.2.2.2 查评依据如下：

【依据】《国家电网公司网络与信息系统安全管理办法》[国网（信息/2）401—2014]

第三十一条

1. 对操作系统和数据库系统用户进行身份标识和鉴别，具有登录失败处理，限制非法登录次数，设置连接超时功能。

2. 操作系统和数据库系统特权用户应进行访问权限分离，对访问权限一致的用户进行分组，访问控制粒度应达到主体为用户级，客体为文件、数据库表级。禁止匿名用户访问。

3. 加强补丁的兼容性和安全性测试，确保操作系统、中间件、数据库等基础平台软件补丁升级安全。

4. 加强主机服务器病毒防护，安装防病毒软件，及时更新病毒库。

6.8.2.3　终端设备与外设

6.8.2.3.1　个人计算机中涉密文件管理

6.8.2.3.2　计算机使用行为规范

6.8.2.3.3　个人计算机防病毒软件管理

6.8.2.3.4　个人计算机应用软件管理

6.8.2.3.5　涉密个人计算机与网络隔离

6.8.2.3.6　个人计算机共享文件夹管理

6.8.2.3.1～6.8.2.3.6 查评依据如下：

【依据】《国家电网公司办公计算机信息安全管理办法》[国网（信息/3）255—2014]

第一章　总则第四条

严禁将涉及国家秘密的计算机、存储设备与信息内外网和其他公共信息网络连接，严禁在信息内网办公计算机上处理、存储国家秘密信息，严禁在信息外网办公计算机上处理、存储涉及国家秘密和企业秘密信息，严禁信息内网和信息外网办公计算机交叉使用。

第三章　办公计算机管理要求第九条

办公计算机要按照国家信息安全等级保护的要求实行分类分级管理，根据确定的等级，实施必要的安全防护措施。信息内网办公计算机部署于信息内网桌面终端安全域，信息外网办公计算机部署于信息外网桌面终端安全域，桌面终端安全域要采取安全准入管理、访问控制、入侵监测、病毒防护、恶意代码过滤、补丁管理、事件审计、桌面资产管理、保密检测、数据保护与监控等措施进行安全防护。

第三章　办公计算机管理要求第十条

（一）办公计算机、外设及软件安装情况要登记备案并定期进行核查，信息内外网办公计算机要明显标识。

（二）严禁办公计算机“一机两用”（同一台计算机既上信息内网，又上信息外网或互联网）。

（三）办公计算机不得安装、运行、使用与工作无关的软件，不得安装盗版软件。

（四）办公计算机要妥善保管，严禁将办公计算机带到与工作无关的场所。

（五）禁止开展移动协同办公业务。

（六）信息内网办公计算机不能配置、使用无线上网卡等无线设备，严禁通过电话拨号、无线等各种方式与信息外网和互联网络互联，应对信息内网办公计算机违规外连情况进行监控。

（七）公司办公区域内信息外网办公计算机应通过本单位统一互联网出口接入互联网；严禁将公司办公区域内信息外网办公计算机作为无线共享网络节点，为其他网络设备提供接入互联网服务，如通过随身 Wifi 等为手机等移动设备提供接入互联网服务。

（八）接入信息内外网的办公计算机 IP 地址由运行维护部门统一分配，并与办公计算机的 MAC 地址进行绑定。

（九）定期对办公计算机企业防病毒软件、木马防范软件的升级和使用情况进行检查，不得随意卸载统一安装的防病毒（木马）软件。

（十）定期对办公计算机补丁更新情况进行检查，确保补丁更新及时。

（十一）定期检查办公计算机是否安装盗版办公软件。

（十二）定期对办公计算机及应用系统口令设置情况进行检查，避免空口令，弱口令。

（十三）采取措施对信息外网办公计算机的互联网访问情况进行记录，记录要可追溯，并保存六个月以上。

（十四）采取数据保护与监管措施对存储于信息内网办公计算机的企业秘密信息、敏感信息进行加解密保护、水印保护、文件权限控制和外发控制，同时对文件的生成、存储、操作、传输、外发等各环节进行监管。

（十五）加强对公司云终端安全防护，做好云终端用户数据信息访问控制，访问权限应由运行维护部门统一管理，避免信息泄露。

（十六）采用保密检查工具定期对办公计算机和邮件收发中的信息是否涉及国家秘密和企业秘密的情况进行检查。

（十七）加强对办公计算机桌面终端安全运行状态和数据级联状态的监管，确保运行状态正常和数据级联贯通，按照公司相关要求及时上报运行指标数据。

（十八）加强数据接口规范，严禁修改、替换或阻拦防病毒（木马）、桌面终端管理等报送监控数据接口程序。

6.8.2.4　机房管理

6.8.2.4.1　机房设备供电

6.8.2.4.2　机房静电防护

6.8.2.4.3　机房监控、温湿度控制

6.8.2.4.4　机房消防

6.8.2.4.5　机房重要线路标识

6.8.2.4.6　定期清理核心设备空气滤网

6.8.2.4.7　机房应急照明设施

6.8.2.4.8　机房逃生圈

6.8.2.4.9　机房防止小动物设施

6.8.2.4.1～6.8.2.4.9 查评依据如下：

【依据】《国家电网公司信息机房管理规范》（Q/GDW 344—2009）

5　环境要求

5.1　信息机房场地要求如下：

5.1.1　按照《国家电网公司机房设计及建设规范》的要求对信息机房各区域进行部署；

5.1.2　信息机房应保持清洁、整齐，设备无尘、排列正规，仪表准确，工具就位，资料齐全；

5.1.3　信息机房内物品须放在指定位置，通道、路口、设备前后和窗口附近均不得堆放物品和杂物，严禁带入和存放易燃、易爆、易碎、易污染和强磁物品；

5.1.4 信息机房墙壁缝隙和进出机房的线管漏洞必须使用防火材料填堵；

5.1.5 信息机房内严禁吸烟，不准在信息机房内饮食、喧哗、会客。

5.2 信息机房清洁要求如下：

5.2.1 设备、机柜表面及通风口无明显灰尘、无污渍、无锈蚀；

5.2.2 天花板、墙面、地面清洁无杂物，活动地板无损坏。

5.3 信息机房照明要求如下：

5.3.1 信息机房的照明应符合《国家电网公司机房设计及建设规范》的要求；

5.3.2 信息机房应设事故照明，其照度在距地面 0.8m 处不应低于 5lx（勒）。主要通道及有关房间依据需要应设事故照明，其照度在距地面 0.8m 处不应低于 1lx。

5.4 信息机房运行环境要求如下：

5.4.1 信息机房温、湿度应符合《国家电网公司机房设计及建设规范》的要求。

5.4.2 服务器、交换机、路由器、磁盘阵列、防火墙等设备应置于机柜内，固定牢靠。

5.4.3 机柜散热要良好，机柜摆放应整齐。两排机柜之间的距离不应小于 1.2m；机柜侧面（或不用面）距墙不应小于 0.5m，当需要维修测试时，则距墙不应小于 1.2m。

5.4.4 屏（柜）前后屏眉要有统一规范的名称。

5.4.5 设备应有标识，标识内容至少包含设备名称、维护人员、设备供应商、投运日期、服务电话，IP 设备应有 IP 地址标识。

5.4.6 网络交换机已使用的端口、网络线、配线架端口都应有标识，标识内容应简明清晰，便于查对。

5.4.7 信息机房内的电源线缆、通信线缆应分别铺设在管槽内或排架上，排列整齐，捆扎固定，留有适度余量。

5.4.8 设备金属壳体必须与保护接地装置可靠连接。

8 电源管理

8.1 电源系统配备要求

8.1.1 供电容量及配电装置应满足负荷要求。

8.1.2 重要的主干电缆应选用阻燃防火铜芯电力电缆、电线。严禁铜、铝混用，电缆、电线连接应可靠，不得有扭绞、压扁和保护层破裂等现象。

8.1.3 计算机及网络设备应由不间断电源设备（UPS）供电。

8.1.4 重要的信息机房一般应设独立的蓄电池室。蓄电池室要求：电池安装处应远离热源和易产生火花的地方，建筑满足设备承重要求。室内温度一般应保持在 25℃左右，应避免受到阳光直射，安装环境无有机溶剂和腐蚀性气体，有排风装置。

8.2 电源系统管理要求

8.2.1 机房内的电源配电装置、UPS 设备、电源开关、电源插座应有标识，标识规范、准确；

8.2.2 信息机房内配电系统的设计施工图、配电系统图、线缆布线图等资料应完整，并且与标识一致，如有变动，应及时更改资料；

8.2.3 值班人员和专责工程师应熟悉电源系统的原理和工作状态，熟悉 UPS 的工作原理，熟悉电源系统的操作规程；

8.2.4 做好蓄电池的维护保养，按照说明书规定进行检查和充放电，及时处理发现的问题，按照要求及时更新电池组，保证 UPS 设备处于良好的工作状态；

8.2.5 对电源系统出现的异常情况要做好记录，并及时联系有关单位进行处理。

6.8.3　运行维护

6.8.3.1　台账管理

6.8.3.2　流程管理

6.8.3.1、6.8.3.2 查评依据如下：

【依据】《国家电网公司信息机房管理规范》（Q/GDW 1345—2014）

6　设备管理

6.1　设备管理规定

6.1.1　建有信息机房设备专责制度、设备运行管理制度、设备缺陷管理制度、系统密码管理制度，并且严格执行；

6.1.2　未经许可，信息机房内的设备不得随意挪动、拆卸和带出机房；

6.1.3　信息机房设备，自安装运行之日起必须建立单独的设备档案，内容包括完整的设备安装过程记录、参数配置记录、设备调试记录、设备异动记录；

11　技术管理

11.2　设备台账管理

设备台账应按服务器、路由器、交换机、微机、打印机、协议转换器、光收发器、防火墙、辅助设备、系统软件、应用软件等分类建立。

设备台账内至少应有设备名称、设备型号、设备应用名称、设备所处的机柜位置、IP 地址、投运日期、责任人、设备供应商、服务电话、交接、大修及历次检修调试报告。

设备运行记事，包括：大修、调试、异常及缺陷处理等。设备更换后，应将旧设备资料撤除，重新填写新设备资料。

6.8.3.3　网络运行维护

6.8.3.3.1　网络设备巡检

6.8.3.3.2　网络设备接入审批

6.8.3.3.3　网络设备变更

6.8.3.3.4　IP 地址分配

6.8.3.3.5　网络设备运行报表

6.8.3.3.1～6.8.3.3.5 查评依据如下：

【依据】《国家电网公司信息网络运行管理办法》[国网（信息/4）434—2014]

第四章　运行管理

第二十条　各级信息通信运维单位应实时监测网络运行状态，定期巡检，确保网络安全稳定运行。

第五章　接入管理

第二十三条　各级信息通信运维单位，应按照公司信息安全相关管理要求，制定本单位统一的网络接入互联方案（包括路由设计、互连安全措施等），经本单位信息通信职能管理部门审批通过后，作为本单位网络接入标准，确保网络安全稳定运行。

第二十四条　网络接入对象包含业务系统、网络设备、终端设备及各类分支网络。

第二十五条　业务系统通过功能测评、性能测评和安全测评后，由接入单位（部门）向本单位信息通信职能管理部门提交申请并提供接入方案和安全防护方案，经审批通过后，由本单位运维部门完成接入。

第二十六条　网络设备接入由信息通信运维单位按照既定网络互连方案接入。

第二十七条　终端设备接入由最终用户提出申请，按相关流程审批通过后，由本单位信息通信运维单位完成接入工作。终端设备接入网络时须绑定 MAC 地址，并做好记录备案工作。

第二十八条　分支网络接入应由申请单位（部门）向接入网络单位的信息通信职能管理部门提交申请，并提供接入方案和安全防护方案，经审批通过后，由接入网络单位信息通信运维单位配合申请单位（部门）完成接入工作。

第二十九条　外网接入互联网应使用公司总部或各分部、省（自治区、直辖市）电力公司的统一出口，禁止任何单位和个人私自建立外网出口或直接连接互联网。

第三十条　设备因管理、安全及设备健康等原因需退网时，使用单位（部门）应向本单位信息通信职能管理单位提交申请，经审批同意后，由本单位信息通信运维单位办理退网，同时，信息通信运维单位应及时调整网络运行方式并回收资源。网络或用户终端设备超过三个月闲置不用，信息通信运维单位有权断开连接并回收资源。

第三十一条　设备、系统或网络出现故障并有可能扩大影响范围时，信息通信运维单位有权强制断开连接，并及时汇报本单位信息通信职能管理部门，待恢复正常后重新接入。

第四章　运行管理

第二十二条　网络设备、资源应建立完备的台账，统一命名及标识，变更应及时更新台账信息，同时建立与缺陷记录、检修记录的关联。

第六章　安全管理

第三十二条　公司网络的安全管理须符合国家及公司相关规定，按照“谁主管，谁负责；谁运行，谁负责”的原则落实安全责任，确保公司网络的安全运行。

第三十三条　网络安全评估分为自评估和检查评估。自评估工作应两至三年开展一次；检查评估工作由安全技术督查单位依据公司《信息通信安全性评价》，结合公司网络安全实际情况组织开展，信息通信运维单位应对督查中发现的问题及整改。

第三十四条　网络内部应按层级和业务类型不同进行有效的安全隔离，内网与外网间应物理隔离或强逻辑隔离；外网与互联网间应逻辑隔离；专网访问信息内网时，应接入网络安全接入平台。

第三十五条　信息系统开发测试环境须与内网、外网及互联网物理隔离；生产控制大区与管理大区网络之间必须采用电力专用横向单向安全隔离装置。

第三十六条　各级单位要建立网络安全和保密措施，网络结构、安全防护方案等涉密信息不得泄露，严禁在公开刊物上发表。

6.8.3.4　应用系统运行维护

6.8.3.4.1　系统故障情况

6.8.3.4.2　生产应用系统运维手册情况

6.8.3.4.3　应用系统备份

6.8.3.4.4　应用系统巡检

6.8.3.4.1～6.8.3.4.4 查评依据如下：

【依据】《国家电网公司信息系统安全管理办法》（国家电网信息〔2008〕201 号）

第三章　管理措施

第二十二条　不断完善应急预案，加强培训和演练，确保人力、设备等应急保障资源可用。

第三章　管理措施

第二十三条　建立备份与恢复管理相关安全管理制度，严格控制数据备份与恢复过程，妥善保存备份记录，定期执行恢复程序。

6.8.3.5　机房运行维护

【依据】《国家电网公司信息机房管理规范》（Q/GDW 344—2009）

5　环境要求

5.1.2　信息机房应保持清洁、整齐，设备无尘、排列正规，仪表准确，工具就位，资料齐全；

7　运行管理

7.1　出入管理

进入信息机房的人员在进机房前应更换拖鞋或戴好鞋套，并做好清洁工作，防止将灰尘及其他杂物带入机房。

非机房运行和管理人员未经许可，不得进入机房。如需进入，须经运行部门领导同意，办理登记手续，并由有关人员陪同方可进入。

工作人员进入信息机房，如需对设备进行操作时，当班值班人员应负责严格审核工作票的有效性，办理工作许可手续，进行登记后方可允许进入信息机房；工作完毕应通知当班值班人员办理完工手续后方可离开。

工作人员进入信息机房，如无需进行操作时，工作人员主动向当班值班人员说明情况，办理登记手续，方可进入信息机房；工作完毕应通知当班值班人员后方可离开。

正常工作时间外，除了当班值班人员，任何人不得随意进入信息机房，如有特殊情况需向运行部门领导说明情况，得到批准后，办理登记手续，方可进入信息机房。

7.4　机房及设备巡视

运行部门负责其所辖信息机房和所辖设备的现场巡视工作，建有信息机房及设备巡视管理制度。

信息机房及设备巡视分为定期巡视和特殊巡视，巡视人员将巡视时间、巡视内容及发现的问题及时记入机房运行记录。

定期巡视：巡视人员定期巡视检查机房设备、电源系统、网络系统、应用系统的运行状况及机房温度和湿度，并做好巡视记录，发现异常情况及时报告。

特殊巡视：遇到恶劣天气、设备异常或运行中有可疑现象及重大事件时，应安排巡视人员进行巡视，适当增加巡视频度。

信息机房及设备巡视必须遵守有关规定，发现异常情况要认真分析、正确处理，做好记录，并向有关部门汇报。

6.8.4　应急体系

6.8.4.1　组织体系

【依据】《国家电网公司信息系统检修管理办法》

第十二条　（三）负责本单位信息系统检修的安全保障及应急处置工作。

6.8.4.2　预案体系

6.8.4.2.1　预案结构及内容

6.8.4.2.2　预案演练计划与记录

6.8.4.2.3　预案评审

6.8.4.2.1～6.8.4.2.3 查评依据如下：

【依据】《国家电网公司信息系统运行管理办法》

第三章　工作内容与要求

第二十七条　（二）信息系统运行机构应参与制定信息系统应急预案编制与应急演练，提高运行应急处置能力；信息系统运行机构应根据数据安全相关管理规定，组织制定信息系统备份策略，并监督备份与恢复演练执行情况。

第二十一条　（一）检修工作应提前落实组织措施、技术措施、安全措施和实施方案，提前做好对关键用户、重要系统的影响范围和影响程度的评估，开展故障预想和风险分析，制定相应的应急预案及回退、恢复机制。